中等职业学校教学用书（计算机应用专业）

中文 **Flash CS4** 案例教程

沈大林　张伦　主　编

万忠　许崇　陶宁　等编著

電子工業出版社

Publishing House of Electronics Industry

北京·BEIJING

内 容 简 介

本书介绍 Flash CS4，共 10 章，采用案例驱动的教学方式，通过介绍 55 个实例的制作方法，讲解了中文 Flash CS4 的基本使用方法和使用技巧。本书除第 1 章 1.1 节外，其他各章均以一节（相当于 1～4 课时）为一个教学单元，每个教学单元的开始展示实例的效果，接着介绍制作方法和制作步骤，最后介绍与实例相关的知识。思考与练习题共有 100 多个。结构合理、条理清楚、通俗易懂，便于初学者学习，而且信息量高。

本书可以作为中职学校计算机专业的教材，也可以作为初学者自学的读物。

本书还配有电子教学参考资料包（包括教学指南、课件和部分习题的制作方法讲解），详见前言。

图书在版编目（CIP）数据

中文 Flash CS4 案例教程 / 沈大林，张伦主编；万忠等编著. —北京：电子工业出版社，2012.1

中等职业学校教学用书. 计算机应用专业

ISBN 978-7-121-15085-2

Ⅰ. ①中…　Ⅱ. ①沈…②张…③万…　Ⅲ. ①动画制作软件，Flash CS4—中等专业学校—教材　Ⅳ. ①TP391.41

中国版本图书馆 CIP 数据核字（2011）第 234570 号

策划编辑：关雅莉

责任编辑：郝黎明　　　特约编辑：张　彬

印　　刷：北京季蜂印刷有限公司

装　　订：三河市鹏成印业有限公司

出版发行：电子工业出版社

　　　　　北京市海淀区万寿路 173 信箱　邮编　100036

开　　本：787×1 092　1/16　印张：22.25　字数：569.6 千字

印　　次：2012 年 1 月第 1 次印刷

印　　数：4 000 册　　定价：38.00 元

前　言

Flash 是由美国著名的软件公司——Macromedia 公司制作的软件，是一款非常受欢迎的矢量绘图和动画制作软件。后来，Flash 被 Adobe 公司收购，又陆续推出了 Adobe Flash CS3 Professional 和 Adobe Flash CS4 Professional 等版本。本书介绍 Flash CS4 版本。

Flash 是一种创作工具，可以制作一种扩展名为.swf 的动画文件，可以创建包含图形、动画、声音、视频、演示文稿和丰富媒体的应用程序。Flash 文件可以插入 HTML 中，也可以单独成为网页，还可以独立制作多媒体演示软件、教学软件和游戏等。

本书共 10 章，第 1 章介绍了中文 Flash CS4 的工作环境、一些基本操作、库、元件和实例，以及场景和动画输出，使读者对 Flash CS4 有一个总体的了解，为以后的学习打下良好的基础；第 2 章介绍了绘制图形和编辑图形的基本方法；第 3 章介绍了绘图模式、绘制图元图形、合并对象，以及装饰性绘画和制作 3D 图形的方法等；第 4 章介绍了导入素材，文本输入和编辑；第 5 章介绍了创建传统补间动画的基本方法，引导动画的制作方法，遮罩层的使用技术等；第 6 章介绍了创建补间形状动画和补间动画的制作方法，以及反向运动（IK）动画设计等；第 7 章介绍了按钮元件和元件实例的"属性"面板，"动作"面板的使用和事件，ActionScript 基本语法，部分全局函数和三种文本框的使用等；第 8 章介绍了分支和循环语句的使用，部分全局函数和数学（Math）对象的使用等；第 9 章介绍了面向对象的编程方法；第 10 章介绍了组件的使用方法，以及 Flash 幻灯片的制作方法等。

本书采用案例驱动的教学方式，通过介绍 55 个实例的制作方法，讲解了中文 Flash CS4 的基本使用方法和使用技巧。本书除第 1 章 1.1 节外，其他各章均以一节（相当于 1～4 课时）为一个教学单元，对知识点进行了细致的取舍和编排，按节细化和序化了知识点，以细化的知识为核心，配有主要应用这些知识的实例，通过实例的制作带动相关知识的学习，使知识和实例相结合。每个教学单元的开始展示实例的效果，接着介绍制作方法和制作步骤，最后介绍与实例相关的知识。思考与练习题共有 100 多个，练习题基本上都是操作性习题。

本书的特点是结构合理、条理清楚、通俗易懂、便于初学者学习，而且信息量高。学生可以边看书中实例边操作，从而提高学生的灵活应用能力和创造能力。采用这种方法学习的学生，掌握知识的速度快、学习效果好，可以用较短的时间，快速步入 Flash CS4 的殿堂。

为了配合教师教学，本书配备了部分习题制作方法讲解、教学指南和课件，有此需要的教师可登录华信教育资源网（www.hxedu.com）免费下载。

本书由沈大林、张伦担任主编，万忠、许崇、陶宁等编著。参加本书编写工作的主要人员还有曾昊、王爱赪、王浩轩、丁尔静、郑淑晖、郭政、沈昕、于建海、迟萌、陈恺硕、孔凡奇、李宇辰、王加伟、徐晓雅、卢贺、肖柠朴、郭海、袁柳、关山、崔玥、王锦、靳轲、郝侠等。

本书可以作为中职学校计算机专业的教材，也可以作为初学者自学的读物。

由于编著、出版时间仓促，书中难免有疏漏和不妥之处，恳请广大读者批评指正。

为了方便教师教学，本书还配有教学指南、课件和部分习题的制作方法讲解（电子版）。请有此需要的教师登录华信教育资源网（www.hxedu.com.cn）免费注册后再进行下载，有问题时请在网站留言板留言或与电子工业出版社联系（E-mail:hxedu@phei.com.cn）。

编　者

2011 年 11 月

目　录

第1章

中文Flash CS4工作区和基本操作

知识要点:

1. 了解中文 Flash CS4 工作区的基本组成和工作区布局，掌握文档的基本操作方法。
2. 初步了解制作动画和使用遮罩层的方法，掌握播放 Flash 动画的方法。
3. 了解时间轴特点，掌握时间轴图层和帧的基本操作方法和操作技巧。
4. 初步了解库、库中元件和舞台内元件的实例，了解创建、编辑元件和实例的方法。
5. 初步掌握对象的基本操作，掌握多个对象的编辑方法。
6. 初步掌握场景的基本操作，掌握动画的导出和发布方法。

1.1 中文 Flash CS4 工作区和工作区布局

1.1.1 中文 Flash CS4 工作区

1."开始"界面

通常在刚启动中文 Flash CS4 或关闭所有 Flash 文档时，会自动调出 Flash CS4 的"开始"界面，如图 1-1 所示。它由 5 个区域组成，各区域的作用如下。

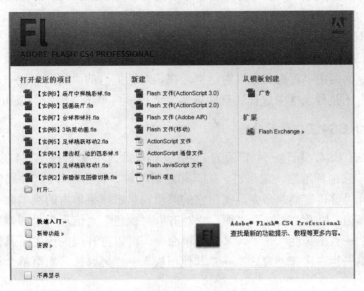

图 1-1　中文 Flash CS4 "开始" 界面

（1）"打开最近的项目"区域：其中列出了最近打开过的 Flash 文件名称，单击其中一个文件名称，即可调出相应的 Flash 文档。单击"打开"按钮 📂 打开...，可以调出"打开"对话框，利用该对话框可以打开外部的一个或多个 Flash 文档。

（2）"新建"区域：其中列出了可以创建的 Flash 文件类型名称。单击"Flash 文件（ActionScript 3.0）"选项，可以新建一个版本为 ActionScript 3.0 的普通 Flash 文档；单击"Flash 文件（ActionScript 2.0）"选项，可以新建一个版本为 ActionScript 2.0 的普通 Flash 文档；默认的播放器版本均为 Flash Player 9。单击"Flash 项目"选项，可以调出"新建项目"对话框，利用该对话框可以新建一个项目。单击其他项目名称，可以创建一个相应的 Flash 文档。

（3）"从模板创建"区域：其中列出了一些 Flash CS4 提供的模板类型，单击其中一个模板类型名称（如"广告"），可调出"新建文档"（选择"模板"标签）对话框。利用该对话框可以选择具体的模板，进一步利用模板创建 Flash 文档。

选择"新建文档"对话框的"常规"标签，如图 1-2 所示，它比"新建"区域内的选项增加"Flash 幻灯片演示文稿"和"Flash 表单应用程序"选项。

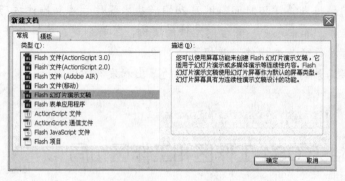

图 1-2　"新建文档"（常规）对话框

（4）"扩展"区域：单击"Flash Exchange"选项，可以链接到"www.adobe.com"网站的"Adobe Exchange"网页。可以在其中下载助手应用程序、扩展功能及相关信息。

（5）"帮助"区域：有"快速入门"、"新增功能"和"资源"3 个选项，单击选项可以调出"www.adobe.com"网站的相应网页，从而可以获取学习 Flash CS4 的帮助信息，可以了解 Flash CS4 新增功能，了解有关文档资源和查找 Adobe 授权的培训机构等。

如果选中"不再显示"复选框，则再启动 Flash CS4 或关闭所有 Flash 文档时，不会出现"开始"界面，而进入"新建文档"对话框。若要显示"开始"界面，可选择"编辑"→"首选参数"菜单命令，调出"首选参数"对话框，在该对话框内的"类别"栏中选择"常规"选项，在"启动时"下拉列表框中选择"欢迎屏幕"选项，再单击"确定"按钮。

2. 中文 Flash CS4 工作区简介

启动中文 Flash CS4，新建一个普通的 Flash 文档，此时中文 Flash CS4 的工作区如图 1-3 所示。可以看出，它由标题栏、菜单栏、工具箱、时间轴、舞台工作区、"属性"面板和其他面板等组成。选择"窗口"菜单命令，调出它的菜单，单击该菜单内的菜单命令，可以打开或关闭时间轴、工具箱，以及"属性"、"库"、"对齐"、"颜色"、"信息"、"样本"、"变形"等面板。选择"窗口"→"工具栏"→"××"菜单命令，可以打开或关闭主工具栏、控制器（用于播放影片）和编辑栏。选择"窗口"→"其他面板"→"××××"菜单命令，可打开或关闭"历史记录"等面板。选择"窗口"→"隐藏面板"菜单命令，可隐藏所有面板；选择"窗口"→"显示面板"菜单命令，可显示所有隐藏的面板。

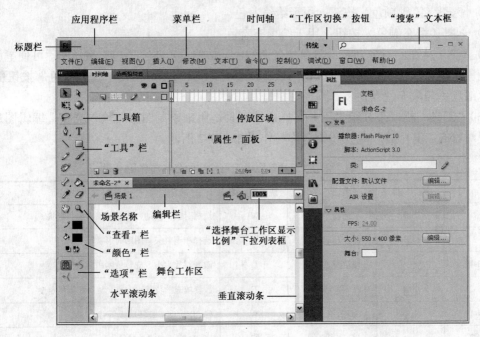

图 1-3　中文 Flash CS4 的工作区

选择"窗口"→"工作区"菜单命令，可以调出"工作区切换"菜单，单击该菜单内的菜单命令，可以选择不同类型的工作区；选择"窗口"→"工作区"→"传统"菜单命令，可以使工作区回到传统工作区状态，如图 1-3 所示。单击标题栏内的"工作区切换"按钮，也可以调出"工作区切换"菜单，它与选择"窗口"→"工作区"菜单命令调出的"工作区切换"菜单一样。在标题栏内"工作区切换"按钮右边是"搜索"文本框，输入要搜索的名称后，按 Enter 键，即可调出提供相应帮助信息的网页。

3．工具箱

工具箱就是"工具"面板，它提供了用于选择对象、绘制和编辑图形、图形着色、修改对象和改变舞台工作区视图等工具。工具箱内从上到下分别为"工具"、"查看"、"颜色"和"选项"栏，如图 1-3 所示。单击按下某个工具按钮，便可激活相应的操作功能，以后把这一操作叫做使用某个工具。将鼠标指针移到各按钮之上，会显示该按钮的中文名称。

Flash CS4 新增的绘图工具有喷涂刷工具、Deco 工具、3D 旋转工具和 3D 平移工具。

（1）"查看"栏：工具箱"查看"栏内的工具用来调整舞台编辑画面的观察位置和显示比例。其中两个工具按钮的名称与作用如表 1-1 所示。

表 1-1　"查看"栏中工具按钮的名称与作用

序　号	图　标	名　　称	快　捷　键	作　　　　　用
1		手形工具	H	拖曳移动舞台工作区画面的观察位置
2		缩放工具	M,Z	改变舞台工作区和其内对象的显示比例

（2）"颜色"栏：工具箱"颜色"栏的工具是用来确定绘制图形的线条和填充的颜色。其中各工具按钮的名称与作用如下。

◎ ⬜⬜（笔触颜色）按钮：用于给线着色。

◎ ⬜⬜（填充颜色）按钮：用于给填充着色。

◎ ⬜⬜（从左到右分别是：黑白、交换颜色）按钮：单击"黑白"按钮⬜，可使笔触颜色和填充色恢复到默认状态（笔触颜色为黑色，填充色为白色）。单击"交换颜色"按钮⬜，可以使笔触颜色与填充色互换。

（3）"工具"栏：工具箱"工具"栏内的工具是用来绘制图形、输入文字、编辑图形，以及选择对象的。其中各工具按钮的名称与作用如表 1-2 所示。

表 1-2　"工具"栏中工具按钮的名称与作用

序　号	图　标	名　称	快　捷　键	作　用
1		选择工具	V	选择对象，移动、改变对象大小和形状
2		部分选取工具	A	选择和调整矢量图形的形状等
3-1		任意变形工具	Q	改变对象大小、旋转角度和倾斜角度等
3-2		渐变变形工具	F	改变填充的位置、大小、旋转和倾斜角度
4-1		3D 旋转工具	W	在 3D 空间中旋转对象
4-2		3D 平移工具	G	在 3D 空间中移动对象
5		套索工具	L	在图形中选择不规则区域内的部分图形
6-1		钢笔工具	P	采用贝赛尔绘图方式绘制矢量曲线图形
6-2		添加锚点工具	=	单击矢量图形线条上一点，可添加锚点
6-3		删除锚点工具	–	单击矢量图形线条的锚点，可删除该锚点
6-4		转换锚点工具	C	将直线锚点和曲线锚点相互转换
7		文本工具	T	输入、编辑字符和文字对象
8		线条工具	N	绘制各种粗细、长度、颜色和角度的直线
9-1		矩形工具	R	绘制矩形的轮廓线或有填充的矩形图形
9-2		椭圆工具	O	绘制椭圆形轮廓线或有填充的椭圆图形
9-3		基本矩形工具	R	绘制基本矩形
9-4		基本椭圆工具	O	绘制基本椭圆或基本圆形
9-5		多角星形工具		绘制多边形和多角星形图形
10		铅笔工具	Y	绘制任意形状的曲线矢量图形
11-1		刷子工具	B	可像画笔一样绘制任意形状和粗细的曲线
11-2		喷涂刷	B	在定义区域随机喷涂元件
12		Deco 工具	U	快速创建类似于万花筒的效果并应用填充
13-1		骨骼工具	X	扭曲单个形状
13-2		绑定工具	Z	用一系列链接对象创建类似于链的动画效果

续表

序　号	图　标	名　称	快捷键	作　用
14-1		颜料桶工具	K	给填充对象填充彩色或图像内容
14-2		墨水瓶工具	S	用于改变线条的颜色、形状和粗细等属性
15		滴管工具	I	用于将选中对象的一些属性赋予相应的面板
16		橡皮擦工具	E	擦除图形和打碎后的图像与文字等对象

（4）"选项"栏：工具箱"选项"栏中放置了用于对当前激活的工具进行设置的一些属性和功能按钮等选项。这些选项是随着用户选用工具的改变而变化的，大多数工具都有自己相应的属性设置。在绘图、输入文字或编辑对象时，通常应当在选中绘图或编辑工具后，再对其属性和功能进行设置。

4. 主工具栏

主工具栏有 16 个按钮，如图 1-4 所示。主工具栏中各按钮的作用如表 1-3 所示。将鼠标指针移到各按钮之上，会显示该按钮的中文名称。

图 1-4　主工具栏

表 1-3　主工具栏按钮的名称与作用

序　号	图　标	名　称	作　用
1		新建	新建一个 Flash 文档
2		打开	打开一个已存在的 Flash 文档
3		转到 Bridge	单击该按钮，可调出"Bridge"，它是一个文件浏览器，如图 1-5 所示
4		保存	将当前 Flash 文件保存为扩展名是".fla"的文档
5		打印	将当前编辑的 Flash 图像打印输出
6		剪切	将选中的对象剪切到剪贴板中
7		复制	将选中的对象复制到剪贴板中
8		粘贴	将剪贴板中的内容粘贴到光标所在的位置处
9		撤销	撤销刚刚完成的操作
10		重做	重新进行刚刚被撤销的操作
11		贴紧至对象	可以进入"贴紧"状态。此时，绘图、移动对象都可自动贴紧到对象、网格或辅助线，不适合于微调
12		平滑	可使选中的曲线或图形外形更加平滑，有累积效果
13		伸直	使选中的曲线或图形外形更加平直，有累积效果
14		旋转与倾斜	可以改变舞台中对象的旋转角度和倾斜角度
15		缩放	可以改变舞台中对象的大小尺寸
16		对齐	单击它可调出"对齐"面板，用来将舞台中选中的多个对象按照设定的方式排列对齐和等间距调整

图 1-5　"Bridge"文件浏览器

5. 面板和面板组

几个面板可以组合成一个面板组，单击面板组内的面板标签可以切换面板。

（1）"停放"区域：调出的面板通常会放置在 Flash 工作区最右边的区域内。停放有面板和面板组的 Flash 工作区最右边的区域可简称为"停放"区域，也叫"停靠"区域，如图 1-3 所示。单击"停放"区域内右上角的"折叠为图标"按钮 或其左边标签栏空白部分，可以收缩所有"停放"区域内的面板和面板组，形成由这些面板的图标和名称文字组成的列表，如图 1-6 所示，将鼠标指针移到列表的左或右边框处，当鼠标指针呈双箭头状时，水平拖曳，可以调整列表的宽度，当宽度足够时会显示面板的名称文字。

单击"停放"区域内右上角的"展开停放"按钮 ，可以将面板和面板组展开。单击"停放"区域内的图标或面板的名称，可以快速调出相应的面板。例如，单击"颜色"按钮，即可调出"颜色"面板，如图 1-7 所示。

（2）面板和面板组操作：拖曳面板或面板组顶部的水平虚线条，可以将面板或面板组移出"停放"区域的任何位置。拖曳面板组标签栏右边的空白处，可以将面板或面板组从"停放"区域内拖曳到其他位置，例如，可以移出"颜色和样本"面板组，如图 1-8 所示。

图 1-6　面板收缩

图 1-7　调出"颜色"面板

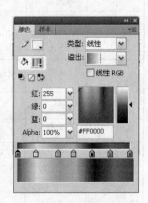

图 1-8　移出面板组

　　拖曳面板标签（如"样本"标签）到面板组外边，可以使该面板独立，如图 1-9 所示。拖曳面板的标签（如"颜色"标签）到其他面板（如"样本"面板）的标签处，可以将该面板与其他面板或面板组组合在一起，如图 1-10 所示。在图 1-11 左图所示面板组内，上下拖曳面板图标，也可以改变面板图标的相对位置，如图 1-11 右图所示。

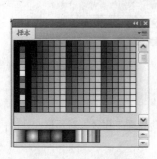
图 1-9　"样本"面板

图 1-10　面板重新组合

图 1-11　改变面板图标的相对位置

　　（3）"属性"面板：该面板是一个特殊面板，单击选中不同的对象或工具时，会自动调出相应的"属性"面板，其中集合了相应的参数设置选项。例如，单击按下工具箱中的"选择工具"按钮，单击舞台工作区内空白处，此时的"属性"面板是文档的"属性"面板，如图 1-12 所示，其中提供了设置文档的许多选项。

　　单击▽属性，可以收缩关于属性的选项；单击▷属性，可以展开关于属性的选项。同样，单击▽发布，可以收缩关于发布的选项；单击▷发布，可以展开关于发布的选项。

　　拖曳"属性"面板的下边缘和右边缘，可以调整"属性"面板的大小。

　　（4）面板菜单：单击面板组标题栏右上角的■，可以调出该面板的面板菜单，该菜单中只有"帮助"、"关闭"和"关闭组"菜单命令。

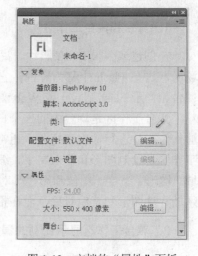
图 1-12　文档的"属性"面板

1.1.2　工作区布局

　　工作区布局就是中文 Flash CS4 工作区，用户可以根据自己的喜好或工作的需要，重新调整各面板的位置，打开某些面板，调整工作区大小等。

1. 新建工作区布局

　　调整工作区后，选择"窗口"→"工作区"→"新建工作区"菜单命令，调出"新建工作区"对话框，如图 1-13 所示（还没有输入工作区布局的名称）。在该对话框内的文本框中输入工作区布局的名称（如"我的工作区布局 1"），再单击"确定"按钮，即可在"窗口"→"工作区"菜单中添加一个"我的工作区布局 1"菜单命令。

2．使用和管理工作区布局

选择"窗口"→"工作区"→"工作区布局 1"菜单命令，可将工作区改变为当时保存的状态；选择"窗口"→"工作区"→"默认"菜单命令，可将工作区改变为默认状态；选择"窗口"→"工作区"→"管理工作区"菜单命令，即可调出"管理工作区"对话框，如图 1-14 所示。利用该对话框可以给保存的工作区更名或删除保存的工作区名称。

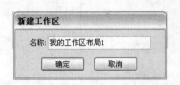

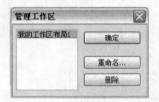

图 1-13　"新建工作区"对话框　　　　图 1-14　"管理工作区"对话框

1.1.3　舞台工作区

1．舞台和舞台工作区

在创建或编辑 Flash 影片时离不开舞台，像导演指挥演员演戏一样，要给演员一个排练的场所，这在 Flash 中称为舞台。它是在创建 Flash 文档时放置对象的矩形区域。创作环境中的舞台相当于 Flash Player 或 Web 浏览器窗口中播放时显示 Flash 文档的矩形空间。

舞台工作区是舞台中的一个白色或其他颜色的矩形区域，只有在舞台工作区内的对象才能够作为影片进行输出和打印。通常，在运行 Flash 后，它会自动创建一个新影片的舞台。舞台工作区是绘制图形和输入文字，编辑图形、文字和图像等对象的矩形区域，也是创建影片的区域。图形、文字、图像和影片等对象的展示也可以在舞台工作区中进行。可以使用舞台周围的区域存储图形和其他对象，而在播放 SWF 文件时则不在舞台上显示它们。

2．舞台工作区显示比例的调整方法

（1）方法一：舞台工作区的上方是编辑栏，编辑栏内的右边有一个可改变舞台工作区显示比例的下拉列表框，如图 1-15 所示。利用该下拉列表框，可以选择下拉列表框内的选项或输入百分比来改变显示比例。该下拉列表框内各选项的作用如下。

◎ "符合窗口大小"选项：可以按窗口大小显示舞台工作区。

◎ "显示帧"选项：可以自动调整舞台工作区的显示比例，使舞台工作区完全显示。

◎ "显示全部"选项：可以自动调整舞台工作区的显示比例，将舞台工作区内所有对象完全显示出来。

◎ "100%"（或其他百分比例数）选项：可以按 100%比例（或其他比例）显示。

（2）方法二：选择"视图"→"缩放比率"菜单命令，调出其子菜单，如图 1-16 所示，它与图 1-15 所示基本一样。

（3）方法三：使用工具箱中的"缩放工具"可以改变舞台工作区的显示比例，同时也改变了其内对象的显示比例。单击工具箱内的"缩放工具"按钮 🔍，则工具箱选项栏内会出现 🔍 和 🔍 两个按钮。单击 🔍 按钮，再单击舞台可放大；单击 🔍 按钮，再单击舞台可缩小。

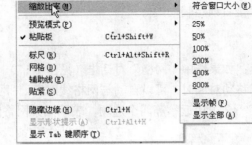

图 1-15　调整舞台工作区大小　　　　　　图 1-16　"缩放比率"菜单

　　单击"缩放工具"按钮 后，在舞台工作区内拖曳出一个矩形，这个矩形区域中的内容将会撑满整个舞台工作区。

　　屏幕窗口的大小是有限的，有时画面中的内容会超出屏幕窗口可以显示的面积，这时可以使用窗口右边和下边的滚动条，把需要的部分移动到窗口中。单击工具箱内的"手形工具"按钮，拖曳舞台工作区，就可以看到整个舞台工作区随着鼠标的拖曳而移动。

3．舞台工作区的网格、标尺和辅助线

　　在舞台中，为了使对象准确定位，可以在舞台的上边和左边加入标尺，在舞台工作区内显示网格和辅助线，它们不会随影片输出。

　　（1）显示网格：选择"视图"→"网格"→"显示网格"菜单命令，会在舞台工作区内显示网格。再选择该菜单命令，可取消该菜单命令左边的对勾，同时取消网格。

　　（2）显示标尺：选择"视图"→"标尺"菜单命令，使该菜单命令左边出现对勾，此时会在舞台工作区上边和左边出现标尺。再选择该菜单命令，可取消标尺。

　　（3）编辑网格：选择"视图"→"网格"→"编辑网格"菜单命令，调出"网格"对话框，如图 1-17 所示。利用该对话框，可编辑网格颜色、网格线间距，确定是否显示网格，移动对象时是否贴紧网格线等。加入网格的舞台工作区如图 1-18 所示。

　　（4）显示/清除辅助线：选择"视图"→"辅助线"→"显示辅助线"菜单命令，再单击工具箱中的"选择工具"按钮，从标尺栏向舞台工作区内拖曳，即可产生辅助线，如图 1-19所示。再选择该菜单命令，可清除辅助线。拖曳辅助线，可以调整辅助线的位置。选择"视图"→"辅助线"→"清除辅助线"菜单命令，也可清除辅助线。

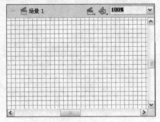

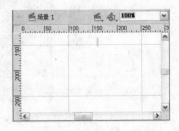

图 1-17　"网格"对话　　　图 1-18　加网格的舞台工作区　　　图 1-19　标尺栏和辅助线

　　（5）锁定辅助线：选择"视图"→"辅助线"→"锁定辅助线"菜单命令，即可将辅助线锁定，此时无法用鼠标拖曳改变辅助线的位置。

　　（6）编辑辅助线：选择"视图"→"辅助线"→"编辑辅助线"菜单命令，会调出"辅助线"对话框，如图 1-20 所示。利用该对话框，可以编辑辅助线的颜色、确定是否显示辅助线、是否贴紧至辅助线和是否锁定辅助线等。

4．对象贴紧

（1）与网格贴紧：如果选中"网格"对话框（见图 1-17）中的"贴紧至网格"复选框，则以后在绘制、调整和移动对象时，可以自动与网格线对齐。"网格"对话框内的"紧贴精确度"下拉列表框中给出了"必须接近"等四个选项，表示贴紧网格的程度。

图 1-20 "辅助线"对话框

（2）与辅助线贴紧：在舞台工作区中创建了辅助线后，如果在"辅助线"对话框（见图 1-20）中选中"贴紧至辅助线"复选框，则以后在创建、调整和移动对象时，可以自动与辅助线对齐。

（3）与对象贴紧：单击按下主工具栏内或工具箱"选项"栏（在选择了一些工具后）内的"贴紧至对象"按钮后，在创建和调整对象时，可自动与附近的对象贴紧。

如果选择了"视图"→"贴紧"→"贴紧至像素"菜单命令，则当视图缩放比率设置为400%或更高的时候，会出现一个像素网格，它代表将出现单个像素。当创建或移动一个对象时，它会被限定到该像素网格内。如果创建的形状边缘处于像素边界内（如使用的笔触宽度是小数形式，如 6.5 像素）。切记是贴紧像素边界，而不是贴紧图形的边缘。

1.1.4　时间轴的组成和特点

1．时间轴的组成

时间轴即"时间轴"面板，它是中文 Flash CS4 进行影片创作和编辑的主要工具，拖曳时间轴，可以改变它的位置。时间轴就好像导演的剧本，它决定了各个场景的切换及演员出场、表演的时间顺序。Flash 把影片按时间顺序分解成帧（在舞台中直接绘制的图形或从外部导入的图像，均可形成单独的帧），再把各个单独的帧画面连在一起，合成影片。每个影片都有它的时间轴。图 1-21 给出了一个 Flash 影片的时间轴。

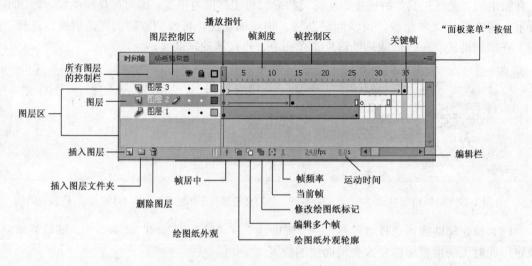

图 1-21　时间轴

由图 1-21 可以看出，时间轴窗口可以分为左右两个区域。左边是图层控制区域，它主要用来进行各图层的操作；右边是帧控制区域，它主要用来进行各帧的操作。图层就相当于舞台中演员所处的前后位置。图层靠上，相当于该图层的对象在舞台的前面。在同一个纵深位置处，前面的对象会挡住后面的对象。

（1）图层控制区：图层控制区内第 1 行有 3 个图标按钮，用来对所有图层的属性进行控制。从图层控制区内第 2 行开始到倒数第 2 行止是图层区，其内有许多行，每行表示一个图层，如图 1-21 所示。在图层控制区内，从左到右按列划分有"图层类别图标"、"图层名称"、"当前图层图标"、"显示/隐藏图层"、"锁定/解除锁定"和"轮廓"6 列。双击图层名称，可以进入图层名称编辑状态，此时可以更改图层名称。"当前图层图标"列的图标为 ，表示该图层是当前图层。单击图层控制区中的"显示/隐藏图层"、"锁定/解除锁定"和"轮廓"列的按钮，可以改变图层的状态属性。右击图层控制区的图层，可以调出图层快捷菜单，利用图层快捷菜单可以完成对图层的大部分操作。

（2）帧控制区：帧控制区上边的第一行是时间轴帧刻度区，用来标注随时间变化所对应的帧号码。帧控制区的下边是帧工作区，它给出各帧的属性信息。其内也有许多行，每行也表示一个图层。在一个图层中，水平方向上划分为许多个帧单元格，每个帧单元格表示一帧画面。单击一个单元格，即可在舞台工作区中将相应的对象显示出来。

在时间轴窗口中还有一条红色的竖线，这条竖线指示的是当前帧，称为播放指针，它指示了舞台工作区内显示的是哪一帧画面。可以用鼠标拖曳它，来改变舞台显示的画面。向右拖曳时间轴窗口的分隔条，可以调整帧控制区的大小，还可以将它隐藏起来。有一个小黑点的单元格表示是关键帧（即动画中起点、终点或转折点的帧）。右击帧控制区的帧，可以调出帧快捷菜单，利用该菜单可以完成对帧的大部分操作。

2. 时间轴帧控制区

时间轴窗口内有许多图层和帧单元格（简称帧），每行表示一个图层，每个图层的一列表示一帧。帧主要有以下几种，不同种类的帧表示不同的含义。

（1）空白帧▯：也叫空帧。该帧内是空的，没有任何对象，也不可以在其内创建对象。

（2）空白关键帧▯：也叫白色关键帧，帧单元格内有一个空心的圆圈，表示它是一个没内容的关键帧，可以创建各种对象。新建一个 Flash 文件，则在第 1 帧会自动创建一个空白关键帧。单击选中某一个空白帧，再按 F7 键，即可将它转换为空白关键帧。

（3）关键帧▮：帧单元格内有一个实心的圆圈，表示该帧内有对象，可以进行编辑。单击选中一个空白帧，再按 F6 键，即可创建一个关键帧。

（4）普通帧▮：关键帧右边的浅灰色背景帧单元格是普通帧，表示它的内容与左边的关键帧内容一样。单击选中关键帧右边的一个空白帧，再按 F5 键，则从关键帧到选中的帧之间的所有帧均变成普通帧。

（5）动作帧▮：该帧本身也是一个关键帧，其中有一个字母"a"，表示这一帧中分配有动作脚本。当影片播放到该帧时会执行相应的脚本程序。有关内容将在第 5 章介绍。

（6）过渡帧▮：它是两个关键帧之间，创建补间动画后由 Flash 计算生成的帧，它的底色为浅蓝色（传统补间动画）或浅绿色（形状动画）。不可以对过渡帧进行编辑。

创建不同帧的方法还有：选中某一帧，选择"插入"→"时间轴"→"××××"菜单命令。或右击关键帧，调出帧快捷菜单，再单击该帧快捷菜单中相应的菜单命令。

3. 时间轴图层控制区

时间轴图层控制区内按钮的名称和作用简介如表 1-4 所示。

表 1-4 时间轴图层控制区内按钮的名称和作用

序 号	按 钮	名 称	作 用
1	👁	显示/隐藏所有图层	使所有图层的内容显示或隐藏
2	🔒	锁定/解除锁定所有图层	使所有图层的内容锁定或解锁，图层锁定后，其内的所有对象不可以被操作
3	◻	显示所有图层的轮廓	使所有图层中的图形只显示轮廓
4	🗋	插入图层	在选定图层的上面再增加一个新的普通图层
5	📁	插入图层文件夹	在选定图层之上新增一个图层目录，拖曳图层到图层目录处，可将图层放入该图层目录中
6	🗑	删除图层	删除选定的图层
7	↕	帧居中	单击该按钮，可以在时间轴内，将当前帧（播放指针所在的帧）显示到帧控制区窗口中
8	🔳	绘图纸外观	单击该按钮，可显示多帧选择区域，显示该区域内所有帧的对象，即多帧同时显示，如图 1-22 所示
9	🔲	绘图纸外观轮廓	单击该按钮，可在时间轴上显示多帧选择区域，除关键帧外，其余帧中的对象仅显示对象的轮廓线，如图 1-23 所示
10	🔳	编辑多个帧	单击该按钮，可以在时间轴上制作多帧选择区域，该区域中关键帧内的对象均显示在舞台工作区中，可以同时编辑它们
11	[·]	修改绘图纸标记	单击该按钮，可以显示一个"多帧显示"菜单，利用该菜单可以定义多帧选择区域的范围，可以定义显示 2 帧、5 帧或全部帧的内容
12	1 24.0 Fps 0.0s 信息栏		从左到右，分别用来显示当前帧、帧频（即影片播放速率）和运动时间
13	▾≡	时间轴菜单	单击该按钮，可以调出"时间轴"菜单，利用该菜单可以改变时间轴单元格的显示方式

图 1-22 单击"绘图纸外观"按钮 效果　　　　图 1-23 单击"绘图纸外观轮廓"按钮 效果

1.1.5 "库"面板和元件分类

1. "库"面板

　　库有两种，一种是用户库，也叫"库"面板，用来存放用户创建动画中的元件，如图 1-24 所示。另一种是 Flash 系统提供的"公用库"，用来存放系统提供的元件。根据存放元件的种类不同有三个库。选择，"窗口"→"公用库"→"××××"菜单命令，可以调出相应的一种公用库的"库"面板。例如，选择"窗口"→"公用库"→"按钮"菜单命令，可以调出"库-按钮"面板，如图 1-25 所示。各种库存放元件的方法是一样的。

　　（1）"库"面板底部各按钮的作用如下。

　　◎ "新建元件"按钮 ：单击它可以调出"创建新元件"对话框，如图 1-26 所示。在"名称"文本框内输入元件的名称，在"类型"下拉列表框内选择元件类型，然后单击"确定"按钮，即可进入该元件的编辑状态。

图 1-24　"库"面板　　　　图 1-25　"库-按钮"面板　　　图 1-26　"创建新元件"对话框

◎ "新建文件夹"按钮 ：单击该按钮可以在"库"面板中创建一个新文件夹。

◎ "属性"按钮 ：选中"库"面板中的一个元件，再单击该按钮可以调出"元件属性"对话框。利用该对话框可以更改选中元件的类别属性。

◎ "删除"按钮 ：单击该按钮，可以删除"库"面板中选中的元素。

（2）了解库中的元件：选中其中一个元件，即可在"库"面板上边的窗口（素材预览窗口）内看到元素的形状。不同的图标表示不同的元件类型。要了解元件的动画效果和声音效果，可单击"库"面板右上角的 ▶ 按钮。如果要暂停播放，可单击 ■ 按钮。

其内的 按钮表示一个文件夹，双击它可以打开文件夹，在 按钮的下边显示出该文件夹内元素的图标和名称等。再双击它，可以关闭文件夹。

（3）改变元素预览窗口的显示方式：右击"库"面板内的显示窗口，弹出它的快捷菜单。利用该菜单中的菜单命令可以改变素材面板预览窗口的显示方式。

（4）调整"库"面板大小：拖曳"库"面板的边框，可以调整它的大小。

2. 可以创建的元件类型

（1）图形元件 ：它可以是矢量图形、图像、声音或动画等。它通常用来制作电影中的静态图形，不具有交互性。声音元件是图形元件中的一种特殊元件，它的图标是 。

（2）影片剪辑元件 ：它是主影片中的一段影片剪辑，用来制作独立于主影片时间轴的动画。它可以包括交互性控制、声音甚至其他影片剪辑的实例。也可以把影片剪辑的实例放在按钮的时间轴中，从而实现动画按钮。

将"库"面板内的元件拖曳到舞台工作区内，即可创建相应的实例。影片剪辑实例与图形实例不同。前者只需要一个关键帧来播放动画，而后者必须出现在足够的帧中。

（3）按钮元件 ：可以在影片中创建按钮元件的实例。在 Flash 中，首先要为按钮设计不同状态的外观，然后为按钮的实例分配事件（如鼠标单击等）和触发的动作。

在编辑时，必须选择"控制"→"测试影片"菜单命令或选择"控制"→"测试场景"菜单命令，才能在播放器窗口内演示按钮的动作和交互效果。

1.1.6 获取帮助简介

选择"帮助"→"Flash 帮助"菜单命令或按 F1 键，可调出"http://help.adobe.com"网站的"Adobe Flash CS4 Professional"页面，如图 1-27 所示。

图 1-27 "Adobe Flash CS4 Professional"页面

（1）在帮助文件的窗口或页面内左边是"帮助目录"列表框，其内采用树形结构列出了帮助信息的目录，单击⊞图标，可以展开目录列表，单击⊟图标，可以收缩目录列表。在该对话框内右边是相应的"帮助信息"列表框，其内给出了要获取的中文 Flash CS4 帮助信息。单击目录中的题目，即可在右边的列表框中显示相应的帮助信息。

（2）单击"帮助"对话框中的"下一页"按钮▶和"上一页"按钮◀，可以翻页浏览，单击"后退"按钮和"前进"按钮，可以翻看曾看过的帮助页面。

（3）在"搜索"文本框内输入要搜索的单词，单击"搜索"按钮，即可搜索与输入的单词有关的文件，并列在左边的目录栏内。

（4）单击"下载帮助 PDF（15MB）"文字，下载名称为"flash_cs4_help.pdf"的 PDF 格式的 Flash 帮助文件，同时调出 PDF 格式的浏览器并打开该帮助文件，如图 1-28 所示。

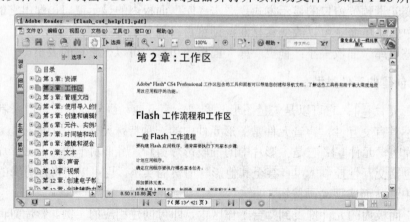

图 1-28 下载 PDF 格式的 Flash 帮助文件

（5）选择"文件"→"保存"菜单命令，调出"保存副本"对话框，利用该对话框可以将 PDF 格式的 Flash 帮助文件"flash_cs4_help.pdf"以其他名称保存。还可以将该文件保存为 TXT 格式的 Flash 帮助文件，将 Flash 帮助文件打印出来。

思考与练习 1-1

1．安装中文 Flash CS4，再启动中文 Flash CS4。了解中文 Flash CS4 工作区的特点，初步了解主工具栏和工具箱内所有工具按钮的名称和简单的使用方法，了解时间轴的特点。

2．打开"对齐"、"信息"和"变形"面板，将"对齐"和"信息"面板组成一个面板组，将该面板组和"库"面板置于"停放"区域内，构成一种工作区布局，将这种工作区布局以名称"我的第 2 个工作区"保存。再将工作区布局还原为默认状态，将工作区布局改为名称为"我的第 2 个工作区"的工作区布局状态。

3．在舞台的左边和上边显示标尺，创建 6 条水平辅助线，3 条垂直辅助线，显示网格，网格的颜色为蓝色，水平和垂直间距均为 25 像素（像素）。再锁定垂直辅助线。

4．利用中文 Flash CS4 提供的帮助，了解 Flash CS4 新增的功能，了解缩放舞台工作区的几种方法，了解 Flash CS4 时间轴的特点。

1.2　【实例 1】风景图像水平移动切换

"风景图像水平移动切换"动画运行后的 3 幅画面如图 1-29 所示。可以看到，在背景框架图像内显示第 1 幅图像，接着第 2 幅图像在框架内从右向左水平移动，逐渐将第 1 幅图像覆盖。该动画的制作方法和相关知识介绍如下。

图 1-29　"风景图像水平移动切换"动画运行后的 3 幅画面

 制作方法

1．新建 Flash 文档

（1）方法一：选择"文件"→"新建"菜单命令，调出"新建文档"（常规）对话框，如图 1-2 所示。选中该对话框中的"Flash 文件（ActionScript 3.0）"选项或"Flash 文件（ActionScript 2.0）"选项，此处，选中该对话框中的前一个选项（其播放器是"Flash Player 10"）。然后，单击"确定"按钮，即可创建一个新的 Flash 空文档。

（2）方法二：单击主工具栏内的"新建"按钮 □，可以直接创建一个空 Flash 文档。

（3）方法三：调出中文 Flash CS4"开始"界面，如图 1-1 所示。单击"新建"区域内的第 1 个或第 2 个选项，即可新建一个 Flash 文档。

2．设置文档属性

选择"修改"→"文档"菜单命令，调出"文档属性"对话框，如图 1-30 所示（还没有设置）。单击图 1-12 所示文档的"属性"面板内的"文档属性"下的 编辑… 按钮，也可以调出"文档属性"对话框，其中各选项的作用如下。

（1）"尺寸"栏：在"宽"文本框内输入舞台工作区的宽度（此处输入 500），在"高"文本框内输入高度（此处输入 400），如图 1-30 所示。默认单位为像素（px），最大可以设置为 2880 像素×2880 像素，最小可设置为 1 像素×1 像素。

（2）"匹配"栏：选中"打印机"单选按钮，可以使舞台工作区与打印机相匹配；选中"内容"单选按钮，可以使舞台工作区与影片内容相匹配，并使舞台工作区四周具有相同的距离。要使影片尺寸最小，可以把场景内容尽量向左上角移动，然后选中该单选按钮；选中"默认"单选按钮，可以按照默认值设置文档属性。此处不选择任何单选按钮。

（3）"背景颜色"按钮：单击它，调出一个颜色面板，如图 1-31 所示。单击该面板内的一个色块（此处为黄色色块），即可设置舞台工作区的背景颜色（此处设置为黄色）。

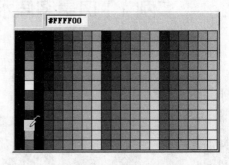

图 1-30　"文档属性"对话框　　　　　　　　图 1-31　　颜色面板

（4）"帧频"文本框：用来输入影片的播放速度，影片的播放速度默认为 12f/s，即每秒钟播放 12 帧画面。此处采用默认值。

（5）"标尺单位"下拉列表框：它用来选择舞台上边与左边标尺的单位。

（6）"设为默认值"按钮：单击该按钮，可使文档属性的设置状态成为默认状态。

完成 Flash 文档属性的设置后，单击"确定"按钮，退出该对话框。

3．导入图像和调整图像

（1）将图像导入到舞台：选择"文件"→"导入"→"导入到舞台"菜单命令，调出"导入"对话框，单击选中"框架 1.jpg"图像文件，如图 1-32 所示，再单击"打开"按钮。因为选择的文件所在的文件夹内还有"框架 2.jpg"、"框架 3.jpg"等以数字序号结尾的文件，则单击"打开"按钮后，会弹出一个"Adobe Flash CS4"提示框，如图 1-33 所示。

如果单击"是"按钮，则会将一系列文件全部导入到"库"面板中和舞台工作区中。此处，单击"否"按钮，只将选定的图像文件导入到舞台工作区，同时还导入"库"面板内。

如果导入的文件有多个图层，Flash CS4 会自动创建新图层以适应导入的图像。

（2）调整图像大小和位置：单击工具箱中的"任意变形工具"按钮 ，单击按下工具箱中"选项"栏内的"缩放"按钮 。拖曳图像四周的控制柄，将图像调整到与舞台工作区大小一样。拖曳图像，使图像刚好将整个舞台工作区完全覆盖，如图 1-34 所示。

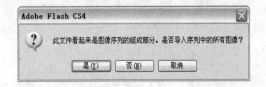

图 1-32　"导入"对话框　　　　　　　图 1-33　"Adobe Flash CS4"提示框

另外，选中框架图像，在"属性"面板内，单击"宽度"数值，出现一个文本框，输入 500；单击"高度"数值，出现一个文本框，输入 400。按照上述方法，在"X"和"Y"文本框内分别输入 0，如图 1-35 所示，可以精确调整图像的大小和位置。

在调整数值时，可以将鼠标指针移到数值之上，当鼠标指针呈双箭头状时，如图 1-36 所示。此时，向右水平拖曳，可以增大数值；向左水平拖曳，可以减小数值。

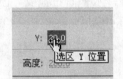

图 1-34　"框架 1.jpg"图像　　　　图 1-35　位图的"属性"面板　　　图 1-36　调整数值

（3）将图像导入到库：选择"文件"→"导入"→"导入到库"菜单命令，调出"导入到库"对话框，它与图 1-32 所示对话框基本一样，以后的操作方法也一样，只是单击"打开"按钮后，只将选中的图像或一个序列图像导入到"库"面板中。此处，在调出"导入到库"对话框后，按住 Ctrl 键，同时单击选中"巴黎 1.jpg"和"巴黎 2.jpg"图像文件，如图 1-37 所示。单击"打开"按钮，将选中的 2 个图像导入到"库"面板中。

（4）单击工具箱内的"选择工具"按钮 ，单击选中"图层 1"图层，单击时间轴内的"插入图层"按钮 ，在"图层 1"图层的上边创建一个名称为"图层 2"的图层。

（5）单击选中时间轴中的"图层 2"图层第 1 帧。将"库"面板内的"巴黎 1.jpg"图像元件拖曳到舞台工作区中。然后，调整它的大小和位置，位图的"属性"面板设置如图 1-38 所示，舞台工作区内的画面如图 1-39 所示。

（6）选中"图层 2"图层，单击时间轴内的"插入图层"按钮 ，在"图层 2"图层的上边创建一个名称为"图层 3"的图层。单击选中"图层 3"图层第 1 帧，将"库"面板内的"巴黎 2.jpg"图像元件拖曳到舞台工作区中。然后，调整它的大小和位置，位图的"属性"面板设置与图 1-38 所示一样，舞台工作区内的画面如图 1-40 所示。

图1-37 "导入到库"对话框   图1-38 位图的"属性"面板   图1-39 "巴黎1"图像

4．制作图像水平移动动画

（1）右击"图层3"图层第1帧，调出帧快捷菜单，再单击该菜单中的"创建传统补间"菜单命令。此时，该帧具有了传统补间动画的属性。

（2）单击选中"图层3"图层的第40帧，按F6键，创建一个关键帧。此时，第40帧单元格内出现一个实心的圆圈，表示该单元格为关键帧，时间轴中第1～40帧的单元格内会出现一条水平指向右边的箭头，创建第1～40帧的传统补间动画。此时，"图层3"图层第1～40帧内各帧的画面一样，如图1-40所示。

（3）单击工具箱内的"选择工具"按钮 ，单击选中"图层3"图层第1帧，按住Shift键，水平向右拖曳"巴黎2"图像到"巴黎1"图像的右边，此时第1帧画面如图1-41所示，第40帧画面如图1-40所示。

图1-40 "巴黎2"图像   图1-41 调整后的第1帧画面

注意：制作动画的关键是确定动画起始帧和终止帧关键帧内图像的位置等属性。

（4）按住Ctrl键，单击选中"图层1"和"图层2"图层第40帧，按F5键，创建普通帧，使"图层1"图层所有帧的内容一样，使"图层2"图层所有帧的内容一样。

至此，第2幅"巴黎2"图像从右向左水平移动的动画制作完毕。按Enter键，可以看到第2幅图像从右向左水平移动，最后将第1幅图像完全覆盖。但可以看到第2幅图像移动时，会将背景框架右边缘覆盖，效果不好。为了解决该问题，可使用遮罩技术。

（5）在"图层3"图层上边创建"图层4"图层。选中该图层第1帧。单击工具箱内的"矩形工具"按钮 ，单击工具箱内"颜色"栏中的"笔触颜色"按钮 ，再单击"没有颜色"按钮 ，设置无轮廓线。单击工具箱内"颜色"栏内"填充色"按钮 ，弹出的颜色面板与图1-31所示相似。单击颜色面板内黑色图标，设置矩形的填充颜色为黑色。

（6）如果工具箱内"选项"栏中的"对象绘制"按钮 处于按下状态，则单击该按钮，使它弹起。然后，沿图像边缘拖曳，绘制一幅黑色矩形图形，如图 1-42 所示。

（7）右击"图层 4"图层，调出图层快捷菜单，单击该菜单内的"遮罩层"菜单命令，将"图层 4"图层设置为遮罩图层，"图层 3"图层为被遮罩图层。只有这样，遮罩图层"图层 4"内的黑色矩形区域内被遮罩的"图层 3"图层内的图像才可以显示出来。

至此，该动画制作完毕。动画的时间轴如图 1-43 所示。

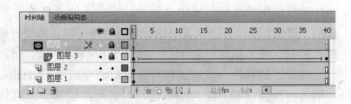

图 1-42　黑色矩形　　　　　　图 1-43　　"风景图像水平移动切换"动画的时间轴

5．播放、保存、打开和关闭 Flash 文档

（1）按 Ctrl+Enter 组合键，即可播放当前的 Flash 动画。

（2）保存 Flash 文档：如果是第一次存储 Flash 影片，可选择"文件"→"保存"或"文件"→"另存为"菜单命令，调出"保存为"对话框。利用该对话框，将影片存储为扩展名是".fla"的 Flash CS4 文档（在"保存类型"下拉列表框中选择"Flash CS4 文档"选项）或扩展名是".fla"的 Flash CS3 文档（在"保存类型"下拉列表框中选择"Flash CS3 文档"选项）。此处将 Flash 文档以名称"【实例 1】风景图像水平移动切换.fla"保存。

如果要再次保存修改后的 Flash 文档，可选择"文件"→"保存"菜单命令。如果要压缩保存 Flash 文档，可选择"文件"→"压缩并保存"菜单命令。

（3）关闭 Flash CS3 文档：选择"文件"→"关闭"菜单命令或单击 Flash 舞台窗口右上角的"关闭"按钮 ✕（或 ✕）。如果在此之前没有保存影片文件，会调出一个提示框，提示是否保存文档。单击"是"按钮，即可保存文档，然后关闭 Flash CS3 文档窗口。

（4）退出 Flash CS3：选择"文件"→"退出"菜单命令或单击窗口右上角的 ✕ 按钮。如果在此之前还有没关闭的修改过的 Flash 文档，则会调出提示框，提示是否保存文档。单击"是"按钮，即可保存文档，并关闭 Flash 文档窗口。然后，退出 Flash CS3。

（5）关闭 Flash CS4 文档窗口：选择"文件"→"关闭"菜单命令或单击 Flash 舞台窗口右上角的"关闭"按钮 ✕（或 ✕）。如果在此之前没有保存动画文件，会弹出一个提示框，提示是否保存文档。单击"是"按钮，即可保存文档，然后关闭 Flash CS4 文档窗口。

（6）退出 Flash CS4：选择"文件"→"退出"菜单命令或单击窗口右上角的 ✕ 按钮。如果在此之前还有没关闭的修改过的 Flash 文档，则会弹出提示框，提示是否保存文档。单击"是"按钮，即可保存文档，并关闭 Flash 文档窗口。然后，退出 Flash CS4。

知识链接

1．播放 Flash 动画的几种方法

（1）使用"控制器"面板播放：选择"窗口"→"工具栏"→"控制器"菜单命令，可以

图 1-44 "控制器"面板

调出"控制器"面板，如图 1-44 所示。单击"播放"按钮 ▶，可在舞台工作区内播放动画；单击"停止"按钮 ■，可使正在播放的动画停止播放；单击"后退"按钮 ⏮，可使播放头回到第 1 帧；单击"转到结尾"按钮 ⏭，可使播放头回到最后一帧；单击"后退一帧"按钮 ⏪，可使播放头后退一帧；单击"前进一帧"按钮 ⏩，可使播放头前进一帧。

（2）选择"控制"→"播放"菜单命令或按 Enter 键，即可在舞台窗口内播放该动画。对于有影片剪辑实例的动画，采用这种播放方式不能够播放影片剪辑实例。

选择"控制"→"停止"菜单命令或按 Enter 键，即可使舞台窗口内播放的动画停止播放。再选择"控制"→"播放"菜单命令或按 Enter 键，可以从暂停处继续播放。

（3）选择"控制"→"测试影片"菜单命令或按 Ctrl+Enter 组合键，可在播放窗口内播放动画。单击播放窗口右上角的 ☒ 按钮，可关闭播放窗口。这种方法可依次循环播放各场景。

（4）选择"控制"→"测试场景"菜单命令，可循环播放当前场景的动画。

（5）Adobe Flash Player 10（独立播放器）：使用它可以播放 SWF 格式的文件。安装 Flash CS4 后，可以在"C:\Program Files\Adobe\Adobe Flash CS4\Players"目录下找到它。找到"FlashPlayer.exe"文件后，双击它，即可调出"Adobe Flash Player 10"播放器。

2．播放动画方式的设置

（1）在舞台工作区循环播放：选择"控制"→"循环播放"菜单命令，使该菜单选项左边出现对勾。以后，可以选择"控制"→"播放"菜单命令（或按 Enter 键）或使用"控制器"面板的动画播放键使动画循环播放（均为在舞台工作区内的动画播放）。

（2）在舞台工作区播放所有场景的动画：选择"控制"→"播放所有场景"菜单命令，以后可以选择"控制"→"播放"菜单命令（或按 Enter 键）或使用"控制器"面板进行影片所有场景的播放（均为在舞台工作区内的动画播放）。

3．改变预览模式

为了加速显示过程或改善显示效果，可以在"查看"菜单中选择有关图形质量的选项。图形质量越好，显示的速度会越慢一些；如果要显示速度快，则可以降低显示质量。

（1）外边框显示：选择"视图"→"预览模式"→"轮廓"菜单命令。在播放时，只显示场景中所有对象的轮廓，而不显示其填充时的内容，因此可加快显示的速度。

（2）高速显示：选择"视图"→"预览模式"→"高速显示"菜单命令。在播放时，关闭消除锯齿功能，显示所有对象的轮廓和填充内容，显示速度较快。这是默认状态。

（3）消除锯齿显示：选择"视图"→"预览模式"→"消除锯齿"菜单命令。可使显示的图形和位图平滑一些，它比高速显示要慢得多，但显示质量要好一些。消除锯齿功能在提供成千（16 位）种或上百万（24 位）种颜色的显卡上处理效果最好。在 16 色或 256 色模式下，黑色线条比较平滑，但是颜色的显示在快速模式下可能会更好。

（4）消除文字锯齿显示：选择"视图"→"预览模式"→"消除文字锯齿"菜单命令。可使显示的文字的边缘平滑一些，使显示质量更好一些。此命令在处理较大的字体大小时效果最好，如果文本数量太多，则速度会减慢。这是最常用的工作模式。

（5）整个显示：选择"视图"→"预览模式"→"整个"菜单命令，可完全呈现舞台上的所有内容。此设置可能会降低显示速度。

思考与练习 1-2

1．新建一个 Flash 文档，设置舞台工作区宽 600 像素，高 400 像素，背景色为绿色。

2．在新建的 Flash 文档的舞台工作区内导入 6 幅图像，调整这 6 幅图像的大小和位置，使它们大小一样，并刚刚好将舞台工作区完全覆盖。

3．制作"图像切换 1"动画，该动画运行后，先显示第 1 幅图像，接着第 2 幅图像从图像框架的上边逐渐向下移动，同时逐渐将第 1 幅图像遮盖，直到第 2 幅图像完全将第 1 幅图像遮盖住为止。

4．制作"图像切换 2"动画，该动画运行后，先显示第 1 幅图像，接着第 1 幅图像在图像框架内逐渐向上移动，同时逐渐显示出其下边的第 2 幅图像，直到将第 2 幅图像完全显示出来为止。

5．制作一个"图像缩小切换"动画，该动画运行后，先显示第 1 幅图像，接着第 1 幅图像从图像框架的中间逐渐变小，同时逐渐显示出其下边的第 2 幅图像，直到第 1 幅图像完全消失，第 2 幅图像完全显示出来为止。

6．制作"图像切换 3"动画，该动画运行后，有 3 幅图像依次以不同方式切换。切换的方式由读者自己确定。

1.3　【实例 2】3 幅风景图像切换

"3 幅风景图像切换"动画运行后，可以看到，背景图像框架变为立体框架，刚开始的显示过程完全与【实例 1】动画运行后的效果一样。接着，第 2 幅图像逐渐消隐，同时第 3 幅图像逐渐显示出来，其中的 3 幅画面如图 1-45 所示。该动画是在【实例 1】动画的基础之上修改而成的，制作方法和相关知识介绍如下。

图 1-45　"3 幅风景图像切换"动画运行后的 3 幅画面

 制作方法

1．打开和修改 Flash 文档

（1）选择"文件"→"打开"菜单命令，调出"打开"对话框。利用该对话框打开"【实例 1】风景图像水平移动切换.fla"Flash 文档，再选择"文件"→"另存为"菜单命令，调出"保存为"对话框，再以名称"【实例 2】3 幅风景图像切换.fla"保存。

（2）按住 Ctrl 键，单击选中"图层 1"、"图层 3"和"图层 4"图层第 80 帧，按 F5 键，使"图层 1"、"图层 3"和"图层 4"图层第 1~80 帧的内容一样。其目的是在第 41~80 帧内显示框架和第 2 幅图像，以及保留遮罩作用，从而为在第 41~80 帧制作第 2 幅图像逐渐消失且第 3 幅图像逐渐显示的动画做准备。

（3）右击"图层 3"图层第 60 帧，调出帧快捷菜单，单击该菜单内的"删除补间"菜单命令，使"图层 3"图层第 61~80 帧的虚线取消，成为普通帧。

（4）选中"图层 3"图层，单击时间轴内的"插入图层"按钮 ，在"图层 3"图层上边创建"图层 5"图层。该图层第 41~80 帧用来制作第 3 幅图像逐渐消隐的动画。

（5）单击时间轴内图层控制区中第 1 行的"显示或隐藏所有图层"图标按钮，隐藏所有图层，时间轴图层控制区如图 1-46 所示。单击时间轴图层控制区内"图层 1"图层的图标按钮 ，使它变为 • 。同时将框架图像显示出来，如图 1-34 所示。

按照相同的方法，将"图层 4"和"图层 5"图层设置为显示，如图 1-47 所示。

（6）单击选中"图层 5"图层第 41 帧，按 F7 键，创建一个空关键帧，如图 1-47 所示，用来添加第 3 幅图像。因为只有关键帧或空关键帧才可以在舞台内添加对象。

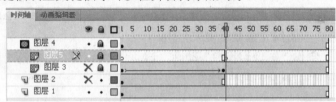

图 1-46　时间轴图层控制区　　　　　　　　　图 1-47　修改后的时间轴

2．制作图像框架

（1）单击选中"图层 1"图层第 1 帧，同时也选中该帧的框架图像，可以看到框架图像四周有蓝色矩形框，表示该图像被选中。

（2）选择"修改"→"分离"菜单命令，将选中的图像分离，如图 1-48 所示。可以看到，选中的分离后的图像之上有许多黑白相间的小点。将图像分离的目的是，分离后的图像具有图形的特点，可以剪裁图像，将图像中间区域的内容删除。

（3）单击时间轴图层控制区内"图层 4"图层的图标按钮 ，使它变为 • ，解除"图层 4"图层的锁定。同时将该帧内绘制的黑色矩形图形显示出来，如图 1-42 所示。

（4）使用工具箱内的"选择工具" ，单击选中黑色矩形图形，单击"编辑"→"复制"菜单命令，将选中的矩形图形复制到剪贴板内。

（5）选中"图层 1"图层第 1 帧，单击"编辑"→"粘贴到当前位置"菜单命令，将剪贴板内的矩形粘贴到"图层 1"图层第 1 帧舞台工作区的原位置处，如图 1-49 所示。

（6）单击舞台空白处，单击选中黑色矩形图形，按 Delete 键，删除黑色矩形图形，同时也删除黑色矩形图形下边的分离后的图像，形成图像框架，如图 1-50 所示。

图 1-48　分离的框架图像　　　　图 1-49　粘贴的矩形图形　　　　图 1-50　图像框架

3．制作立体框架

（1）单击选中图像框架，选择"修改"→"转换为元件"菜单命令或按 F8 键，调出"转换为元件"对话框，如图 1-51 所示。在"名称"文本框内可以输入在"库"面板内生成的元件的名称，此处保留默认值；在"行为"栏内可以选择元件类型；单击 ▦ 中的小方块，调整元件的中心（黑色小方块所在处表示元件的中心坐标位置）。

（2）单击"确定"按钮，"库"面板内会增加一个"元件 1"元件，同时选中的图像框架会自动变为该影片剪辑实例。上述操作的目的是，只有操作对象是影片剪辑实例或文字（同时播放器是"Flash Player 8"以上版本）时，才可以使用 Flash 的滤镜功能。

（3）选中影片剪辑实例，单击"属性"面板内左下角的"添加滤镜"按钮 ⬚，调出滤镜菜单，如图 1-52 所示。单击该菜单中的"斜角"菜单命令，此时，影片剪辑实例的"属性"面板如图 1-53 所示，影片剪辑实例（绿色框架）变成立体状，如图 1-54 所示。

图 1-51　"转换为元件"对话框　　　图 1-52　滤镜菜单　　图 1-53　实例"属性"面板"斜角"栏

4．创建影片剪辑元件和它的实例

（1）选择"插入"→"新建元件"菜单命令或单击"库"面板内的"新建元件"按钮 ⬚，调出"创建新元件"对话框，它与如图 1-51 所示基本一样。在"类型"下拉列表内选择"影片剪辑"选项，在"名称"文本框内输入"元件 2"，单击"确定"按钮，即可调出元件编辑窗口，该窗口内有一个十字标记，表示元件的中心。同时，在"库"面板中会出现一个新的"元件 2"影片剪辑元件，但它还是空的。

（2）在元件编辑窗口内导入第 3 幅图像"巴黎 3.jpg"图像，在"属性"面板内"宽度"文本框中输入 420，"高度"文本框中输入 340，在"X"和"Y"文本框中分别输入-210 和-170，如图 1-55 所示。此时的画面如图 1-56 所示。

图 1-54　立体图像框架　　　　图 1-55　"属性"面板设置　　　图 1-56　第 3 幅图像

（3）单击元件编辑窗口中的场景名称图标 ⬚ 场景1 或按钮 ⇦ ，即可回到主场景，创建一个名称为"元件2"的影片剪辑元件,其内是一幅"巴黎3"图像。

(4)单击时间轴图层控制区内"图层4"图层的第2个图标 · ,使它变为 🔒 ,将该图层锁定,使遮罩起作用。单击该图层的图标 · ,使该图标变为 ✗ ,隐藏"图层4"图层。

(5)单击"图层5"图层的图标按钮 🔒 ,使它变为 · ,解除"图层5"图层的锁定。

(6)选中"图层5"图层第41帧空关键帧,将"库"面板内的"元件2"影片剪辑元件拖曳到图像框架内框中,形成一个"元件2"影片剪辑实例,如图1-57所示。

5．制作渐隐渐现动画

(1)右击"图层5"图层的第41帧,调出帧快捷菜单,再单击该菜单中的"创建传统补间"菜单命令。此时,该帧具有了补间动画的属性。单击"图层5"图层第80帧,按F6键,创建"图层5"图层第41～80帧的补间动画。

(2)选中"图层5"图层第41帧内的"元件2"影片剪辑实例。在其"属性"面板中的"色彩效果"栏内的"样式"下拉列表框中选择"Alpha"选项,在"Alpha"文本框中输入0,调整Alpha值为0%,如图1-58所示。此时图像完全透明,显示出下面"图层3"图层第41帧内的图像,如图1-59所示。

图1-57　影片剪辑实例　　　　图1-58　"属性"面板设置　　　　图1-59　实例对象透明

(3)单击选中"图层5"图层第80帧内的"元件2"影片剪辑实例。在其"属性"面板中的"色彩效果"栏内的"样式"下拉列表框中选择"Alpha"选项,在"Alpha"文本框内输入100,调整Alpha的值为100%,如图1-60所示。此时图像完全不透明,如图1-57所示。

(4)双击时间轴"图层1"图层名称,进入该图层名称的更改状态,如图1-61左图所示,再输入"立体框架",将该图层的名称改为"立体框架",如图1-61右图所示。

按照上述方法,分别将"图层2"图层的名称改为"图像1","图层3"图层的名称改为"图像2","图层5"图层的名称改为"图像3","图层4"图层的名称改为"遮罩"。

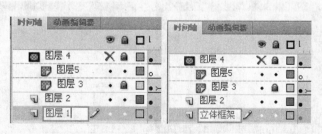

图1-60　"属性"面板　　　　　　图1-61　图层更名状态和图层更名

(5)单击时间轴图层控制区内"图像3"图层的第2个图标 · ,使它变为 🔒 ,将该图层锁定，使遮罩起作用。单击"遮罩"图层的图标 ✕，使该图标变为 •，显示"图层 4"图层。至此，该动画制作完毕，该动画的时间轴如图 1-62 所示。

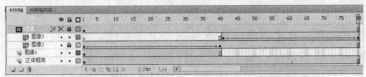

图 1-62　"3 幅风景图像切换"动画的时间轴

 **知识链接**

1．将舞台工作区中的动画转换为元件

（1）右击动画中的帧，调出帧快捷菜单，单击该菜单内的"选择所有帧"菜单命令，选中动画的所有帧。右击选中的帧，调出帧快捷菜单，单击帧快捷菜单内的"复制帧"菜单命令，将选中的所有帧复制到剪贴板中。

（2）选择"插入"→"新建元件"菜单命令，调出"创建新元件"对话框。

（3）在该对话框内，输入元件名字（如"动画元件 1"），选择元件类型，再单击"确定"按钮。此时，"库"面板中增加了一个名字为"动画元件 1"的元件，但它还是一个空元件，没有内容。同时舞台工作区切换到元件编辑窗口。

（4）右击"图层 1"图层第 1 帧，调出帧快捷菜单。单击该菜单内的"粘贴帧"菜单命令，将剪贴板内的所有动画帧粘贴到元件编辑窗口内的时间轴。

（5）有时需要参看原动画时间轴，进行适当修改。

（6）单击元件编辑窗口中的场景名称图标 场景 1，回到主场景。

2．编辑元件

在需要元件对象上场时，只需将"库"面板中的元件拖曳到舞台中即可。此时舞台中生成的对象称为"实例"，即元件复制的样品。舞台中可以放置多个相同元件复制的实例对象，但在"库"面板中与之对应的元件只有一个。当元件的属性（如元件的大小、颜色等）改变时，Flash 会自动更新由它生成的实例。当实例的属性改变时，与它相应的元件和由该元件生成的其他实例不会随之改变。编辑元件可以采用许多方法，介绍如下。

（1）双击"库"面板中的一个元件图标，即可调出元件编辑窗口。在舞台工作区内，右击要编辑的元件实例，调出实例快捷菜单，单击该菜单内的"编辑"菜单命令，也可以调出元件编辑窗口。元件编辑完后，单击元件编辑窗口中的图标 场景 1，可以回到主场景。

（2）单击实例快捷菜单内的"在当前位置编辑"菜单命令，也可以进入元件编辑窗口，只是保留原舞台工作区的其他对象（不可编辑，只供参考）。双击舞台工作区内的元件实例也可进入这种元件编辑状态。元件编辑完后，单击元件编辑窗口中的图标 场景 1，可以回到主场景。双击舞台工作区的空白处，也可以回到主场景。

（3）单击实例快捷菜单中的"在新窗口中编辑"菜单命令，打开一个新的舞台工作区窗口，可以在该窗口内编辑元件。元件编辑完后，单击 ✕ 按钮，可回到原舞台工作区。

3．复制元件

在"库"面板中，由一个元件复制出另一个元件，再双击"库"面板内复制的元件，进入该元件的编辑状态，修改该元件后可获得一个新元件。复制元件的方法有以下两种。

（1）元件复制为元件的方法：右击"库"面板内的元件，调出快捷菜单。单击该菜单中的"直接复制"命令，调出"直接复制元件"对话框，如图 1-63 所示，选择元件类型并输入名称，再单击"确定"按钮，即可在"库"面板内复制一个新元件。

（2）实例复制为元件的方法：选中一个元件实例，选择"修改"→"元件"→"直接复制元件"命令，调出"直接复制元件"对话框，如图 1-64 所示。输入名称，再单击"确定"按钮，即可在"库"面板内复制一个新元件。

图 1-63　"直接复制元件"对话框　　　　　图 1-64　"直接复制元件"对话框

4．编辑实例

编辑实例，可以采用前面介绍过的编辑一般对象的方法。此外，每个实例都有自己的属性，利用它的"属性"面板可以改变实例的位置、大小、颜色、亮度、透明度等属性，还可以改变实例的类型，设置图形实例中动画的播放模式等。实例属性的编辑修改，不会对相应元件和其他由同一元件创建的其他实例造成影响。

对于舞台工作区内的元件实例，利用其"属性"面板可以设置它的颜色、亮度、色调和透明度等。实例的"属性"面板中有一个"样式"下拉列表框，其内有 5 个选项。如果选中"没有"选项，则表示不进行实例样式的设置。选择其他选项后的样式设置方法如下。

（1）亮度的设置：在实例"属性"面板中的"样式"下拉列表框内选择"亮度"选项后，会在"样式"下拉列表框下边增加一个带滑动条的文本框，如图 1-65 所示。

拖曳文本框的滑块或在文本框内输入数据（−100%～+100%），均可调整实例的亮度。图1-57 所示实例按照图 1-65 所示改变亮度后的效果如图 1-66 所示。

图 1-65　选择"亮度"选项　　　　　图 1-66　改变亮度后的实例图像

（2）透明度的设置：在实例"属性"面板中的"样式"下拉列表框内选择"Alpha"选项后，会在"样式"下拉列表框下边增加一个带滑动条的文本框，如图 1-58 所示。

拖曳文本框的滑块或在文本框内输入数据，可以改变实例的透明度。

（3）色调的设置：在实例"属性"面板中的"样式"下拉列表框内选择"色调"选项后，

会在"样式"下拉列表框下边增加几个带滑动条的文本框和一个按钮，如图 1-67 所示。单击按钮▢，会调出"颜色"面板，利用它可以改变实例的色调，如图 1-68 所示。拖曳文本框的滑块或在文本框内输入百分比数据，可用来调整着色（即掺色）比例（0%～100%）。

用鼠标拖曳 RGB 栏内文本框的滑块或在文本框内输入数据，也可以改变实例的色调。"红、绿、蓝"后面的三个文本框分别代表红、绿、蓝三原色的值。

（4）高级设置：在实例"属性"面板中的"样式"下拉列表框内选择"高级"选项后，会在其下边增加 2 列文本框，左边一列有 4 个输入百分数的文本框，如图 1-69 所示，可以输入 −100～+100 的数据；右边一列有 4 个文本框，可以输入−255～+255 的数。最终的效果将由两列中的数据共同决定。修改后每种颜色数值或透明度的值等于修改前的数值乘以左边文本框内的百分比，再加上右边文本框中的数值。例如，一个实例原来的蓝色是 100，左边文本框的百分比是 50%，右边文本框内的数值是 80，则修改后的蓝色数值为 130。

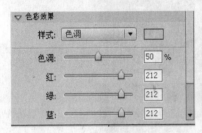

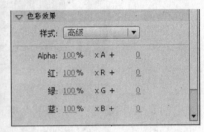

图 1-67　选择"色调"选项　　　图 1-68　改变色调后的实例　　　图 1-69　选择"高级"选项

5．选择图层

图层相当于舞台中演员所处的前后位置。可以在一个 Flash 影片中建立多个图层。图层靠上，相当于该图层的对象在舞台的前面。在同一个纵深位置处，前面的对象会挡住后面的对象。而在不同纵深位置处，可以透过前面图层看到后面图层内的对象。图层之间是完全独立的，不会相互影响。图层的多少，不会影响输出文件的大小。

（1）选择一个图层：单击图层控制区的相应图层行。选中的图层，其图层控制区的图层行呈灰底色，还会出现一个图标✎，同时也选中了该图层中的所有帧。另外，单击选中一个对象，该对象所在的图层会同时被选中。

（2）选择连续多个图层：按下 Shift 键，同时单击控制区内的起始图层和终止图层。

（3）选择多个不连续图层的所有帧：按住 Ctrl 键，单击控制区域内的各个图层。

（4）选择所有图层和所有帧：选择帧快捷菜单中的"选择所有帧"命令。

思考与练习 1-3

1．创建一个名称为"矩形"的图形元件，其内是一幅蓝色矩形。利用该元件在舞台内生成 3 个相同的"矩形"图形元件的实例。将"库"面板内"矩形"图形元件内的蓝色矩形改为红色矩形，观察舞台工作区内的 3 个实例有什么变化。

2．将上一题中的 3 个"矩形"图形元件实例的颜色分别调整为棕色、黄色和紫色。

3．制作一个"图像切换"动画，该动画运行后，先显示第 1 幅图像，接着第 2 幅图像逐渐显示，同时第 1 幅图像逐渐消失，接着第 3 幅图像逐渐显示，第 2 幅图像逐渐消失。

4．制作一个动画，该动画运行后，一幅图像逐渐变暗，接着再逐渐变亮。

5．制作一个"变色图像"动画，该动画运行后，框架中一幅风景图像逐渐变为绿色，再逐渐变为红色，接着逐渐变为黄色，然后再逐渐变回原来的绿色。

1.4 【实例3】田园风光1

"田园风光1"动画运行后，在一个田园风光之上，树叶微动，湖水荡漾，蝴蝶飞翔，9只豹子依次上下跳跃着从左向右奔跑，直到消失，而且在奔跑中豹子逐渐变为红色，同时一个儿童由远及近走过来。该动画运行后的两幅画面如图1-70所示。该动画的制作方法和相关知识介绍如下。

图1-70 "田园风光1"动画运行后的两幅画面

 制作方法

1．制作动画背景和豹子

（1）单击主工具栏内的"新建"按钮 □ ，直接创建一个空的Flash文档。单击"属性"面板内的"大小"栏中的"编辑"按钮，调出"文档属性"对话框。利用该对话框设置舞台工作区的宽为750像素，高为220像素，背景色为白色。

（2）选择"文件"→"导入"→"导入到库"菜单命令，调出"导入到库"对话框，利用该对话框导入"风景动画.gif"、"儿童.gif"和"豹子.gif"3个GIF格式文件，在"库"面板内会导入"风景动画.gif"、"儿童.gif"和"豹子.gif"元件，GIF格式动画各帧图像，以及"元件1"、"元件3"和"元件2"3个影片剪辑元件。3个影片剪辑元件分别保存3个GIF格式动画的各帧图像。分别将"元件1"、"元件3"和"元件2"3个影片剪辑元件的名字改为"背景"、"儿童走"和"豹子跳"。

（3）3次单击"库"面板内的"新建文件夹"按钮 □ ，在"库"面板内新建3个文件夹，分别命名为"背景动画"、"豹子动画"和"儿童动画"。将与"风景动画.gif"有关的元件移到"背景动画"文件夹内，与"豹子.gif"有关的元件移到"豹子动画"文件夹内，与"儿童.gif"有关的元件移到"儿童动画"文件夹内。此时"库"面板如图1-71所示。

（4）选择"视图"→"标尺"菜单命令，使该菜单命令左边出现对勾，在舞台工作区上边和左边添加标尺。单击工具箱中的"选择工具"按钮 ，从左边的标尺栏向舞台工作区拖曳8次，产生 8 条垂直的辅助线。8 条辅助线用来给"豹子跳跃"影片剪辑实例定位。

（5）选中"图层 1"图层第 1 帧，将"库"面板内的"背景"影片剪辑元件拖曳到舞台工作区内。选中"背景"影片剪辑实例，调出它的"属性"面板，在"位置和大小"栏内设置宽度为 750 像素、高度 220 像素、X 和 Y 的值均为 0，如图 1-72 所示。

（6）选中"图层 1"图层第 80 帧，按 F5 键，创建普通帧，使该图层各帧内容一样。

图 1-71　"库"面板　　　　　　　　图 1-72　"背景"影片剪辑实例的"属性"面板

2．制作豹子跳跃动画

（1）将"图层 1"图层的名称改为"背景"，在"背景"图层之上添加"图层 2"图层，将该图层的名称改为"豹子 1"，选中该图层第 1 帧，将"库"面板内的"豹子跳"影片剪辑元件拖曳到舞台工作区左下角外。调整该影片剪辑实例的宽和高分别为 90 像素和 36 像素。

（2）右击"豹子 1"图层第 1 帧，调出帧快捷菜单，再单击该菜单中的"创建传统补间"菜单命令，使该帧具有传统补间动画的属性。选中"豹子 1"图层第 40 帧，按 F6 键，创建"豹子 1"图层第 1～40 帧的传统补间动画。第 1 帧豹子位置如图 1-73 所示。

（3）单击选中"豹子 1"图层第 40 帧内的"豹子跳"影片剪辑实例，调出它的"属性"面板，在"色彩效果"栏内选择"样式"下拉列表框内的"色调"选项，改变"红"文本框内的数值为 255，如图 1-74 所示。调整第 40 帧内的"豹子跳"影片剪辑实例为红色。

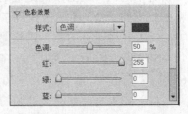

图 1-73　第 1 帧豹子位置　　　　　　　图 1-74　实例"属性"面板设置

（4）按住 Ctrl 键，单击选中"豹子 1"图层第 5、10、15、20、25、30、35 帧，按 F6 键，创建 7 个关键帧。选中第 5 帧，将该帧内的豹子移到左起第 1 条辅助线上边，如图 1-75（a）所示。再将第 10 帧内的豹子移到第 2 条辅助线下边，如图 1-75（b）所示。

（5）按照上述规律，调整其他关键帧豹子的位置。第 5、10、25、30、35 帧豹子的位置如图 1-75 所示，从而制作出豹子从左向右上下跳跃移动的动画。

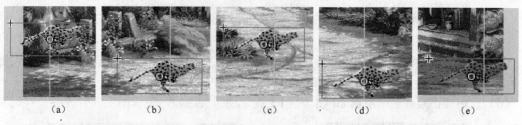

| （a） | （b） | （c） | （d） | （e） |

图 1-75　第 5 帧、第 10 帧、第 25 帧、第 30 帧和第 40 帧豹子的位置

（6）按住 Shift 键，单击"豹子 1"图层第 41 帧和第 80 帧，选中第 41～80 帧的所有帧，右击选中的帧，调出帧快捷菜单，单击该菜单内的"删除帧"菜单命令，删除选中的所有帧。

图 1-76　"属性"面板"色彩效果"栏设置

（7）单击选中"豹子 1"图层第 5 帧，再单击选中该帧内"豹子跳"影片剪辑实例，调出它的"属性"面板，可以看到"色彩效果"栏内"样式"下拉列表框中选择的是"高级"选项，调整"红"文本框内的数值为 25，如图 1-76 所示。

（8）按照上述方法，分别修改第 10、15、20、25、30、35 帧关键帧内"豹子跳"影片剪辑实例"属性"面板中"色彩效果"栏"红"文本框内的数值分别修改为 50、75、100、125、150、200。

3. 制作其他图层的豹子跳跃动画

（1）在"豹子 1"图层之上增加一个图层。将该图层的名称改为"豹子 2"。采用同样方法，在"豹子 2"图层之上增加"豹子 3"～"豹子 9"7 个图层。

（2）单击时间轴内右上角的按钮，调出时间轴菜单，单击该菜单内的"中"菜单命令，使时间轴的帧变大，以便于选择帧。

（3）按住 Shift 键，单击"豹子 1"图层第 40 帧和第 1 帧，选中"豹子 1"图层第 1～40 帧，右击选中的帧，调出帧快捷菜单，单击该菜单内的"复制帧"菜单命令，将该帧复制到剪贴板内。

（4）按住 Shift 键，右击"豹子 2"图层第 6 帧和第 45 帧，选中"豹子 2"图层第 6～45 帧，右击选中的帧，调出帧快捷菜单，单击该菜单内的"粘贴帧"菜单命令，将剪贴板内的动画帧粘贴到"豹子 2"图层第 6～45 帧。

（5）按照上述方法，再将"豹子 1"图层第 1～40 帧的动画依次粘贴到"豹子 3"图层第 11～50 帧，"豹子 4"图层第 16～55 帧，"豹子 5"图层第 21～60 帧，"豹子 6"图层第 26～65 帧，"豹子 7"图层第 31～70 帧，"豹子 8"图层第 36～75 帧，"豹子 9"图层第 41～80 帧。

（6）如果需要移动关键帧的位置，可以单击选中该关键帧，松开鼠标左键后再拖曳移动关键帧的位置。

4. 制作儿童走步动画

（1）在"豹子 9"图层之上添加一个图层，将该图层的名称改为"儿童走"，选中该图层第 1 帧，将"库"面板内的"儿童走"影片剪辑元件拖曳到舞台工作区中间偏上处。调整"儿童走"影片剪辑实例的大小。

（2）右击"儿童走"图层第 1 帧，调出帧快捷菜单，再单击该菜单中的"创建传统补间"菜单命令，使该帧具有传统补间动画的属性。选中"儿童走"图层第 80 帧，按 F6 键，创建"儿童走"图层第 1～80 帧的动画。第 1 帧儿童位置如图 1-77（a）所示。

| (a) | (b) | (c) | (d) | (e) |

图 1-77　第 1 帧、第 20 帧、第 40 帧、第 60 帧和第 80 帧儿童的位置

（3）按住 Ctrl 键，单击选中"豹子 1"图层第 20、40、60、80 帧，按 F6 键，创建 3 个关键帧。调整第 20、40、60、80 帧内"儿童走"影片剪辑实例的位置，如图 1-77 所示。

（4）至此，整个动画制作完毕。该动画的时间轴如图 1-78 所示。然后，选择"文件"→"另存为"菜单命令，调出"保存为"对话框。利用该对话框将 Flash 文档以名称"【实例 3】田园风光.fla"保存。

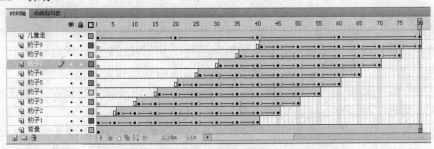

图 1-78　"【实例 3】田园风光"动画的时间轴

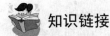

知识链接

1．帧的基本操作

（1）选择帧：使用工具箱内的"选择工具" 可以选择对象，方法如下。

◎ 选择一个帧：单击该帧，即可选中单击的帧。

◎ 选择连续的多个帧：按住 Shift 键，单击选中一个或多个动画所在图层内左上角的帧，再单击右下角帧，即可选中连续的所有帧。另外，单击选中某一个非关键帧，再拖曳鼠标，也可以选中连续的多个帧。

◎ 选择不连续的多个帧：按住 Ctrl 键，单击选中各个要选中的帧。

（2）调整帧的位置：选中一个或若干个帧（关键帧或普通帧等），用鼠标拖曳选中的帧，即可移动这些选中的帧，将它们移到目的位置。

拖曳动画的起始关键帧或终止关键帧，调整关键帧的位置就可以调整动画帧的长度。

（3）复制（移动）帧：右击选中的帧，调出它的帧快捷菜单，选择该菜单内的"复制帧"（或"剪切帧"）命令，将选中的帧复制（剪切）到剪贴板内。再选中另外一个或多个帧，右击选中的帧，调出它的帧快捷菜单，选择该菜单中的"粘贴帧"命令，即可将剪贴板中的一个或多个帧粘贴到选定的帧内，完成复制（移动）关键帧的实例。

注意：在粘贴时，最好先选中相同数量的帧再粘贴，这样不会产生多余的帧。

（4）删除帧：选中要删除的一个或多个帧，单击鼠标右键，调出它的帧快捷菜单，单击该帧快捷菜单中的"删除帧"菜单命令。按 Shift+F5 键，也可以删除选中的帧。删除帧右边的所有帧左移一帧。

（5）清除帧：右击要清除的帧，调出它的帧快捷菜单，然后单击该帧快捷菜单中的"清除帧"菜单命令，可将选中帧的内容清除，使该帧成为空白关键帧或空白帧，同时使该帧右边的帧成为关键帧。

（6）清除关键帧：右击要清除的关键帧，调出它的帧快捷菜单，然后单击帧快捷菜单中的"清除关键帧"菜单命令，可以清除选中的关键帧，使该关键帧成为普通帧。此时，原关键帧中的内容会被它左边关键帧中的内容取代。

（7）转换为关键帧：右击要转换的帧（该帧左边必须有关键帧），调出它的帧快捷菜单，选择该菜单中的"转换为关键帧"菜单命令，即可将选中的帧转换为关键帧。如果选中的帧左边没有关键帧，则可将选中的帧转换为空白关键帧。

（8）转换为空白关键帧：右击要转换的帧，调出它的帧快捷菜单，然后选择该菜单中的"转换为空白关键帧"菜单命令，即可将选中的帧转换为空白关键帧。

2．插入各种帧

（1）插入普通帧：选中要插入普通帧的帧单元格，然后按 F5 键。就会在选中的帧单元格中新增加一个普通帧，该帧单元格中原来的帧及它右面的帧都会向右移动一帧。

如果选中空帧的帧单元格，然后按 F5 键。就会使该帧和该帧左边到左边关键帧之间的所有空帧成为普通帧，使这些普通帧内的内容与左边关键帧的内容一样。

选中要插入普通帧的帧，右击调出它的帧快捷菜单，单击该菜单中的"插入帧"菜单命令，与按 F5 键的效果一样。就会在选中的帧单元格中新增加一个普通帧。

（2）插入关键帧，选中要插入关键帧的帧单元格，再按 F6 键，即可插入关键帧。

如果选中空帧，按 F6 键。在插入关键帧的同时，还会使该关键帧和它左边的所有空帧成为普通帧，使这些普通帧的内容与左边关键帧的内容一样。右击要插入关键帧的帧，调出它的帧快捷菜单，单击该菜单中的"插入关键帧"菜单命令，与按 F6 键的效果一样。

（3）插入空白关键帧：单击选中要插入空白关键帧的帧单元格，然后按 F7 键或单击帧快捷菜单中的"插入空白关键帧"菜单命令，都可以插入空白关键帧。

3．图层基本操作

（1）改变图层的顺序：图层的顺序决定了工作区各图层的前后关系。用鼠标拖曳图层控制区内的图层，即可将图层上下移动，改变图层的顺序。

（2）删除图层：首先选中一个或多个图层，然后单击"删除图层"图标🗑或者拖曳选中的图层到"删除图层"图标🗑之上。

（3）复制和移动图层：右击要复制的图层，调出帧快捷菜单，单击该菜单中的"复制帧"菜单命令，将选中的帧复制到剪贴板中。选中要粘贴的所有帧，右击选中的帧，调出帧快捷菜单，选择该菜单中的"粘贴帧"菜单命令，将剪贴板中的内容粘贴到选中的各帧。

4．显示/隐藏图层

（1）显示/隐藏所有图层：单击图层控制区第一行的图标👁，可隐藏所有图层的对象，所有图层的图层控制区会出现图标✖，表示图层隐藏。再单击图标👁，所有图层的图层控制区内的图标✖会变为•，表示图层显示。隐藏图层中的对象不显示，但可以正常输出。

（2）显示/隐藏一个图层：单击图层控制区某一图层内"显示/隐藏图层"列的图标•，使该图标变为图标✖，该图层隐藏；再单击图标✖，该图标变为图标•，该图层显示。

（3）显示/隐藏连续的几个图层：单击起始图层控制区"显示/隐藏图层"列（图标👁列），不松开鼠标左键垂直拖曳，使鼠标指针移到终止图层，即可使这些图层显示/隐藏。

（4）显示/隐藏未选中的所有图层：按下 Alt 键，单击图层控制区内某一个图层的显示列，即可显示/隐藏其他所有图层。

5．锁定/解锁图层

所有图形与动画制作都是在选中的当前图层中进行，任何时刻只能有一个当前图层。在任何可见的并且没有被锁定图层中，可以进行对象的编辑。

（1）锁定/解锁所有图层：它的操作方法与显示/隐藏所有图层的方法相似，只是操作的不是"显示/隐藏图层"列，而是"锁定/解除锁定"列；不是图标👁，而是图标🔒。

（2）锁定/解锁一个图层：单击该列图层行内的图标•，该图标变为图标🔒，使该图层的内容锁定；单击该列图层行内的图标🔒，使该图标变为图标•，使该图层的内容解锁。

6．显示对象轮廓

（1）显示所有图层内对象轮廓：单击图层控制区第一行的图标□，可以使所有图层内对象只显示轮廓线；再单击该图标，可以使所有图层内对象正常显示。

（2）显示一个图层内对象轮廓：单击图层控制区内"轮廓"列图层行中的图标■，使该图标变为图标□，该图层中的对象只显示其轮廓；单击该列图层行内的图标□，使该图标变为图标■，使该图层的对象正常显示。

思考与练习 1-4

1．制作一个"足球跳跃"动画，该动画运行后，在一个动画背景之上，9 个足球依次旋转、上下跳跃、变色地从左向右移动，其中的一幅画面如图 1-79 所示。

图 1-79　"足球跳跃"动画运行后的一幅画面

2．修改"田园风光 1"动画，使该动画中的豹子颜色不一样，出发的时间不一样。

3．制作一个"晨练"动画，该动画运行后，几个学生在草坪之上来回依次奔跑，几只不同颜色的小鸟在天空中来回飞翔。

1.5 【实例4】同步移动的彩球

"同步移动的彩球"动画运行后的3幅画面如图1-80所示。可以看到，四只不同颜色的彩球不断依次移动并撞击框架内边框的中点。每当彩球撞击框架内边框的中点后，立体矩形框架内的动画会自动切换。该动画的制作方法和相关知识介绍如下。

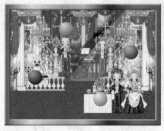

图 1-80 "同步移动的彩球"动画运行后的3幅画面

 制作方法

1. 制作立体七彩矩形框架

（1）新建一个Flash文档，设置舞台工作区宽400像素，高300像素，背景色为黄色。

（2）选择"视图"→"标尺"菜单命令，在舞台工作区上边和左边出现标尺。单击工具箱中的"选择工具"按钮，从左边的标尺栏向舞台工作区拖曳3次，产生3条垂直的辅助线，再从上边的标尺栏向舞台工作区拖曳3次，产生3条水平的辅助线，如图1-81所示。6条辅助线用来给矩形框架图形定位。

（3）将"图层1"图层的名称改为"框架"，单击选中"框架"图层第1帧，单击工具箱中的"矩形工具"按钮，设置笔触高度为15像素，颜色为红色，设置无填充，沿着舞台工作区的四边拖曳绘制一幅红色矩形轮廓线，如图1-82所示。利用其"属性"面板调整它的宽为385像素、高为285像素，X和Y值均为7.5像素。

（4）选中红色矩形轮廓线，选择"修改"→"转换为元件"菜单命令，调出"转换为元件"对话框，在"名称"文本框内输入"框架"，在"类型"下拉列表框内选择"影片剪辑"选项，单击"确定"按钮，将选中的红色矩形轮廓线对象转换为"框架"影片剪辑元件的实例。"库"面板内会增加一个"框架"影片剪辑元件。

（5）选中影片剪辑实例，单击"属性"面板内的"添加滤镜"按钮，调出滤镜菜单，单击该菜单中的"斜角"菜单命令，此时，影片剪辑实例的"属性"面板设置如图1-53所示。将"距离"文本框内的数值改为2，红色框架变成立体状，如图1-83所示。

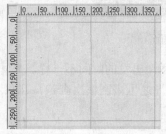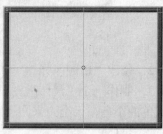

图 1-81 6条辅助线   图 1-82 红色矩形轮廓线   图 1-83 立体框架

（6）单击选中"框架"图层第 120 帧，按 F5 键，创建普通帧，使"框架"图层第 1～120 帧的内容一样，均为红色立体框架图形。

（7）双击立体框架图形，进入"框架"影片剪辑实例的编辑状态，选中红色矩形，单击工具箱内"颜色"栏中的"笔触颜色"按钮，再单击"七彩"按钮 ，将矩形颜色改为七彩色。然后，单击编辑窗口中的场景名称图标 场景 1，回到主场景。

2．制作一个彩球移动动画

（1）在"框架"图层之上添加一个图层，更名为"彩球 1"。选中该图层第 1 帧。

（2）单击工具箱中的"椭圆工具"按钮 ，设置无轮廓线。单击工具箱中"颜色"栏内的"填充色"按钮 ，弹出填充色颜色面板。单击该面板内的 图标。

（3）按住 Shift 键，在框架内左边框中间处拖曳绘制一个圆形图形，如图 1-84 左图所示。单击工具箱内的"颜料桶工具"按钮 ，再单击绿色彩球内左上角，使亮点偏移，如图 1-84 右图所示。

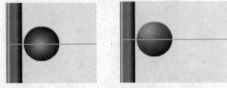

图 1-84　绘制一个绿色的立体球

（4）右击"彩球 1"图层第 1 帧，调出帧快捷菜单，再单击该菜单中的"创建传统补间"菜单命令。此时，该帧具有了传统补间动画的属性。

（5）选中"彩球 1"图层第 120 帧，按 F6 键，创建第 1～120 帧的补间动画。按住 Shift 键，单击选中"彩球 1"图层第 30、60、90 帧，按 F6 键，创建 3 个关键帧。

（6）单击选中"彩球 1"图层第 30 帧内的彩球图形，拖曳绿色彩球到框架内上边的中心处。单击选中"彩球 1"图层第 60 帧内的彩球图形，拖曳绿色彩球到框架内右边的中心处。单击选中"彩球 1"图层第 90 帧内的彩球图形，拖曳绿色彩球到框架内下边的中心处。

注意：凡是起始帧和终止帧内容一样的动画常采用上述方法，不要改变终止帧内容。

"彩球 1"图层各关键帧内绿色彩球的位置如图 1-85 所示。

　（a）第 1、120 帧　　　　（b）第 30 帧　　　　（c）第 60 帧　　　　（d）第 90 帧

图 1-85　"彩球 1"图层各关键帧内绿色彩球的位置

3．制作其他彩球移动动画

（1）在"彩球 1"图层之上创建"彩球 2"、"彩球 3"和"彩球 4"图层。按住 Shift 键，单击"彩球 1"图层第 120 帧和第 1 帧，选中"彩球 1"图层第 1～120 帧的所有动画帧，右击选中的帧，调出帧快捷菜单，选择该菜单内的"复制帧"菜单命令，将选中的帧复制到剪贴板内。

（2）选中"彩球 2"图层第 1～120 帧的所有动画帧，右击选中的帧，调出帧快捷菜单，选择该菜单内的"粘贴帧"菜单命令，将剪贴板内的动画帧粘贴到"彩球 2"图层第 1～120 帧。接着再分别粘贴到"彩球 3"和"彩球 4"图层第 1～120 帧。

（3）选中"彩球2"图层第1帧，拖动该帧内的绿色彩球到框架内上边中心处。单击选中该帧内的绿色彩球，调出它的"属性"面板，在该面板内的"样式"下拉列表框中选择"高级"选项，在"色彩效果"栏内设置"红"的值为255，其他按照图1-86所示进行设置，即可将彩球颜色改成红色。此时第1帧画面如图1-87所示（还没有蓝色和紫色彩球）。

图1-86 "属性"面板

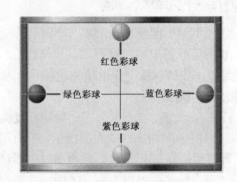

图1-87 第1、120帧画面

（4）右击"彩球2"图层第1帧，调出帧快捷菜单，单击该菜单内的"复制帧"命令，再右击"彩球2"图层第30帧，调出帧快捷菜单，单击该菜单内的"粘贴帧"命令，粘贴到第30帧，然后再粘贴到"彩球2"图层第60、90和120帧内。

（5）将"彩球2"图层第30帧的红色彩球移到框架内右边中心处，第60帧的红色彩球垂直移到框架内下边中心处，第90帧的红色彩球移到框架内左边中心处。

（6）采用上边介绍的方法，将"彩球3"和"彩球4"图层各关键帧的绿色彩球分别改为蓝色彩球和紫色彩球。调整各图层关键帧内彩球的位置，第1帧和120帧，第30、60和90帧画面分别如图1-87、图1-88、图1-89和图1-90所示。

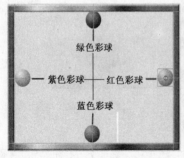

图1-88 第30帧画面

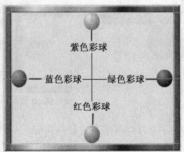

图1-89 第60帧画面

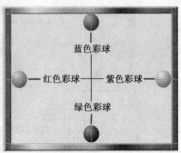

图1-90 第90帧画面

4．制作背景动画

（1）选择"文件"→"导入"→"导入到库"菜单命令，调出"导入到库"对话框，利用该对话框导入"卡通风景动画1.gif"、"卡通风景动画2.gif"、"卡通风景动画3.gif"和"卡通风景动画4.gif"4个GIF格式文件。

（2）单击"库"面板内的"新建文件夹"按钮，在"库"面板内新建一个文件夹，命名为"图像"，将4个与GIF动画有关的元件移到"图像"文件夹内。分别将"元件1"～"元件 4”4 个影片剪辑元件的名字改为“动画 1”、“动画 2”、“动画 3”和“动画 4”。

（3）在“框架”图层之上创建“动画”图层。选中该图层第 1 帧，将“库”面板内的“动画 1”影片剪辑元件拖曳到框架图像内，利用其“属性”面板调整它的大小（宽 370 像素、高 270 像素）和位置（X 和 Y 均为 15 像素），使实例与框架内框大小一样。

（4）按住 Ctrl 键，单击选中“动画”图层第 30、60、90 帧，按 F7 键，创建 3 个空白关键帧，选中第 30 帧，将“库”面板内的“动画 2”影片剪辑元件拖曳到框架图像内，调整“动画 2”影片剪辑实例的大小和位置，使其与“动画 1”影片剪辑实例一样。

（5）再在“动画”图层第 60 和 90 帧内分别添加“动画 3”和“动画 4”两个不同的影片剪辑实例。

（6）选中“框架”和“动画”图层第 120 帧，按 F5 键，创建普通帧，使这两个图层各帧内容一样。该动画的时间轴如图 1-91 所示。

图 1-91　“同步移动的彩球”动画的时间轴

　知识链接

1．选择对象

单击按下工具箱内的“选择工具”按钮 ，然后就可以选择对象，方法如下。

（1）选择一个对象：单击一个对象，即可选中该对象。

（2）选择多个对象方法之一：按住 Ctrl 键，同时依次单击各对象，可选中多个对象。

（3）选择多个对象方法之二：拖曳出一个矩形，可将矩形中的所有对象都选中。

2．移动、复制和删除对象

（1）拖曳选中的对象，可以移动对象。按住 Ctrl 键或 Alt 键，同时拖曳对象，则再松开鼠标左键后，可以复制被拖曳的对象。

（2）按住 Shift 键的同时拖曳对象，可以沿 45° 的整数倍角度方向移动对象；按住 Ctrl+Shift 组合键或 Alt+Shift 组合键的同时拖曳对象，可以沿 45° 的整数倍角度方向复制对象。

（3）选中要删除的对象，然后按 Delete 或 Backspace 键。或者选择“编辑”→“清除”菜单命令或选择“编辑”→“剪切”菜单命令，也可以删除选中的对象。

3．利用“信息”面板调整

使用“选择工具” 选中对象。再选择“窗口”→“信息”菜单命令，调出“信息”面板，如图 1-92 所示。利用“信息”面板可以精确调整对象的位置与大小，获取颜色的有关数据和鼠标指针位置的坐标值。“信息”面板的使用方法如下。

（1）“信息”面板左下角给出了鼠标指针指示处颜色的红、绿、蓝和 Alpha 的值。右下角给出了当前鼠标指针位置的坐标值。随着鼠标指针的移动，这些值也会随着改变。

（2）"信息"面板中的"宽度"和"高度"文本框内给出了选中对象的宽度和高度值（单位为像素）。改变文本框内的数值，再按 Enter 键，可以改变选中对象的大小。

（3）"信息"面板中的"X"和"Y"文本框内给出了选中对象的坐标值（单位为像素）。改变其数值后按 Enter 键，可改变选中对象的位置。单击选中"X"和"Y"文本框左边方块中右下角的小方块，使它变为小圆 🔲，表示是对象中心的坐标值，如图 1-92 左图所示；在选中 🔲 左上角的小方框时，表示是对象外切矩形左上角的坐标，如图 1-92 右图所示。

4．利用"属性"面板调整

利用"属性"面板中"宽度"和"高度"文本框可以精确调整对象的大小，利用"X"和"Y"文本框可以精确调整对象的位置，如图 1-93 所示。

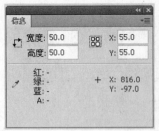
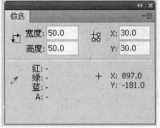

图 1-92　"信息"面板　　　　图 1-93　"属性"面板 4 个文本框

单击 🔳 按钮，使该按钮变为 🔗，则调整"宽度"或"高度"值时，"宽度"或"高度"值会随之等比例变化；单击 🔗 按钮，使该按钮变为 🔳，则调整"宽度"或"高度"值时，"宽度"或"高度"值不会随之变化。

单击文本框中的蓝色数字，即可进入文本输入状态；在蓝色数字处水平向右拖曳，可以调整数值，使它变大；在蓝色数字处水平向左拖曳，可以调整数值，使它变小。

思考与练习 1-5

1．制作一个"转圈移动的彩球"动画，该动画运行后，在一个金黄色立体矩形框架内，4 个不同颜色的彩球，沿着矩形内框依次转圈移动。

2．制作一个"彩球碰撞"动画，该动画运行后，在一个矩形立体图像框架内，左边有 4 个红色彩球分 4 行水平向右移动，同时右边有 4 个蓝色彩球分 4 行水平向左移动，红彩球和蓝彩球水平相撞后，左边的红色彩球分 4 行水平向左移动，右边的蓝色彩球分 4 行水平向右移动，直到分别撞击到矩形框架的左右内边框为止。

3．修改"彩球碰撞"动画，使彩球移动过程中逐渐变色。

1.6　【实例5】田园风光 2

"田园风光 2"动画运行后的效果与【实例 3】"田园风光 1"动画的播放效果一样，只是制作方法不一样。该动画的制作方法和相关知识介绍如下。

制作方法

1．创建 9 个动画图层第 1 帧内的豹子

（1）打开"【实例 3】田园风光 1.fla" Flash 文档，再以名称"【实例 5】田园风光 2.fla"保存。删除"豹子 2"～"豹子 9"和"儿童走"图层，删除"豹子 1"图层第 2～40 帧，删除"背景"图层第 41～80 帧。

（2）选中"豹子 1"图层第 1 帧内的"豹子跳"影片剪辑实例，按住 Alt 键，水平向左拖曳"豹子跳"影片剪辑实例 8 次，复制 8 个"豹子跳"影片剪辑实例。

（3）选中"豹子 1"图层第 1 帧，将"库"面板内"儿童走"影片剪辑实例拖曳到舞台工作区内中间偏上处。调整"儿童走"影片剪辑实例的大小。

（4）单击工具箱中的"选择工具"按钮 ，拖曳选中 9 个"豹子跳"影片剪辑实例，单击"对齐"面板内的"右对齐"按钮 ，单击"顶对齐"按钮 ，使左边 9 个"豹子跳"影片剪辑实例完全重叠在一起，位于原来左边第 1 个"豹子跳"影片剪辑实例处。

（5）选择"修改"→"时间轴"→"分散到图层"菜单命令，将该帧的 9 个"豹子跳"影片剪辑实例和儿童走"影片剪辑实例对象分配到不同图层的第 1 帧中。新图层是系统自动增加的，"豹子 1"图层第 1 帧内的对象消失，删除"豹子 1"图层。

（6）将新增图层分别更名为"豹子 1"～"豹子 9"和"儿童走"。

2．制作 9 个动画图层的动画

（1）按住 Shift 键，单击"豹子 1"图层第 1 帧和"豹子 9"图层第 1 帧，同时选中"豹子 1"～"豹子 9"和"儿童走"图层的第 1 帧，右击选中的帧，调出帧快捷菜单，单击该菜单内的"创建传统补间"菜单命令，使选中的所有帧具有传统补间属性。

（2）同时选中"豹子 1"～"豹子 9"图层的第 40 帧和"儿童走"图层第 20、40、60 和 80 帧，按 F6 键，创建 13 个关键帧，调整 9 个关键帧内"豹子跳"影片剪辑实例，使其位于最右边辅助线的下边。调整"儿童走"图层各关键帧内"儿童走"影片剪辑实例的位置。

（3）同时选中"豹子 1"～"豹子 9"图层的第 5 帧，按 F6 键，创建 9 个关键帧，调整这 9 个关键帧内所有"豹子跳"影片剪辑实例的位置，使其位于左边第 1 条辅助线的上边。

（4）按照上述方法，创建"豹子 1"～"豹子 9"图层第 10、15、20、25、30、35 帧为关键帧，同时调整这些图层相同关键帧内"豹子跳"影片剪辑实例的位置。

（5）利用实例的"属性"面板，调整各关键帧内"豹子跳"影片剪辑实例的颜色。

（6）按住 Shift 键，单击"豹子 2"图层第 1 帧和第 40 帧，同时选中"豹子 2"图层的第 1～40 帧，水平向右拖曳到第 6 帧和第 45 帧。

（7）按住 Shift 键，单击"豹子 3"图层第 1 帧和第 40 帧，同时选中"豹子 3"图层的第 1～40 帧，水平向右拖曳到第 11 帧和第 50 帧。

（8）按照上述方法，调整"豹子 4"～"豹子 9"图层内动画各帧的位置。选中"背景"图层第 80 帧，按 F5 键，使"背景"图层内容一样。

 知识链接

1．组合和取消对象组合

（1）组合：组合就是将一个或多个对象（图形、位图和文字等）组成一个对象。选择所有

要组成组合的对象，再选择"修改"→"组合"菜单命令。组合可以嵌套，就是说几个组合对象还可以组成一个新的组合。双击组合对象，进入它的"组"对象的编辑状态，如图 1-94 所示。进行编辑修改后，再单击编辑窗口中的 ⇦ 按钮，回到主场景。

（2）取消组合：选中组合，选择"修改"→"取消组合"菜单命令，即可取消组合。

（3）组合对象和一般对象的区别：把一些图形组成组合后，这些图形可以把它作为一个对象来进行操作，如复制、移动、旋转与倾斜等。

在同一图层的同一帧内，在移出后画的图形时，会将覆盖部分的图形擦除。但是组合移出后，不会将覆盖部分的图形擦除。另外，也不能用橡皮擦工具擦除组合。

2．多个对象的层次排列

同一图层中不同对象互相叠放时，存在着对象的层次顺序（即前后顺序）问题。这里所说的对象，不包含绘制的图形、分离的文字和位图，可以是文字、位图图像、元件实例、组合等。这里介绍的层次指的是同一图层的内部对象之间的层次关系，而不是时间轴中的图层之间的层次关系，二者一定要分清。对象的层次顺序是可以改变的。选择"修改"→"排列"→"×××"菜单命令，可以调整对象的前后次序。如选择"修改"→"排列"→"移至顶层"菜单命令，可以使选中的对象向上移到最上一层。

例如：绘制一个七彩矩形图形和一个渐变绿色五边形图形，分别组成组合，五边形在矩形之上，如图 1-95 左图所示，选中五边形，选择"修改"→"排列"→"下移一层"菜单命令，可以使选中的五边形向下移动一层，移到七彩矩形下边，如图 1-95 右图所示。

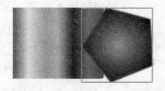

图 1-94 "组"对象的编辑状态　　　　　图 1-95 五边形图形对象向下移动一层

3．多个对象的对齐操作

可以将多个对象以某种方式排列整齐。例如：图 1-96 左图中所示的 3 个对象，原来在垂直方向参差不齐，经过对齐操作（垂直方向底部对齐）就整齐了，如图 1-96 右图所示。具体操作方法是先选中要参与排列的所有对象，再进行下面操作中的一种操作。

◎ 选择"修改"→"对齐"→"××××"菜单命令（此处是"底对齐"菜单命令）。

◎ 选择"窗口"→"对齐"菜单命令或单击主工具栏中的"对齐"按钮 🖳，调出"对齐"面板，如图 1-97 所示。单击"对齐"面板中的相应按钮（每组只能单击一个按钮）。

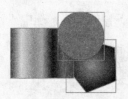

图 1-96 在垂直方向底部对齐排列对象　　　　　图 1-97 "对齐"面板

"对齐"面板中各组按钮的作用介绍如下。

（1）"对齐"栏：在水平方向（左边的三个按钮）可以选择左对齐、水平居中对齐和右对齐。在垂直方向（右边的三个按钮）可以选择上对齐、垂直居中对齐和底对齐。

（2）"分布"栏：在水平方向（左边的三个按钮）或垂直方向（右边的三个按钮），可以选择以中心为准或以边界为准的排列分布。

（3）"匹配大小"栏：可以选择使对象的高度相等、宽度相等或高度与宽度都相等。

（4）"间隔"栏：等间距控制，在水平方向或垂直方向等间距分布排列。

使用"分布"和"间隔"栏的按钮时，必须先选中三个或三个以上的对象。

（5）"相对于舞台"按钮：单击按下该按钮后，则以整个舞台为标准，将选中的多个对象进行排列对齐；再单击该按钮，使按钮弹起时，则以选中的对象所在区域为标准，将选中的多个对象进行排列对齐。

4．多个对象分散到图层

可以将一个图层某一帧内多个对象分散到不同图层第 1 帧中。方法是，选中要分散的对象所在的帧，再选择"修改"→"时间轴"→"分散到图层"菜单命令，即可将该帧的对象分配到不同图层的第 1 帧中。新图层是系统自动增加的，选中帧内的所有对象消失。

思考与练习 1-6

1．在舞台工作区内绘制 6 幅不同的图形，然后将它们垂直均匀分布并右对齐。

2．采用本节介绍的知识，制作思考与练习 1-5 中第 2 题的"彩球碰撞"动画。

3．采用多个对象分散到图层的技术制作【实例 4】"同步移动的彩球"动画。

1.7　【实例 6】3 场景图像切换

"3 场景图像切换"动画运行后，首先播放【实例 2】中 3 幅风景图像切换动画，其中的几幅画面如图 1-29 和图 1-45 所示。然后，第 4 幅图像从中间向四周逐渐变大，逐渐将第 3 幅图像覆盖，其中的 3 幅画面如图 1-98 所示。该动画采用了 3 个场景，第 1 个场景是【实例 2】中前半部分的动画，第 2 个场景是【实例 2】中后半部分的动画，第 3 个场景是新制作的图像逐渐变大切换动画。该动画的制作方法和相关知识介绍如下。

图 1-98　"3 场景图像切换"动画运行后的 3 幅画面

制作方法

1. 制作场景 1 和场景 2 的动画

（1）打开"【实例 2】3 幅风景图像切换.fla" Flash 文档，再以名称"【实例 6】3 场景图像切换.fla"保存。

（2）单击选中"遮罩"图层第 41 帧，再单击"立体框架"图层第 80 帧，选中"遮罩"图层和"立体框架"图层之间所有图层的第 41～80 帧，如图 1-99 所示。

（3）右击选中的帧，调出帧快捷菜单，选择该菜单内的"复制帧"命令，将选中的各图层多个帧复制到剪贴板内。再右击选中的帧，调出帧快捷菜单，单击该菜单内的"删除帧"菜单命令，将选中的全部帧删除。

（4）选择"插入"→"场景"菜单命令，进入"场景 2"场景的编辑窗口。右击"图层 1"图层第 1 帧，调出帧快捷菜单，单击该菜单中的"粘贴帧"菜单命令，将剪贴板中的所有帧粘贴到时间轴中，再将上边三个图层锁定，如图 1-100 所示。

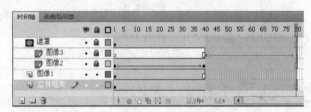
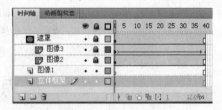

图 1-99 选中多个图层的多个帧　　　　　图 1-100 粘贴所有帧

（5）选中"图像 1"图层，单击"删除图层"图标🗑，将"图像 1"图层删除。

（6）单击编辑栏内的"编辑场景"按钮，调出它的菜单，单击该菜单内的"场景 1"选项，切换到"场景 1"场景，该场景的时间轴如图 1-101 所示。

（7）选中"图像 3"图层，单击"删除图层"图标🗑，将"图像 3"图层删除。此时，"场景 1"场景的时间轴如图 1-102 所示。

图 1-101 "场景 1"场景原时间轴　　　　　图 1-102 "场景 1"场景的时间轴

2. 制作场景 3 的动画

（1）单击编辑栏内的"编辑场景"按钮，调出它的菜单，单击该菜单内的"场景 2"选项，切换到"场景 2"场景。

（2）按住 Shift 键，单击"遮罩"图层第 40 帧，再单击"立体框架"图层第 40 帧，选中所有图层的第 40 帧。右击选中的帧，调出帧快捷菜单，选择该菜单内的"复制帧"菜单命令，将选中的各图层第 40 帧复制到剪贴板内。

（3）选择"插入"→"场景"菜单命令，进入"场景 3"场景的编辑窗口。右击"图层 1"

图层第 1 帧，调出帧快捷菜单，单击该菜单中的"粘贴帧"菜单命令，将剪贴板中的所有帧粘贴到时间轴中，如图 1-103 所示。

（4）将"图像 2"图层删除，将"图层 1"图层的名称改为"遮罩"，右击"遮罩"图层，调出图层快捷菜单，单击该菜单内的"遮罩层"菜单命令，将"遮罩"图层设置为遮罩图层。向右上方拖曳"图像 3"图层，使该图层成为被遮罩图层。隐藏"遮罩"图层。

（5）在"图像 3"图层上边创建一个新图层，将该图层的名称改为"图像 4"。选中该图层第 1 帧，导入"巴黎 4.jpg"图像，调整图像大小和位置，使其与"图像 3"图层内"巴黎 3"图像完全一样，如图 1-98 右图所示。

（6）创建"图像 4"图层第 1～40 帧的传统补间动画。单击选中"图像 4"图层第 1 帧，单击工具箱中的"任意变形工具"按钮，单击按下工具箱中"选项"栏内的"缩放"按钮。拖曳图像控制柄，将图像调小，如图 1-98 左图所示。

（7）按住 Ctrl 键，单击选中"遮罩"、"图像 3"和"立体框架"图层的第 40 帧，按 F5 键，使这三个图层中所有帧的内容一样。显示"遮罩"图层，将"图像 3"和"图像 4"图层锁定。时间轴如图 1-104 所示。

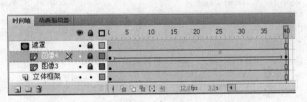

图 1-103　粘贴帧　　　　　　图 1-104　"场景 3"场景动画的时间轴

（8）选择"窗口"→"其他面板"→"场景"菜单命令，调出"场景"面板，如图 1-105 所示。双击该面板内的"场景 1"名称，进入"场景 1"名称的编辑状态，将场景名称改为"图像 1 和图像 2 切换"，将"场景 2"的名称改为"图像 2 和图像 3 切换"，再将"场景 3"的名称改为"图像 3 和图像 4 切换"，如图 1-106 所示。

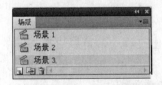

图 1-105　"场景"面板　　　　　图 1-106　"场景"面板内场景名称更名

至此，3 个场景的图像切换动画制作完毕。按 Ctrl+Enter 键，播放该动画，先播放"图像 1 和图像 2 切换"场景的动画，再播放"图像 2 和图像 3 切换"场景的动画，最后播放"图像 3 和图像 4 切换"场景的动画。播放顺序是由"场景"面板内的场景名称次序决定的。

3．发布设置和发布预览

选择"文件"→"发布设置"菜单命令，调出"发布设置"对话框，如图 1-107 所示。

（1）利用"发布设置"（格式）对话框，可以设置发布文件的格式等。在选择了文件格式的复选框后，会随之增加相应的标签和相应的设置选项。

（2）单击选中该对话框内的"Flash"标签，切换到"发布设置"（Flash）对话框，如图 1-108 所示。利用该对话框，可以设置输出的 Flash 文件的参数和使用的播放器等。

在"版本"下拉列表框内可以选择播放器的版本，本书各案例一般选择"Flash Player 10"版本；在"ActionScript 版本"下拉列表框内可以选择 ActionScript 语言的版本。

（3）单击选中"发布设置"对话框中的"HTML"标签项，切换到"发布设置"（HTML）对话框。利用该对话框，可设置输出的 HTML 文件的一些参数。

完成设置后，单击"发布"按钮，即可发布选定格式的文件。单击"确定"按钮，即可退出该对话框，完成发布设置，但不进行发布。

（4）发布预览：进行发布设置后，选择"文件"→"发布预览"菜单命令，可调出它的下一级子菜单，如图 1-109 所示。可以看出，子菜单选项正是刚刚选择的文件格式选项。

图 1-107 "发布设置"对话框

图 1-108 "发布设置"对话框

图 1-109 子菜单

（5）选择"文件"→"发布"菜单命令，可按照选定的格式发布文件，并存放在相同的文件夹内。它与单击"发布设置"对话框中"发布"按钮的作用一样。

 知识链接

1. 增加场景与切换场景

在 Flash 动画中，演出的舞台只有一个，但在演出过程中，可以更换不同的场景。

（1）增加场景：选择"插入"→"场景"菜单命令，即可增加一个场景，并进入该场景的编辑窗口。在编辑栏的左边会显示出当前场景的名称 场景2。

（2）切换场景：单击编辑栏右边的"编辑场景"按钮 ，可调出它的快捷菜单，单击该菜单中的场景名称，可以切换到相应的场景。另外，选择"视图"→"转到"菜单命令，可调出其下一级子菜单。利用该菜单，可以完成场景的切换。

2. "场景"面板的使用

（1）单击"场景"面板（见图 1-110）内的"添加场景"按钮 ，可新建场景。

（2）用鼠标上下拖曳"场景"面板内的场景图标，可以改变场景的前后次序，也就改变了场景的播放顺序，如图 1-111 所示。

（3）单击"场景"面板右下角的"直接重制场景"按钮 ，可复制场景。例如：单击选中"场景 2"后，单击"场景"面板右下角的"直接重制场景"按钮 ，可复制"场景 2"场景，产生名字为"场景 2 副本"的场景，如图 1-112 所示。

图 1-110　"场景"面板　　　　图 1-111　调整场景播放顺序　　　　图 1-112　复制场景

（4）单击选中"场景"面板中的一个场景名称，再单击"场景"面板右下角的"删除场景"按钮 🗑，即可将选中的场景删除。

（5）双击"场景"面板内的一个场景名称，即可进入场景名称的编辑状态。

3．导出

（1）选择"文件"→"导出"→"导出影片"菜单命令，调出"导出影片"对话框。利用该对话框选择文件类型和输入文件名，单击"保存"按钮，即可将影片保存为选定名字的视频文件或图像序列文件。还可以导出影片中的声音。

声音的导出要兼顾声音的质量与输出文件的大小。声音的采样频率和位数越高，音质越好，但输出文件越大。压缩比越大，输出文件越小，但音质越差。

（2）选择"文件"→"导出"→"导出图像"菜单命令，调出"导出图像"对话框，它与"导出影片"对话框相似，只是"文件类型"下拉列表框内只有图像文件类型。利用该对话框，可将影片当前帧保存为扩展名为".swf"、".jpg"等格式的图像文件。

思考与练习 1-7

1．制作一个"5 幅图像切换"动画，该动画有 5 个场景，每个场景完成一组不同的图像切换，然后再将该动画生成 SWF、HTML、EXE、AVI、GIF 等格式的动画。

2．制作一个"彩球移动"动画，该动画有三个场景，"场景 1"场景内是【实例 4】"同步移动的彩球"动画，"场景 2"场景内是思考与练习 1-5 中的"转圈移动的彩球"动画，"场景 3"场景内是思考与练习 1-5 中的"彩球碰撞"动画。然后，将该动画生成 SWF、HTML、EXE、AVI、GIF 等格式的动画。

第2章

绘制图形和编辑图形

知识要点：

1. 掌握"样本"面板和"颜色"面板的特点，以及设置填充的方法和技巧；掌握渐变变形工具和颜料桶工具的使用方法和技巧。

2. 掌握设置笔触的方法，掌握绘制线的方法，掌握使用墨水瓶和滴管工具的方法；掌握修改线和填充、将线转换成填充的方法。

3. 掌握绘制几何图形的方法和技巧。掌握使用刷子工具绘制图形的方法。

4. 了解路径，掌握用钢笔和部分选择工具的使用方法，了解锚点工具的使用方法。

5. 掌握使用选择工具、橡皮擦工具改变图形形状和擦除图形的方法与技巧。

6. 掌握对象一般和精确变形调整方法，进一步掌握对象精确定位和大小调整的方法。

2.1 【实例 7】水晶球按钮

"水晶球按钮"图形如图 2-1 所示。它给出了红、蓝、绿三个不同颜色的水晶球按钮图形。水晶球按钮图形的底图是立体的水晶球，球内有不断移动的鲜花图像，其上是有倒影的"水晶按钮"文字。该动画的制作方法和相关知识介绍如下。

图 2-1 "水晶球按钮"图形

 制作方法

1. 制作"圆形按钮"影片剪辑

（1）新建一个 Flash 文档，设置舞台工作区宽 550 像素，高 200 像素，背景为浅蓝色。然后，以名称"【实例 7】水晶球按钮.fla"保存。选择"视图"→"标尺"菜单命令，此时会在舞台工作区上边和左边出现标尺。

（2）选择"插入"→"新建元件"菜单命令，调出"创建新元件"对话框，在该对话框内的"名称"文本框内输入"圆形按钮"，选中"影片剪辑"选项，如图 2-2 所示。再单击"确定"按钮，进入"圆形按钮"影片剪辑元件编辑状态。

（3）单击工具箱中的"选择工具"按钮 ，用鼠标从标尺栏向舞台工作区拖曳，创建 3 条水平辅助线和 3 条垂直辅助线，如图 2-3 所示。

图 2-2　"创建新元件"对话框设置　　　　　图 2-3　6 条辅助线

（4）单击工具箱中的"椭圆工具"按钮 ，再在其"属性"面板内设置无轮廓线。调出"颜色"面板，在其"类型"下拉列表框中选择"线性"选项，单击选中左边滑块 ，在红、绿、蓝文本框内分别输入 255、50、50，在 Alpha 文本框内输入 100%；单击选中右边滑块 ，在红、绿、蓝文本框内分别输入 60、10、10，在 Alpha 文本框内输入 100%，如图 2-4 所示。

（5）按住 Shift 键，在舞台工作区内拖曳绘制一个圆形图形（宽和高均为 160 像素），如图 2-5 左图所示。单击工具箱内的"填充变形工具"按钮 ，单击圆形图形，拖曳调整控制柄，使填充色旋转 90°，如图 2-5 右图所示。然后将圆形图形组成组合。

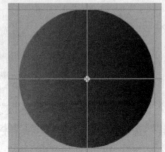

图 2-4　"颜色"面板设置　　　　　图 2-5　绘制和调整圆形图形

（6）按照上述方法，绘制一个椭圆，调出"颜色"面板，设置"线性"渐变填充类型，填充白色（红为 255，绿为 255，蓝为 255，Alpha 为 80%）到白色（红为 255，绿为 255，蓝为 255，Alpha 为 0%）的渐变色，"颜色"面板设置如图 2-6 所示。使用工具箱内的"渐变变形工具" 调整椭圆，如图 2-7 左图所示。然后将圆形图形组成组合。

（7）按照上述方法，再绘制一个椭圆，椭圆采用颜色放射状渐变填充样式，利用"颜色"面板填充白色（红为 255，绿为 255，蓝为 255，Alpha 为 90%）到白色（红为 255，绿为 255，蓝为 255，Alpha 为 0%）的线性渐变色。使用工具箱内的"渐变变形工具" 调整椭圆，如图 2-7 右图所示。然后将圆形图形组成组合。

（8）将第 2 个椭圆图形移到红色圆形图形之上，形成一个水晶球图形，然后将三个图形组成组合，如图 2-8 所示。单击元件编辑窗口中的场景名称图标 场景 1 或按钮 ，回到主场景舞台工作区。

 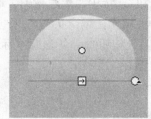 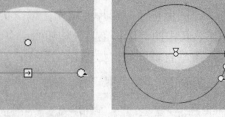

图 2-6 "颜色"面板设置 　　　　图 2-7 绘制和调整椭圆图形

2. 制作按钮文字

（1）选择"插入"→"新建元件"菜单命令，调出"创建新元件"对话框，在该对话框内的"名称"文本框中输入"按钮文字"，选中"影片剪辑"选项，再单击"确定"按钮，进入"按钮文字"影片剪辑元件编辑状态。

（2）输入黄色、黑体、20 磅的文字"水晶按钮"，如图 2-9 左图所示。按住 Alt 键，垂直向下拖曳"水晶按钮"文字，复制一幅"水晶按钮"文字。

（3）选中复制的"水晶按钮"文字，选择"修改"→"变形"→"垂直翻转"菜单命令，将"水晶按钮"文字垂直翻转，如图 2-9 右图所示。

图 2-8 水晶球图形 　　　　　　　图 2-9 "水晶按钮"文字

（4）两次选择"修改"→"分离"菜单命令，将"水晶按钮"文字打碎，成为图形。

（5）单击工具箱中的"刷子工具"按钮 ，在其"选项"栏内设置刷子大小为最小，设置填充色为黄色，然后在文字各部分之间绘制几条细线，如图 2-10 所示，将"水晶按钮"文字变为一个对象。

（6）单击工具箱中的"选择工具"按钮 ，拖曳选中"水晶按钮"文字图形对象。调出"颜色"面板，在其"填充样式"下拉列表框中选择"线性"选项，左边为白色（红为 255，绿为 255，蓝为 255，Alpha 为 0%），右边为灰色（红为 255，绿为 255，蓝为 0，Alpha 为 100%）。此时的"水晶按钮"文字图形如图 2-11 所示。

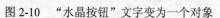 

图 2-10 "水晶按钮"文字变为一个对象 　　图 2-11 "水晶按钮"文字图形线性渐变填充

（7）使用工具箱内的"渐变变形工具" ，调整"水晶按钮"文字图形的填充色，如图 2-12 所示。然后将"水晶按钮"文字图形组成组合。调整"水晶按钮"文字和"水晶按钮"文字倒影图形的位置，如图 2-13 所示。

图 2-12　调整文字图形的填充色　　　　　　图 2-13　"水晶按钮"文字倒影

（8）单击元件编辑窗口中的场景名称图标  场景 1，回到主场景舞台工作区。

3．制作"水晶球按钮"影片剪辑

（1）选择"插入"→"新建元件"菜单命令，调出"创建新元件"对话框，如图 2-2 所示。在该对话框内的"名称"文本框内输入"水晶球按钮"，选中"影片剪辑"选项。再单击"确定"按钮，进入"水晶球按钮"影片剪辑元件编辑状态。

（2）将"图层 1"图层名称改为"图像"，在"图像"图层之上创建 3 个新图层，从上到下将图层的名称改为"文字"、"圆形按钮"和"遮罩"。选中"遮罩"图层第 1 帧，绘制一幅宽和高均为 160 像素的黑色圆形图形。选中"遮罩"图层第 80 帧，按 F5 键。

（3）选中"图像"图层第 1 帧，导入三幅图像到舞台工作区内，将它们的高度调整为 165像素，宽度适当调整，将它们水平排成一排，再将左边第 1 幅图像复制一份并移到第 3 幅图像的右边，利用"属性"面板将第 1 幅图像的 X 和 Y 均设置为 0，4 幅图像如图 2-14 所示。

图 2-14　第 1 帧的 4 幅图像

（4）创建"图像"图层第 1～80 帧的传统补间动画。选中"图像"图层第 80 帧，将该帧 4幅图像水平向左移到如图 2-15 所示的位置。

提示：因为制作的 Flash 动画是连续循环播放的，所以可以认为第 80 帧的下一帧是第 1 帧，调整第 80 帧画面应注意这一点，保证第 80 帧和第 1 帧画面的衔接。

图 2-15　第 80 帧的 4 幅图像

（5）右击"遮罩"图层，调出它的图层快捷菜单，单击该菜单内的"遮罩层"菜单命令，将"遮罩"图层设置为遮罩图层，"图像"图层设置为被遮罩图层。

（6）选中"圆形按钮"图层第 1 帧，将"库"面板内的"圆形按钮"影片剪辑元件拖曳到舞台工作区内的正中间，与圆形图像完全重叠。

（7）选中"圆形按钮"图层第 1 帧，将"库"面板内的"文字"影片剪辑元件拖曳到舞台工作区内的正中间，位于"圆形按钮"影片剪辑实例的中间。

（8）单击元件编辑窗口中的场景名称图标 场景 1，回到主场景舞台工作区。

4．制作主场景

（1）将"库"面板内的"水晶球按钮"影片剪辑元件拖曳到舞台工作区内 3 次，形成 3 个"水晶球按钮"影片剪辑实例。

（2）选中第 2 个"水晶球按钮"影片剪辑实例，在它的"属性"面板内的"颜色"下拉列表框中选择"色调"选项，设置颜色为蓝色，Alpha 为 50%，如图 2-16 所示。

（3）选中第 3 个"水晶球按钮"影片剪辑实例，在它的"属性"面板内的"颜色"下拉列表框中选择"色调"选项，再设置颜色为绿色，Alpha 为 50%，如图 2-17 所示。

图 2-16　影片剪辑实例"属性"面板设置　　　　图 2-17　影片剪辑实例"属性"面板设置

 知识链接

图形可以看成由线和填充组成的，填充一般只可以对封闭的图形进行。图形的着色有两种，一是对线的着色，二是对封闭图形内部的填充着色（或填充位图）。工具箱中的工具一部分只用于绘制和编辑线，如线条工具、铅笔工具、钢笔工具和墨水瓶工具；一部分只用于绘制和编辑填充，如刷子工具、颜料桶工具和渐变变形工具；再有一部分可以绘制和编辑线及填充，如椭圆工具、矩形工具、多角星形工具、橡皮擦工具、滴管工具、任意变形工具和套索工具等。

1．"样本"面板

"样本"面板如图 2-18 所示。它与填充色颜色面板和笔触颜色面板基本一样。利用"样本"面板可以设置笔触和填充的颜色。单击"样本"面板右上角的箭头按钮 ，会弹出一个"样本"面板菜单。其中，部分菜单命令的作用如下。

（1）"直接复制样本"：选中色块或颜色渐变效果图标（叫样本），再单击该菜单命令，即可在"样本"面板内的相应栏中复制样本。

（2）"删除样本"：选中样本，再选择该菜单命令，即可删除选定的样本。

（3）"添加颜色"：选择该菜单命令，即可调出"导入颜色样本"对话框。利用它可以导入Flash 的颜色样本文件（扩展名为.clr）、颜色表（扩展名为.act）、GIF 格式图像的颜色样本等，并追加到当前颜色样本的后边。

图 2-18　"样本"面板

（4）"替换颜色"：选择该菜单命令，即可调出"导入颜色样本"对话框。利用它也可以导入颜色样本，替代当前的颜色样本。

（5）"加载默认颜色"：单击该菜单命令，即可加载默认的颜色样本。

（6）"保存颜色"：选择该菜单命令，调出"导出颜色样本"对话框。利用它可以将当前颜色面板以扩展名为.clr 或.act 存储为颜色样本文件。

（7）"保存为默认值"：选择该菜单命令，弹出一个提示框，提示是否要将当前颜色样本保存为默认的颜色样本，单击"是"按钮即可将当前颜色样本保存为默认的颜色样本。

（8）"清除颜色"：选择该菜单命令，可清除颜色面板中的所有颜色样本。

（9）"Web 216 色"：选择该菜单命令，可导入 Web 安全 216 颜色样本。

（10）"按颜色排序"：选择该菜单命令，可将颜色样本中的色块按照色相顺序排列。

2. "颜色"面板

选择"窗口"→"颜色"菜单命令，可调出"颜色"面板。利用该面板可以调整笔触颜色和填充颜色，方法一样。可以设置单色、线性渐变色、放射状渐变色和位图。单击按下"笔触颜色"按钮 ，可以设置笔触颜色；单击按下"填充颜色"按钮 ，可以设置填充颜色。在"类型"下拉列表框内选择不同类型后的"颜色"面板如图 2-19 和图 2-20 所示。"颜色"面板内各选项的作用如下。

(a)"纯色"类型　　　　　(b)"放射状"类型　　　　　(c)"位图"类型

图 2-19　"颜色"面板

（1）"类型"下拉列表框：在该下拉列表框中选择一个选项，即可改变填充样式。选择不同选项后，"颜色"面板会发生相应的变化，各选项的作用如下。

◎ "无"填充样式：删除填充。

◎ "纯色"填充样式：提供一种纯正的填充单色，该面板如图 2-19（a）所示。

◎ "线性"填充样式：产生沿线性轨迹变化的渐变色，该面板如图 2-20 所示。

◎ "放射状"填充样式：从焦点沿环形的渐变色填充，该面板如图 2-19（b）所示。

◎ "位图"填充样式：用位图平铺填充区域，该面板如图 2-19（c）所示。

（2）颜色栏按钮："颜色"（线性）面板如图 2-20 所示。颜色栏按钮的作用如下。

◎ "填充颜色"按钮 ：它和工具箱"颜色"栏和"属性"面板中的"填充颜色"按钮 作用一样，单击它可以调出颜色面板，如图 2-21 所示。单击颜色面板内的某个色块，或者在其左上角内的文本框中输入颜色的十六进制代码，都可以给填充设置颜色。还可以在 Alpha 文本框中输入 Alpha 值，以调整填充的不透明度。

单击颜色面板中 按钮，可以调出一个 Windows 的"颜色"对话框，如图 2-22 所示。利用该对话框可以设置更多的颜色。

◎ "笔触颜色"按钮 ：它和工具箱"颜色"栏和"属性"面板中的"笔触颜色"按钮 作用一样，单击它可以调出笔触的颜色面板，利用它可以给笔触设置颜色。

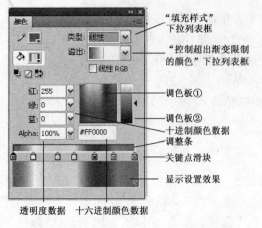

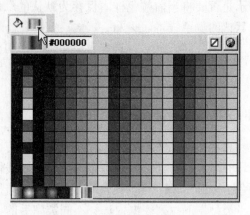

图 2-20 "颜色"（线性）面板　　　　　　　图 2-21 颜色面板

◎ ■ ☑ ⇄ 按钮组：它们的作用和工具箱"颜色"栏内相应的按钮组作用一样，从左到右，分别为设置笔触颜色为黑色，填充颜色为白色，取消颜色，笔触颜色与填充颜色互换。

（3）"溢出"下拉列表框：它用来选择溢出模式，如图 2-23 所示。它用来控制超出线性或放射状渐变限制的颜色。溢出模式有以下几种。

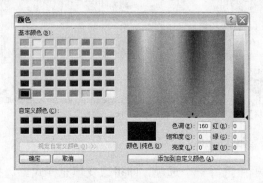

图 2-22 "颜色"对话框　　　　　　　　图 2-23 "溢出"下拉列表框

◎ 扩展模式：将所指定的颜色应用于渐变末端之外，它是默认模式。

◎ 镜像模式：渐变颜色以反射镜像效果来填充形状。指定的渐变色从渐变的开始到结束，再以相反的顺序从渐变的结束到开始，再从渐变的开始到结束，直到填充完毕。

◎ 重复模式：渐变的开始到结束重复变化，直到选定的形状填充完毕为止。

（4）文本框、调色板和复选框

◎ "红"、"绿"和"蓝"文本框：用来设置填充色中红、绿和蓝色的浓度。可以通过输入或使用文本框的滑条来改变文本框内的十进制数。另外，还可以在面板内右下方的文本框内输入十六进制的颜色代码数据，来调整颜色。颜色代码的格式是#RRGGBB。其中 RR、GG、BB 分别表示红、绿、蓝颜色成分的大小，取值为 00～FF 的十六进制数。

◎ Alpha 文本框：可以在其内输入百分数，以调整颜色（纯色和渐变色）的透明度。Alpha 值为 0%时创建的填充完全透明，Alpha 值为 100%时创建的填充完全不透明。

◎ 两个调色板（颜色选择区域）：它们也叫"颜色选择器"，如图 2-20 所示。利用它们可以给线和填充设置颜色。通常，先在调色板①中单击，粗略选择一种颜色，再在调色板②中单击，拖曳十字准线指针，选择不同饱和度的颜色。

◎ "线性 RGB" 复选框：选中它后，可创建与 SVG（可伸缩矢量图形）兼容的渐变。

（5）"颜色" 面板菜单：单击 "颜色" 面板的按钮 ，弹出 "颜色" 面板菜单，其中几个菜单命令的作用如下。

◎ "HSB" 菜单命令：选择 "HSB" 菜单命令，可将 "颜色" 面板的颜色模式由 RGB（红、绿、蓝）模式改为 HSB 模式。其中，H 表示色调，S 表示饱和度，B 表示亮度。

◎ "RGB" 菜单命令：选择 "RGB" 菜单命令，可将颜色模式改为 RGB 模式。

◎ "添加样本" 菜单命令：选择 "添加样本" 菜单命令，可将设置的渐变填充色添加到 "样本" 面板中最下面一行的最后。

3. 设置填充渐变色和图像

（1）设置填充渐变色：对于 "线性" 和 "放射状" 填充样式，用户可以使用 "颜色" 面板设计颜色渐变的效果。下面以图 2-20 所示 "颜色"（线性）面板为例，介绍其设计的方法。

◎ 移动关键点：所谓关键点就是在确定渐变时起始和终止颜色的点，以及颜色的转折点。拖曳调整条下边的滑块 ，可以改变关键点的位置，改变颜色渐变的状况。

◎ 改变关键点的颜色：选中调整条下边关键点的滑块，再单击 按钮，弹出颜色面板，选中某种颜色，即可改变关键点颜色。还可以在左边文本框中设置颜色和不透明度。

◎ 增加关键点：单击调整条下边要加入关键点处，可增加新的滑块，即增加一个关键点。可以增加多个关键点，但不可以超过 15 个。拖曳关键点滑块，可以调整它的位置。

◎ 删除关键点：用鼠标向下拖曳关键点滑块，即可删除被拖曳的关键点滑块。

（2）设置填充图像：如果没有导入位图，则第一次选择 "类型" 下拉列表框中的 "位图" 选项后，会弹出一个 "导入到库" 对话框。利用该对话框导入一幅图像后，即可在 "颜色" 面板中加入一个要填充的位图，如图 2-19（c）所示。单击一个小图像，即可选中该图像为填充图像。

另外，选择 "文件" → "导入" → "导入到库" 菜单命令，或单击 "颜色" 面板中的 "导入" 按钮，调出 "导入" 对话框，选择文件后单击 "确定" 按钮，可在 "库" 面板和 "颜色" 面板内导入选中的位图。可以给 "库" 面板和 "颜色" 面板中导入多幅图像。

4. 渐变变形工具

在有填充的图形没被选中的情况下，单击 "渐变变形工具" 按钮 ，再单击填充的内部，即可在填充之上出现一些圆形、方形和三角形的控制柄，以及线条或矩形框。用鼠标拖曳这些控制柄，可以调整填充的填充状态。调整焦点，可以改变放射状渐变的焦点；调整中心点，可以改变渐变的中心点；调整宽度，可以改变渐变的宽度；调整大小，可以改变渐变的大小；调整旋转，可以改变渐变的旋转角度。

单击 "渐变变形工具" 按钮 ，再单击放射状填充。填充中会出现 4 个控制柄和 1 个中心标记，如图 2-24 所示。单击 "渐变变形工具" 按钮 ，再单击线性填充。填充中会出现两个控制柄和 1 个中心标记，如图 2-25 所示。单击 "渐变变形工具" 按钮 ，再单击位图填充。位图填充中会出现 6 个控制柄和 1 个中心标记，如图 2-26 所示。

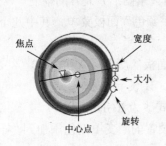

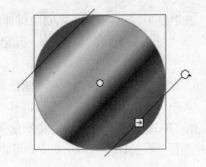

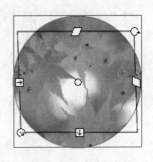

图 2-24　放射状填充调整　　　图 2-25　调整线性填充　　　图 2-26　调整位图填充

5．颜料桶工具

颜料桶工具的作用是对填充属性进行修改。填充的属性有纯色（即单色）填充、线性渐变填充、放射状渐变填充和位图填充等。使用颜料桶工具的方法如下。

（1）设置填充的新属性，再单击工具箱内的"颜料桶工具"按钮 ，此时鼠标指针呈 状。再单击舞台工作区中的某填充，即可用新设置的填充属性修改被单击的填充。另外，对于线性渐变填充、放射状渐变填充，可以在填充内拖曳出一条直线来修改填充。

（2）单击"颜料桶工具"按钮 后，"选项"栏会出现两个按钮。其作用如下。

◎ "空隙大小"按钮 ：单击它可弹出一个菜单，如图 2-27 所示，用来选择对无或有不同大小空隙（即缺口）的图形进行填充。对有空隙图形的填充效果如图 2-28 所示。

◎ "锁定填充"按钮 ：该按钮弹起时，为非锁定填充模式；单击该按钮，即为锁定填充模式。在非锁定填充模式下，给图 2-29 中上边两行矩形填充灰度线性渐变色，再使用"渐变变形工具" ，单击矩形填充，效果如图 2-29 中上边两行矩形所示，可以看到，各矩形的填充是相互独立的，无论矩形长短如何，填充都是左边浅右边深。

图 2-27　图标菜单　　　图 2-28　填充有缺口的区域　　　图 2-29　非锁定与锁定填充

在锁定填充模式下，给图 2-29 中下边两行的矩形填充灰度线性渐变色，再使用"渐变变形工具" ，单击矩形填充，效果如图 2-29 中下边两行矩形所示，可以看到，各矩形的填充是一个整体，好像背景已经涂上了渐变色，但是被盖上了一层东西，因而看不到背景色，这时填充就好像剥去这层覆盖物，显示出了背景的颜色。

思考与练习 2-1

1．绘制一幅"透明彩球"图形，该图形由填充的向日葵图像（作为背景）和两个立体透明彩球图形组成。两个立体彩球的颜色分别是红色和蓝色，如图 2-30 所示。

2．制作一个"台球和球杆"图形，如图 2-31 所示。可以看到，在台球桌上有 10 个不同颜色的台球和两个球杆。

图 2-30　"透明彩球"图形

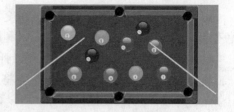

图 2-31　"台球和球杆"图形

3．修改【实例 7】"水晶球按钮"动画，该动画运行后，每个水晶球按钮内部都有不同的不断水平移动变化的图像。

4．绘制一幅"圆形按钮"图形，如图 2-32 所示。它给出了两个圆形按钮的凹凸状态图形，图 2-32 左图是正常状态的凸起按钮，它的亮点在上边，绿色部分偏亮，表示按钮处于弹起的状态。图 2-32 右图的按钮处于凹下状态，它的亮点在下边，绿色部分偏暗。

5．制作一个"卡通人和风景魔方"动画，该动画运行后的两幅画面如图 2-33 所示。可以看出在一个透明得风景魔方内，一个卡通小女孩的眼睛一闭一合，嘴一张一闭。

图 2-32　"圆形按钮"图形

图 2-33　"卡通人和风景魔方"图形

2.2　【实例 8】珠宝和翡翠项链

"珠宝和翡翠项链"图形如图 2-34 所示，可以看到它是由一串翡翠项链和三颗珠宝组成的。该动画的制作方法和相关知识介绍如下。

图 2-34　"珠宝和翡翠项链"图形

 制作方法

1．绘制翡翠项链的线

（1）创建一个 Flash 文档。设置舞台工作区宽 500 像素、高 200 像素，背景为墨绿色。

（2）单击工具箱中的"铅笔工具"按钮 ✐，单击工具箱的"选项"栏内的 ↳ 按钮，可弹出三个按钮，单击"平滑"按钮 ⵝ。

（3）在其"属性"面板的"笔触高度"文本框中输入线条的宽度为 1（磅），单击"笔触颜色"按钮■，调出线条的颜色面板，利用该颜色面板设置线条的颜色为白色。

（4）在舞台工作区中拖曳绘制一条封闭的曲线，如图 2-35 所示。

（5）使用工具箱内的选择工具 ，将鼠标指针移到线条处，如图 2-36 所示，当鼠标指针右下角出现一条弧线时，拖曳鼠标，可以调整曲线的形状。

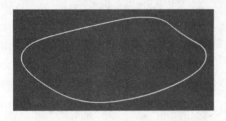 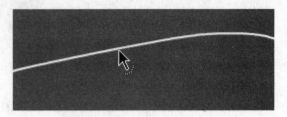

图 2-35　一条封闭的白色曲线　　　　　　图 2-36　鼠标指针右下角出现一条弧线

2．绘制点状线曲线

（1）将"图层 1"图层的名称改为"翡翠项链线"，在"翡翠项链线"图层之上增加一个新图层，再将该图层的名称改为"翡翠项链"。

（2）选中"翡翠项链线"图层第 1 帧，单击时间轴"图层控制区"内的"翡翠项链线"图层的"锁定/解除锁定图层"列，使该处出现小锁 ，表示该图层已经锁定。

（3）右击"翡翠项链线"图层第 1 帧，调出它的快捷菜单，单击该菜单中的"复制帧"菜单命令，将选中的帧复制到剪贴板中。

（4）右击"翡翠项链"图层第 1 帧，调出它的快捷菜单，单击该菜单中的"粘贴帧"菜单命令，将剪贴板中的内容粘贴到选中的"翡翠项链"图层第 1 帧内。

（5）使用工具箱中的"选择工具" ，单击"翡翠项链"图层第 1 帧，再单击该帧内的曲线，调出"属性"面板，在该面板内设置线颜色为绿色，在"笔触高度"文本框中输入线条的宽度为 13（磅）。

（6）单击"属性"面板内的"编辑笔触样式"按钮 ，调出"笔触样式"对话框。在该对话框的"类型"下拉列表框中选择"点状线"选项，在"点距"文本框中输入 2，如图 2-37 所示。单击"确定"按钮。

（7）单击舞台工作区内曲线外部，此时的点状曲线如图 2-38 所示。

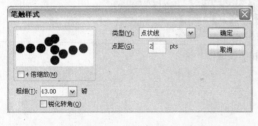 

图 2-37　"笔触样式"对话框　　　　　　　图 2-38　绘制点状曲线

（8）单击工具箱内的"选择工具"按钮 ，拖曳出一个将线全部围起来的矩形，选中该线条，选择"修改"→"形状"→"将线条转换为填充"菜单命令，将线转换为填充。

（9）按照前面所述方法，利用"颜色"面板设置由白色到绿色的放射状渐变填充色。

（10）单击按下工具箱内的"颜料桶工具"按钮 ，再分别单击各个小圆的不同部位，即可获得图 2-34 所示的翡翠项链图形。

3．绘制珠宝图形

（1）选择"插入"→"新建元件"菜单命令，调出"创建新元件"对话框，在该对话框内的"名称"文本框内输入"珠宝"，在"类型"下拉列表框中选中"影片剪辑"选项。单击"确定"按钮，进入"珠宝"影片剪辑元件编辑状态。

（2）绘制一个白色（红为 255，绿为 255，蓝为 255，Alpha 为 43%）到白色（红为 255，绿为 255，蓝为 255，Alpha 为 0%）的圆形图形，一个红色圆形图形，一个白色（红为 255，绿为 255，蓝为 255，Alpha 为 80%）到白色（红为 255，绿为 255，蓝为 255，Alpha 为 0%）的圆形图形，如图 2-39 所示。

（3）将图 2-39 内左边的透明白色圆形图形和右边的透明白色圆形图形分别移到图 2-39 中间所示的圆形图形之上，效果如图 2-40 所示。

图 2-39　红色珠宝图形的组成　　　　　图 2-40　红色珠宝图形

（4）单击元件编辑窗口中的场景名称图标 ，回到主场景舞台工作区。

（5）在"翡翠项链线"图层下边增加一个新图层，将该图层的名称改为"珠宝 1"。在"翡翠项链"图层上边增加一个新图层，将该图层的名称改为"珠宝 2"。

（6）选中"珠宝 2"图层的第 1 帧，将"库"面板内的"珠宝"影片剪辑元件拖曳到舞台工作区内。选中"珠宝 1"图层的第 1 帧，再次将"库"面板内的"珠宝"影片剪辑元件拖曳到舞台工作区内。

（7）选中"珠宝 2"图层第 1 帧内第 1 个"珠宝"影片剪辑实例，在它的"属性"面板内的"样式"下拉列表框中选择"高级"选项，单击"设置"按钮，调出"高级效果"对话框，按照图 2-41 左图所示进行设置，单击"确定"按钮，将珠宝颜色调整为棕色。

（8）选中"珠宝 2"图层第 1 帧内第 2 个"珠宝"影片剪辑实例，在它的"属性"面板内的"样式"下拉列表框中选择"高级"选项，单击"设置"按钮，调出"高级效果"对话框，按照图 2-41 右图所示进行设置，单击"确定"按钮，将珠宝颜色调整为紫色。

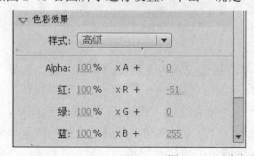

图 2-41　"高级效果"对话框设置

知识链接

1. 笔触的设置

笔触设置就是线属性的设置，它包括笔触样式、笔触高度（即粗细）和笔触颜色等设置。笔触设置可以利用线的"属性"面板来进行。单击工具箱内的"铅笔工具"按钮 后的"属性"面板，如图 2-42 所示。选中"线条工具" 和"钢笔工具" 后的"属性"面板与图 2-42 所示基本一样，只是没有"平滑"文本框。"属性"面板中各选项的作用如下。

（1）"笔触颜色"按钮 ：单击该按钮可调出笔触颜色面板，用来设置颜色。

利用"颜色"面板也可以设置笔触，设置笔触颜色、透明度、线性渐变色、放射状渐变色和位图，其方法与设置填充的方法一样，只是需要单击按下"笔触颜色"按钮 。

（2）"笔触"文本框：可以直接输入线粗细的数值（数值在 0.1～200 之间，单位为磅），还可以拖曳滑块来改变线的粗细。改变数值后按 Enter 键，即可改变线的粗细。

（3）"样式"下拉列表框：用来选择笔触的样式，如图 2-43 所示。

（4）"缩放"下拉列表框：用来设置限制播放器 Flash Player 中笔触的缩放特点，有"一般"、"水平"、"垂直"和"无"选项。

（5）"提示"复选框：选中该复选框后，启用笔触提示。笔触提示可在全像素下调整直线锚记点和曲线锚记点，防止出现模糊的垂直或水平线。

（6）"端点"按钮：单击它可以调出一个菜单，用来设置线段（路径）终点的样式。选中"无"选项时，对齐线段终点；选择"圆角"选项时，线段终点为圆形，添加一个超出线段端点半个笔触宽度的圆头端点；选择"方形"选项时，线段终点为方形，添加一个超出线段半个笔触宽度的方头端点。

图 2-42 铅笔工具的"属性"面板

图 2-43 选择笔触的样式

（7）"接合"按钮：单击它可以调出一个菜单，用来设置两条线段的相接方式，选择"尖角"、"圆角"和"斜角"选项时的效果如图 2-44 所示。要更改开放或闭合线段中的转角，可以先选择与转角相连的两条线段，然后再选择另一个接合选项。在选择"尖角"选项后，"属性"面板内的"尖角"文本框变为有效，用来输入一个尖角限制值，超过这个值的线条部分将被切除，使两条线段的接合处不是尖角，这样可以避免尖角接合倾斜。

（8）"平滑"文本框：在单击按下"铅笔工具"按钮 ✏ 后，工具箱内的选项栏中会出现"对象绘制" ⊙ 和"铅笔模式" ⑤ 两个按钮，单击"铅笔模式" ⑤，调出它的菜单，如图 2-45 所示。单击选中该菜单内的"平滑"选项。此时，铅笔工具的"属性"面板内的"平滑"文本框才有效，改变其内的数值，可以调整曲线的平滑程度。

图 2-44 "尖角"、"圆角"和"斜角"接合

图 2-45 铅笔工具的选项栏

（9）"编辑笔触样式"按钮 ✏：单击该按钮，可调出"笔触样式"对话框，如图 2-46 所示。利用该对话框可自定义笔触样式（线样式）。该对话框中各选项的作用如下。

◎ "类型"下拉列表框：用来选择线的类型，它有六种类型。选择不同类型时，其下边会显示出不同的文本框与下拉列表框，利用它们可以修改线条的形状。例如，选择"斑马线"选项时的"笔触样式"对话框如图 2-47 所示。

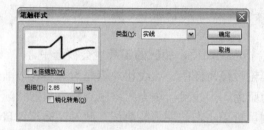

图 2-46 "笔触样式"（实线）对话框

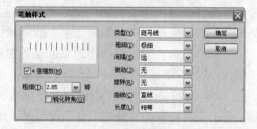

图 2-47 "笔触样式"（斑马线）对话框

由图 2-47 可以看出，它有许多可以设置的下拉列表框，我们没有必要去对这些下拉列表框和它们选项的作用——进行介绍。因为在改变线型后，其左边的显示窗口内会显示出所设置线型的形状和粗细，可以形象地看到各个选项的作用。

◎ "4 倍缩放"复选框：选中它后，显示窗口内的线可以放大 4 倍显示。线实际并没有被放大。

◎ "粗细"下拉列表框：用来输入或选择线条的宽度，数的范围是 0.1～200 磅。

◎ "锐化转角"复选框：选中它后，会使线条的转折明显。此选项对绘制直线无效。

2．绘制线条

（1）使用线条工具绘制直线：单击"线条工具"按钮 ╲，利用它的"属性"面板设置线型和线颜色，再在舞台工作区内拖曳鼠标，即可绘制各种长度和角度的直线。按住 Shift 键，同时在舞台工作区内拖曳鼠标，可以绘制出水平、垂直和 45°角的直线。

（2）使用铅笔工具绘制线条图形：使用"铅笔工具" ✏ 绘制图形，就像真的在用一支铅笔画图一样，可以绘制任意形状的曲线矢量图形。绘制完一条线后，Flash 可以自动对线进行变直或平滑处理等。按住 Shift 键的同时拖曳，可绘制出水平和垂直的直线。

单击工具箱中的"铅笔工具"按钮 ✏ 后，工具箱"选项"栏内会显示一个"铅笔模式"按钮 ╹。单击该按钮，可弹出三个按钮，它们的作用如下。

◎ "伸直" 按钮 ⌐ ：它是规则模式，适用于绘制规则线条，并且绘制的线条会分段转换成与直线、圆、椭圆、矩形等规则线条中最接近的线条。

◎ "平滑" 按钮 S ：它是平滑模式，适合绘制平滑曲线。

◎ "墨水" 按钮 ✐ ：它是徒手模式，适合绘制接近徒手画出的线条。

3．墨水瓶工具

墨水瓶工具的作用是改变已经绘制的线的颜色和线型等属性。使用的方法如下。

（1）设置笔触的属性，即利用 "属性" 或 "颜色" 面板等修改线的颜色和线型等。

（2）单击工具箱内的 "墨水瓶工具" 按钮 ✎ ，此时鼠标指针呈 ✎ 状。再将鼠标移到舞台工作区中的某条线上，单击鼠标左键，即可用新设置的线条属性修改被单击的线条。

（3）如果用鼠标单击一个无轮廓线的填充，则会自动为该填充增加一条轮廓线。

4．滴管工具

滴管工具的作用是吸取舞台工作区中已经绘制的线条、填充（还包括分离的位图、打碎的文字）和文字的属性。滴管工具的使用方法如下。

（1）单击工具箱中的 "滴管工具" 按钮 ✐ ，然后将鼠标指针移到舞台工作区内的对象之上。此时鼠标指针变成一个滴管加一支笔（对象是线条）、一个滴管加一个刷子（对象是填充）或一个滴管加一个字符 A （对象是文字）的形状。

（2）单击对象，即可将单击对象的属性赋给相应的面板，相应的工具也会被选中。

例如，图 2-48 左图是一个七角形图形，其轮廓线为红色、虚线状，填充为七彩线形渐变色；图 2-48 右图是一个圆形图形，其轮廓线为蓝色、实线状，填充为绿色到黑色放射状渐变填充。单击工具箱中的 "滴管工具" 按钮 ✐ ，用鼠标单击左边图形轮廓线，此时鼠标指针自动变为 ✎ 状，表示选中了墨水瓶工具，再单击右边图形轮廓线，即可使右边图形轮廓线与左边图形轮廓线一样，如图 2-49 左图所示。单击工具箱中的 "滴管工具" 按钮 ✐ ，用鼠标单击右边图形填充，此时鼠标指针自动变为 ✎ 状，表示选中了颜料桶工具，单击工具箱 "选项" 栏内的 "锁定填充" 按钮 ⬜ ，保证该按钮处于弹起状态，再单击左边图形填充，即可使左边图形填充与右边图形填充一样，如图 2-49 右图所示。

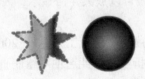　　　　

图 2-48　原图形　　　　　　　　图 2-49　改变图形属性后的图形

思考与练习 2-2

1．绘制如图 2-50 所示的 "一串彩球" 图形。

图 2-50　 "一串彩球" 图形

2．绘制一幅"彩珠环"图形，如图 2-51 所示。

3．制作一幅"北京名胜网页主页"动画，如图 2-52 所示。可以看到，在网页主页内的上边是标题栏（Banner），其内的背景图像是北京的一些著名建筑图像，图像之上的左边有一个顺时针自转的七彩光环，右边是红色立体标题文字"北京名胜"，还有水平来回移动的多条透明光带。在 Banner 下边是导航文字，再下边有渐隐渐现的 LOGO 图像、"天安门"图像、"图像切换"动画和一段介绍颐和园的文字，最下边是滚动显示的北京名胜图像。

图 2-51　"彩珠环"图形　　　　　　　　　　　　图 2-52　北京名胜网页主页

2.3　【实例 9】闪耀红星和跳跃彩球

"闪耀红星和跳跃彩球"动画运行后的两幅画面如图 2-53 所示，可以看到，在黄色背景之上有一个立体的红色五角星闪闪发光，右边一个红绿相间的彩球上下跳跃移动，同时它们的投影也变大或变小。该动画的制作方法和相关知识介绍如下。

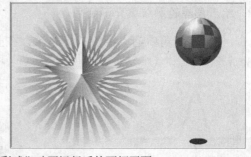

图 2-53　"闪耀红星和跳跃彩球"动画运行后的两幅画面

 制作方法

1．绘制五角星轮廓线

（1）设置舞台工作区宽 300 像素、高 300 像素，背景色为黄色，显示出网格。然后，以名称"【实例 9】闪耀红星和跳跃彩球.fla"保存。

方法一：通过绘制矩形和直线，再进行直线删除来制作五角星轮廓线，介绍如下。

◎ 使用工具箱内的"矩形工具" ，设置无填充，笔触颜色为红色，笔触高度为 2 磅，拖曳绘制一个矩形，它的宽为 10 个网格，高为 16 个网格，如图 2-54 所示。

◎ 使用工具箱中的"选择工具" ，向右拖曳矩形的左上角，到矩形的中间处；向左拖曳矩形的右上角，到矩形的中间处。从而使矩形成为三角形，如图 2-55 所示。

◎ 使用工具箱中的"线条工具" ，用鼠标在舞台工作区内拖曳绘制三条直线，水平线的长度为 16 个网格，而且与三角形的垂直中线对称，如图 2-56 所示。

◎ 使用工具箱内的"选择工具" ，再选中底线，按 Delete 键，删除底线，如图 2-57 所示。按照相同的方法，删除五角星内部的所有线段，如图 2-58 所示。

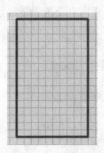 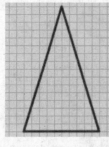 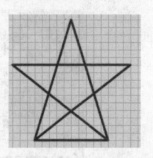 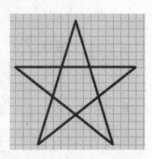

图 2-54　矩形　　　图 2-55　三角形　　　图 2-56　三条直线　　　图 2-57　删除三角形底线

方法二：通过绘制多角星形来制作五角星轮廓线，介绍如下。

◎ 单击工具箱内的"多角星形工具"按钮 ，单击其"属性"面板内的"选项"按钮，调出"工具设置"对话框，在该对话框内的"样式"下拉列表框中选择"星形"选项，表示绘制星形图形；在"边数"文本框内输入 5，表示绘制五角星形；在"星形顶点大小"文本框中输入 0.5，如图 2-59 所示。然后，单击"确定"按钮。

◎ 设置无填充，笔触颜色为红色，笔触宽度为 2 磅。然后，在舞台工作区内拖曳绘制一幅五角星轮廓线，如图 2-60 所示。

（2）使用工具箱内的"任意变形工具" ，调整五角星轮廓线的大小和位置。

2．给五角星轮廓线填充渐变色

（1）使用工具箱中的"线条工具" ，在五角星内绘制 5 条线粗为 1 磅的灰色直线，如图 2-60 所示。

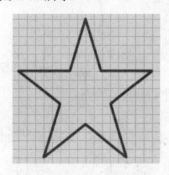  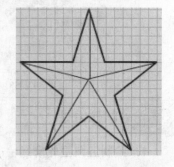

图 2-58　五角星轮廓图形　　　图 2-59　"工具设置"对话框　　　图 2-60　补画几条直线

（2）调出"颜色"面板，设置填充色为红色、浅红色、白色的线性渐变色。然后，使用"颜料桶工具" ，再单击五角星内部各个区域。注意：在"颜色"面板内设置填充色时，关键点滑块 的位置会影响填充的效果，五角星左上角区域内填充的渐变色应偏亮一些，以产生光照的效果。

（3）设置笔触颜色为深红色，笔触高度为 1 磅，使用"墨水瓶工具" ，单击五角星内部左上边的两条直线；再设置笔触颜色为浅红色，笔触高度为 1 磅，使用"墨水瓶工具" ，单击五角星内部右下边的三条直线。此时的五角红星如图 2-61 所示。

（4）将图形放大，进行线条的细致修改，删除五角星轮廓线。然后，将五角星组成组合，再复制两份，最终效果如图 2-62 所示。

（5）选中"图层 1"图层内如图 2-62 所示的五角星，选择"修改"→"转换为元件"菜单命令，调出"转换为元件"对话框，在该对话框内的"名称"文本框中输入"五角星"文字，单击"确定"按钮，即可将五角星图形转换为影片剪辑实例。

3．制作"闪光"图形元件

（1）选择"插入"→"新建元件"菜单命令，调出"创建新元件"对话框，在该对话框内的"名称"文本框内输入"闪光 1"，选中"图形"选项，再单击"确定"按钮，进入"闪光 1"图形元件的编辑状态。

（2）使用工具箱内的"矩形工具" ，调出"颜色"面板，利用该面板设置填充色为红色到黄色的线性渐变色，设置无轮廓线，如图 2-63 所示。

图 2-61　填色后的五角星

图 2-62　删除轮廓线

图 2-63　"颜色"面板

（3）拖曳绘制一幅填充红色到黄色线性渐变色矩形，如图 2-64 所示。使用工具箱内的"选择工具" ，在不选中矩形图形的情况下，将鼠标移到矩形图形的左上角，当鼠标指针右下方出现一个直角线时，垂直向下拖曳，再将鼠标移到矩形图形的左下角，垂直向上拖曳，将矩形调整为三角形。然后，将三角形图形组成组合，如图 2-65 所示。

（4）使用工具箱内的"任意变形工具" ，选中三角形，将中心点标记拖曳到舞台工作区的中心处，如图 2-66 所示。在"属性"面板内的"宽"文本框中输入 136，在"高"文本框中输入 14，在"X"和"Y"文本框中均输入 0，如图 2-67 所示。

图 2-64　渐变色的矩形

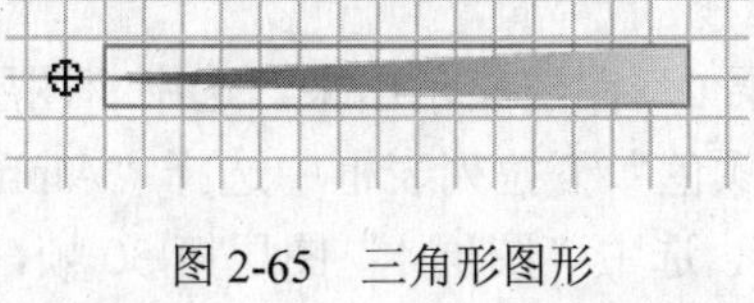

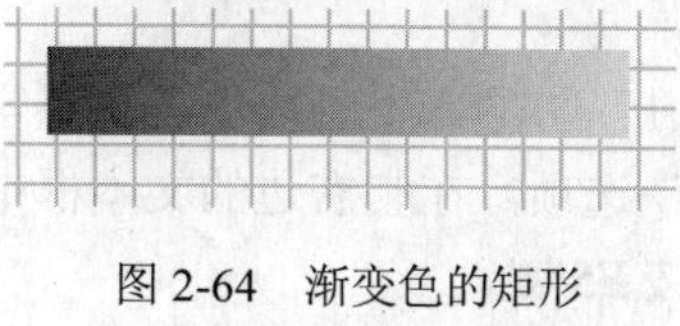

图 2-65　三角形图形

中心点标记

图 2-66　中心点标记位置

（5）选中三角形图形，调出"变形"面板，按照图 2-68 所示进行设置，再连续单击 35 次

"复制选区和变形"按钮 ，旋转并复制 35 个三角形图形，效果如图 2-69 所示。

图 2-67 "属性"面板设置

图 2-68 "变形"面板　图 2-69 旋转并复制 35 个三角形

（6）使用工具箱内的"选择工具" 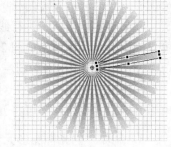，选中 36 个三角图形，将它们组成组合。再将组合调整为宽 300 像素、高 300 像素。中心点在舞台工作区中心处。然后，回到主场景。

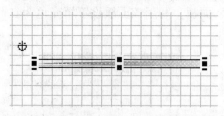

图 2-70 三角形及中心点标记位置

（7）按照上述方法，新建一个名称为"闪光 2"的图形元件，在其内绘制一个填充红色到黄色线性渐变色的三角形。然后，使用工具箱内的"任意变形工具"，选中三角形，将中心点标记拖曳到舞台工作区的中心处，如图 2-70 所示。在"属性"面板内的"宽"文本框中输入 150，在"高"文本框中输入 8，在"X"和"Y"文本框中均输入 0。

（8）选中三角形图形，调出"变形"面板，按照图 2-68 所示进行设置，再连续单击 35 次"复制并应用变形"按钮 ，旋转并复制 35 个三角形图形，效果如图 2-71 所示。

（9）选中 36 个三角图形，将它们组成组合。在"属性"面板内将组合调整为宽 300 像素、高 300 像素。中心点在舞台工作区的中心处。然后，回到主场景舞台工作区。

4．制作闪光动画

（1）在"图层 1"图层下边创建"图层 2"和"图层 3"图层。隐藏"图层 1"图层。

（2）选中"图层 2"图层第 1 帧，将"库"面板内的"闪光 1"图形元件拖曳到舞台工作区内正中间。创建"图层 2"图层第 1～50 帧的动画。选中"图层 2"图层第 1 帧，在其"属性"面板内的"旋转"下拉列表框中选中"逆时针"选项，在其文本框中输入 1，如图 2-72 左图所示。

（3）隐藏"图层 2"图层。选中"图层 3"图层第 1 帧，将"库"面板内的"元件 2"图形元件拖曳到舞台工作区内正中间。创建"图层 3"图层第 1～50 帧的动画。选中"图层 3"图层第 1 帧，在其"属性"面板内的"旋转"下拉列表框中选中"顺时针"选项，在其文本框中输入 2，如图 2-72 右图所示。

（4）将"图层 1"和"图层 2"图层显示出来，选中"图层 1"图层第 1 帧内的五角星实例。在其"属性"面板内的"颜色"下拉列表框中选择"Alpha"选项，在其右边的文本框中输入 90，设置 Alpha 值为 90%。选中"图层 1"图层第 50 帧，按 F5 键。

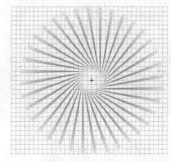
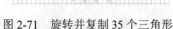

图 2-71　旋转并复制 35 个三角形　　　　　　图 2-72　"属性"面板设置

5. 制作"彩球"影片剪辑元件

（1）新建一个"彩球"影片剪辑元件，进入"彩球"影片剪辑元件的编辑状态。

（2）单击工具箱内的"椭圆工具"按钮 ◯，设置笔触高度为 2，笔触颜色为蓝色，设置无填充。按住 Shift 键，拖曳绘制一个无填充的圆形，直径为 12 个网格。

（3）选中刚绘制的圆形，按住 Alt 键，同时拖曳圆形，复制一份，将复制的圆形移到原来圆形图形的右边。选中复制的圆形，调出"变形"面板，使"锁定"按钮呈 █ 状，在其"宽度" ↔ 文本框内输入 33.33，如图 2-73 所示。按 Enter 键，可将圆形转换为水平方向缩小为原图的 33.33% 的椭圆形图形，如图 2-74 所示。

再单击"变形"面板右下角的 █ 按钮，可以复制一份同样的椭圆图形。然后，将复制的椭圆图形移到原椭圆图形的右边，如图 2-75 所示。

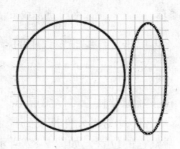
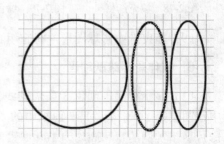

图 2-73　"变形"面板设置　　　图 2-74　复制变形椭圆　　　图 2-75　再复制变形椭圆

（4）选中圆形图形，按住 Alt 键，同时拖曳圆形，将圆形复制一份，再将复制的圆形图形移到原来图形的左边。在"变形"面板的"宽度" ↔ 文本框内输入 66.66。按照上述方法，创建 2 个水平方向缩小为原图形的 66.66% 的椭圆形，并移到原图形的左边，如图 2-76 所示。

（5）选中圆形图形左边的一个椭圆，选择"修改"→"变形"→"顺时针旋转 90 度"菜单命令，将椭圆旋转 90°。再将圆形图形右边的另一个椭圆形图形旋转 90°。然后将它们移到圆内，再将两个剩余的图形移到圆形图形中，如图 2-77 所示。

（6）设置填充色为深红色，给图 2-77 所示轮廓线的一些区域填充红色，如图 2-78 所示。调出"颜色"面板，在"类型"下拉列表框内选中"放射状"选项。设置填充色为白、绿、黑色放射状渐变色，绘制一个同样大小的无轮廓线绿色彩球，如图 2-79 所示。

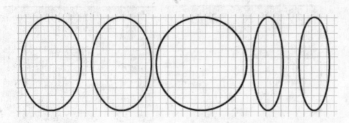

图 2-76　几个椭圆图形

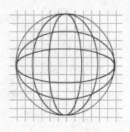

图 2-77　彩球轮廓线

（7）使用工具箱内的"选择工具" ，选中图 2-78 所示的彩球线条，按 Delete 键，删除所有线条。此时的彩球如图 2-80 所示。然后，给该彩球左上角的两个色块填充由白色到红色的放射状渐变色，如图 2-81 所示。

（8）将图 2-81 所示的全部图形选中，选择"修改"→"组合"菜单命令，将选中的全部图形组合。将图 2-79 所示绿色彩球组合。然后，将绿色彩球移到图 2-81 所示的彩球之上，如图 2-82 中的彩球所示。如果绿色彩球将图 2-81 所示图形覆盖，可选择"修改"→"排列"→"移至底层"菜单命令。

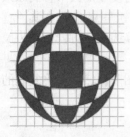
图 2-78　填充红色

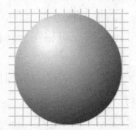
图 2-79　绿色彩球

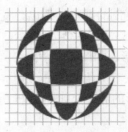
图 2-80　删除线条

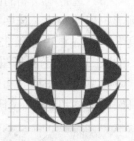
图 2-81　填充渐变色

（9）拖曳选中彩球图形，将它组合。再单击元件编辑窗口中的 按钮，回到主场景。

6．制作彩球跳跃动画

（1）显示标尺，创建 3 条辅助线。在主场景"图层 3"图层下边新建"图层 4"图层，选中该图层第 1 帧，将"库"面板中的"彩球"影片剪辑元件拖曳到舞台工作区中。调整"彩球"影片剪辑实例的宽和高均为 100 像素，调整它的位置，如图 2-82 所示。

（2）右击"图层 4"图层第 1 帧，弹出一个帧快捷菜单，再单击该菜单中的"创建传统补间"菜单命令。此时，该帧具有了传统补间动画的属性。选中该图层第 50 帧，按 F6 键，创建第 1～50 帧的传统补间动画。

（3）选中该图层的第 25 帧，按 F6 键，创建一个关键帧。然后将第 25 帧的彩球垂直上移到水平第 1 条辅助线之上，如图 2-83 所示。

（4）在"图层 4"图层下边新增"图层 5"图层。选中"图层 5"图层第 1 帧，在垂直辅助线和第 2 条水平辅助线处绘制一个灰色椭圆图形，如图 2-82 所示。

（5）创建"图层 5"图层第 1～50 帧的传统补间动画。选中"图层 5"图层第 25 帧，按 F6 键，创建一个关键帧。将该帧灰色椭圆图形调小，如图 2-83 所示。

图 2-82　第 1 和 50 帧画面

图 2-83　第 25 帧画面

至此，"闪耀红星和跳跃的彩球"动画制作完毕，该动画的时间轴如图 2-84 所示。

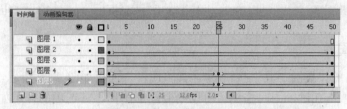

图 2-84　"闪耀红星和跳跃的彩球"动画的时间轴

 知识链接

1. 绘制矩形图形

单击工具箱内的"矩形工具"按钮 □，设置笔触和填充的属性，"属性"面板如图 2-85 所示。拖曳即可绘制一个矩形图形。按住 Shift 键的同时拖曳，可以绘制正方形图形。

如果希望只绘制矩形轮廓线而不要填充，只需设置无填充。如果希望只绘制填充而不要轮廓线，则只需设置无轮廓线。绘制其他图形也如此。

（1）设置矩形边角半径的方法：在"属性"面板内"矩形选项"栏内的"矩形边角半径"文本框中输入矩形边角半径的数值，可以调整矩形四个边角半径的大小。如果输入负值，则是反半径。另外，拖曳滑块也可以改变四个边角半径的大小。

矩形边角半径的值是正数时绘制的矩形如图 2-86 左图所示，矩形边角半径的值是负数时绘制的矩形如图 2-86 右图所示。

图 2-85　"矩形工具"的"属性"面板

单击锁定图标 ，使图标呈 状，其他三个文本框变为有效，滑块变为无效，如图 2-87 所示。调整四个文本框的数值，可分别调整每个角的角半径。单击锁定图标 ，使图标呈 状，还原为原锁定状态。在锁定状态下，矩形每个角的边角半径将取相同的半径值。

单击"重置"按钮，可以将四个"矩形边角半径"文本框内的数值重置为 0，而且只有第一个文本框有效，可以重置角半径。

（2）绘制矩形的其他方法：单击工具箱内的"矩形工具"按钮 □，在其"属性"面板内设置笔触高度和颜色、填充色等。按住 Alt 键，再单击舞台，调出"矩形设置"对话框，如

图 2-88 所示。在该对话框内设置矩形的宽度和高度，设置矩形边角半径，确定是否要选中"从中心绘制"复选框，然后单击"确定"按钮，即可绘制一幅符合设置的矩形图形。如果选中了"从中心绘制"复选框，则以单击点为中心绘制矩形图形；如果没选中"从中心绘制"复选框，则以单击点为矩形图形的左上角绘制一幅符合设置的矩形图形。

图 2-86　矩形图形　　　　图 2-87　"矩形选项"对话框　　　图 2-88　"矩形设置"对话框

2．绘制椭圆图形

单击工具箱内的"椭圆工具"按钮 ◯，其"属性"面板如图 2-89 所示。拖曳即可绘制一个椭圆图形。按住 Shift 键，同时拖曳，可以绘制圆形图形。其选项的作用如下。

（1）"开始角度"和"结束角度"文本框：其内的数值用来指定椭圆开始点和结束点的角度。使用这两个参数可轻松地将椭圆的形状修改为扇形、半圆形及其他有创意的形状。

（2）"内径"文本框：其内的数值用来指定椭圆的内路径（即内侧椭圆轮廓线）。该文本框内允许输入的内径数值范围为 0 至 99，表示删除的椭圆填充的百分比。

开始角度设置为 90°时，绘制的图形如图 2-90（a）所示；结束角度设置为 90°时，绘制的图形如图 2-90（b）所示；内径设置为 50 时，绘制的图形如图 2-90（c）所示。

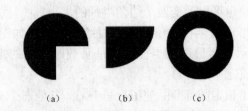

（a）　　　　（b）　　　　（c）

图 2-89　"椭圆工具"的"属性"面板　　　　图 2-90　几种椭圆图形

（3）"闭合路径"复选框：用来指定椭圆的路径（如果设置了内路径，则有多个路径）是否闭合。选中该复选框后（默认情况），则选择闭合路径，否则选择不闭合路径。

（4）"重置"按钮：单击它后，将"属性"面板内的各个参数回归默认值。

另外，单击工具箱内的"椭圆工具"按钮 ◯，在其"属性"面板内可设置笔触高度和颜色、填充色等。按住 Alt 键，再单击舞台，调出"椭圆设置"对话框，如图 2-91 所示。在该对话框内设置椭圆形图形的宽度和高度，确定是否要选中"从中心绘制"复选框，然后单击"确定"按钮，即可绘制一幅符合设置的椭圆形图形。如果选中了"从中心绘制"复选框，则以鼠标单击点为中心绘制椭圆形图形；如果没选中"从中心绘制"复选框，则以鼠标单击点为椭圆形图形的外切矩形的左上角绘制一幅符合设置的椭圆形图形。

3. 绘制多边形和星形图形

单击工具箱内的"多角星形工具"按钮 ⬡，单击"属性"面板内的"选项"按钮，可以调出"工具设置"对话框，如图 2-92 所示。该对话框内各选项的作用如下。

图 2-91 "椭圆设置"对话框 　　　　图 2-92 "工具设置"对话框

（1）"样式"下拉列表框：其中有"多边形"和"星形"选项，用来设置图形样式。

（2）"边数"文本框：输入介于 3 和 32 之间的数，该数是多边形或星形图形的边数。

（3）"星形顶点大小"文本框：在其内输入一个介于 0 到 1 之间的数字，用来确定星形图形顶点的深度，此数字越接近 0，创建的顶点就越深（像针一样）。该文本框的数据只在绘制星形图形时有效，绘制多边形时，它不会影响多边形的形状。

完成设置后，单击"确定"按钮，在舞台工作区内拖曳，即可绘制出一个多角星形或多边形图形。如果在拖曳鼠标时，按住 Shift 键，即可画出正多角星形或正多边形。

4. 刷子工具

单击工具箱内的"刷子工具"按钮 ✐ 后，"选项"栏内会出现 5 个按钮，如图 2-93 所示。利用它们可以设置刷子工具的参数，以及设置绘图模型等。

（1）设置刷子大小：单击工具箱中选项栏内右边的 ⬤ 按钮，会弹出各种刷子大小示意图菜单，如图 2-94 左图所示。选中其中一种，即可设置刷子的大小。

（2）设置刷子形状：单击工具箱中选项栏内下边的 ⬤ 按钮，会弹出各种刷子形状示意图，如图 2-94 中图所示。选中其中一种，即可设置刷子的形状。

（3）"刷子模式"按钮 ⬬：单击该按钮，弹出刷子模式图标菜单，如图 2-94 右图所示。它有 5 种选择，单击其中一个按钮，即可完成相应的刷子模式设置。

（4）"锁定填充"按钮 ⬛：其作用与颜料桶工具"锁定填充"按钮的作用一样。

设置好刷子工具的参数，即可拖曳鼠标绘制图形。使用刷子工具绘制的图形只有填充，没有轮廓线。用刷子工具绘制的一些图形如图 2-95 所示。

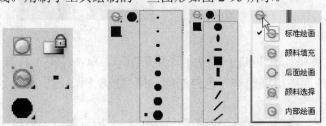

图 2-93 刷子工具"选项"栏　　图 2-94 刷子大小、形状模式菜单　　图 2-95 刷子工具绘制的图形

思考与练习 2-3

1．制作一个"彩球倒影"动画，该动画运行后的一幅画面如图 2-96 所示。两个彩球在蓝色透明的湖面之上上下移动，湖中两个立体彩球的倒影也在上下移动。

2．绘制一幅"椭圆形"图形，如图 2-97 所示。

3．制作一幅"中国名胜"图像，如图 2-98 所示。

图 2-96　"彩球倒影"动画　　　图 2-97　"椭圆形"图形　　　图 2-98　"中国名胜"图像

2.4 【实例 10】彩蝶

"彩蝶"图形如图 2-99 所示。制作彩蝶图形时，需要巧妙地运用任意变形工具的封套功能。该动画的制作方法和相关知识介绍如下。

 制作方法

1．绘制彩蝶图形

（1）创建一个 Flash 文档。设置舞台工作区宽 400 像素、高 300 像素，背景为白色。然后以名称"【实例 10】彩蝶.fla"保存。

（2）使用工具箱中的"矩形工具" ▣，设置笔触颜色为黄色、笔触高度为 2 磅，填充色为线性渐变七彩色。在舞台工作区中拖曳绘制一幅七彩矩形图形，如图 2-100 所示。

图 2-99　"彩蝶"图形　　　　　　　图 2-100　七彩矩形图形

（3）使用工具箱中的"任意变形工具" ▦，选中七彩矩形图形，单击按下工具箱"选项"栏内的"封套"按钮 ▨，使图像四周出现一些黑色控制柄。拖曳控制柄，逐步改变七彩矩形形状，如图 2-101 所示。

（4）使用工具箱中的"渐变变形工具" ▤，单击图 2-101（c）所示图形，使填充出现控制柄，再拖曳调整这些控制柄，使填充的图形如图 2-102 所示。

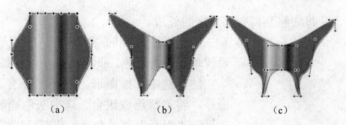

图 2-101 封套调整

（5）单击工具箱中的"椭圆工具"按钮 ⬭，设置无轮廓线，设置填充色为蓝色（红 0、绿 102、蓝 253）到浅蓝色（红 175、绿 216、蓝 254）再到浅蓝色（红 145、绿 213、蓝 253）的渐变色，如图 2-103 所示。在适当位置绘制蝴蝶的椭圆形身体图形，如图 2-104 所示。

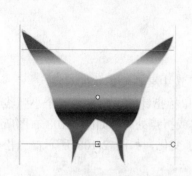

图 2-102 渐变变形调整　　　　图 2-103 "颜色"面板　　　　图 2-104 蝴蝶身体图形

（6）使用工具箱中的"线条工具" ＼，设置笔触颜色为棕色，笔触高度为 3 磅，拖曳绘制一条垂直直线，如图 2-105（a）所示。再使用工具箱内的"选择工具" ▶，在不选中垂直直线的情况下，将鼠标指针移到垂直直线的中间处，当鼠标指针旁出现一个弧线后，水平向左拖曳鼠标，使直线弯曲，如图 2-105（b）、（c）所示。

（7）单击工具箱中的"任意变形工具"按钮 ▦，选中弯曲的曲线，将中心点标记移到曲线底部，拖曳旋转曲线，如图 2-105（d）所示，形成一条彩蝶触角。

（8）复制一份彩蝶触角图形，选中复制图形，选择"修改"→"变形"→"水平翻转"菜单命令，将选中的彩蝶触角水平翻转，调整两条彩蝶触角的位置，如图 2-106 所示。

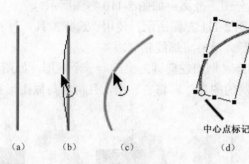

图 2-105 彩蝶触角制作　　　　　　　图 2-106 彩蝶图形

2. 制作彩蝶投影

（1）使用工具箱内的"选择工具" ▶，以拖曳方式选中全部彩蝶图形，按住 Alt 键拖曳，复制一份彩蝶图形，并将它移到舞台工作区的外边。

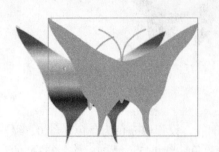

（2）选中复制的彩蝶图形，设置笔触颜色为灰色，设置填充色为灰色。此时，选中的彩蝶图形变为灰色。

（3）选中彩蝶图形，选择"修改"→"组合"菜单命令，将彩蝶组成组合。选中灰色蝴蝶图形，选择"修改"→"组合"菜单命令，将灰色蝴蝶组成组合。

（4）将灰色蝴蝶组合（即彩蝶投影）移到彩蝶组合之上，如图 2-107 所示。再选择"修改"→"排列"→"移至底层"菜单命令，即可将彩蝶投影移到彩蝶图形的下边，如图 2-99 所示。

图 2-107　彩蝶投影在彩蝶之上

 知识链接

1．使用选择工具改变图形形状

（1）使用工具箱中的"选择工具" <input> ，单击对象外部，不选中要改变形状的对象。

（2）将鼠标指针移到线、轮廓线或填充的边缘处，会发现鼠标指针右下角出现一个小弧线（指向线边处时，如图 2-108 左图所示）或小直角线（指向线端或折点处时，如图 2-108 右图所示）。此时，用鼠标拖曳线，即可看到被拖曳的线的形状发生了变化，如图 2-108 所示。当松开鼠标左键后，图形发生了大小与形状的变化，如图 2-109 所示。

 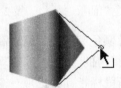

 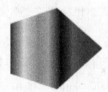

图 2-108　使用选择工具改变图形形状　　　图 2-109　改变大小和形状后的图形

2．使用选择工具切割图形

可以切割的对象有图形、分离的对象、打碎的文字。切割对象可以采用下述三种方法。

（1）使用工具箱中的"选择工具" <input> ，拖曳出一个矩形，选中部分图形，如图 2-110 左图所示。拖曳选中的部分图形，即可将选中的部分图形分离，如图 2-110 右图所示。

（2）在要切割的图形上绘制一条细线，如图 2-111 左图所示。使用"选择工具" <input> 拖曳移开被线分割的一部分图形，如图 2-111 右图所示。最后将细线删除。

（3）在要切割的图形对象上边绘制一个图形（例如在椭圆之上绘制一个矩形，如图 2-112 左图所示），再使用"选择工具" <input> 选中新绘制的图形，即将它移出，且可将与原图形重叠的部分图形删除，如图 2-112 右图所示。

     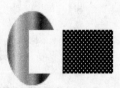

图 2-110　切割图形 1　　　图 2-111　切割图形 2　　　图 2-112　切割图形 3

3．使用橡皮擦工具擦除图形

单击工具箱中的"橡皮擦工具"按钮，工具箱中"选项"栏内会显示出两个按钮和一个下拉列表框。各选项的作用如下。

（1）"水龙头"按钮：单击该按钮后，鼠标指针呈状。再单击一个封闭的有填充的图形内部，即可将所有填充擦除。

（2）"橡皮擦形状"按钮：单击该按钮，调出它的列表，以选择橡皮擦形状与大小。

（3）"橡皮擦模式"按钮：单击该按钮，调出一个菜单，利用该菜单可以设置擦除方式。

◎"标准擦除"按钮：单击该按钮后，鼠标指针呈橡皮状，拖曳擦除图形时，可以擦除鼠标指针拖曳过的矢量图形、线条、打碎的位图和文字。

◎"擦除填色"按钮：单击该按钮后，拖曳擦除图形时，只可以擦除填充和打碎的文字。

◎"擦除线条"按钮：单击该按钮后，拖曳擦除图形时，只可以擦除线条和轮廓线。

◎"擦除所选填充"按钮：单击该按钮后，拖曳擦除图形时，只可以擦除已选中的填充和分离的文字，不包括选中的线条、轮廓线和图像。

◎"内部擦除"按钮：单击该按钮后，拖曳擦除图形时，只可以擦除填充。

不管哪一种擦除方式，都不能单击该按钮擦除文字、位图、组合和元件的实例等。

4．一般变形调整

单击工具箱内的"选择工具"按钮，选中对象。选择"修改"→"变形"菜单命令，弹出其子菜单，如图 2-113 所示。利用该菜单，可以将选中的对象进行各种变形等。

另外，使用"任意变形工具"，也可以进行封套、缩放、旋转与倾斜等变形。选中对象后，再单击工具箱中的"任意变形工具"按钮，此时工具箱的"选项"栏如图 2-114 所示。对象的变形通常是先选中对象，再进行对象变形的操作。下面介绍对象的变形方法。

注意：对于文字、组合、图像和实例等对象，菜单中的"扭曲"和"封套"是不可以使用的，任意变形工具"选项"栏内的"扭曲"和"封套"按钮也不可以使用。

（1）旋转与倾斜对象：选中要调整的对象，选择"修改"→"变形"→"旋转与倾斜"菜单命令或单击"任意变形工具"按钮，再单击"选项"栏中的"旋转与倾斜"按钮。此时，选中对象的四周有 8 个黑色方形控制柄，中间有一个圆形中心标记。

图 2-113　变形菜单

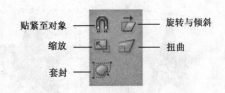

图 2-114　任意变形工具"选项"栏

将鼠标指针移到四周控制柄处，当鼠标指针呈转圈箭头状时拖曳，可以围绕中心标记旋转对象；拖曳中心标记，可改变它的位置。将鼠标指针移到四角控制柄处，当鼠标指针呈旋转箭头状时，拖曳鼠标可使对象旋转，如图 2-115 所示。将鼠标指针移到四边控制柄处，当鼠标指针呈两个平行的箭头状时拖曳，可以使对象倾斜，如图 2-116 所示。

（2）缩放与旋转对象：选中要调整的对象，选择"修改"→"变形"→"缩放"菜单命令或单击"任意变形工具"按钮 ，再单击"选项"栏中的"缩放"按钮 。选中的对象四周会出现 8 个黑色方形控制柄。

将鼠标指针移到四角的控制柄处，当鼠标指针呈双箭头状时拖曳鼠标，即可在 4 个方向缩放调整对象的大小，如图 2-117 所示。

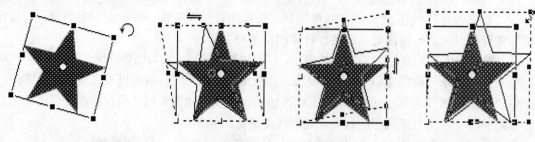

图 2-115 旋转对象   图 2-116 倾斜对象   图 2-117 调整对象大小

将鼠标指针移到四边的控制柄处，当鼠标指针变成双箭头状时，拖曳鼠标，即可在垂直或水平方向调整对象的大小，如图 2-118 所示。

按住 Alt 键，同时拖曳鼠标，则会在双方向同时调整对象的大小，如图 2-119 所示。

（3）扭曲对象：选中要调整的对象，选择"修改"→"变形"→"扭曲"菜单命令或单击"任意变形工具"按钮 ，再单击"选项"栏内的"扭曲"按钮 。

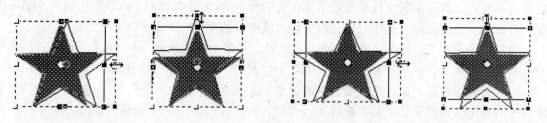

图 2-118 单方向调整对象大小   图 2-119 双方向调整对象大小

将鼠标指针移到四周的控制柄处，当鼠标指针呈白色箭头状时，拖曳鼠标，可使对象扭曲，如图 2-120（a）和图 2-120（b）所示。按住 Shift 键，用鼠标拖曳四角的控制柄，可以对称地进行扭曲调整（也叫透视调整），如图 2-120（c）所示。

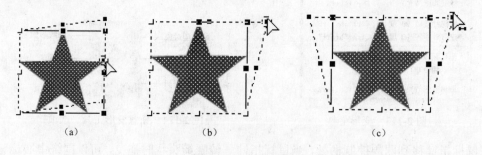

（a）   （b）   （c）

图 2-120 扭曲对象

（4）封套对象：选中要调整的图形，选择"修改"→"变形"→"封套"菜单命令或单击"任意变形工具"按钮 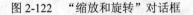 并单击"选项"栏内的"封套"按钮，此时图形四周出现许多控制柄，如图 2-121（a）所示。将鼠标指针移到控制柄处，当鼠标指针呈白色箭头状时，拖曳控制柄或切线控制柄，可改变图形形状，如图 2-121（b）、（c）所示。

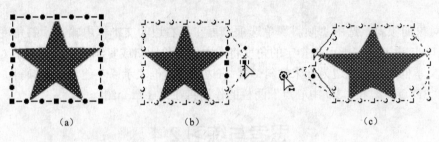

| (a) | (b) | (c) |

图 2-121　封套调整

（5）任意变形对象：选中要调整的对象，选择"修改"→"变形"→"任意变形"菜单命令或单击"任意变形工具"按钮。根据鼠标指针的形状，拖曳控制柄，可调整对象的大小、旋转角度、倾斜角度等。拖曳中心标记，可改变中心标记的位置。

5. 精确变形调整

（1）精确缩放和旋转：选择"修改"→"变形"→"缩放和旋转"菜单命令，调出"缩放和旋转"对话框，如图 2-122 所示。利用它可以将选中的对象按设置进行缩放和旋转。

（2）90°旋转对象：选择"修改"→"变形"→"顺时针旋转 90 度"菜单命令，可将选中对象顺时针旋转 90°，如图 2-123 所示。选择"修改"→"变形"→"逆时针旋转 90 度"菜单命令，可将选中对象逆时针旋转 90°。

（3）垂直翻转对象：选择"修改"→"变形"→"垂直翻转"菜单命令。

（4）水平翻转对象：选择"修改"→"变形"→"水平翻转"菜单命令。

（5）使用"变形"面板调整对象："变形"面板如图 2-124 所示。使用方法如下。

图 2-122　"缩放和旋转"对话框

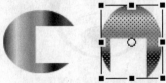

图 2-123　顺时针旋转 90°

图 2-124　"变形"面板

◎ 在 文本框内输入水平缩放百分比数，在 文本框内输入垂直缩放百分比数，按 Enter 键，可改变选中对象的水平和垂直大小；单击面板右下角的 按钮，可复制一个改变了水平和垂直大小的对象。

单击该面板右下角的"取消变形"按钮 后，可使选中的对象恢复原状态。

◎ 单击"锁定"按钮，使按钮呈 状，则 与 文本框内的数据可以不一样。单击"锁定"按钮 ▦，使按钮呈 ▦ 状，则会强制两个文本框的数值一样，即保证选中对象的宽高比不变。

（6）对象的旋转：选中"旋转"单选项，在其右边的文本框内输入旋转的角度，再按 Enter 键或单击"复制选区和变形"按钮 ▦，即可按指定的角度将选中的对象旋转或复制一个旋转后的对象。

（7）对象的倾斜：选中"倾斜"单选项，再在其右边的文本框内输入倾斜角度，然后按 Enter 键或单击 ▦ 按钮，即可按指定的角度将选中的对象倾斜或复制一个倾斜后的对象。图标 ▦ 右边的文本框表示以底边为准来倾斜，▦ 右边的文本框表示以左边为准来倾斜。

关于"3D 旋转"和"3D 中心点"两栏的作用将在第 3 章介绍。

思考与练习 2-4

1. 绘制一幅"迎新春"图形，如图 2-125 所示。
2. 绘制一幅"路"图形，如图 2-126 所示。可以看到，一条小路伸向远方，路边的两排小树延伸到远方的山中，初升的太阳从山背后升起。

图 2-125　"迎新春"图形　　　　　　　　　图 2-126　"路"图形

3. 绘制一幅如图 2-127 所示的卡通图像。绘制一幅如图 2-128 所示的机器猫图像。
4. 绘制一幅"奶杯"图形，如图 2-129 所示。图中是两个装有牛奶的透明杯子，倒出的牛奶流入下面的瓷杯中，具有很强的立体感。

图 2-127　卡通图像　　　　图 2-128　机器猫图像　　　　图 2-129　"奶杯"图形

2.5　【实例 11】青竹明月

"青竹明月"动画运行后的两幅画面如图 2-130 所示。可以看到，在移动的明月、闪烁的星星和白云下，有竹林、树苗和绿草。该动画的制作方法如下。

图 2-130　"青竹明月"动画运行后的两幅画面

制作方法

1．绘制夜空、山脉、星星和云

（1）新建一个 Flash 文档。设置舞台工作区宽为 650 像素、高为 400 像素，背景为蓝色。然后，以名称"【实例 11】青竹明月. fla"保存。

（2）将"图层 1"图层的名称改为"夜空山脉"。选中该图层第 1 帧，使用工具箱中的"矩形工具" ▢，绘制一幅与舞台工作区大小相同、无轮廓线、填充色是深蓝色到蓝色再到浅灰色的线性渐变色的矩形图形，如图 2-131 所示。

（3）单击工具箱中的"渐变变形工具"按钮
🔲。再单击矩形对象的线性填充，拖曳这些控制柄，将填充旋转 90° 角，使上边为深蓝色，下边为浅灰色，如图 2-132 所示。

（4）使用工具箱内的"铅笔工具" ✏和"矩形工具" ▢绘制山脉的轮廓线，再使用工具箱内

图 2-131　线性渐变填充　　图 2-132　调整填充

的"选择工具" ▲ 调整轮廓线的形状。使用工具箱内的"颜料桶工具" ◇给轮廓线内填充深灰色，再将轮廓线删除，效果如图 2-133 所示。

图 2-133　深蓝色山脉

（5）创建并进入"星星"影片剪辑编辑状态，单击工具箱中的"多角星形工具"按钮 ⬡。单击它"属性"面板中的"选项"按钮，调出"工具设置"对话框，在"样式"下拉列表框中选择"星形"选项，其他设置如图 2-134 所示。然后，单击"确定"按钮。

（6）在"属性"面板内设置填充色为黄色，Alpha 值为 100%，无轮廓线。然后，在舞台工作区的中心处拖曳绘制一个没有轮廓线、黄色的"星星"图形。

（7）创建"图层 1"图层第 1～200 帧的传统补间动画，选中"图层 1"图层第 1 帧，在其"属性"面板内的"旋转"下拉列表框内选中"顺时针"选项，即可创建"星星"图形自转一圈的动画。然后，回到主场景。

（8）在"夜空山脉"图层之上创建"星星和云"图层，将"库"面板内的"星星"影片剪辑元件多次拖曳到舞台工作区内的不同位置，如图 2-130 所示。

（9）单击按下工具箱中的"钢笔工具"按钮，在舞台工作区内绘制两幅云的轮廓线，填充浅灰色，然后，选择"修改"→"形状"→"柔化填充边缘"菜单命令，调出"柔化填充边缘"对话框，利用该对话框将云图进行边缘柔化处理，效果如图 2-130 所示。

2．制作月亮移动动画

（1）使用工具箱"椭圆工具"，在"星星和云"图层之上新增一个"月亮"图层。设置填充色为黄色，没有轮廓线，按住 Shift 键，同时拖曳绘制一个黄色圆形。

（2）选中黄色圆形，选择"修改"→"形状"→"柔化填充边缘"菜单命令，调出"柔化填充边缘"对话框，按照图 2-135 所示进行设置，单击"确定"按钮，将黄色圆形图形边缘柔化，效果如图 2-136 所示。

 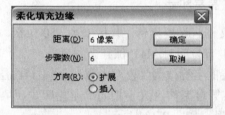 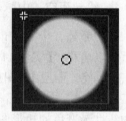

图 2-134 "工具设置"对话框 　图 2-135 "柔化填充边缘"对话框 　图 2-136 月亮图形

（3）将图 2-136 所示图形复制一份，选中复制的图形，选择"修改"→"转换为元件"菜单命令，调出"转换为元件"对话框，利用该对话框将选中的图形转换为"月亮"影片剪辑实例，其目的是为了可以使用滤镜。

（4）单击"属性"面板内的按钮，弹出滤镜菜单，选择该菜单中的"模糊"菜单命令，按照图 2-137 所示进行设置，使复制的黄色圆形模糊，形成月亮光芒，如图 2-138 所示。

（5）将图 2-136 所示的月亮图形移到图 2-138 所示的月亮光芒图形之上，再将它们组成组合，如图 2-139 所示。

（6）创建"月亮"图层第 1～120 帧的月亮从右向左移动的动画。按住 Ctrl 键，单击"夜空山脉"和"星星和云"图层的第 120 帧，按 F5 键。

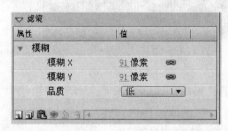  

图 2-137 "滤镜"面板设置 　图 2-138 月亮光芒 　图 2-139 月亮和光芒

3．绘制翠竹

（1）创建并进入"竹叶"影片剪辑元件的编辑状态，使用工具箱"钢笔工具"，在其"属性"面板的"笔触样式"下拉选项框中选择"极细"，设置笔触颜色为深绿色；调出"颜色"面板，设置填充颜色为线性的绿色到深绿色、浅绿色再到绿色渐变。此时的"颜色"面板如图 2-140

所示。

（2）将舞台工作区的背景色改为白色。再在舞台工作区内单击按下鼠标左键，在不松开鼠标左键的情况下，拖曳创建曲线，如图 2-141 所示。图中的直线为曲线的切线。

（3）拖曳调整切线的方向，从而调整了曲线的形状。曲线调整好后，松开鼠标左键，再单击曲线的起点，此时会产生新的曲线和切线，如图 2-142 所示。

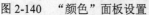

图 2-140　"颜色"面板设置

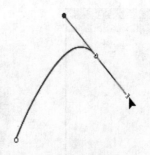

图 2-141　绘制曲线

图 2-142　曲线

（4）松开鼠标左键后，形成曲线，填充线性渐变颜色，完成竹叶的初步图形。然后，使用工具箱中的"渐变变形工具"　，调整线性渐变填充，使其如图 2-143 所示。

（5）使用"部分选取工具"按钮　，拖曳绘制一幅矩形，选中竹叶的初步图形，即可显示出曲线的全部节点，如图 2-144 所示。拖曳节点或节点处切线两端的控制柄，调整曲线的形状，如图 2-145 所示。再将整个竹叶图形组成组合。然后，回到主场景。

图 2-143　竹叶的初步图形

图 2-144　调整竹叶图形

图 2-145　调整竹叶图形

（6）创建并进入"竹竿"影片剪辑元件的编辑状态，使用工具箱中的"矩形工具"　。拖曳绘制一个深绿色轮廓线、填充色为深绿色到绿色再到白色的长条矩形作为"竹节"。然后，使用工具箱中的"渐变变形工具"　，调整长条矩形对象的填充，如图 2-146 所示。

（7）使用工具箱中的"选择工具"　，选中舞台工作区中"竹节"图形左右的轮廓线，按 Delete 键，将它们删除。按住 Shift 键，选中"竹节"图形上下的轮廓线，调出"属性"面板，在"样式"下拉列表框中选择"锯齿线"选项，如图 2-147 所示。此时，"竹节"图形如图 2-148 所示。

图 2-146　矩形图形

图 2-147　"属性"面板的设置

图 2-148　竹节

（8）复制 11 个"竹节"图形，调整它们的大小和位置，并排列成"竹竿"图形，如图 2-149 所示。然后，将"库"面板内的"竹叶"影片剪辑元件拖曳到舞台工作区内。调出"变形"面板，选中"旋转"单选按钮，在"旋转"文本框中输入"-90"，如图 2-150 所示。单击"复制并应用变形"按钮，复制一份旋转了-90°的竹叶，如图 2-151 所示。

（9）向右拖曳复制的竹叶，将它与原竹叶分开。再复制几个竹叶图形，分别调整它们的大小和位置，使竹叶与竹竿组合成翠竹图形，如图 2-152 所示。然后，回到主场景。

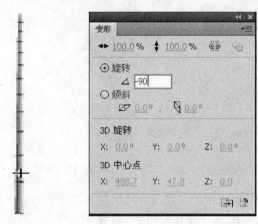

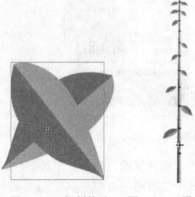

图 2-149　竹竿　　　　图 2-150　"变形"面板设置　　　　图 2-151　复制竹叶　　图 2-152　翠竹图形

（10）在"月亮"图层上边新建一个"翠竹"图层。选中该图层第 1 帧，多次将"库"面板内的"竹竿"影片剪辑元件拖曳到舞台工作区内，效果如图 2-130 所示。

4．绘制绿草

（1）在"翠竹"图层之上新建一个"绿草"图层。选中该图层第 1 帧。使用工具箱中的"线条工具"。调出它的"属性"面板，再在该面板中设置"笔触颜色"为绿色；"样式"为"斑马线"；"笔触高度"为 10。"属性"面板设置如图 2-153 所示。

（2）单击"属性"面板内的"编辑笔触样式"按钮，调出"笔触样式"对话框，各项参数设置如图 2-154 所示。在舞台工作区底部绘制小草图形，如图 2-155 所示。

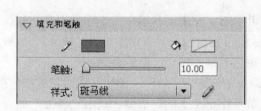

图 2-153　线条工具的"属性"面板设置　　　　图 2-154　"笔触样式"对话框设置

图 2-155　小草图形

至此，整个动画制作完毕，该动画的时间轴如图 2-156 所示。

图 2-156　"青竹明月"动画的时间轴

 知识链接

1．关于路径和锚点

在 Flash 中绘制线条、图形或形状时，会创建一个名为路径的线条。路径由一条或多条直线路径段（简称直线段）或曲线路径段（简称曲线段）组成。路径的起始点和结束点都有锚点标记，锚点也叫节点。路径可以是闭合的（例如椭圆图形），也可以是开放的，有明显的终点。

使用工具箱内的"部分选取工具" <img>，拖曳选中路径对象，然后可以通过拖曳路径的锚点、锚点切线的端点，来改变路径的形状。路径锚点就是路径突然改变方向的点或路径端点，路径的锚点可分为两种，即角点和平滑点。在角点处，可以连接任何两条直线路径或一条直线路径和一条曲线路径；在平滑点处，路径段连接为连续曲线。可以使用角点和平滑点的任意组合绘制路径，可以连接两条曲线段。锚点切线始终与锚点处的曲线路径相切（与曲线半径垂直）。每条锚点切线的角度决定曲线路径的斜率，而每条锚点切线的长度决定曲线路径的高度或深度。关于路径的基本名词可参看图 2-157。

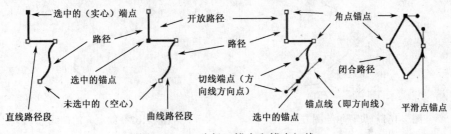

图 2-157　路径、锚点和锚点切线

2．钢笔工具绘制直线路径

（1）单击工具箱内的"钢笔工具"按钮 <img>，将鼠标指针移到舞台工作区内，此时的鼠标指针呈 <img> 状，单击即可创建路径的起始端点锚点。

（2）将鼠标指针移到路径终点处，双击即可创建一条直线路径；或者单击路径终点处，再单击工具箱内的其他工具按钮；或者按住 Ctrl 键，同时单击路径外的任何位置。

（3）在创建路径的起始端点锚点后，单击下一个转折角点端点锚点，创建一条直线路径，接着单击下一个转折角点端点锚点，如此继续，在路径终点处双击，即可创建直线折线路径。另外，按住 Shift 键的同时单击，可使新创建的直线路径的角度限制为 45° 的倍数。

（4）如果要创建闭合路径，可将钢笔工具指针移到路径起始锚点之上，当钢笔工具指针呈 <img> 状时，单击路径起始锚点，即可创建闭合路径。

3．钢笔工具绘制曲线

利用"钢笔工具" <img> 可以绘制矢量直线与曲线。绘制直线时，只要单击直线的起点与终点即可。绘制曲线采用贝塞尔绘图方式，它通常有两种方法，简介如下。

（1）先绘曲线再定切线方法：单击工具箱中的"钢笔工具"按钮 ，在舞台工作区中，单击要绘制的曲线的起点处，松开鼠标左键；再单击下一个锚点处，则在两个锚点之间会产生一条线段；在不松开鼠标左键的情况下拖曳鼠标，会出现两个控制点和它们之间的蓝色直线，如图 2-158 所示，蓝色直线是曲线的切线；再拖曳鼠标，可改变切线的位置，以确定曲线的形状。如果曲线有多个锚点，则应依次单击下一个锚点，并在不松开鼠标左键的情况下拖曳鼠标以产生两个锚点之间的曲线，如图 2-159 所示。直线或曲线绘制完后，双击鼠标，即可结束该线的绘制。绘制完的曲线如图 2-160 所示。

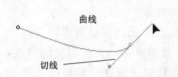 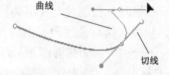 

图 2-158　贝塞尔绘图方式之一　　　图 2-159　绘图步骤二　　　图 2-160　绘制完的曲线

（2）先定切线再绘曲线方法：单击工具箱中的"钢笔工具"按钮 ，在舞台工作区中，单击要绘制曲线的起点处，不松开鼠标左键，拖曳鼠标以形成方向合适的绿色直线切线，然后松开鼠标左键，此时会产生一条直线切线。再用鼠标单击下一个锚点处，则该锚点与起点锚点之间会产生一条曲线，按住鼠标左键不放，拖曳鼠标，即可产生第二个锚点的切线，如图 2-161 所示。松开鼠标左键，即可绘制一条曲线，如图 2-162 所示。

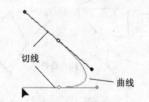

图 2-161　贝赛尔绘图方式之二　　　　　图 2-162　绘制完的曲线

如果曲线有多个锚点，则应依次单击下一个锚点，并在不松开鼠标左键的情况下拖曳鼠标以产生两个锚点之间的曲线。曲线绘制完后，双击即可结束该曲线的绘制。

思考与练习 2-5

1．制作一个"荷塘月色"动画，该动画运行后的 2 幅画面如图 2-163 所示。可以看出，在漆黑的深夜，月亮映照在湖水中，圆圆的月亮慢慢地移动。

2．绘制一个"小花"动画，其中的两幅画面如图 2-164 所示。

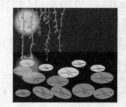  

图 2-163　"荷塘月色"动画运行后的两幅画面　　　图 2-164　"小花"动画画面

2.6 【实例 12】映日荷花

"映日荷花"图形如图 2-165 所示。它由一朵红色的鲜花、绿色的荷叶和叶茎组成，显得美丽、清新，一派欣欣向荣的景象。该动画的制作方法和相关知识介绍如下。

 制作方法

1. 绘制荷叶

（1）新建一个 Flash 文档，设置舞台工作区宽 550 像素、高 400 像素，背景为白色。然后，以名称"【实例 12】映日荷花.fla"保存。

（2）使用工具箱中的"钢笔工具"按钮 ，在其"属性"面板内设置笔触高度为 1.5 磅，笔触颜色为黑色，填充颜色为绿色。此时的"属性"面板如图 2-166 所示。

图 2-165 "映日荷花"图形　　　　图 2-166 钢笔工具的"属性"面板设置

（3）单击舞台工作区内，按照 2.5 节介绍的方法绘制一条曲线，如图 2-167 所示。拖曳曲线的切线可以调整切线的方向，调整曲线的形状。曲线调整好后，继续绘制其他的曲线，直至绘制完一片荷叶轮廓线图形。然后，单击曲线的起点，形成的曲线内即填充了绿色，完成荷叶的初步图形，如图 2-168 所示。

（4）使用工具箱中的"部分选择工具" ，选中曲线，调整曲线的节点和切线方向，改变图形的形状。还可以使用工具箱"添加锚点工具" 在曲线之上添加节点。

（5）使用工具箱中的"线条工具" ，在荷叶的上部拖曳绘制 3 条首尾相连的直线，再使用工具箱"选择工具" ，将绘制的线条调整成平滑曲线，如图 2-169 所示。

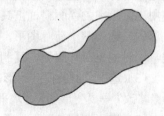

图 2-167 产生曲线　　　图 2-168 荷叶的初步图形　　　图 2-169 调整成较平滑的曲线

（6）使用工具箱中的"颜料桶工具" ，给荷叶的上部填充豆绿色，形成荷叶翻卷，如图 2-170 所示。再使用工具箱中的"线条工具" ，在荷叶上绘制荷叶叶脉。然后，使用工具箱中的"选择工具" ，将绘制的直线调整成较平滑的曲线，如图 2-171 所示。选中荷叶叶脉，如图 2-172 所示，选择"编辑"→"复制"菜单命令，将选中的叶脉复制到剪贴板中。

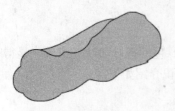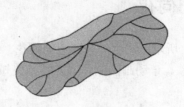

图 2-170　形成荷叶翻卷的效果　　　图 2-171　绘制出荷叶的叶脉　　　图 2-172　选中荷叶的叶脉

（7）选择"编辑"→"粘贴到当前位置"菜单命令，将剪贴板中的叶脉曲线粘贴到原来的位置。然后，在"属性"面板中设置这些叶脉曲线的线宽为 8 磅，颜色为褐色，此时的"属性"面板设置如图 2-173 所示。完成后的效果如图 2-174 所示。

（8）选择"编辑"→"转换为元件"菜单命令或按 F8 键，调出"转换为符号"对话框。再在该对话框的"名称"文本框中输入元件的名称为"叶脉"，其他采用默认值。然后，单击"确定"按钮，将选择的"叶脉"图形转换为"叶脉"影片剪辑元件的实例。

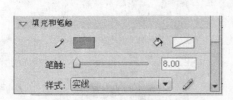

图 2-173　叶脉曲线的"属性"面板设置　　　　图 2-174　选中荷叶的叶脉

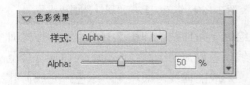

图 2-175　叶脉的属性设置

（9）选中"叶脉"影片剪辑实例，然后，在"属性"面板的"样式"下拉列表框中选择 Alpha 选项，并调整其 Alpha（透明度）值为 50%，如图 2-175 所示。

（10）使用工具箱中的"任意变形工具" ，调整叶脉的大小和位置，效果如图 2-176 所示。

2．绘制莲蓬和莲杆

（1）选中"图层 1"图层第 1 帧。使用工具箱中的"线条工具" ，在荷叶上绘制荷叶的莲蓬和莲杆。再使用工具箱中的"选择工具" ，将绘制的直线调整成较平滑的曲线。然后，使用工具箱中的"颜料桶工具" ，给莲蓬和莲杆填充青绿色，效果如图 2-177 所示。

（2）选中整个荷叶图形，选择"修改"→"组合"菜单命令，将它们组成组合。按住 Alt 键，同时拖曳荷叶图形，复制一个荷叶图形。

（3）选中复制的荷叶图形，选择"修改"→"变形"→"缩放"菜单命令，将图形调小。选择"修改"→"变形"→"水平翻转"菜单命令，将缩小的荷叶水平翻转，效果如图 2-178 所示。

（4）在"图层 1"下边新建一个名称为"图层 2"的图层。然后，将复制的小荷叶剪切后粘贴到"图层 2"图层的第 1 帧舞台工作区内原来的位置处，如图 2-178 所示。

（5）将"背景.jpg"图像导入到"库"面板中。在"图层 2"下边新建一个"图层 3"图层，选中"图层 3"图层第 1 帧，将"库"面板中的"背景"图像拖曳到舞台工作区内的中央，调整它的大小和位置，使该图像刚好将整个舞台工作区覆盖，如图 2-179 所示。

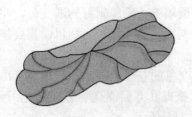

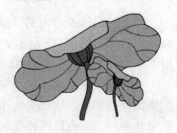

图 2-176　调整叶脉大小和位置　　　　图 2-177　莲蓬和莲杆　　　　图 2-178　复制荷叶并调整

（6）在"图层 1"图层下边新建一个"图层 4"图层，用以绘制荷花的花茎。使用工具箱中的"铅笔工具" ，在其"选项"栏中选中"平滑"选项。在其"属性"面板内设置笔触高度为 1.5 磅，笔触颜色为黑色。在舞台工作区，拖曳绘制一条封闭的曲线，作为花茎。再使用工具箱中的"颜料桶工具" ，给花茎内部填充青绿色，效果如图 2-180 所示。

3．绘制荷花

（1）在"图层 4"之上新建一个"图层 5"图层，用以绘制荷花的花瓣。使用工具箱中的"椭圆工具" ，绘制一个无填充的黑色椭圆图形，如图 2-181 所示。

（2）使用工具箱内的"部分选取工具" ，将绘制的椭圆调整成荷花的花瓣形状，完成后的效果如图 2-182 所示。

（3）使用工具箱中的"铅笔工具" ，并在其"选项"栏中设置"平滑"方式，绘制出拐角较多的线条；再使用工具箱中的"铅笔工具" ，绘制较平滑的线条。然后，使用工具箱中的"选择工具" ，将其调整为曲线。

图 2-179　背景图像和荷叶　　　　图 2-180　花茎　　　　图 2-181　椭圆图形

注意：绘制的各线条应连接在一起。完成所有花瓣绘制后的效果如图 2-183 所示。

（4）调出"颜色"面板，设置渐变类型为"线性"，再在其下的渐变色调整条上编辑渐变颜色为"红—红—粉—粉—白"5 个关键点，其位置与效果如图 2-184 所示。

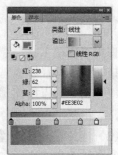

图 2-182　调整成花瓣形状　　　　图 2-183　完成荷花的绘制　　　　图 2-184　"颜色"面板

（5）使用工具箱内的"颜料桶工具" ，给任意一个花瓣填充上刚编辑好的渐变色，完成后的效果如图2-185所示。此时，可以看到填充的渐变位置与角度并不理想，所以，需要使用"渐变变形工具" ，对其进行调整。

（6）使用工具箱中的"渐变变形工具" ，在填充有渐变色的花瓣上单击，即可显示出渐变调整控制柄。然后拖曳其左上角的圆点旋转渐变的角度，拖曳其方框调整渐变的宽度，再拖曳其中心的原点即可移动渐变的位置，完成后的效果如图2-186所示。

（7）使用相同的方法，为其他的花瓣填充上渐变色，并调整其渐变的角度与位置。需要注意的是，在调整渐变的时候，应注意高光点的位置，也就是光线照射的角度在各个花瓣中的角度。完成后的效果如图2-187所示。

图 2-185 填充渐变色

图 2-186 调整渐变色

图 2-187 花瓣填充渐变色

（8）使用工具箱中的"颜料桶工具" ，为外侧的花瓣填充朱红色，为内侧的花瓣填充粉红色，效果如图2-188所示。然后，将"图层1"图层移到"图层5"图层之上。

至此，整个图形绘制完毕。"映日荷花"图形的时间轴如图2-189所示。

图 2-188 为其他花瓣填充颜色

图 2-189 "映日荷花"图形的时间轴

知识链接

1. 钢笔工具指针

使用"钢笔工具" 可以绘制精确的路径（如直线或平滑流畅的曲线）。将"钢笔工具"的指针移到路径线或锚点之上时，会显示不同形状的指针，反映了当前的绘制状态。

（1）初始锚点指针 ：单击"钢笔工具"按钮后，将指针移到舞台，可以看到该鼠标指针，它指示了单击舞台后将创建初始锚点，是新路径的开始，终止现有的绘画路径。

（2）连续锚点指针 ：该指针指示下一次单击时将创建一个新锚点，并用一条直线路径与前一个锚点相连接。在创建所有锚点（路径的初始锚点除外）时，显示此指针。

（3）添加锚点指针 ：使用部分选择工具 选择路径，将鼠标指针移到路径之上没有锚点处，会显示该鼠标指针。单击鼠标即可在路径上添加一个锚点。

（4）删除锚点指针 ✎₋：使用部分选择工具 ▷ 选择路径，将鼠标指针移到路径上的锚点处，会显示该鼠标指针。单击即可删除路径上的这个锚点。

（5）继续路径指针 ✎：使用部分选择工具 ▷ 选择路径，将鼠标指针移到路径上的端点锚点处，会显示该鼠标指针，可以继续在原路径基础之上创建路径。

（6）闭合路径指针 ✎₀：在绘制完路径后，将鼠标指针移到路径的起始端锚点处，会显示该鼠标指针，单击鼠标左键，即可使路径闭合，形成闭合路径。生成的路径没有将任何指定的填充设置应用于封闭路径内。如果要给路径内部填充颜色或位图，应使用"颜料桶工具" ▱。

（7）连接路径指针 ✎□：在绘制完一条路径后，不选中该路径。再绘制另一条路径，将鼠标指针移到该路径的起始端锚点处，单击鼠标左键，即可将两条路径连成一条路径。

（8）回缩贝塞尔手柄指针 ✎：使用"部分选择工具" ▷ 选择路径，将鼠标指针移到路径上的平滑点锚点处，会显示该鼠标指针。单击可以将平滑点锚点转换为角点锚点，并使与该锚点连接的曲线路径改为直线路径。

2．部分选择工具

"部分选择工具" ▷ 可以改变路径和矢量图形的形状。单击工具箱中的"部分选择工具"按钮 ▷，再单击线条或有轮廓线的图形，或者拖曳出一个矩形框将线条或轮廓线围起来，再松开鼠标左键后，会显示出矢量曲线的锚点（切点）和锚点切线，如图 2-190 所示。可以看到，图形轮廓线之上显示出路径线，路经线上边会有一些绿色亮点，这些绿色亮点是路径的锚点。拖曳锚点，会改变线和轮廓线（以及相应的图形）的形状，如图 2-191 所示。拖曳移动切线端点也可以调整锚点切线，同时改变与该锚点连接的路径和图形形状，如图 2-192 所示。锚点切线的角度和长度决定了曲线路径的形状和大小。

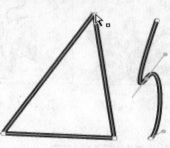
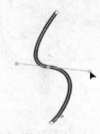

图 2-190　矢量线的锚点　　　　图 2-191　改变图形形状　　　图 2-192　路径锚点和切线调整

平滑点锚点处始终有两条锚点切线；角点锚点处可以有两条、一条或者没有锚点切线，这取决于它分别连接两条、一条还是没有连接曲线段。因此，连接直线路径的端点锚点处没有锚点切线，连接曲线路径的端点锚点处有一条锚点切线。

调整角点锚点的锚点切线时，只调整与锚点切线同侧的曲线路径。调整平滑点锚点的锚点切线时，两条锚点切线呈一条直线，同时旋转移动，与锚点连接的两侧曲线路经同步调整，保持该锚点处的连续曲线。如果使用工具箱中的"转换锚点工具"按钮 ⊮ 拖曳调整锚点切线的端点，则只可以调整与该端点连接的锚点切线。另外，按住 Alt 键，同时拖曳调整锚点切线的端点，也可以只调整与该端点连接的锚点切线。

3. 锚点工具

（1）"添加锚点工具" ◊⁺：单击"添加锚点工具"按钮 ◊⁺，将鼠标指针移到路径之上没有锚点处，会显示该鼠标指针呈◊₊状。单击鼠标左键，即可在路径上添加一个锚点。

（2）"删除锚点工具" ◊⁺：使用"部分选择工具" ▸，单击选中路径。单击"删除锚点工具"按钮 ◊⁺，将鼠标指针移到路径之上锚点处，鼠标指针呈◊⁺状。单击鼠标左键，即可删除单击的锚点。用鼠标拖曳锚点，也可以删除该锚点。

注意：不要使用 Delete、Backspace 键，或者"编辑"→"剪切"或"编辑"→"清除"菜单命令来删除锚点，这样会删除锚点及与之相连的路径。

（3）"转换锚点工具" ▸：使用"部分选择工具" ▸，选中路径。单击"转换锚点工具"按钮▸，将鼠标指针▸移到角点锚点处，单击锚点，即可将平滑点锚点转换为角点锚点。如果拖曳角点锚点，在使用平滑点的情况下，按 Shift+C 组合键，可以将钢笔工具切换为"转换锚点工具"▸，鼠标指针也由◊转换为"转换锚点工具"鼠标指针▸。

思考与练习 2-6

1．制作一幅"飞跃"图形，如图 2-193 所示。它是一匹飞马腾空飞跃的图形，在它的下面是中文"飞马"前两个字母的缩写。

2．绘制一幅如图 2-194 所示的兰花图形。制作一幅如图 2-195 所示的绿叶图形。

3．绘制一幅如图 2-196 所示的花边图形。

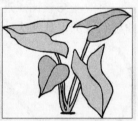

图 2-193　"飞跃"图形　　图 2-194　兰花图形　　图 2-195　绿叶图形　　图 2-196　花边图形

2.7　【实例 13】摆动的七彩光环

"摆动的七彩光环"动画运行后的两幅画面如图 2-197 所示，可以看到，四个自转的七彩椭圆光环上下摆动（其中两个光环顺时针自转，另外两个光环逆时针自转），两边两个逆时针自转的光环上下移动，中间一个顺时针自转的光环也上下移动。该动画的制作方法和相关知识介绍如下。

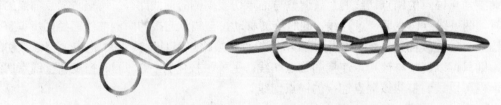

图 2-197　"摆动的七彩光环"动画运行后的两幅画面

制作方法

1．制作七彩光环

（1）创建一个 Flash 文档。设置舞台工作区宽 600 像素、高 300 像素，背景为白色。然后，以名称"【实例 13】摆动的七彩光环.fla"保存。

（2）创建并进入"七彩光环"影片剪辑元件编辑状态。使用工具箱中的"椭圆工具" ⬭ ，在其"属性"面板内设置笔触高度为 12 磅，笔触颜色为七彩色，没有填充。

（3）在舞台工作区内拖曳绘制一个七彩光环图形。使用工具箱中的"选择工具" ▸ ，选中该图形，选择"修改"→"组合"菜单命令，将选中的图形组成组合，如图 2-198 所示。

（4）在七彩光环图形的"属性"面板内的"宽"和"高"文本框内均输入 120，在"X"和"Y"文本框中均输入-60，将选中的七彩光环圆形图形调整到舞台工作区的中心处。此时的"属性"面板如图 2-199 所示。然后，回到主场景。

2．制作自转的七彩光环

（1）选中"图层 1"图层第 1 帧，进入"顺时针自转光环"影片剪辑元件的编辑窗口。将"库"面板中的"七彩光环"影片剪辑元件拖曳到舞台工作区中，形成一个实例。

（2）制作"图层 1"图层第 1~80 帧的动作动画。选中第 1 帧，再在其"属性"面板内，按照图 2-200 所示进行设置，使光环顺时针旋转一周。然后，回到主场景。

图 2-198　七彩光环

图 2-199　"属性"面板设置

图 2-200　动画帧"属性"面板设置

（3）在"库"面板中，右击"顺时针自转光环"影片剪辑元件，调出它的快捷菜单，单击该菜单中的"直接复制"菜单命令，调出"直接复制元件"对话框，将"名称"文本框中的内容改为"逆时针自转光环"文字，如图 2-201 所示。然后，单击"确定"按钮。此时，"库"面板中会增加一个名称为"逆时针自转光环"的影片剪辑元件。

（4）双击"库"面板中的"逆时针自转光环"的影片剪辑元件，进入它的编辑状态，选中"图层 1"图层的第 1 帧，将其"属性"面板中"旋转"下拉列表框中的"顺时针"改为"逆时针"，其右的文本框内输入 1，如图 2-202 所示。然后，回到主场景。

图 2-201　"直接复制元件"对话框

图 2-202　动画帧的"属性"面板设置

3．制作摆动的七彩光环

（1）进入"顺时针摆动的七彩光环"影片剪辑元件的编辑窗口。将"库"面板中的"顺时针自转光环"影片剪辑元件拖曳到舞台工作区中，形成一个实例。

（2）使用工具箱中的"任意变形工具" ，选中"顺时针自转光环"影片剪辑实例，在它的"属性"面板内的"宽"文本框中输入180，在"高"文本框中输入30，将"顺时针自转光环"影片剪辑实例在水平方向拉长，在垂直方向压缩，如图2-203所示。

（3）将鼠标指针移到右上角的黑色控制柄处，当鼠标指针呈曲线状时，拖曳鼠标，将"顺时针自转光环"影片剪辑实例顺时针旋转约45°，如图2-204所示。

（4）制作第1～80帧的动作动画。选中第40帧，按F6键，创建一个关键帧。将鼠标指针移到左上角的黑色控制柄处，当鼠标指针呈曲线状时，拖曳鼠标，将"顺时针自转光环"影片剪辑实例逆时针旋转约90°，如图2-205所示。然后，回到主场景。

图 2-203　调整实例　　　图 2-204　顺时针旋转 45°　　　图 2-205　逆时针旋转 90°

（5）选中"库"面板中的"顺时针摆动的七彩光环"影片剪辑元件，单击鼠标右键，弹出它的快捷菜单，选择该菜单中的"直接复制"菜单命令，调出"直接复制元件"对话框，将"名称"文本框中的内容改为"逆时针摆动的七彩光环"文字。然后，单击"确定"按钮。此时，"库"面板中会增加一个名称为"逆时针摆动的七彩光环"的影片剪辑元件。

（6）双击"库"面板中的"逆时针摆动的七彩光环"的影片剪辑元件，进入它的编辑状态，选中"图层1"图层的第40帧，将该帧的内容复制粘贴到"图层1"图层的第1帧和第80帧。此时，第1帧和第80帧内的影片剪辑实例如图2-205所示。

（7）使用工具箱中的"任意变形工具" ，选中第40帧的"逆时针自转光环"影片剪辑实例，调整它的旋转角度，如图2-204所示。然后，回到主场景。

4．制作主场景动画

（1）选中"图层1"图层第1帧，两次将"库"面板内的"逆时针摆动的七彩光环"影片剪辑元件拖曳到舞台工作区内，两次将"库"面板内的"顺时针摆动的七彩光环"影片剪辑元件拖曳到舞台工作区内。调整这些实例的位置。选中"图层1"图层第80帧，按F5键，使"图层1"图层第1～80帧的内容都一样。

（2）在"图层1"图层之上增加"图层2"图层，在该图层之上增加"图层3"图层，在"图层3"图层之上增加"图层4"图层。

（3）选中"图层2"图层第1帧，将"库"面板内的"顺时针七彩光环"影片剪辑元件拖曳到舞台工作区内中间偏上处，创建该影片剪辑实例从上向下再从下向上移动的动画。

（4）选中"图层3"图层第1帧，将"库"面板内的"逆时针七彩光环"影片剪辑元件拖曳到舞台工作区内偏左下边处，创建该影片剪辑实例从下向上再从上向下移动的动画。

（5）选中"图层4"图层第1帧，将"库"面板内的"逆时针七彩光环"影片剪辑元件拖曳到舞台工作区内偏右下边处，创建该影片剪辑实例从下向上再从上向下移动的动画。至此，整个动画制作完毕，该动画的时间轴如图 2-206 所示。

图 2-206　"摆动的七彩光环"图形的时间轴

 知识链接

1．平滑和伸直

可以通过平滑和伸直线，来改变线的形状。平滑操作使曲线变柔和并减少曲线整体方向上的凸起或其他变化，同时还会减少曲线中的线段数。平滑只是相对的，它并不影响直线段。如果在改变大量非常短的曲线段的形状时遇到困难，则该操作尤其有用。选择所有线段并将它们进行平滑操作，可以减少线段数量，从而得到一条更易于改变形状的柔和曲线。伸直操作可以稍稍弄直已经绘制的线条和曲线。它不影响已经伸直的线段。

（1）平滑：使用工具箱中的"选择工具" ，选中要进行平滑操作的线条或形状轮廓，然后，单击工具箱内"选项"栏或主工具栏中的"平滑"按钮 ，即可使选中的对象平滑。

（2）高级平滑：使用工具箱中的"选择工具" ，选中要进行平滑操作的线条，选择"修改"→"形状"→"高级平滑"菜单命令，调出"高级平滑"对话框，如图 2-207 所示。选中"预览"复选框后，随着调整文本框内的数值，可以看到线的平滑变化。

（3）伸直：使用工具箱中的"选择工具" ，选中要进行伸直操作的线条或形状轮廓，单击工具箱内"选项"栏或主工具栏中的"伸直"按钮 ，即可将选中的对象垂直。

（4）高级伸直：使用工具箱中的"选择工具" ，选中要进行伸直的线条，选择"修改"→"形状"→"高级伸直"菜单命令，调出"高级伸直"对话框，如图 2-208 所示。选中"预览"复选框后，随着调整文本框内的数值，可以看到线的伸直变化。

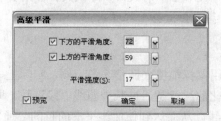

图 2-207　"高级平滑"对话框　　　　图 2-208　"高级伸直"对话框

根据每条线段的曲直程度，重复应用平滑和伸直操作可以使每条线段更平滑更直。

2．扩展填充大小和柔化填充边缘

（1）扩展填充大小：选择一个填充，如图 2-209 所示的七彩渐变色圆形轮廓线。然后选择"修改"→"形状"→"扩展填充"菜单命令，调出"扩展填充"对话框，如图 2-210 所示。该对话框内各选项的含义如下。

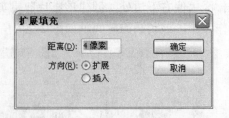

图 2-209　七彩渐变色圆形轮廓线　　　　　图 2-210　"扩展填充"对话框

◎ "距离"文本框：输入扩充量，单位为像素。

◎ "方向"栏："扩展"表示向外扩充，"插入"表示向内扩充。

设置完后，单击"确定"按钮，即可使图 2-209 中的图形变为图 2-211 所示图形。如果填充有轮廓线，则向外扩展填充时，轮廓线不会变大，会被扩展的部分覆盖掉。

注意：最好在扩展填充以前对图形进行一次优化曲线处理，其方法参看下面的内容。

（2）柔化填充边缘：选择一个填充，选择"修改"→"形状"→"柔化填充边缘"菜单命令，调出"柔化填充边缘"对话框，按照如图 2-212 所示设置，单击"确定"按钮，即可将图 2-211 所示图形加工为图 2-213 所示图形。该对话框内各选项的含义如下。

图 2-211　扩展填充效果　　　图 2-212　"柔化填充边缘"对话框　　　图 2-213　柔化填充效果

◎ "距离"文本框：输入柔化边缘的宽度，单位为像素。

◎ "步骤数"文本框：输入柔化边缘的阶梯数，取值在 0～50 之间。

◎ "方向"栏：用来确定柔化边缘的方向是向内还是向外。

注意：上边两个对话框中的"距离"和"步骤数"文本框中的数据不可太大，否则会破坏图形；在使用柔化时，会使计算机处理的时间太长，甚至会出现死机现象。

3．优化曲线

一个线条是由很多"段"组成的，以前面介绍的用鼠标拖曳来调整线条为例，实际上一次拖曳操作只是调整一"段"线条，而不是整条线。优化曲线就是通过减少曲线"段"数，即通过一条相对平滑的曲线段代替若干相互连接的小段曲线，从而达到使曲线平滑的目的。通常，在进行扩展填充和柔化操作之前可以进行一下优化操作，这样可以避免出现因扩展填充和柔化操作出现的删除部分图形的现象。优化曲线还可以缩小 Flash 文件字节数。

优化曲线的操作与单击"平滑"按钮 ⁙5 一样，可以针对一个对象进行多次。

首先选取要优化的曲线，然后选择"修改"→"形状"→"优化"菜单命令，调出"最优化曲线"对话框，如图 2-214 所示。利用该对话框进行设置后，单击"确定"按钮即可将选中的曲线优化。"最优化曲线"对话框中各选项的作用如下。

（1）"平滑"滑动条：移动滑动条的滑块，用来设定平滑操作的力度。

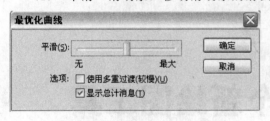

图 2-214　"最优化曲线"对话框

（2）"使用多重过渡"复选框：选中它后，可进行多次平滑操作。

（3）"显示总计消息"复选框：选中它后，在操作完成后会弹出一个"Flash CS3"提示框，它给出了平滑操作的数据，含义是：原来共由多少条曲线段组成，优化后由多少条曲线段组成，缩减的百分数是多少。

4．将线转换为填充

选中一个线条或轮廓线图形。然后选择"修改"→"形状"→"将线条转换为填充"菜单命令。这时选中的线条或轮廓线图形就被转换为填充了。以后，可以使用颜料桶工具，改变填充的样式，来实现一些特殊效果。

思考与练习 2-7

1．制作一个"自转光环"动画，该动画运行后的一幅画面如图 2-215 所示。可以看到，一个大的顺时针自转光环围绕在一个逆时针自转光环四周不断自转。

2．制作一个"摆动的彩珠环"动画，该动画是在实例 13 的基础之上修改而成的，动画效果基本一样，只是七彩光环被彩珠环替代。

3．制作一个"风车和向日葵"动画，该动画运行后的一幅画面如图 2-216 所示，在蓝天白云下面的大地上，有 5 个风车随风转动，还有一些向日葵和绿草。

图 2-215　"自转光环"动画的一幅画面

图 2-216　"风车和向日葵"动画画面

4．制作一个"彩球和自转光环"动画，该动画运行后的两幅画面如图 2-217 所示。可以看到，画面中一个逆时针自转的光环围绕一个彩球转圈，三个顺时针自转的光环围绕逆时针自转的光环转圈，三个顺时针自转光环之间的夹角为 120°。

图 2-217　"彩球和自转光环"动画的两幅画面

第3章

合并对象和几个新绘图工具

知识要点:

1. 了解绘图模式和两类对象的特点,掌握绘制图元图形的方法,以及合并对象的方法。

2. 掌握使用喷涂刷工具的方法与技巧。掌握应用 Deco 工具的方法与技巧。

3. 掌握使用 3D 旋转和 3D 平移工具的方法,使用"变形"面板旋转 3D 对象的方法。

4. 了解透视和消失点,初步掌握调整透视角度和消失点的方法。

3.1 【实例 14】电影文字

"电影文字"动画运行后的两幅画面如图 3-1 所示。它由一幅幅鲜花图像不断从右向左移过掏空的文字内部而形成电影文字效果,文字的轮廓线是黄色,背景是黑色胶片状图形,两幅小花图形在"电影文字"动画的两边。该动画的制作方法和相关知识介绍如下。

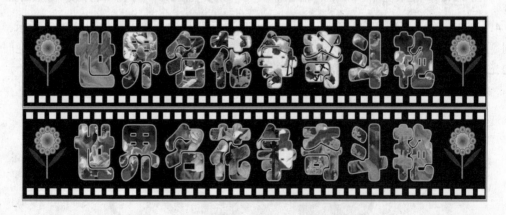

图 3-1 "电影文字"动画运行后的两幅画面

制作方法

1．制作电影胶片

（1）新建一个 Flash 文档。设置舞台工作区的宽为 1200 像素、高为 220 像素，背景为黑色。然后以名称"【实例 14】电影文字.fla"保存。

（2）选中"图层 1"图层第 1 帧，使用工具箱内的"矩形工具"，设置填充色为黑色，无轮廓线。单击按下"选项"栏中的"对象绘制"按钮，进入"对象绘制"模式。在舞台工作区中绘制宽为 600 像素、高为 220 像素的黑色矩形。

（3）再设置填充色为红色，无轮廓线。在黑色矩形的上边绘制一幅宽和高均为 18 像素的红色小正方形。然后复制 19 份，将它们水平等间距地排成一行。

（4）调出"对齐"面板，使用工具箱中的"选择工具"，拖曳出一个矩形选中一行红色的小正方形，单击"对齐"面板内的"上对齐"按钮，使它们顶部对齐；单击"水平平均间隔"按钮，使它们等间距分布。然后复制一份移到下边，如图 3-2 所示。

（5）选中所有红色小正方形和黑色矩形，选择"修改"→"合并对象"→"打孔"菜单命令，将右下角的红色小正方形将黑色矩形打出一个正方形小孔。

（6）调出"历史记录"面板，选择"打孔"选项，如图 3-3 所示。

（7）单击"重放"按钮（相当于"修改"→"合并对象"→"打孔"菜单命令），将右下角第 2 个红色小正方形打孔。不断单击"重放"按钮，直到所有红色正方形均打孔为止，效果如图 3-4 所示。

（8）使用工具箱内的"选择工具"，选中打孔的黑色矩形，复制一份，水平排列，刚好将整个舞台工作区完全覆盖，如图 3-1 所示。

图 3-2　矩形上的两行小正方形　　图 3-3　"历史记录"面板　　图 3-4　电影胶片

2．制作"电影文字"影片剪辑元件

（1）创建并进入"电影文字"影片剪辑元件的编辑状态。导入 6 幅国庆 60 周年阅兵式图像到"库"面板内。选中"图层 1"图层第 1 帧，将"库"面板内 6 幅图像拖曳到舞台工作区外部，分别调整它们的高为 170 像素，宽适当调整。

（2）单击"对齐"面板内的"上对齐"按钮，使它们顶部对齐；单击该面板内的"水平平均间隔"按钮，使它们等间距分布，如图 3-5 所示。

图 3-5　"图层 1"图层第 1 帧图像水平排成一排

（3）使用工具箱中的"选择工具" ▶ ，选中所有图像，组成组合。再复制一份，将复制的图像水平移到原图像组合的右边。

（4）在"图层 1"图层之上创建"图层 2"图层，选中该图层第 1 帧。单击工具箱内的"文本工具"按钮 T ，在其"属性"面板内"系列"下拉列表框中选择"华文琥珀"选项，设置"华文琥珀"字体；在"大小"文本框内输入 110，设置字大小 110 磅；设置文字颜色为黑色。单击舞台工作区内，输入"世界名花争奇斗艳"文字，如图 3-6 所示。

图 3-6　"世界名花争奇斗艳"文字和第 1 帧画面

（5）两次选择"修改"→"分离"菜单命令，将文字打碎。如果有连笔现象，可使用"橡皮擦工具" ⬚ 进行修复。也可以使用"套索工具" ⬭ 修改文字图形。然后，选中"图层 2"图层第 120 帧，按 F5 键，使该图层第 1～120 帧内容一样。

（6）创建"图层 1"图层第 1～120 帧的传统补间动画。第 1 帧画面如图 3-6 所示（没有右边的第 2 组组合）。调整"图层 2"图层第 120 帧内图像位置，如图 3-7 所示。

图 3-7　第 120 帧画面

注意：因为制作的 Flash 动画是连续循环播放的，所以可以认为第 120 帧的下一帧是第 1 帧，调整第 120 帧画面应注意这一点，保证第 120 帧和第 1 帧画面的衔接。

（7）右击"图层 2"图层，调出图层快捷菜单，再单击快捷菜单中的"遮罩层"菜单命令，将"图层 2"图层设置为遮罩图层，"图层 1"图层为被遮罩图层。

（8）使用工具箱中的"线条工具" ＼ ，在其"属性"面板内设置线类型为线条状，颜色为黄色，线粗为 2 磅。选中"图层 2"图层第 1 帧，使用工具箱中的"墨水瓶工具" ⬧ ，再单击文字笔画的边缘，使文字边缘增加黄色轮廓线，如图 3-8 所示。

图 3-8　"世界名花争奇斗艳"文字描边

（9）使用工具箱中的"选择工具" ▶ ，按住 Shift 键，同时单击各文字的轮廓线，全部选中它们。选择"编辑"→"剪切"菜单命令，将选中的内容剪切到剪贴板中。

（10）在"图层 2"图层之上创建"图层 3"图层。选中图层第 1 帧，选择"编辑"→"粘贴到当前位置"菜单命令，将剪贴板中的轮廓线粘贴到选中帧的舞台原位置。

"电影文字"影片剪辑元件的时间轴如图 3-9 所示。然后，回到主场景。

（11）在"图层 1"图层之上创建"图层 2"图层，选中该图层第 1 帧。将"库"面板内的"电影文字"影片剪辑元件拖曳到舞台工作区内，形成一个实例，调整它的大小和位置，如图 3-10 所示。

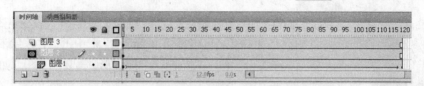

图 3-9 "电影文字"影片剪辑元件的时间轴

图 3-10 "电影文字"影片剪辑实例和电影胶片

3. 制作小花和绿叶

（1）在主场景"图层 2"图层之上添加"图层 3"图层，选中"图层 3"图层第 1 帧。单击工具箱中的"椭圆工具"按钮 ⬭，调出"属性"面板，设置轮廓线为绿色，笔触高度为 2 磅。调出"颜色"面板，设置填充色为放射状红色到黄色。单击按下工具箱"选项"栏中的"对象绘制"按钮 ⬭，进入"对象绘制"模式。

（2）绘制一幅宽 80 像素、高 80 像素的圆形图形，如图 3-11（a）所示。再绘制一幅宽和高均为 30 像素的圆形，移到如图 3-11（b）所示位置。使用"任意变形工具" ⬚，选中小圆形图形，将它的中心标记移到大圆图形的中心处，如图 3-11（c）所示。

（3）选中小圆形，调出"变形"面板，在 ↔ 和 ↕ 文本框内输入 300，选中"旋转"单选按钮，在"旋转"文本框内输入 30，如图 3-12 所示。11 次单击 ⬚ 按钮，复制 11 个变形的圆形图形，形成花朵图形，如图 3-13 所示。

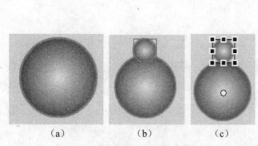

（a）　　　　（b）　　　　（c）

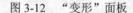

图 3-11 圆形图形　　　图 3-12 "变形"面板　　　图 3-13 花朵

（4）使用工具箱内的"矩形工具" ▢，设置填充为棕色，无轮廓线。单击按下"选项"栏中的"对象绘制"按钮 ⬭，进入"对象绘制"模式，拖曳绘制一个长条矩形，作为花梗。

（5）使用"选择工具" ▸，将长条矩形移到花朵图形处，选择"修改"→"排列"→"移至底层"菜单命令，将花梗图形移到花朵图形的下边。拖曳选中花梗图形和花朵图形，选择"修改"→"合并对象"→"联合"菜单命令，将选中的图形联合成一幅图形，如图 3-14 所示。

图 3-14　联合图形

（6）使用工具箱中的"椭圆形工具" ○ ，设置无轮廓线，设置填充色为绿色。单击按下其"选项"栏中的"对象绘制"按钮 ○ 。然后，在舞台工作区内绘制一个椭圆形，再复制一份，如图 3-15（a）所示。选中两个椭圆。

（7）选择"修改"→"合并对象"→"裁切"菜单命令，或者选择"修改"→"合并对象"→"交集"菜单命令，加工后的叶子图形如图 3-15（b）所示。

（8）使用工具箱内的"任意变形工具" ，调整图 3-15（b）所示叶子图形的大小，旋转一定的角度移到花梗图形的左边，如图 3-16（a）所示。再复制一份花叶图形，再选择"修改"→"变形"→"水平翻转"菜单命令，将复制的花叶图形水平翻转。然后，将该花叶图形移到花梗图形的右边，如图 3-16（b）所示。

（9）选中所有图形，选择"修改"→"组合"菜单命令，将选中的所有图形组成一个组合。然后，将联合后的图形组合移到胶片图形内的右边。

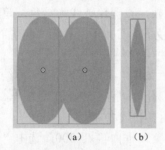

图 3-15　两个椭圆形的交集效果

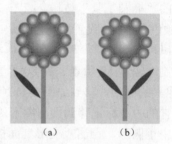

图 3-16　添加花叶图形

（10）使用"选择工具" ，拖曳选中整个小花图形，将它复制一份，移到胶片图形内的左边。至此，整个动画制作完毕。

 知识链接

1．绘制模式

Flash CS4 绘图有两种绘制模式，一种是"合并绘制"模式，另一种是"对象绘制"模式。在选择了绘图工具后，工具箱的"选项"栏中会有一个"对象绘制"按钮 ○ ，当它处于弹起状态时，绘制模式是"合并绘制"模式；当它处于按下状态时，绘制模式是"对象绘制"模式。这两种绘制模式的特点如下。

（1）"合并绘制"模式：此时绘制的图形在选中时，图形上边有一层小白点，如图 3-17（a）所示。重叠绘制的图形，会自动进行合并。如果绘制一个矩形并在其上方叠加一个圆形，则使用"选择工具" ，移动圆形，则会删除圆形下面覆盖的图形，如图 3-18 所示。另外，只可以使用合并对象的"联合"操作，并转化为形状。

（2）"对象绘制"模式：此时绘制的图形被选中时，图形四周有一个浅蓝色矩形框，如图 3-17（b）所示。在该模式下，允许将图形绘制成独立的对象，且在叠加时不会自动合并，分开重叠图形时，也不会改变其外形。还可以使用合并对象的所有操作。

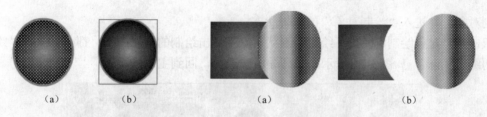

| （a） | （b） | （a） | （b） |

图 3-17　两种绘制模式的特点　　　图 3-18　"合并绘制"模式下的图形

在两种模式下，都可以使用"选择工具" 和"橡皮擦工具" 改变该图形的形状等。

为了将这两种不同绘图模式下绘制的图形进行区别，可以将在"合并绘制"模式下绘制的图形叫图形，在"对象绘制"模式下绘制的图形叫形状。

2．绘制图元图形

除了"合并绘制"和"对象绘制"模式外，"椭圆"和"矩形"工具还提供了图元对象绘制模式。使用"基本矩形工具" 和"基本椭圆工具" （即"图元矩形工具"和"图元椭圆工具"）创建图元矩形或图元椭圆图形时，不同于使用"对象绘制"模式创建的形状，也不同于使用"合并绘制"模式创建的图形，它绘制的是由轮廓线和填充组成的一个独立的图元对象。

（1）绘制图元矩形图形：单击工具箱内的"基本矩形工具"按钮，其"属性"面板与"矩形工具"的"属性"面板一样，在该面板内进行设置后，即可拖曳绘制图元矩形图形。

单击工具箱内的"基本矩形工具"按钮，拖曳出一个图元矩形图形，在不松开鼠标左键的情况下，按向上箭头键或向下箭头键，即可改变矩形图形的四角圆角半径。当圆角达到所需角度时，松开鼠标左键即可。

在绘制完图元矩形图形（见图 3-19 左图）后，使用"选择工具" ，拖曳图元矩形图形四角的控制柄，可以改变矩形图形四角圆角半径，如图 3-19 右图所示。

图 3-19　图元矩形图形和调整

（2）绘制图元椭圆图形：单击工具箱内的"基本椭圆工具"按钮，其"属性"面板与"椭圆工具" 的一样，进行设置后，可拖曳绘制图元椭圆形，如图 3-20（a）所示。

绘制完制图元椭圆后，使用"选择工具" ，拖曳图元椭圆内控制柄，可调整椭圆内径大小，如图 3-20（b）所示；拖曳图元椭圆轮廓线上的控制柄，可调整扇形角度，如图 3-20（c）所示；拖曳图元椭圆中心点控制柄，可调整内圆大小，如图 3-20（d）所示。

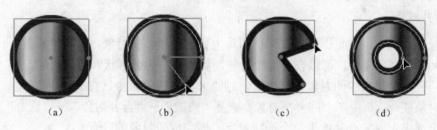

| （a） | （b） | （c） | （d） |

图 3-20　图元圆形图形和调整

双击舞台工作区内的图元对象，会调出一个"编辑对象"对话框，提示用户要编辑图元对象必须先将图元对象转换为绘制对象，单击该对话框内的"确定"按钮，即可将图元对象转换为绘制对象，并进入"绘制对象"的编辑状态。

双击在"对象绘制"模式下绘制的形状，以及双击绘制的图元图形，都可以进入"绘制对象"的编辑状态,，如图 3-21 所示。进行编辑修改后，回到主场景。

图 3-21 "绘制对象"的编辑状态

3．两类 Flash 对象的特点

通过前面的学习可以知道，Flash 中可以创建的对象有很多种，例如"合并绘制"模式下绘制的图形（图形中的线和填充），"对象绘制"模式下绘制的形状，图元图形，导入的位图图像，输入的文字，由"库"面板内元件产生的实例，将对象组合后的对象等。

从是否可以进行擦除等操作，可以将对象分为两大类，其中一类是"合并绘制"模式下绘制的图形（线和填充），另一类是形状、图元图形、位图、文字、元件实例和组合等。

对于图形对象，选中该类对象后，图形对象的表面会蒙上一层小白点；可以用"橡皮擦工具" ⬚ 擦除图形；可以使用"套索工具" ⬚ 选中图形的部分；可以使用"选择工具" ⬚ 选中图形的部分；可以填充渐变色；当两幅图形重叠后，使用"选择工具" ⬚ 移开其中一幅图形后会将另一幅图形的重叠部分删除；可以进行扭曲和封套变形调整；可以创建形状动画（即变形动画，该动画的制作方法会在后边的章节中介绍）等。

对于图形对象外的另一类对象，选中该类对象后，对象的四周会出现蓝色的矩形或白点组成的矩形（位图对象），上述操作也不能够执行。

选中后一类对象后，选择"修改"→"分离"菜单命令，可以将这类对象（文字对象应是单个对象，对于多个文字组成的单个对象，需先选择"修改"→"分离"菜单命令，将多个文字组成的单个对象分离成多个独立文字的对象）。经过分离后的位图图像等对象，以及经过打碎后的文字对象，它们在被选中后，其上边也会蒙上一层小白点。

选中图形对象后，选择"修改"→"组合"菜单命令，也可以将图形对象转换为第二类对象。对于图形的组合，可以选择"修改"→"取消组合"菜单命令，来取消组合。

4．合并对象

合并对象有联合、交集、打孔和裁切四种方式。选中多个对象，选择"修改"→"合并对象"→"××"菜单命令，可以合并选中对象。如果选中的是形状和图元对象，则"××"菜单命令有四种；如果选中的对象中有图形，则"××"菜单命令只有"联合"。

（1）对象联合：选中两个或多个对象，选择"修改"→"合并对象"→"联合"菜单命令，可以将一个或多个对象合并成为单个形状对象，即完成了对象的联合。

可以进行联合操作的对象有图形、打碎的文字、形状（"对象绘图"模式下绘制的图形，或者是进行了一次联合操作后的对象）和打碎的图像，不可以对文字、位图图像和组合对象进行联合操作。进行联合操作后的对象变为一个对象，它的四周有一个蓝色矩形框。进行联合操作后的对象可以用选择工具改变它的形状。

（2）对象交集：选中两个或多个形状对象（将图 3-22 中的两个对象重叠一部分），选择"修改"→"合并对象"→"交集"菜单命令，可以创建它们的交集（相互重叠部分）的对象，如图 3-23 所示。最上面的形状对象的颜色决定了交集后形状的颜色。

（3）对象打孔：选中两个或多个形状对象（将图 3-22 所示的两个对象重叠一部分），选择"修改"→"合并对象"→"打孔"菜单命令，可以创建它们的打孔的对象，如图 3-24 所示。通常按照上边形状对象的形状删除它下边形状对象的相应部分。

（4）对象裁切：选中两个或多个形状对象（将图 3-22 所示的两个对象重叠一部分），选择"修改"→"合并对象"→"裁切"菜单命令，可以创建它们的裁切的对象，如图 3-25 所示（颜色是绿色）。裁切是使用一个形状对象（上边的形状）的形状裁切另一个形状对象（下边的形状）。通常，最上面的形状对象定义了裁切区域的形状。

图 3-22 两个形状对象　　图 3-23 交集对象　　图 3-24 打孔对象　　图 3-25 裁切对象

思考与练习 3-1

1．绘制"卡通人"图形，如图 3-26 所示。

2．绘制如图 3-27 左图所示的"花瓶"图形。绘制如图 3-27 右图所示的"飘香"图形，

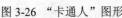

图 3-26 "卡通人"图形　　　　图 3-27 "花瓶"和"飘香"图形

3．绘制一幅 "LOGO" 图形，如图 3-28 所示。

4．绘制 4 幅"汽车徽标"图形，如图 3-29 所示。

图 3-28 "LOGO" 图形　　　　　　　图 3-29 "汽车徽标"图形

3.2 【实例15】模拟指针表

"模拟指针表"动画运行后的两幅画面如图3-30所示,可以看到有一个模拟数字钟,2个指针就像表的时针和分针一样不断地旋转。表盘由5个颜色不同半径不同的彩珠环、一个顺时针自转的七彩光环、一个逆时针自转的七彩光环组成。制作该动画使用了Flash CS4新增的装饰性绘画工具,装饰性绘画工具有喷涂刷工具 和Deco绘画工具 。使用装饰性绘画工具,可以利用"库"面板内的图形或影片剪辑元件创建复杂的几何图案。可以将一个或多个元件与Deco对称工具一起使用以创建万花筒效果。

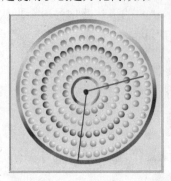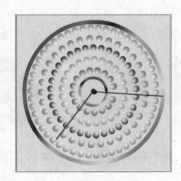

图3-30 "模拟指针表"动画运行后的两幅画面

 制作方法

1. 制作"表盘"影片剪辑元件

(1)新建一个Flash文档。设置舞台工作区的宽为340像素、高340像素,背景为白色。然后以名称"【实例15】模拟指针表.fla"保存。

(2)创建并进入"彩珠1"影片剪辑元件的编辑状态,在舞台中心绘制一幅宽和高均为15像素的圆形,圆形内填充白色到红色的放射状渐变色,无轮廓线。然后,回到主场景。

(3)右击"库"面板内的"彩珠1"影片剪辑元件,调出快捷菜单。单击该菜单中的"直接复制"命令,调出"直接复制元件"对话框,输入名称"彩珠2",再单击"确定"按钮,在"库"面板内复制一个新的"彩珠2"影片剪辑元件。再按照相同的方法,创建"彩珠3"、"彩珠4"、"彩珠5"影片剪辑元件。

(4)双击"库"面板内的"彩珠2"影片剪辑元件,进入它的编辑状态。将彩球的填充改为白色到红色颜色。再分别将其他3个影片剪辑元件内的彩球颜色更换。

(5)创建并进入"表盘"影片剪辑元件的编辑状态,单击工具箱内的"Deco工具"按钮 ,在"属性"面板中的"绘图效果"下拉列表框中选择"对称刷子"选项。在"高级选项"下拉列表框内选择"绕点旋转"选项,选中"测试冲突"复选框。

(6)单击"编辑"按钮,调出"交换元件"对话框,选择"彩珠1"影片剪辑元件,单击"确定"按钮,用"彩珠1"影片剪辑元件替换默认元件。

(7)在中心点外单击,创建一个由红色彩珠组成的圆形图形,拖曳数量手柄,调整圆形图形中的"彩珠1"影片剪辑元件图案的个数,如图3-31所示。

（8）再单击"编辑"按钮，调出"交换元件"对话框，选择"彩珠 2"影片剪辑元件，单击"确定"按钮，用"彩珠 2"影片剪辑元件替换默认元件。在红色彩珠圆形外单击，创建一个由绿色彩珠组成的圆形图形，拖曳数量手柄，调整圆形图形中的"彩珠 2"影片剪辑元件图案的个数，如图 3-32 所示。

（9）按照上述方法，再用不同的影片剪辑元件创建 3 个彩珠圆形，如图 3-33 所示。然后，回到主场景。

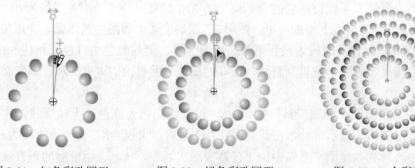

图 3-31　红色彩珠圆形　　　图 3-32　绿色彩珠圆形　　　图 3-33　5 个彩珠圆形

2. 制作"自转七彩环"影片剪辑元件

（1）创建并进入"七彩环 1"影片剪辑元件的编辑状态。单击"椭圆工具"按钮，在其"属性"面板设置笔触高度为 10 磅，设置笔触颜色为七彩色，设置无填充，在"笔触样式"下拉列表框中选择"实线"线条样式，如图 3-34 所示。

（2）按住 Shift+Alt 键，从舞台中心点向外拖曳绘制一幅七彩圆环，在其"属性"面板调整它的宽和高均为 100 像素，如图 3-35 所示。然后，回到主场景。

图 3-34　"椭圆工具"的"属性"面板设置　　　图 3-35　七彩圆环

（3）将"七彩环 1"影片剪辑元件复制一个，名称为"七彩环 2"，其内的七彩圆环改为笔触高度为 3 磅。

（4）创建并进入"逆时针自转七彩环"影片剪辑元件的编辑状态。选中"图层 1"图层第 1 帧，将"库"面板中的"七彩环 1"影片剪辑元件拖曳到舞台工作区中。制作"图层 1"图层第 1～120 帧动画。选中第 1 帧，在其"属性"面板内的"旋转"下拉列表框中选择"逆时针"选项，在其右边的文本框中输入 1。然后，回到主场景。

（5）按照"逆时针自转七彩环"影片剪辑元件的制作方法，制作一个"顺时针自转七彩环"影片剪辑元件，其内放置的是"七彩环 2"影片剪辑元件。选中"图层 1"图层第 1 帧，在其"属性"面板内"旋转"下拉列表框中选择"顺时针"。然后，回到主场景。

3. 制作"模拟指针表"影片剪辑元件

（1）创建并进入"模拟指针表"影片剪辑元件的编辑状态。选中"图层 1"图层第 1 帧，将"库"面板中的"逆时针自转七彩环"影片剪辑元件拖曳到舞台工作区中，形成一个"逆时针自转七彩环"影片剪辑元件的实例。利用"属性"面板调整它的宽和高均为 60 像素，在"X"和"Y"文本框中输入 0，使该实例位于舞台工作区的正中心处。

（2）将"库"面板中的"表盘"影片剪辑元件拖曳到舞台工作区中，形成一个"表盘"影片剪辑实例。在"属性"面板内设置它的宽和高均为 300 像素，"X"和"Y"均为 0。

（3）再将"库"面板中的"顺时针自转七彩环"影片剪辑元件拖曳到舞台工作区中，形成一个实例，利用"属性"面板调整它的宽和高均为 310 像素，"X"和"Y"均为 0。

（4）在"图层 1"图层之上添加一个"图层 2"图层，选中该图层第 1 帧。使用工具箱"线条工具" ✐，在其"属性"面板内设置笔触高度为 3 磅，笔触颜色为红色。按住 Shift 键，从中心处垂直向上拖曳，绘制一条垂直直线。在其"属性"面板内的"宽"和"高"文本框中分别输入 3 和 140。

（5）使用工具箱中的"椭圆工具"按钮 ◯，设置填充色为红色，无轮廓线，在直线下端处绘制一个小圆形图形，表示时针，在其"属性"面板内，设置"X"为 0，"Y"为-45。使这条直线底部与中心对齐。使用工具箱中的"任意变形工具" ⬚，选中绘制的垂直线条和小圆形，拖曳它们的中心点，移到小圆形的中心处，如图 3-36 所示。

（6）制作"图层 2"图层第 1～120 帧的动作动画。选中第 1 帧，再在其"属性"面板内的"旋转"下拉列表框中选择"顺时针"选项，在其右边的文本框中输入 1。

注意： 在制作完动画后，如果第 1 帧和第 120 帧内垂直线条的中心点移回原处，则需要重新调整，将线条的中心点移到小圆形的中心处。

（7）在"图层 2"图层之上新建"图层 3"图层，选中该图层第 1 帧。按照上述方法名绘制一条线宽为 2 磅的蓝色垂直线条，再在直线下端绘制一个小圆形，表示时针，在其"属性"面板内，设置"宽"为 2，"高"为 160，"X"为 0，"Y"为-48。再使用工具箱中的"任意变形工具" ⬚，选中垂直线条和小圆形，拖曳中心点到小圆形中心处，如图 3-37 所示。

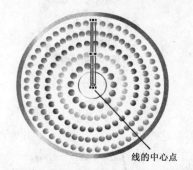
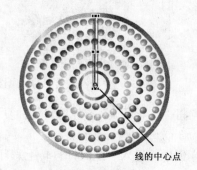

图 3-36　调整线的中心点 1　　　　图 3-37　调整线的中心点 2

（8）制作"图层 3"图层第 1～120 帧的动作动画。选中第 1 帧，再在其"属性"面板内的"旋转"下拉列表框中选择"顺时针"选项，在其右边的文本框中输入 12。

（9）选中"图层 1"图层第 120 帧，按 F5 键，创建一个第 2～120 帧的普通帧。再回到主场景。至此，"模拟指针表"影片剪辑元件制作完毕，时间轴如图 3-38 所示。

最后，选中"图层 1"图层第 1 帧，将"库"面板中的"模拟指针表"影片剪辑元件拖曳到舞台工作区内正中间，再设置舞台工作区的背景色为黄色。

图 3-38 "模拟指针表"影片剪辑元件的时间轴

 知识链接

1．使用喷涂刷工具创建图案

在默认情况下，使用喷涂刷工具时可以使用当前设置的填充颜色喷射粒子点。在设置的图形或影片剪辑元件内的图形、图像或动画等为喷涂对象后，使用喷涂刷工具可以将设置的图形或影片剪辑元件内的图形、图像或动画等喷涂到舞台工作区内。基本方法如下。

（1）制作影片剪辑元件或图形元件，其内可以绘制各种图形、导入图像、制作动画等。例如，制作了一个名称为"彩球"的图形元件，其内绘制了一幅红色到白色放射状渐变的七角星图形，如图 3-39 所示；再创建一个名称为"飞鸟"的影片剪辑元件，其内是一个名称为"飞鸟.gif"的 GIF 格式动画的各帧图像，其中的几帧图像如图 3-40 所示。

图 3-39 彩球图形　　　　　　　图 3-40 "飞鸟"影片剪辑元件内 4 帧图像

（2）单击按下工具箱内的"喷涂刷工具"按钮 ，使用"喷涂刷工具"。同时，调出"喷涂刷工具"的"属性"面板，这是采用默认喷涂粒子（小圆点）的喷涂刷工具的"属性"面板，如图 3-41 所示。

（3）单击"编辑"按钮，即可调出"交换元件"对话框，如图 3-42 所示。该对话框内的列表框中列出了本影片所有的元件名称和相应的图标，选中其中的元件后（例如选中"彩球"图形元件），如图 3-42 所示。单击该对话框内的"确定"按钮，即可设置喷涂形状是"彩球"图形元件内的彩球图形。此时的"属性"面板如图 3-43 所示。

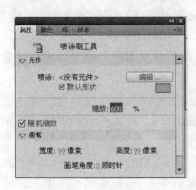  

图 3-41 "属性"面板　　　　图 3-42 "交换元件"对话框　　　　图 3-43 "属性"面板

（4）在采用默认喷涂粒子（小圆点）时，需要在喷涂刷工具的"属性"面板内进行默认喷涂点填充色的设置。还需要进行喷涂内容大小、随机特点、画笔宽度和高度的设置。

（5）在舞台工作区内要显示图案的位置处单击或拖曳，即可创建图案。

按照图 3-41 所示进行设置（颜色为金黄色）后，几次单击舞台工作区后的效果如图 3-44 所示。按照图 3-43 所示进行设置，几次单击舞台工作区后如图 3-45 所示。

图 3-44 喷涂绿色圆点　　　　　　　图 3-45 喷涂"彩球"图形元件内图形

按照图 3-46 所示进行设置（设置喷涂形状是"飞鸟"影片剪辑元件内的动画）后，几次单击舞台工作区后的效果如图 3-47 所示。

图 3-46 "属性"面板　　　　　　　　图 3-47 喷涂"飞鸟"影片剪辑元件内动画

2．喷涂刷工具参数设置

喷涂刷工具的"属性"面板中"元件"和"画笔"栏内各选项的作用如下。

（1）颜色选取器 ▊：在采用默认喷涂（即选中"默认形状"复选框后）时，单击它可以调出一个颜色面板，单击其内的色块，即可选择用于默认粒子喷涂小圆点的填充颜色。使用"库"面板中的元件作为喷涂粒子时，将禁用颜色选取器。

（2）"缩放"文本框：在选中"默认形状"复选框后，又调整该文本框，用来缩放用做喷涂粒子的圆形点的直径。

（3）"缩放宽度"文本框：用来缩放用做喷涂粒子的元件实例宽度为原宽度的百分数。例如，输入值 10%，将使实例宽度缩小为原宽度的 10%；输入值 200%，将使实例宽度增大为原宽度的 200%。

（4）"缩放高度"文本框：用来缩放用做喷涂粒子的元件实例高度为原高度的百分数。例如，输入值 10%，将使实例高度缩小为原宽度的 10%；输入值 200%，将使实例高度增大为原宽度的 200%。

（5）"随机缩放"复选框：用来指定按随机缩放比例将每个喷涂粒子放置在舞台上，并改变每个粒子的大小。

（6）"旋转元件"复选框：确定围绕中心点旋转基于元件的喷涂粒子。

（7）"随机旋转"复选框：用来指定按随机旋转角度喷涂基于元件的喷涂粒子。

（8）"宽度"和"高度"文本框：用来确定画笔的宽度和高度。

（9）"画笔角度"文本框：用来确定画笔顺时针旋转的角度。

3．应用 Deco 工具藤蔓式效果

使用 Deco 工具 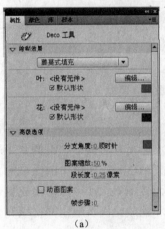，可以对舞台工作区内的选定对象应用效果。在选择 Deco 工具后，可以从"属性"面板中选择效果。Deco 工具的"属性"面板如图 3-48 所示。在"绘制效果"栏内的下拉列表框中选择不同选项时，"属性"面板内设置的参数会不一样。

| (a) | (b) | (c) |

图 3-48　Deco 工具的"属性"面板

利用藤蔓式填充效果，可以用藤蔓式图案填充舞台工作区、元件实例或封闭区域。藤蔓式图案由叶子、花朵和花茎三部分组成，叶子和花朵可以用元件替代，花茎可以更换颜色；在采用默认形状（默认叶子和花朵）时，叶子和花朵的颜色可以更换。

单击工具箱内的"Deco 工具"按钮 ，在"属性"面板中的"绘制效果"下拉列表框中选择"藤蔓式填充"选项。此时的"属性"面板如图 3-48（a）所示。其内各选项的作用如下。

（1）"默认形状"复选框：选中"叶"栏内该复选框后，藤蔓式图案中的叶子采用默认的叶子；选中"花"栏内该复选框后，藤蔓式图案中的花采用默认的花。此时可以更换叶子和花的颜色。

（2）"编辑"按钮：单击"编辑"按钮，可以调出"交换元件"对话框，选择一个自定义元件，单击"确定"按钮，用选定的元件替换默认花朵元件和叶子元件。

（3）"分支角度"文本框：用来设置花茎的角度。

（4）"分支颜色"图标 ■：用来设置花茎的颜色。

（5）"图案缩放"文本框：用来设置藤蔓式图案的缩放比例。

（6）"段长度"文本框：用来设置叶子节点和花朵节点之间的段长度。

（7）"动画图案"复选框：选中该复选框后，按一定的时间间隔，将绘制的图案保存在新关键帧内。在绘制图案时，可以创建花朵图案的逐帧动画。

（8）"帧步骤"文本框：用来设置绘制图案时每秒钟新产生的关键帧的帧数。

单击工具箱内的"Deco 工具"按钮 ，"属性"面板按照图 3-48（a）所示进行设置后，单击舞台工作区内，绘制的图形效果如图 3-49 所示。

创建"叶"和"花"影片剪辑元件，其内分别绘制一幅叶子图案和一幅花图案，宽度和高度均在 20 像素以内。在 Deco 工具的"属性"面板内用"叶"和"花"影片剪辑元件分别替代默认的叶子和花，设置有关参数，"分支角度"文本框内的数为 8，"图案缩放"文本框内的数为 75%，"段长度"文本框内的数为 0.62。多次单击舞台工作区内的空白处，绘制的图形如图 3-50 所示。当元件内的图案大小和内容变化，选择的参数不同时，单击舞台工作区后形成的图案会不一样。

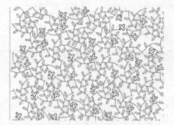

图 3-49　图形效果 1　　　　　　　　图 3-50　图形效果 2

4. 应用 Deco 工具网格效果

可以使用默认元件图案（宽度和高度均为 25 像素、无笔触的黑色正方形图形）给舞台工作区、元件实例或封闭区域进行网格填充，创建棋盘图案。也可以使用"库"面板中的元件图案替代默认的元件图案进行网格填充。移动填充的元件图案或调整元件图案大小，网格填充也会随之进行相应的调整。可以设置填充形状的水平间距、垂直间距和缩放比例。应用网格填充效果后，将无法更改"属性"面板中的高级选项以改变填充图案。

单击工具箱内的"Deco 工具"按钮 ，在"属性"面板中的"绘制效果"下拉列表框中选择"网格填充"选项。此时的"属性"面板如图 3-48（b）所示。其内各选项的作用如下。

（1）"默认形状"复选框：选中该复选框后，使用默认元件图案进行网格填充。

（2）"编辑"按钮：单击"编辑"按钮，可以调出"交换元件"对话框，选择一个自定义元件，单击"确定"按钮，用选定的元件替换默认元件。

（3）"水平间距"文本框：设置网格填充中所用元件图案之间的水平距离。

（4）"垂直间距"文本框：设置网格填充中所用元件图案之间的垂直距离。

（5）"图案缩放"文本框：设置元件图案放大和缩小的百分比。

按照图 3-48（b）所示进行设置后，单击红色矩形内左上角，创建的图形如图 3-51 所示。将"图案缩放"文本框内的数值调整为 150%，则创建的图形如图 3-52 所示。

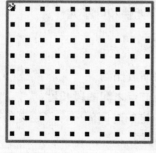

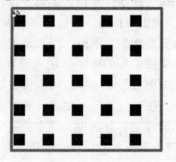

图 3-51　图形效果 3　　　　　　　　图 3-52　图形效果 4

5．应用 Deco 工具对称刷子效果

使用对称刷子效果，可以围绕中心点对称排列元件。单击工具箱内的"Deco 工具"按钮 后，在其"属性"面板内进行设置，再在舞台工作区内单击，即可创建由元件图案组成的对称图案，同时会显示一组手柄。可以拖曳调整手柄来调整元件图案的大小和个数，获得圆形和旋涡形图案等效果。

单击工具箱内的"Deco 工具"按钮 ，在"属性"面板中的"绘制效果"下拉列表框中选择"对称刷子"选项。此时的"属性"面板如图 3-48（c）所示。其内各选项的作用如下。

（1）"默认形状"复选框：选中该复选框后，对称效果的默认元件是宽和高均为 25 像素、无笔触的黑色正方形图形。此时可以更换颜色。

（2）"编辑"按钮：单击"编辑"按钮，可以调出"交换元件"对话框，选择一个自定义元件，单击"确定"按钮，用选定的元件替换默认元件（正方形图形）。

（3）"高级选项"下拉列表框：其内有 4 个选项，各选项的作用如下。

◎ "绕点旋转"选项：创建围绕中心点对称旋转的图形。单击中心点外即可产生一圈元件图案，在不松开鼠标左键的情况下，按圆形轨迹拖曳，可围绕中心点旋转图形，如图 3-53 所示。拖曳旋转手柄，可围绕中心旋转图形；拖曳数量手柄，可调整一圈中的图案个数，如图 3-54 所示。拖曳中心点，可移动中心点，平移整幅图形。

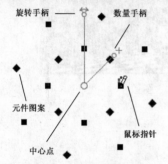

图 3-53　绕点旋转图形　　　　　　　　图 3-54　调整图形中元件图案个数

◎ "跨线反射"选项：创建按照不可见线条等距离镜像元件图案的图形。单击中心点外即可产生对称图形，如图 3-55 所示。在不松开鼠标左键的情况下，拖曳可以调整两个元件图案的间距；拖曳旋转手柄，可以围绕中心旋转图形；拖曳中心点，可以移动中心点，平移整幅图形。

◎ "跨点反射"选项：创建围绕固定点等距离镜像元件图案的图形。单击中心点外即可产生对称图形，如图 3-56 所示。调整特点与"跨线反射"基本相同。

◎ "网格平移"选项：创建按对称效果绘制的网格图形，如图 3-57 所示。单击后即可创建形状网格。拖曳控制手柄，可以旋转 x 和 y 坐标，旋转图形；可以改变组成图形的元件图案的个数，调整图形的高度和宽度。

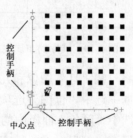

图 3-55　跨线反射图形　　　图 3-56　跨点反射图形　　　　图 3-57　网格平移图形

（4）"测试冲突"复选框：选中该复选框后，不管增加多少元件图案，都可以防止元件图案重叠。不选中该复选框，则允许元件图案重叠。

思考与练习 3-2

1．使用喷涂刷工具，制作一幅星空图。再尝试将喷涂刷工具各种参数修改的效果。
2．使用 Deco 工具，制作一幅棋盘图形。再尝试将 Deco 工具各种参数修改的效果。

3.3 【实例 16】摄影展厅弹跳彩球

"摄影展厅弹跳彩球"图像如图 3-58 所示。摄影展厅的地面是黑白相间的大理石，房顶明灯倒挂，三面有建筑摄影图像，给人富丽堂皇的感觉；在摄影展厅内，两个彩球上下跳跃，同时它们的投影也随之变大变小。该动画的制作方法和相关知识介绍如下。

图 3-58   "摄影展厅弹跳彩球"图像

 制作方法

1．绘制线条

（1）创建一个 Flash 文档。设置舞台工作区宽 600 像素、高 300 像素，背景为白色。显示网格，网格线间距均为 10 像素。再以名称"【实例 16】摄影展厅弹跳彩球.fla"保存。

（2）使用工具箱内的"线条工具" ，绘制展厅的布局线条图形，如图 3-59 所示。

（3）使用工具箱内的"选择工具" ，选中图 3-59 中的四条短线，按 Delete 键，删除选中的直线。然后，再用"线条工具" 补画四条斜线，如图 3-60 所示。

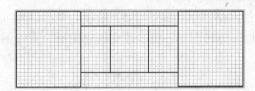 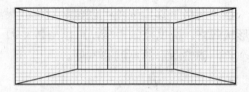

图 3-59   展厅的布局线条图形   图 3-60   调整后的展厅布局线条图形

（4）将一幅"灯"图像和几幅图像导入到"库"面板中。调出"颜色"面板，在"类型"下拉列表框中选中"位图"选项，此时的"颜色"面板如图 3-61 所示。

（5）选中"颜色"面板中的"灯"图像，再使用工具箱内的"颜料桶工具" ，为上边的梯形内部填充"灯"图像。填充后的效果如图 3-62 所示。

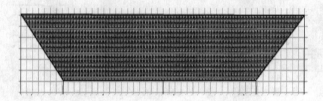

图 3-61　"颜色"面板　　　　　　　图 3-62　为展厅房顶填充"灯"图像

（6）使用工具箱"渐变变形工具" ，单击填充图像，使图像处出现一些控制柄。拖曳调整这些控制柄，形成展厅房顶的吊灯图像，如图 3-63 所示。

图 3-63　展厅的房顶

（7）将"库"面板中的三幅竖条状图像拖曳到舞台工作区内，调整它们的大小和位置，使它们位于展厅三个矩形框内，如图 3-64 所示。将整个展厅组成组合。将该图层锁定。

图 3-64　展厅的布局线条和图像

2．绘制轮廓和准备影片剪辑实例

（1）创建一个"左图"影片剪辑元件，其内导入如图 3-65 所示的图像，调整该图像的宽约为 160 像素、高约为 198 像素。然后，回到主场景。

（2）创建一个"右图"影片剪辑元件，其内导入如图 3-66 所示的图像，调整该图像的宽约为 160 像素、高约为 200 像素。然后，回到主场景。

（3）在"图层 1"图层之上增加"图层 2"图层，选中该图层第 1 帧，将"库"面板内的"左图"影片剪辑元件拖曳到舞台工作区内左边的梯形轮廓线处。在"图层 2"图层之上增加"图层 3"图层，选中该图层第 1 帧，将"库"面板内的"右图"影片剪辑元件拖曳到舞台工作区内右边的梯形轮廓线处。

（4）设置舞台工作区的背景色为黄色。创建并进入"大理石 1"影片剪辑元件的编辑状态，使用工具箱内的"矩形工具" ，在舞台工作区的中心处绘制一个黑色正方形，它的高和宽均为 20 像素，X 和 Y 的值均为 0。再在黑色正方形右边绘制一个同样大小的白色正方形，X 的值为 20 像素，Y 的值为 0。然后将它们组成组合，如图 3-67（a）所示。

（5）将正方形组合复制一份，移到原来正方形组合的下边，如图 3-67（b）所示。选中复制的正方形组合，在其"属性"面板内设置 X 值为 0，Y 值为 20 像素，再将复制的两个正方形组合水平翻转，如图 3-67（c）所示。然后，回到主场景。

图 3-65 左图图像

图 3-66 右图图像

(a)

(b)

(c)

图 3-67 几个正方形

（6）创建并进入"大理石 2"影片剪辑元件的编辑状态，单击工具箱内的"Deco 工具"按钮，在"属性"面板中的"绘制效果"下拉列表框中选择"网格填充"选项。在"水平间距"和"垂直间距"文本框内输入 0。单击"编辑"按钮，调出"交换元件"对话框，选择"大理石 1"影片剪辑元件，单击"确定"按钮，用选中的元件替换默认元件。

图 3-68 黑白大理石画面

（7）单击舞台中心处，生成黑白大理石画面。使用"选择工具"，拖曳黑白大理石画面，使它的左上角与舞台中心点对齐，如图 3-68 所示。然后，回到主场景。

3．制作透视图像

（1）选中"图层 2"图层第 1 帧内的"左图"影片剪辑实例，单击工具箱内的"3D 旋转工具"，使"左图"影片剪辑实例成为 3D 对象，在"左图"影片剪辑实例之上会叠加显示一个彩轴指示符，即有红色线的 X 控件、绿色线的 Y 控件、蓝色圆的 Z 控件。

（2）将鼠标指针移到绿线之上时，鼠标指针右下方会显示一个"Y"字，上下拖曳 Y 轴控件，使"左图"影片剪辑实例围绕 Y 轴旋转。调整到与图 3-69 所示相似时，单击工具箱内的"任意变形工具"按钮，调整"左图"影片剪辑实例的大小和倾斜角度，如图 3-70 所示。如果在操作中有误，可以按 Ctrl+Z 组合键，撤销刚刚完成的一步操作。

（3）选中"图层 3"图层第 1 帧内的"右图"影片剪辑实例，单击工具箱内的"3D 旋转工具"，使"右图"影片剪辑实例成为 3D 对象，在该 3D 对象之上会叠加显示一个彩轴指示符。将鼠标指针移到绿线之上时，鼠标指针右下方会显示一个"Y"字，上下拖曳 Y 轴控件，使该 3D 对象围绕 Y 轴旋转。调整到与图 3-71 所示相似时，单击工具箱内的"任意变形工具"按钮，调整"右图"影片剪辑实例的大小和倾斜角度。

图 3-69 左边图形旋转调整

图 3-70 斜切调整

图 3-71 右边图形旋转调整

（4）在"图层 1"图层下边增加"图层 4"图层，选中该图层第 1 帧，将"库"面板内的"大理石 2"影片剪辑元件拖曳到舞台工作区内。单击工具箱内的"3D 旋转工具"，使"大理石 2"影片剪辑实例成为 3D 对象，在其上会叠加显示一个彩轴指示符。

（5）将鼠标指针移到红线之上时，鼠标指针右下方会显示一个"X"字，表示可以围绕 X 轴旋转 3D 对象，左右拖曳 X 轴控件可以围绕 X 轴旋转"大理石 2"影片剪辑实例。调整到与图 3-72 所示相似时，单击工具箱内的"任意变形工具"按钮 ，调整"大理石 2"影片剪辑实例的大小和倾斜角度，如图 3-72 所示。

图 3-72　调整"大理石 2"影片剪辑实例的大小和倾斜角度

（6）将"大理石 2"影片剪辑实例移到舞台工作区内的下边，再微调该实例的宽度和高度，如图 3-73 所示。

图 3-73　移动和调整"大理石 2"影片剪辑实例

（7）将"图层 4"图层移到"图层 1"图层的下边，最终效果如图 3-58 所示。

4．制作彩球跳跃动画

（1）打开"【实例 9】闪耀红星和跳跃彩球.fla"Flash 文档，按住 Shift 键，单击"图层 4"图层第 1 帧和"图层 5"图层第 50 帧，选中"图层 4"和"图层 5"图层第 1～50 帧的所有帧，即选中一个彩球弹跳和阴影动画的所有帧，右击选中的帧，调出它的快捷菜单，单击该菜单内的"复制帧"菜单命令，将选中的所有帧复制到剪贴板内。

（2）回到"【实例 16】摄影展厅弹跳彩球.fla"Flash 文档主场景，在"图层 3"图层之上新建"图层 5"和"图层 6"图层。按住 Shift 键，单击上边"图层 5"图层第 1 帧和下边"图层 6"第 50 帧，选中"图层 5"和"图层 6"图层第 1～50 帧的所有帧，右击选中的帧，调出它的快捷菜单，单击该菜单内的"粘贴帧"菜单命令，将剪贴板内的所有动画帧粘贴到"图层 5"和"图层 6"图层第 1～50 帧。

（3）按住 Shift 键，单击上边"图层 5"图层第 51 帧和下边"图层 6"图层第 100 帧，选中"图层 5"和"图层 6"图层第 51～100 帧的所有帧，右击选中的帧，调出它的快捷菜单，单击该菜单内的"删除帧"菜单命令，将选中的帧删除。

（4）依次水平向右拖曳"图层 6"和"图层 5"图层第 50 关键～100 帧处，依次水平向右拖曳"图层 6"和"图层 5"图层第 25 关键～50 帧处。

（5）显示标尺，创建 4 条辅助线。调整"图层 6"和"图层 5"图层各关键帧内彩球和阴影的位置，如图 3-74 所示。

（6）按住 Shift 键，单击上边"图层 5"图层第 1 帧和下边"图层 6"第 100 帧，选中"图层 5"和"图层 6"图层第 1～100 帧的所有帧，右击选中的帧，调出它的快捷菜单，单击该菜单内的"复制帧"菜单命令，将选中的动画帧复制到剪贴板内。

图 3-74 第 1、100 帧和第 50 帧彩球和阴影的位置

（7）在"图层 5"图层之上新建"图层 7"和"图层 8"图层。按住 Shift 键，单击"图层 7"图层第 1 帧和"图层 8"第 100 帧，选中"图层 7"和"图层 8"图层第 1～100 帧的所有帧，右击选中的帧，调出它的快捷菜单，单击该菜单内的"粘贴帧"菜单命令，将剪贴板内的所有动画帧粘贴到"图层 7"和"图层 8"图层第 1～100 帧。

（8）调整"图层 7"和"图层 8"图层各关键帧彩球和阴影的位置，如图 3-74 所示。

至此，"摄影展厅弹跳彩球"动画制作完毕，该动画的时间轴如图 3-75 所示。

图 3-75 "摄影展厅弹跳彩球"动画的时间轴

 知识链接

1．3D 空间概述

Flash CS4 借助简单易用的全新 3D 旋转工具和 3D 平移工具，允许在舞台工作区内的 3D 空间中旋转和平移影片剪辑实例，从而创建 3D 效果。在 3D 空间中，每个影片剪辑实例的属性中不但有 X 轴和 Y 轴参数，而且还有 Z 轴参数。使用 3D 旋转工具和 3D 平移工具可以使影片剪辑实例沿着 Z 轴旋转和平移，给影片剪辑实例添加 3D 透视效果。

在 3D 术语中，在 3D 空间中移动一个对象称为平移，在 3D 空间中旋转一个对象称为变形。将这两种效果中的任意一种应用于影片剪辑实例后，Flash 会将其视为一个 3D 影片剪辑实例，每当选择该影片剪辑实例时就会显示一个重叠在其上面的彩轴指示符。

单击工具箱内的"3D 旋转工具"按钮 或"3D 平移工具"按钮 ，单击舞台工作区内的影片剪辑实例，即可使该影片剪辑实例成为 3D 影片剪辑实例，即 3D 对象。使用工具箱内的"选择工具" ，单击选中舞台工作区内的影片剪辑实例，再单击"3D 旋转工具"按钮 或"3D 平移工具"按钮 ，也可以使选中的影片剪辑实例成为 3D 影片剪辑实例。使用 3D 工具所选中的对象，则 3D 对象之上会叠加显示彩轴指示符。

使用"3D 平移工具"或者"3D 旋转工具"选中影片剪辑实例，再调整"属性"面板内"3D 定位和查看"栏中的 Z 轴数据，可以调整选中的影片剪辑实例在 Z 轴的位置，使影片剪辑实例看起来距离观看者更近或更远。

"3D 平移工具"或者"3D 旋转工具"都允许在全局 3D 空间或局部 3D 空间中操作对象。

全局 3D 空间即为舞台工作区空间。全局变形和全局平移与舞台工作区相关。局部 3D 空间即为影片剪辑实例空间。局部变形和局部平移与影片剪辑实例空间相关。例如，如果影片剪辑实例包含多个嵌套的影片剪辑实例，则嵌套的影片剪辑实例的局部 3D 空间与容器影片剪辑实例内的绘图区域相关。在全局 3D 空间中旋转对象与相对舞台工作区移动对象等效。在局部 3D 空间中旋转对象与相对影片剪辑（如果有）移动对象等效。

　　3D 平移和 3D 旋转工具的默认模式是全局。若要在局部模式中使用这些工具，可以单击按下"工具"面板的"选项"部分中的"全局转换"按钮 。如果要在全局模式和局部模式之间切换 3D 工具，可以单击"工具"面板的"选项"部分中的"全局转换"按钮 。

　　"工具"面板的"选项"栏内的"全局转换"按钮 被按下时，处于全局 3D 空间模式，"3D 平移工具"控制器叠加在选中的 3D 对象之上的情况如图 3-76 所示；"工具"面板的"选项"栏内的"全局转换"按钮 弹起时，处于局部 3D 空间模式，"3D 平移工具"控制器叠加在选中的 3D 对象之上的情况如图 3-77 所示。

图 3-76　全局 3D 平移工具叠加　　　　　图 3-77　局部 3D 平移工具叠加

　　"工具"面板的"选项"栏内的"全局转换"按钮 被按下时，处于全局 3D 空间模式，"3D 旋转工具"控制器叠加在选中的 3D 对象之上的情况如图 3-78 所示；"工具"面板的"选项"栏内的"全局转换"按钮 弹起时，处于局部 3D 空间模式，"3D 旋转工具"控制器叠加在选中的 3D 对象之上的情况如图 3-79 所示。

图 3-78　全局 3D 旋转工具叠加　　　　　图 3-79　局部 3D 旋转工具叠加

　　若要使用 3D 功能，Flash 文档的发布必须设置为 Flash Player 10 和 ActionScript3.0，且只能沿 Z 轴旋转或平移影片剪辑实例。可以通过 ActionScript 使用的某些 3D 功能是不能在 Flash 用户界面中直接使用的，如每个影片剪辑实例的多个消失点和独立摄像头。使用 ActionScript3.0 时，除了影片剪辑实例之外，还可以向对象（如文本、FLVPlayback 组件和按钮）应用 3D 属性。

　　注意：每个 Flash 文档只有一个"透视角度"和"消失点"。另外，不能对遮罩层上的对象使用 3D 工具，包含 3D 对象的图层也不能用做遮罩层。

2．3D 平移调整

　　单击工具箱内的"3D 平移工具"按钮 ，单击选中影片剪辑实例，可以在 3D 空间中移动影片剪辑实例。在使用该工具选择影片剪辑实例后，该影片剪辑实例之上会叠加显示一个彩轴指示符，即显示 X、Y 和 Z 三个轴。X 轴为红色箭头、Y 轴为绿色箭头，而 Z 轴为蓝色点（表示垂直于画面）。X 和 Y 轴控件是每个轴上的箭头。

在使用工具箱内的"3D平移工具" 🙏 后，将鼠标指针移到红箭头之上时，鼠标指针右下方会显示一个"X"字，表示可以沿X轴拖曳移动3D对象；将鼠标指针移到绿箭头之上时，鼠标指针右下方会显示一个"Y"字，表示可以沿Y轴拖曳移动3D对象；将鼠标指针移到黑点之上时，鼠标指针右下方会显示一个"Z"字，表示可以沿Z轴（通过中心点垂直于画面的轴）拖曳移动3D对象，即使3D对象变大或变小。

沿着X轴移动3D对象如图3-80所示，沿着Z轴移动3D对象如图3-81所示。

图3-80　沿着X轴移动3D对象　　　　　图3-81　沿着Z轴移动3D对象

如果要使用"属性"面板移动3D对象，可在"属性"面板的"3D定位和查看"栏内输入X、Y或Z的值。在Z轴上移动3D对象时，对象的外观尺寸将发生变化。外观尺寸在"属性"面板中显示为"3D位置和查看"栏内的"宽度"和"高度"值。这些值是只读的。

在选中多个3D对象时，可以使用"3D平移工具" 🙏 移动其中一个选定对象，其他对象将以相同的方式移动。按住Shift键并两次单击其中一个选中对象，可将轴控件移动到该对象。双击Z轴控件，也可以将轴控件移动到多个所选对象的中间。

注意：如果更改了3D影片剪辑的Z轴位置，则该影片剪辑实例在显示时也会改变其X和Y位置。这是因为，Z轴上的移动是沿着3D消失点（在3D对象"属性"面板中设置）辐射到舞台工作区边缘的不可见透视线执行的。

3. 3D旋转调整

使用"3D旋转工具" 🔵，可以在3D空间中旋转影片剪辑实例。3D旋转控件出现在舞台工作区上的选定对象之上。使用橙色的自由旋转控件可同时绕X和Y轴旋转。

单击工具箱内的"3D旋转工具"按钮 🔵，选中影片剪辑实例，可以在3D空间中旋转影片剪辑实例。在使用该工具选择影片剪辑实例后，影片剪辑实例之上会叠加显示一个彩轴指示符，即显示X、Y和Z三个控件。X控件为红色线、Y控件为绿色线、Z控件为蓝色圆。

在使用工具箱内的"3D旋转工具"后，将鼠标指针移到红线之上时，鼠标指针右下方会显示一个"X"字，表示可以围绕X轴旋转3D对象，左右拖曳X轴控件可以围绕X轴旋转3D对象；将鼠标指针移到绿线之上时，鼠标指针右下方会显示一个"Y"字，表示可以围绕Y轴旋转3D对象，上下拖曳Y轴控件可以围绕Y轴旋转3D对象；将鼠标指针移到蓝色圆之上时，鼠标指针右下方会显示一个"Z"字，表示可以围绕Z轴（通过中心点垂直于画面的轴）旋转3D对象，拖曳Z轴控件进行圆周运动，可以绕Z轴旋转。拖曳自由旋转控件（外侧橙色圈）同时绕X和Y轴旋转。

沿着X轴旋转3D对象如图3-82所示，沿着Z轴旋转3D对象如图3-83所示。

如果要相对于影片剪辑实例重新定位旋转控件中心点，可以拖曳中心点。如果要按45°增量约束中心点的移动，可以在按住Shift键的同时进行拖曳。移动旋转中心点可以控制旋转对于对象及其外观的影响。双击中心点可将其移回所选影片剪辑的中心。所选3D对象的旋转控件中心点的位置在"变形"面板中显示为"3D中心点"属性，可以在"变形"面板中修改中心点的位置。

图 3-82 沿着 X 轴旋转 3D 对象   图 3-83 沿着 Z 轴旋转 3D 对象

选中多个 3D 对象, 3D 旋转控件 (彩轴指示符) 将显示为叠加在最近所选的对象上。所有选中的影片剪辑都将绕 3D 中心点旋转,该中心点显示在旋转控件的中心。通过更改 3D 旋转中心点位置可以控制旋转对于对象的影响。如果要将中心点移到任意位置,可拖曳中心点。如果要将中心点移动到一个选定的影片剪辑中心处,可以按住 Shift 键并两次单击该影片剪辑实例。如果要将中心点移到选中影片剪辑实例组的中心,可以双击该中心点。

所选对象的旋转控件中心点的位置在 "变形" 面板中显示为 "3D 中心点"。可以在 "变形" 面板中修改中心点的位置。

4. 使用 "变形" 面板旋转选中的 3D 对象

打开 "变形" 面板,在舞台工作区中选择一个或多个 3D 对象。在 "变形" 面板中的 "3D 旋转" 栏内的 X、Y 和 Z 文本框中输入所需的值,即可旋转选中的 3D 对象。这些文本框包含热文本,可以拖曳这些值以进行更改。

若要移动 3D 旋转点,可以在 "变形" 面板内的 "3D 中心点" 栏中的 X、Y 和 Z 文本框中输入所需的值,或者拖曳这些值以进行更改。

5. 透视和调整透视角度

(1) 透视:离我们近的物体看起来大 (即宽又高) 和实 (即清晰),而离我们远的物体看起来小 (即窄又矮) 和虚 (即模糊),这种现象就是透视现象。我们站在马路或铁路的中心,沿着路线去看路面和两旁的栏杆、树木、楼房都渐渐集中到眼睛正前方的一个点上,如图 3-84 所示。这个点在透视图中叫做消失点。

图 3-84 透视现象

根据透视的消失点特点,可以将透视分为平行透视 (一个消失点)、成角透视 (两个消失点) 和倾斜透视 (两个消失点);倾斜透视又分为俯视透视和仰视透视。正确掌握和熟练应用透视原理,才能在二维空间中表现出三维空间效果,才可以使绘制的画面具有立体感、空间感和层次感。

(2) 调整透视角度:透视角度属性可以用来控制 3D 影片剪辑实例在舞台工作区上的外观视角。增大或减小透视角度将影响 3D 影片剪辑实例的外观尺寸及其相对于舞台工作区边缘的位置。减小透视角度可以使 3D 影片剪辑实例看起来更远离观察者。增大透视角度可以使 3D 影片剪辑实例看起来更接近观察者。透视角度的调整与通过镜头更改视角的照相机镜头缩放类似。

如果要在"属性"面板中查看或设置透视角度，必须在舞台工作区中选择一个 3D 影片剪辑实例（即 3D 对象）。在"属性"面板中的"透视角度" 🎦 文本框内输入一个新值，或拖曳该热文本来改变其数值，如图 3-85 所示。对透视角度所做的更改在舞台工作区内立即可见效果。透视角度值改为 60，消失点的 X=186、Y=60，则 3D 影片剪辑实例如图 3-86 所示；透视角度值改为 110，消失点不变，则 3D 影片剪辑实例如图 3-87 所示。

调整透视角度数值，会影响应用了 3D 平移和 3D 旋转的所有 3D 影片剪辑实例。透视角度不会影响其他影片剪辑实例。默认透视角度为 55°视角，类似于普通照相机的镜头。透视角度的数值的范围为 1°～180°。

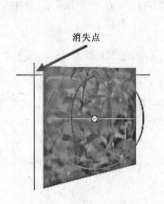

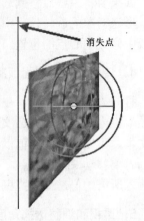

图 3-85　3D 对象　　　　图 3-86　透视角度为 60°　　　　图 3-87　透视角度为 110°

6．调整消失点

调整消失点属性值，可以控制舞台工作区上 3D 影片剪辑实例的 Z 轴方向，改变 3D 影片剪辑实例透视的消失点位置。在调整消失点属性值时，舞台工作区内的所有 3D 影片剪辑实例的 Z 轴都朝着消失点后退。通过重新定位消失点，可以更改沿 Z 轴平移 3D 影片剪辑实例时 3D 影片剪辑实例的移动方向。通过调整消失点的位置，可以精确控制 3D 影片剪辑实例的外观和动画。

消失点属性会影响应用了 Z 轴平移或旋转的所有影片剪辑。消失点不会影响其他影片剪辑。消失点的默认位置是舞台工作区中心。若要将消失点移回舞台工作区中心，可单击"属性"面板中的"重置"按钮。对消失点进行的更改在舞台工作区上立即可见。拖曳消失点的热文本时，指示消失点位置的辅助线会显示在舞台工作区上。

如果要在"属性"面板中查看或设置消失点，必须在舞台工作区中选择一个 3D 影片剪辑实例（即 3D 对象）。可以在"属性"面板中的"消失点"栏内的"X"或"Y"文本框内输入一个新值，或者拖曳这两个热文本来改变其数值，对消失点所做的更改在舞台工作区上立即可见。消失点的 X 值减小时，垂直辅助线水平向左移动，3D 影片剪辑实例水平拉长；消失点的 Y 值减小时，水平辅助线水平向上移动，则 3D 影片剪辑实例左边缘向上倾斜。消失点的 X 值增加时，垂直辅助线水平向右移动，3D 影片剪辑实例水平压缩；消失点的 Y 值增加时，水平辅助线水平向下移动，3D 影片剪辑实例左边缘向下倾斜。

思考与练习 3-3

1. 制作如图 3-88 所示的透视图像。

2. 使用工具箱内的"3D 旋转工具" 🔵 和"3D 平移工具" 🔥，分别加工三幅家居图像。3D 变形效果如图 3-89 所示。

图 3-88　透视图像　　　　　　　　　图 3-89　3D 变形效果

第4章

导入素材和创建文本

知识要点：

1. 掌握导入位图、分离位图的方法，掌握套索工具的使用方法。
2. 掌握导入视频的方法，掌握利用 Flash Video Encoder 生成 FLV 文件的方法。
3. 掌握导入音频的方法，掌握编辑声音的方法。
4. 了解静态和动态两种文本，掌握延伸文本和固定行宽文本的输入方法，掌握分离文字的方法等。

4.1 【实例 17】荷花漂湖中游

"荷花漂湖中游"动画运行后的两幅画面如图 4-1 所示。河边的小草屋前有一个不停地转动的水车，小山上小河流水缓缓流下，两个荷花从右上边向左下边慢慢漂移，一只飞鸟在空中来回飞翔，一个小孩划着小船在荡漾的湖水中慢慢从左向右漂游，小孩划船在湖水中的倒影也随之移动。该动画的制作方法和相关知识介绍如下。

图 4-1 "荷花漂湖中游"动画运行后的两幅画面

制作方法

1. 导入素材和制作动画背景

（1）新建一个 Flash 文档，设置舞台工作区的宽为 700 像素、高为 570 像素，背景色为绿色。再以名称"【实例 17】荷花漂湖中游.fla"保存。

（2）选择"文件"→"导入"→"导入到库"菜单命令，调出"导入到库"对话框。利用该对话框，按住 Ctrl 键，选中要导入的"荷花和荷叶.jpg"、"荷花 1.jpg"和"荷花 2.jpg"图像文件，如图 4-2 和图 4-3 所示。再单击"打开"按钮，将选中的图像导入到"库"面板中。

（3）选择"文件"→"导入"→"导入到库"菜单命令，调出"导入到库"对话框。在该对话框中选中"美景动画.gif"、"飞鸟 1.gif"和"划船.gif" GIF 格式文件，再单击"打开"按钮，将选中的 3 个 GIF 格式动画导入到"库"面板中。"美景动画.gif" GIF 格式动画的一幅画面如图 4-4 所示，"飞鸟 1.gif" GIF 格式动画的 3 幅画面如图 4-5 所示，"划船.gif" GIF 格式动画的 4 幅画面如图 4-6 所示。

图 4-2　"荷花和荷叶"图像　　　　　图 4-3　"荷叶 1"图像和"荷花 2"图像

图 4-4　"美景动画.gif"动画画面　　　　图 4-5　"飞鸟 1.gif" GIF 格式动画 3 幅画面

图 4-6　"划船.gif" GIF 格式动画 4 幅画面

（4）调出"库"面板，可以看到，"库"面板有导入的图像、各 GIF 格式动画的各帧图像，还有名称为"元件 1"、"元件 2"和"元件 3"的影片剪辑元件。双击"元件 1"影片剪辑元件的名称，进入它的编辑状态，将元件的名称改为"美景"；再将"元件 2"影片剪辑元件的名称改为"飞鸟"，将"元件 3"影片剪辑元件的名称改为"划船人"。

图 4-7 "划船人"影片剪辑元件时间轴

（5）双击"划船人"影片剪辑元件图标，进入它的编辑状态，如图 4-7 所示。可以看到，"划船人"影片剪辑元件内第 4 个关键帧内的图像（如图 4-6 右图所示）不正确，故将第 2 个关键帧内的图像（如图 4-6 左起第 2 幅图像所示）复制粘贴到第 4 个关键帧处，用第 2 个关键帧内的图像替代第 4 个关键帧内的图像。然后，回到主场景。

（6）选中主场景"图层 1"图层第 1 帧，将"库"面板内的"美景"影片剪辑元件拖曳到舞台工作区内，形成一个"美景"影片剪辑实例，利用它的"属性"面板，调整它的宽为 700 像素，高为 570 像素，而且刚好将整个舞台工作区完全覆盖。

（7）选中"图层 1"图层第 160 帧，按 F5 键，使该图层第 1～160 帧内容一样。

2．位图分离和处理

在 Flash 中，许多操作（改变图像的局部色彩或形状等）是针对矢量图形进行的，对于导入的位图图像就不能操作了。图像必须经过分离（也叫打碎）或矢量化后才能进行这些操作。分离位图不完全等同于位图的矢量化，严格来说，位图分离之后仍是位图，虽然可以编辑，但没有变成真正的矢量图形。

（1）将"库"面板中的"荷花和荷叶"图像拖曳到舞台工作区内，使用工具箱中的"选择工具"，单击选中该位图图像，选择"修改"→"分离"菜单命令，将选中的图像分离。分离的图像上边有一层白色小点。然后将图像放大。

（2）单击工具箱中的"套索工具"按钮，沿着图像内一片荷叶的边缘拖曳，创建选中荷叶的曲线；或者单击按下工具箱内"选项"栏中的"多边形模式"按钮，沿着图像内一片荷叶的边缘的拐点依次单击，创建选中荷叶的多边形，如图 4-8 所示。

（3）使用工具箱中的"选择工具"，拖曳选中的荷叶到一旁，如图 4-9 所示。使用工具箱中的"橡皮擦工具"，擦除荷叶四周多余的图像，效果如图 4-10 所示。

图 4-8　选中的荷叶　　　　图 4-9　分离出的荷叶　　　　图 4-10　修理后的荷叶

（4）使用工具箱中的"选择工具"，拖曳选中图 4-10 所示的图像，选择"修改"→"组合"菜单命令，将图 4-10 所示的图像组成组合。再利用它的"属性"面板调整该图像，使它的宽为 65 像素，高为 20 像素。然后，将该图像复制一份，移到一旁。

（5）将"库"面板中的"荷花 1.jpg"和"荷花 2.jpg"图像拖曳到舞台工作区左边，如图 4-3 所示。使用工具箱中的"选择工具"，拖曳选中这两幅图像，选择"修改"→"分离"菜单命令，将这两幅图像分离。

（6）单击工具箱中的"套索工具"按钮，单击"选项"栏中的"魔术棒设置"按钮，调出"魔术棒设置"对话框，按照图 4-11 所示进行设置。单击按下"选项"栏中的"魔术棒"按钮，将鼠标指针移到"荷花 1"图像中的黑色背景，当鼠标指针呈状时单击，选中荷花的全部黑色背景图像，如图 4-12 所示。

（7）按 Delete 键，删除选中的黑色背景图像。放大图像，使用工具箱中的"橡皮擦工具"

📝擦除多余的图像。然后，将其组成组合，再利用它的"属性"面板调整该图像，使它的宽为41 像素，高为 30 像素，如图 4-13 所示。

图 4-11 "魔术棒设置"对话框 图 4-12 选中荷叶黑色背景 图 4-13 加工后的荷花图像

（8）使用工具箱内的"选择工具" ，将图 4-13 所示荷花图像拖曳到图 4-10 所示荷叶图像之上。如果荷花图像在荷叶图像的下边，可选中荷花图像，再选择"修改"→"排列"→"上移一层"菜单命令。然后将它们组成组合，如图 4-14 所示。

（9）按照上述方法，将"荷花 2"图像中的荷花图像裁切出来并组成组合，如图 4-15 所示。使用工具箱中的"任意变形工具" ，调整荷花图像的大小，将图 4-15 所示荷花图像拖曳到图 4-10 所示荷叶图像之上。然后将它们组成组合，如图 4-16 所示。

图 4-14 荷花与荷叶图像 图 4-15 裁切出的荷花图像 图 4-16 荷花与荷叶图像

3．制作荷花漂移和划船动画

（1）选中图 4-14 所示图像，将它复制到剪贴板内。在"图层 1"图层之上添加"图层 2"和"图层 3"图层，选中"图层 2"图层第 1 帧，选择"编辑"→"粘贴到中心位置"菜单命令，将剪贴板内图 4-14 所示图像粘贴到"图层 2"图层第 1 帧的舞台工作区中心。

（2）使用工具箱内的"选择工具" ，将粘贴的图像移到小湖内右上边。

（3）选中图 4-16 所示图像，将它复制到剪贴板内。选中"图层 3"图层第 1 帧，将剪贴板内图 4-16 所示图像粘贴到该帧的舞台中。然后，将粘贴的图像移到小湖内右上边。

（4）按住 Shift 键，选中"图层 2"和"图层 3"图层第 1 帧，右击选中的帧，调出它的帧快捷菜单，选择该菜单内的"创建传统补间"菜单命令。此时，该帧具有了传统补间动画的属性。按住 Shift 键，选中"图层 2"和"图层 3"图层第 160 帧，按 F6 键，创建"图层 2"和"图层 3"图层第 1～160 帧的补间动画。

（5）依次拖曳"图层 2"和"图层 3"图层第 160 帧内图像到小湖内左下边。

（6）在"图层 3"图层之上添加一个"图层 4"图层，选中"图层 4"图层第 1 帧，将"库"面板内的"划船人"影片剪辑元件拖曳到舞台工作区的左边外。

（7）在"图层 4"图层下边添加一个"图层 5"图层，将"图层 4"图层第 1 帧复制粘贴到"图层 5"图层第 1 帧。选中"图层 5"图层第 1 帧内的"划船人"影片剪辑实例，选择"修改"→"变形"→"垂直翻转"菜单命令，将选中的"划船人"影片剪辑实例垂直翻转，再将该实例移到"图层 4"图层第 1 帧影片剪辑实例的下边，如图 4-17 所示。

（8）选中"图层 5"图层第 1 帧内的"划船人"影片剪辑实例，在其"属性"面板内的"混合"下拉列表框中选择"叠加"选项，在"颜色"下拉列表框中选择"Alpha"选项，在其右边的文本框中输入 60%，效果如图 4-18 所示。

（9）创建"图层 4"和"图层 5"图层第 1～160 帧的动画，将两个图层第 160 帧内的影片剪辑实例移到舞台工作区的右边，如图 4-19 所示。

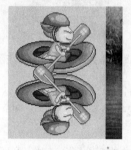
图 4-17　复制和垂直翻转图像

图 4-18　第 1 帧的画面

图 4-19　第 160 帧的画面

4. 制作飞鸟飞翔动画

（1）在"图层 4"图层之上添加一个"图层 6"图层，选中该图层第 1 帧，将"库"面板内的"飞鸟"影片剪辑元件拖曳到舞台工作区外右上角，形成一个"飞鸟"影片剪辑实例，利用它的"属性"面板，调整它的宽为 150 像素，高为 127 像素，如图 4-20 所示。

（2）创建"图层 6"图层第 1～80 帧的动画，选中"图层 6"图层第 80 帧，将"飞鸟"影片剪辑实例移到舞台工作区的左上边，如图 4-21 所示。

（3）选中"图层 6"图层第 81 帧，按 F6 键，创建一个关键帧。将"图层 6"图层第 81 帧内的"飞鸟"影片剪辑实例水平翻转，如图 4-22 所示。

图 4-20　第 1 帧飞鸟位置

图 4-21　第 80 帧飞鸟位置

图 4-22　第 81 帧飞鸟位置

（4）单击选中"图层 6"图层第 160 帧，按 F6 键，创建第 81～160 帧动画。将"图层 6"图层第 160 帧内的"飞鸟"影片剪辑实例移到舞台工作区的右上角。

至此，整个动画制作完毕。"荷花漂湖中游"动画的时间轴如图 4-23 所示。

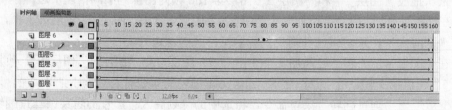
图 4-23　"荷花漂湖中游"动画的时间轴

知识链接

1. 导入图形和图像

Flash CS4 可以将许多种格式的图形、图像、声音和视频直接导入到舞台工作区和"库"面板内，可以导入的素材文件格式很多，这从"导入"对话框的"文件类型"下拉列表框中可以看出，例如，PSD、WMF、WAV、MP3、MOV、AVI、MP4、FLV、MPG 等。导入图形和图像等素材的基本方法是选择"文件"→"导入"→"导入到舞台"菜单命令或选择"文件"→"导入"→"导入到库"菜单命令，这在前面已经介绍过了。下面介绍粘贴剪贴板内的图形、图像和文字的方法。

（1）粘贴图形、图像和文字：首先，在其他应用软件中，使用"复制"或"剪切"菜单命令，将图形、图像和文字等复制到剪贴板中。然后，在 Flash 中，选择"编辑"→"粘贴到中心位置"菜单命令，将剪贴板中的内容粘贴到"库"面板与舞台工作区的中心。如果将 Flash 中的对象复制到剪贴板内，则选择"编辑"→"粘贴到当前位置"菜单命令，可以将剪贴板中的内容粘贴到舞台工作区中该图像的当前位置。

（2）选择性粘贴：在剪贴板中有内容后，选择"编辑"→"选择性粘贴"菜单命令，可以调出"选择性粘贴"对话框，如图 4-24 所示。在"作为"列表框内可以选择一种作为，选中不同作为时，其下边有详细的说明。单击"确定"按钮，即可将剪贴板中的内容粘贴到舞台工作区中和"库"面板内。剪贴板中的内容不同，"选择性粘贴"对话框内"作为"列表框中的选项也不同。

2. 位图属性的设置

按照上边介绍的方法，导入位图图像。双击"库"面板中导入图像的图标，调出该图像的"位图属性"对话框，再单击该对话框中的"测试"按钮，可在该对话框的下边显示一些文字信息，如图 4-25 所示。利用该对话框，可以了解该图像的一些属性，进行位图属性的设置。其中各选项的作用如下。

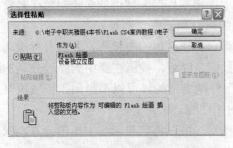

图 4-24　"选择性粘贴"对话框

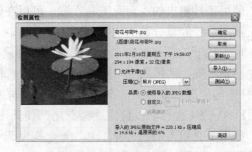

图 4-25　"位图属性"对话框

（1）"允许平滑"复选框：选中它，可以消除位图边界的锯齿。平滑可用于在缩放位图图像时提高图像的品质。

（2）"压缩"下拉列表框：其中有"照片（JPEG）"和"无损（PNG/GIF）"两个选项。选择第 1 个选项，可按照 JPEG 方式压缩；选择第 2 个选项，可基本保持原图像的质量。对于具有复杂颜色或色调变化的图像，可使用"照片（JPEG）"压缩格式。对于具有简单形状和相对较少颜色的图像，请使用无损压缩。

（3）"使用导入的 JPEG 数据"单选按钮：选中它后，表示使用文件默认质量。

（4）"自定义"单选按钮：选中它后，其右边会出现一个文本框。在该文本框内可输入 1 到 100 的数值，数值越大，图像的质量越高，但文件字节数也越大。

（5）"更新"按钮：单击它，可按设置更新当前图像文件的属性。

（6）"导入"按钮：单击它，可调出"导入位图"对话框，利用它可以更换图像文件。

（7）"测试"按钮：单击它，可以按照新的属性设置，在对话框的下边显示一些有关压缩比例、容量大小等的测试信息，在左上角显示重新设置属性后的部分图像。

3. 位图转换为矢量图形

将位图转换为矢量图形后，矢量图形不再链接到"库"面板中的位图元件。对于形状较简单、颜色较少的位图，转换矢量图形后可以减小文件大小。转换方法如下。

图 4-26 "转换位图为矢量图"对话框

（1）选中舞台工作区内的位图图像，选择"修改"→"位图"→"转换位图为矢量图"菜单命令，调出"转换位图为矢量图"对话框，如图 4-26 所示。

（2）在"颜色阈值"文本框内输入一个数，作为颜色阈值。当两个像素进行比较后，如果它们在 RGB 颜色值上的差异低于该颜色阈值，则认为这两个像素颜色相同。如果增大了该阈值，则意味着降低了颜色的数量。

（3）在"最小区域"文本框内输入一个数，用来设置为某个像素指定颜色时需要考虑的周围像素的数量。

（4）在"曲线拟合"下拉列表框中选择一个选项来确定绘制轮廓所用的平滑程度。

（5）在"角阈值"下拉列表框中选择一个选项来确定保留锐边还是进行平滑处理。

如果要创建最接近原始位图的矢量图形，可以进行如下设置：颜色阈值为 10，最小区域为 1 像素，曲线拟合为"像素"，角阈值为"较多转角"。

4. 使用套索工具

使用工具箱内的"套索工具" ⌐，可以在舞台中选择不规则区域内的多个对象（对象必须是矢量图形、经过分离的位图、打碎的文字、分离的组合和元件实例等）。

单击按下工具箱中的"套索工具"按钮 ⌐，在舞台工作区内拖曳鼠标，会沿鼠标运动轨迹产生一条不规则的细黑线，如图 4-27 所示。释放鼠标左键后，被围在圈中的经过分离的图像（即打碎的位图图像）就被选中了。用"套索工具" ⌐拖曳出的线可以不封闭。当线没有封闭时，Flash CS4 会自动以直线连接首尾，使其形成封闭曲线。

使用工具箱内的"选择工具" ▸，拖曳选中的图形，可以将它与未选中图形分开，成为独立的图形，如图 4-28 所示。

图 4-27 使用套索工具选取   图 4-28 分离对象

单击工具箱中的"套索工具"按钮 ，其"选项"栏内会显示出三个按钮。套索工具的三个按钮用来改变套索工具的属性。三个按钮的作用如下。

（1）"多边形模式"按钮 ：单击按下该按钮后，可以形成封闭的多边形区域，用来选择对象。此时封闭的多边形区域的产生方法为，在多边形的各个顶点处单击，在最后一个顶点处双击，即可创建一个多边形直细线框，它包围的图形都会被选中。

（2）"魔术棒"按钮 ：单击按下该按钮后，将鼠标指针移到对象的某种颜色处，当鼠标指针呈魔术棒形状 时，单击鼠标左键，即可将该颜色和与该颜色相接近的颜色图形选中。如果再单击"选择工具"按钮 ，用鼠标拖曳选中的图形，即可将它们拖曳出来。将鼠标指针移到其他地方，当鼠标指针不呈魔术棒形状时，单击鼠标左键，即可取消选取。

（3）"魔术棒属性"按钮 ：单击该按钮后，会弹出一个"魔术棒设置"对话框，如图 4-11 所示。利用它可以设置临近色的相似程度。对话框中各选项的作用如下。

◎ "阈值"文本框：在其内输入选取的阈值，其数值越大，魔术棒选取时的容差范围也越大。此值的范围为 0～200。

◎ "平滑"下拉列表框：它有"像素"、"粗略"、"一般"和"平滑"四个选项，用来设置对阈值的进一步补充。

如果按住 Shift 键，同时拖曳创建选区，可以在保留原来选区的情况下，创建新选区。

思考与练习 4-1

1．制作一幅"小鸭戏水"图像，如图 4-29 所示。它是利用图 4-30 所示的"小鸭"图像和"小孩戏水"图像，进行一些加工处理后制作而成的。

图 4-29　"小鸭戏水"图像　　　　　图 4-30　"小鸭"图像和"小孩戏水"图像

2．制作一幅"小池荷花"图像，如图 4-31 所示。它是将图 4-2 所示的"荷花和荷叶"图像、图 4-3 所示的"荷叶 1"图像和"荷花 2"图像，以及图 4-32 所示的"水波"图像加工合并制作而成的。

3．制作一幅"动物世界"动画，该动画运行后的一幅画面如图 4-33 所示。可以看到，在草房前，一只狐狸和一只小松鼠在来回奔跑戏耍，一只飞鹰来回飞翔。

图 4-31　"小池荷花"图像　　　图 4-32　"水波"图像　　　图 4-33　"动物世界"动画画面

4.2 【实例 18】星空电影和美女

"星空电影和美女"动画播放的两幅画面如图 4-34 所示。它的背景是一幅美丽的星空图像，在屏幕右上角有一道光束打在电影幕布上，电影屏幕中播放着蝴蝶电影，电影屏幕前有 9 个美女排成一行，翩翩起舞。动画中导入了视频文件，要播放视频需要安装 QuickTime 6.5 或更高版本。该动画的制作方法和相关知识介绍如下。

图 4-34 "星空电影和美女"动画运行后的两幅画面

 制作方法

1. 生成 F4V 格式视频文件

（1）若要将视频导入到 Flash 中，必须使用以 FLV 或 F4V 格式编码的视频，在选择视频文件时，会自动检查选择的视频文件，如果视频不是 Flash 可以播放的格式，则会显示一个提示框提醒用户。单击 启动 Adobe Media Encoder 按钮，调出 "Adobe Media Encoder" 对话框，如图 4-35 所示（在列表框内还没有添加文件）。

（2）单击"添加"按钮，调出"打开"对话框，利用该对话框，可以将视频进行编码，生成 FLV 或 F4V 格式的视频文件。此处选择"蝴蝶.avi"文件，单击"打开"按钮，将"蝴蝶.avi"文件导入"Adobe Media Encoder"对话框的列表框内，如图 4-35 所示。

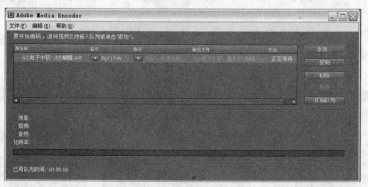

图 4-35 "Adobe Media Encoder" 对话框

（3）选择"编辑"→"导出设置"菜单命令，调出"导出设置"对话框，在"预设"下拉列表框中选择"FLV-与源相同 Flash 8 和更高版本"选项，如图 4-36 所示，确定输出 FLV 格式文件。如果不输出声音，可以不选中"导出音频"复选框。然后，单击"确定"按钮，关闭

"导出设置"对话框，返回"Adobe Media Encoder"对话框。

图 4-36　"导出设置"对话框

（4）单击"开始队列"按钮，即可将"蝴蝶.avi"文件生成"蝴蝶.flv"FLV 格式文件。然后，关闭"Adobe Media Encoder"对话框。

2．导入视频

（1）新建一个 Flash 文档。设置舞台工作区的宽为 550 像素、高为 400 像素，背景色为黑色，再以名称"【实例 17】星空电影和美女.fla"保存。

（2）选中"图层 1"图层第 1 帧。选择"文件"→"导入"→"导入视频"菜单命令，调出"导入视频"（选择视频）对话框（"文件路径"文本框内还没有内容），如图 4-37 所示。单击"浏览"按钮，调出"打开"对话框，在该对话框内选择要导入的视频文件"蝴蝶.flv"，单击"打开"按钮，回到"导入视频"（选择视频）对话框。

（3）选中"在 SWF 中嵌入 FLV 并在时间轴中播放"单选按钮，单击"下一步"按钮，调出"导入视频"（嵌入）对话框，如图 4-38 所示（还没有设置）。

（4）在该对话框内的"符号类型"下拉列表框中选择"影片剪辑"选项，选中三个复选框，如图 4-38 所示。

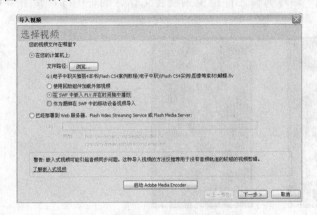

图 4-37　"导入视频"（选择视频）对话框

图 4-38　"导入视频"（嵌入）对话框

（5）单击该对话框内的"下一步"按钮，调出"导入视频"（完成视频导入）对话框，单击"完成"按钮，即可在"库"面板内生成一个影片剪辑元件，其内是导入视频的所有帧，在舞台工作区内有该影片剪辑元件的实例，并在时间轴内占 1 帧。

（6）将"库"面板内自动生成的影片剪辑元件名称改为"电影"。

3．制作动画

（1）选择"文件"→"导入"→"导入到库"菜单命令，调出"导入到库"对话框。在该对话框内选择"mm001.jpg"、"mm002.jpg"等图像文件，单击"打开"按钮，将选中的图像文件导入到"库"面板内。

（2）在"图层 1"图层下边新建一个"图层 2"图层，选中"图层 2"图层第 1 帧，使用工具箱中的"矩形工具" □ ，绘制一个"电影幕布"图形，如图 4-39 所示。然后，将"电影幕布"图形组成组合。再绘制灯和灯光图形，如图 4-40 所示。再将该图形组成组合。

（3）在"图层 2"图层下边新建一个"图层 3"图层。选中"图层 3"图层第 1 帧。将一幅"星空"图像导入到舞台工作区中，如图 4-41 所示。调整它的大小，使该图像的高度与舞台工作区的高度一样，宽度保持原宽高比。

（4）选择"插入"→"新建元件"菜单命令，调出"新建元件"对话框，在该对话框内的"类型"下拉列表框内选择"影片剪辑"选项，在"名称"文本框内输入"美女 1"。单击"确定"按钮，进入"美女 1" 影片剪辑元件的编辑状态。

  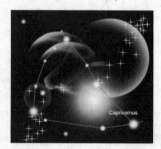

图 4-39 "电影幕布"图形　　　　图 4-40 灯和灯光图形　　　　图 4-41 "星空"图像

（5）选中"图层 1"图层第 1 帧，将"库"面板内的"mm001.jpg"图像元件拖曳到舞台工作区内的正中间，如图 4-42 左图所示。选中"图层 1"图层第 4 帧，按 F7 键，创建一个空关键帧，将"库"面板内的"mm002.jpg"影片剪辑元件拖曳到舞台工作区的正中间，如图 4-42 右图所示。选中"图层 1"图层第 8 帧，按 F5 键。然后，回到主场景。

图 4-42 "美女 1"影片剪辑元件第 1 帧和第 7 帧的图像

（6）按照上述方法，制作"美女2"～"美女9"影片剪辑元件。

（7）选中主场景"图层3"图层第1帧，依次将"库"面板内的"美女1"～"美女9"影片剪辑元件拖曳到舞台工作区内，调整这9个影片剪辑实例的高度一样，适当调整宽度，将它们移到"电影幕布"图形的下边。至此，整个动画制作完毕。

 知识链接

1. 利用 Adobe Media Encoder CS4 生成 FLV 或 F4V 格式文件

Adobe Media Encoder 是独立编码应用程序。根据程序的不同，它提供了一个专用的"导出设置"对话框，该对话框包含为特定传送媒体定制的许多预设，也可以自定义预设，并可以保存。Adobe Media Encoder CS4 的使用方法如下。

（1）选择 Windows 窗口内的"所有程序"→"Adobe Design Premium CS4"→"Adobe Media Encoder CS4"菜单命令，调出"Flash Media Encoder"对话框。

（2）单击该对话框内的"添加"按钮，调出"打开"对话框，如图 4-43 所示；在"文件类型"下拉列表框中可以选择 AVI、MPEG、MP3 等许多格式的音频和视频文件，如图 4-44 所示；再选择要添加的文件（按住 Ctrl 键，同时单击文件名称，可以选中多个文件；按住 Shift 键，同时单击文件名称，可以选中多个连续的文件）。

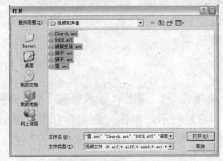

图 4-43　"打开"对话框

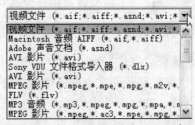

图 4-44　"文件类型"下拉列表框

（3）单击"Adobe Media Encoder"对话框内的"打开"按钮，即可在"Adobe Media Encoder"对话框内的"导出队列"列表框中添加选中的文件，如图 4-45 所示。

图 4-45　"Adobe Media Encoder"对话框

（4）在"Adobe Media Encoder"对话框内的"导出队列"列表框内，单击每个文件名的"格式"按钮 ▼，可以更换格式类型，格式类型有"FLV|F4V"和"H.264"；单击每个文件名的"预设"按钮 ▼，可以更换导出预设。

（5）在"Adobe Media Encoder"对话框的"导出队列"列表框内进行选择以添加文件（按住 Ctrl 键，同时单击文件名称，可以选中多个文件；按住 Shift 键，同时单击文件名称，可以选中多个连续的文件）后，单击"复制"按钮，可以将选中的文件在"Adobe Media Encoder"对话框内的"导出队列"列表框中复制一份选中的文件名；单击"移除"按钮，可以将选中的文件从"Adobe Media Encoder"对话框内的"导出队列"列表框中删除选中的文件名。

（6）单击"Adobe Media Encoder"对话框内的"开始队列"按钮，即可开始将添加的视频文件或音频文件进行加工处理，自动生成 Flash 的 FLV 文件，在下边的进度条中可以看到编码的进度，"开始队列"按钮变为"停止队列"按钮；单击"停止队列"按钮，可以停止生成 Flash 的 FLV 文件；单击"暂停"按钮，可以暂停生成 Flash 的 FLV 文件。

（7）在"Adobe Media Encoder"对话框内的"导出队列"列表框添加文件名后，选择"编辑"→"导出设置"菜单命令，可以调出"导出设置"对话框，如图 4-36 所示。

"导出设置"对话框有"源"和"输出"选项卡，"源"选项卡内左边是图像区，它具有交互的裁剪功能。"输出"选项卡左边是图像区，可以预览输出帧的大小和像素长宽比（PAR）。"源"和"输出"选项卡中的图像区下方均有时间显示和时间轴。时间轴包括播放头、查看区栏及用于设置入点和出点的按钮。右边各选项用来进行多种编码设置，具体内容取决于选定的格式。在"预设"下拉列表框内可以选择不同的设置选项。

2. 导入视频

（1）选择"文件"→"导入"→"导入视频"菜单命令，调出"导入视频"（选择视频）对话框（"文件路径"文本框内还没有内容），如图 4-37 所示。单击"浏览"按钮，调出"打开"对话框，在该对话框内选择要导入的视频文件（如"蝴蝶.flv"），单击"打开"按钮，回到"导入视频"（选择视频）对话框。

（2）在"导入视频"（选择视频）对话框内，有"在您的计算机上："和"已经部署到 Web 服务器、Flash Video Streaming Service 或 Flash Media Server："一组 2 选 1 的单选按钮。选中后一个按钮后，"URL"文本框才有效，可以输入一个 URL 地址，用来指示外部视频文件的路径和文件名。选中"在您的计算机上："单选按钮后，其下的 3 个单选按钮才有效。选中这三个单选按钮中不同的单选按钮，具有不同的作用，介绍如下。

◎"使用回放组件加载外部视频"单选按钮：选中该单选按钮后，导入视频并创建 FLVPlayback 组件的实例，用来控制视频播放。将 Flash 文档作为 SWF 发布并将其上载到 Web 服务器时，还必须将视频文件上载到 Web 服务器或 Flash Media Server，并按照已上载视频文件的位置配置 FLVPlayback 组件。可以适用于 FLV 或 F4V 格式文件。

◎"在 SWF 中嵌入 FLV 并在时间轴中播放"单选按钮：选中该单选按钮后，将 FLV 或 F4V 嵌入到 Flash 文档中。这样，导入视频后，可以看到时间轴帧所表示的各个视频帧的位置。嵌入的 FLV 或 F4V 视频文件成为 Flash 文档的一部分。可以适用于 FLV 格式文件。

注意：将视频内容直接嵌入到 Flash 的 SWF 格式文件中，会增加发布的 Flash 文档的大小，因此仅适用于小的视频文件。此外，在使用 Flash 文档中嵌入的较长视频剪辑时，音频到视频的同步（也称为音频/视频同步）会变得不同步。

◎"作为捆绑在 SWF 中的移动设备视频导入"单选按钮：选中该单选按钮后，与在 Flash 文档中嵌入视频类似，将视频绑定到 Flash Lite 文档中以部署到移动设备。

此处选中"在 SWF 中嵌入 FLV 并在时间轴中播放"单选按钮，单击"下一步"按钮，调出"导入视频"（嵌入）对话框，如图 4-38 所示。

在设置"Flash Player 6"或以上版本的选项时，如果选中第 3 个单选按钮，会弹出一个"Adobe Flash CS4"提示框，如图 4-46 所示。单击"发布设置"按钮，会调出"发布设置"对话框，在该对话框内"版本"下拉列表框中选择"Flash Lite 2.0"、"Flash Lite 2.1"或"Flash Lite 3.0"选项，单击"确定"按钮，可关闭"发布设置"对话框，修改 Flash Player 的版本，同时回到图 4-37 所示对话框，选中第 3 个单选按钮。

在设置版本为"Flash Lite 2.0"、"Flash Lite 2.1"或"Flash Lite 3.0"时，如果试图选中第 1 或第 2 个单选按钮，则会弹出一个"Adobe Flash CS4"提示框，如 4-47 所示，单击"确定"按钮，可返回图 4-37 所示对话框；单击"发布设置"按钮，会调出"发布设置"对话框，在该对话框内"版本"下拉列表框中选择"Flash Player 6"或以上版本，单击"确定"按钮，可回到图 4-37 所示对话框，选中第 1 或第 2 个单选按钮。

图 4-46 "Adobe Flash CS4"提示框 1　　　　图 4-47 "Adobe Flash CS4"提示框 2

另外，选择"文件"→"导入"→"导入到舞台"菜单命令，可调出"导入"对话框，如图 4-48 所示；选择"文件"→"导入"→"导入到库"菜单命令，可调出"导入到库"对话框，如图 4-49 所示。在这两个对话框的"文件类型"下拉列表框中选择"所有视频格式"选项，选择视频文件（FLV 等格式文件，例如，选择"蝴蝶.flv"）。然后，单击"打开"按钮，也可以调出如图 4-37 所示的"导入视频"对话框。

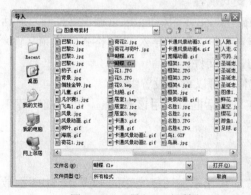

图 4-48 "导入"对话框　　　　　　　图 4-49 "导入到库"对话框

（3）如果选中第 1 个"使用回放组件加载外部视频"单选按钮，则单击"导入视频"（选择视频）对话框内的"下一步"按钮，调出"导入视频"（外观）对话框，如图 4-50 所示。在该对话框内的"外观"下拉列表框中可以选择一种视频播放器的外观。

然后，单击"下一步"按钮，调出"导入视频"（完成视频导入观）对话框，单击"完成"

按钮，即可完成视频的导入，在舞台工作区内导入视频对象和播放器组件实例，如图 4-51 所示。在"库"面板内创建的元件类型是"FLVPlayback"组件的"编辑剪辑"类型。在时间轴上视频只占 1 帧。

（4）如果选中"在 SWF 中嵌入 FLV 并在时间轴中播放"或"作为捆绑在 SWF 中的移动设备视频导入"单选按钮，则单击"导入视频"（选择视频）对话框内的"下一步"按钮，调出"导入视频"（嵌入）对话框，如图 4-38 所示。

在该对话框内"符号类型"下拉列表框中可以在"嵌入的视频"、"影片剪辑"和"图形"三个选项中选择一个选项，确定一种符号类型；如果不选中"将实例放置在舞台上"复选框，则其他两个复选框也随之不被选中。确定"将实例放置在舞台上"后，还可以确定是否扩展时间轴，是否包括音频。然后，单击"下一步"按钮，调出"导入视频"（完成视频导入观）对话框，单击"完成"按钮，即可完成视频的导入，在舞台工作区内导入视频对象，并在时间轴内占一定的帧数，如图 4-48 所示。在"库"面板内创建的元件是"蝴蝶.flv"嵌入式视频元件。

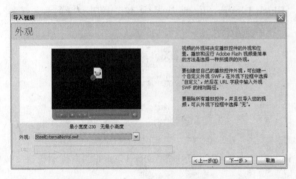

图 4-50 "导入视频"（外观）对话框

图 4-51 视频对象和播放器组件实例

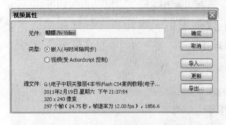

图 4-52 "视频属性"对话框

（5）视频属性：双击"库"面板中的视频元件图标 （此处是嵌入式视频），调出"视频属性"对话框，如图 4-52 所示。利用该对话框，可了解视频的一些属性和改变其属性。

◎ 单击"导入…"按钮，可以调出"打开"对话框，利用该对话框，可以导入 FLV 格式的视频文件，替换原来的视频文件。

◎ 单击"更新"按钮，可以还原原来的视频文件，可以重新设置编码。

◎ 单击"导出…"按钮，可以调出"导出 FLV"对话框，利用该对话框，可以将"库"面板中选中的视频导出为 FLV 格式的 Flash 视频文件。

3. 播放视频的方法

（1）使用 FLVPlayback 组件：可以在 Flash 影片中快速添加功能完善的 FLV 或 MP3 播放控件。FLVPlayback 支持渐进式下载和传送 FLV 或 F4V 文件流。使用 FLVPlayback 组件，可以轻松地为用户创建直观的用于控制视频回放的视频控件，还可以应用预制的外观或将自定义外观应用到视频界面。

（2）使用 ActionScript 控制外部视频：可以使用视频行为（预先编写的 ActionScript 脚本）控制播放视频。可以使用 NetConnection 和 NetStreamActionScript 对象在 Flash 文档中播放外部

FLV 或 F4V 文件。

（3）在时间轴中控制嵌入的视频：可以编写 ActionScript 脚本程序来控制播放视频。可以通过播放或停止视频、跳到某帧等方式控制播放视频。还可以显示来自摄像机的实时流视频。若要控制嵌入的视频文件的播放，必须编写用于控制包含视频的时间轴的 ActionScript。

思考与练习 4-2

1．制作一个"视频播放器"动画，该动画运行后的两幅画面如图 4-53 所示。可以看出，有一个视频演播框窗口，窗口内循环播放一个视频电影。单击窗口下边的按钮，可以控制视频电影的播放和暂停等，拖曳滑块可以调整正在播放的当前帧。

2．修改"视频播放器"动画，将导入的视频进行裁切，更换播放器。

图 4-53 "视频播放器"动画的两幅画面

3．修改【实例 18】动画，使该动画中播放的电影、GIF 格式动画和背景图像均更换。

4．参考【实例 18】动画的制作方法，制作一个可以播放两个电影的动画。

4.3 【实例 19】巴黎车展

"巴黎车展"动画运行后的一幅画面如图 4-54 所示。展厅的地面是蓝白相间的大理石，房顶明灯倒挂，还有 10 个不断摆动的彩灯，照射着展厅。在展厅的左右两面有汽车图像，展厅正中间展示着一辆漂亮的红色电动汽车，正面背景是不断缓缓拉开和闭合的幕帘，幕帘后面有一幅巴黎著名建筑图像，还有 3 个不断眨眼的模特。展厅中还有 4 个音箱，不断播放美妙的音乐。该动画的制作方法和相关知识介绍如下。

图 4-54 "巴黎车展"动画运行后的一幅画面

 知识链接

1．制作展厅

（1）设置舞台工作区的宽为 600 像素，高为 230 像素。将"图层 1"图层的名称改为"汽车展厅"。选中"汽车展厅"图层第 1 帧，参看【实例 16】的制作方法，制作如图 4-55 所示的"汽车展厅"图像。再以名称"【实例 19】巴黎车展.fla"保存。

（2）绘制一幅由黄色（Alpha 为 87%）到灰色（Alpha 为 21%）的放射状渐变填充，同时透明的梯形图形，面积大小与展厅地面大小一样，如图 4-56 所示。将该图形组成组合，移到展厅地面之上，形成光线照射地面效果。

图 4-55　"汽车展厅"图像

图 4-56　光线照射地面效果图形

（3）在"汽车展厅"图层之上添加一个名称为"展台"的图层，选中"展台"图层第 1 帧。使用工具箱中的"线条工具" ╱ 或"钢笔工具" ✒，绘制展厅中间的展台的轮廓线图形，以及展台下面的阶梯等图形。

图 4-57　展台和汽车

（4）调出"颜色"面板。设置为从红色到白色的线性渐变填充色，使用工具箱内的"油漆桶工具" ⬧，对展台图形的第 1 层进行填充。

（5）对展台图形的第 2 层填充绿色到白色的线性渐变色。对展台图形的第 3 层填充深黄色到白色的线性渐变色。展台效果如图 4-57 所示。

（6）导入一幅汽车图像，将图像分离，删除汽车的背景图像，将剩余的汽车图像组成组合，再将裁切出的汽车图像移到展台之上，如图 4-57 所示。

（7）打开"【实例 18】星空电影和美女.fla"Flash 文档，调出"库"面板，按住 Ctrl 键，选中其内的"美女 1"、"美女 2"和"美女 3"影片剪辑元件。右击选中的元件，调出它的快捷菜单，单击该菜单内的"复制"菜单命令。

（8）在"库"面板内的下拉列表框中选中"【实例 19】巴黎车展.fla"选项，切换到"【实例 19】巴黎车展.fla"Flash 文档的"库"面板。右击"库"面板内空白处，调出它的快捷菜单，单击该菜单内的"粘贴"菜单命令，将剪贴板内的"美女 1"、"美女 2"和"美女 3"影片剪辑元件粘贴到"【实例 19】巴黎车展.fla"Flash 文档的"库"面板内。

（9）切换到"【实例 19】巴黎车展.fla"Flash 文档，在"展台"图层之上新增一个图层，将该图层的名称改为"模特"。选中"模特"图层，将"库"面板内的"美女 1"、"美女 2"和"美女 3"影片剪辑元件拖曳到舞台工作区内，调整它们的大小，分别移到展厅内相应的位置，如图 4-54 所示。

2．创建音响和灯光

（1）创建并进入"音响"影片剪辑元件的编辑状态，在其内"图层 1"第 1 帧舞台工作区的正中心处，绘制一幅音响图形，如图 4-58 中第 1 幅图像所示。

图 4-58　5 幅音响图像

（2）创建"图层 1"第 1～15 帧的动画，5 个关键帧内绘制的图形如图 4-58 所示。它的时间轴如图 4-59 所示。然后，回到主场景。

（3）创建并进入"灯光 1"影片剪辑元件的编辑状态，在其内"图层 1"第 1 帧舞台工作区的中心处，绘制一幅灯和灯光图形，如图 4-60 中第 1 幅图形所示。

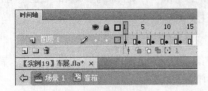

图 4-59　"音响"影片剪辑元件时间轴　　　　　图 4-60　3 幅灯和灯光图形

（4）创建"图层 1"第 1～45 帧的动画，3 个关键帧内绘制的图形如图 4-60 所示（灯的形状和位置均一样，只是光线的颜色不一样）。它的时间轴如图 4-61 所示。单击元件编辑窗口中的场景名称图标 场景 1，回到主场景。

（5）创建并进入"彩灯 1"影片剪辑元件的编辑状态，将"库"面板中的"灯光 1"影片剪辑元件拖曳到"图层 1"第 1 帧舞台工作区的中心处，如图 4-62 左图所示。

图 4-61　"灯光 1"影片剪辑元件的时间轴　　　　图 4-62　两个关键帧的画面

（6）创建"图层 1"图层第 1～50 帧的补间动画。第 1 帧和第 50 帧的画面一样。选中第 25 帧，按 F6 键，再将该帧的图形旋转，如图 4-62 右图所示。它的时间轴如图 4-63 所示。然后，回到主场景。

（7）按照上述方法，制作多个不同颜色的"灯光 2"、"灯光 3"、"灯光 4"和"灯光 5"影片剪辑元件和"彩灯 2"、"彩灯 3"、"彩灯 4"和"彩灯 5"影片剪辑元件。

图 4-63　"彩灯 1"影片剪辑元件的时间轴

（8）在"展台"图层之上添加一个名称为"音箱和声音"的图层，选中"音箱和声音"图层第 1 帧。四次将"库"面板中的"音响"影片剪辑元件拖曳到舞台工作区内不同的位置处。

（9）在"音箱和声音"图层的下边添加一个名称为"灯光"的图层，单击选中"灯光"图层第 1 帧。将"库"面板中的"彩灯 1"、"彩灯 2"、"彩灯 3"、"彩灯 4"和"彩灯 5"影片剪辑元件分别拖曳到舞台工作区内不同的位置处，最后效果如图 4-64 所示。

图 4-64　展台图像效果

3. 制作拉幕帘动画

（1）导入一幅"底纹 01.jpg"图像到"库"面板内，将"库"面板内生成的图像元件名称改为"幕布图像"。

（2）在"展台"图层的下边添加一个名称为"幕布 1"和一个名称为"幕布 2"的图层，选中"幕布 1"图层第 1 帧。将"库"面板中的"幕布图像"拖曳到舞台工作区中，适当调整它的大小和位置，使其位于展台正中间的右半边。

（3）选中"幕布 2"图层第 1 帧，将"库"面板中的"幕布图像"图像元件拖曳到舞台工作区中，适当调整它的大小和位置，使其位于展台正中间的左半边。

（4）创建"幕布 1"图层和"幕布 2"图层第 1～80 帧的传统补间动画。单击其他图层的第 80 帧，按 F5 键，使这些图层的第 1～80 帧的画面一样。

（5）调整"幕布 1"图层第 1 帧和"幕布 2"图层第 1 帧的画面，如图 4-65 左图所示。调整"幕布 1"图层第 80 帧和"幕布 2"图层第 80 帧的画面，如图 4-65 右图所示。

图 4-65　拉幕帘动画的 2 个关键帧的画面

（6）选择"文件"→"导入"→"导入到库"菜单命令，调出"导入到库"对话框，在其"文件类型"下拉列表框中选中"所有格式"选项，选中"MP3-1.mp3"文件。然后，单击"打开"按钮，将选中的"MP3-1.mp3"文件导入到"库"面板内。

（7）选中"音箱和声音"图层第 1 帧，将"库"面板中的 MP3 音乐拖曳到舞台中。或者在其"属性"面板内的"名称"下拉列表框中选择"MP3-1.mp3"选项。

至此，"巴黎车展"动画制作完毕，它的时间轴如图 4-66 所示。

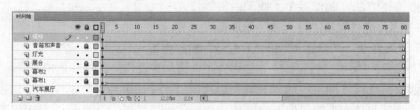

图 4-66　"巴黎车展"动画的时间轴

 知识链接

1. "声音属性"对话框

在 Flash 作品中，可以给图形、按钮动作和动画等配有背景声音。从音效考虑，可以导入 22kHz、16 位立体声声音格式。从减少文件字节数和提高传输速度考虑，可导入 8kHz、8 位单声道声音格式。可以导入的声音文件有 WAV、AIFF 和 MP3 等格式。

双击"库"面板中的声音元件图标 （此处是 MP3 声音），调出"声音属性"对话框，如

图 4-67 所示。利用它可以了解和修改声音的一些属性，以及进行测试等，介绍如下。

（1）最上边的文本框给出了声音文件的名字，可以在此修改"库"面板内声音元件的文件名。该文本框的下边是声音文件的有关信息。

（2）"压缩"下拉列表框中有五个选项："默认值"、"ADPCM（自适应音频脉冲编码）"、"MP3"、"原始"和"语音"。

（3）"声音属性"对话框中几个按钮的作用如下。

◎ "导入"按钮：单击它，可以调出"导入声音"对话框，利用该对话框可更换声音文件。更换声音文件后，文本框内的名称不会自动改变。

◎ "更新"按钮：在导入新声音文件后，单击它，可以还原原来的声音文件，按设置更新声音文件的属性。

◎ "测试"按钮：单击它，可以按照新的属性设置，播放声音。

◎ "停止"按钮：单击它，可以使播放的声音停止播放。

2．"压缩"下拉列表框设置

（1）"ADPCM（自适应音频脉冲编码）"选项：选择该项后，该对话框下面会增加一些选项，如图 4-68 所示。各选项的作用如下。

图 4-67　"声音属性"对话框

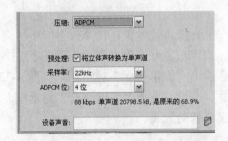

图 4-68　选择"ADPCM"选项后新增选项

◎ "预处理"复选框：选择它后，表示以单声道输出，否则以双声道输出（当然，它必须原来就是双声道的音乐）。

◎ "采样率"下拉列表框：用来选择声音的采样频率，有 11kHz 和 44kHz 等几个选项。

◎ "ADPCM 位"下拉列表框：用于声音输出时的位数转换，有 2、3、4、5 位。

（2）"MP3"选项：选择该选项（取消"使用导入的 MP3 音质"复选框的选取）后，该对话框下面会增加一些选项，如图 4-69 所示。这些选项的作用如下。

◎ "比特率"下拉列表框：用来选择输出声音文件的数据采集率。其数值越大，声音的容量与质量也越高，但输出文件的字节数越大。

◎ "品质"下拉列表框：用来设置声音质量。它的选项有"快速"、"中"和"最佳"。

（3）"原始"和"语音"选项：选择它们后，该对话框选项部分如图 4-70 所示。

图 4-69　选择"MP3"选项后新增选项

图 4-70　选择"语音"选项后新增选项

3. 选择声音和声音效果

把"库"面板内的声音元件拖曳到舞台工作区后，时间轴的当前帧及其右边的一些帧内会出现声音波形。选中带波形的帧，其"属性"面板如图 4-71 左图所示。利用该面板，可以对声音进行编辑。

（1）选择声音：在"名称"下拉列表框内提供了"库"面板中的所有声音文件的名字，选择某一项后，其下边会显示出该文件的采样频率、声道数、比特位数和播放时间等信息，如图 4-71 右图所示。

图 4-71　声音的"属性"面板

（2）选择声音效果：在"效果"下拉列表框内，提供了各种播放声音的效果选项（无、左声道、右声道、从左到右淡出、从右到左淡出、淡入、淡出和自定义）。选择"自定义"选项后，会弹出"编辑封套"对话框，如图 4-72 所示。单击"声音"的"属性"面板中的"编辑"按钮 ，也可以调出"编辑封套"对话框。利用"编辑封套"对话框可以编辑声音，也可以自己定义声音的效果。

4. 编辑声音

（1）单击该对话框左下角的"播放"按钮 ▶，可以播放编辑后的声音；单击"停止"按钮 ■，可以使播放的声音停止。编辑好后，可单击"确定"按钮退出该对话框。

（2）"编辑封套"对话框分上下两个声音波形编辑窗口，上边的是左声道声音波形，下边的是右声道声音波形。在声音波形编辑窗口内有一条左边带有方形控制柄的直线，它的作用是调整声音的音量。直线越靠上，声音的音量越大。拖曳调整声音波形显示窗口左上角的方形控制柄，使声音大小合适。在声音波形编辑窗口内，单击鼠标左键，可以增加一个方形控制柄。用鼠标拖曳各方形控制柄，可调整各部分声音段的声音大小。

（3）拖曳上下波形之间刻度栏内的两个控制条，可截取声音片段，如图 4-73 所示。

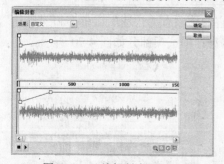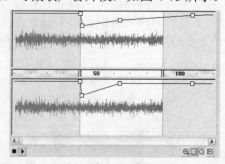

图 4-72　"编辑封套"对话框　　　　　　图 4-73　截取声音片段

（4）四个辅助按钮：它们在"编辑封套"对话框右下角，它们的作用如下。

◎ "放大"按钮⊕：单击它，可以使声音波形在水平方向放大。

◎ "缩小"按钮⊖：单击它，可以使声音波形在水平方向缩小。

◎ "时间"按钮⊙：单击它，可以使声音波形显示窗口内水平轴为时间轴。

◎ "帧数"按钮田：单击它，可以使声音波形显示窗口内水平轴为帧数轴。从而可以观察到该声音共占了多少帧，可以调整时间轴中声音帧的个数。

5．声音同步方式

利用声音"属性"面板的"同步"下拉列表框可以选择声音的同步方式，它提供了以下四种声音的同步方式。

（1）"事件"：选择它后，即设置了事件方式。可使声音与某一个事件同步。当动画播放到引入声音的帧时，开始播放声音，而且不受时间轴的限制，直到声音播放完毕。如果在"循环"文本框内输入了播放的次数，则将按照给出的次数循环播放声音。

（2）"开始"：选择它后，即设置了开始方式。当动画播放到导入声音的帧时，声音开始播放。如果声音播放中再次遇到导入的同一声音帧时，将继续播放该声音，而不播放再次导入的声音。而选择"事件"选项时，可以同时播放两个声音。

（3）"停止"：选择它后，即设置了停止方式，用于停止声音的播放。

（4）"数据流"：选择它后，即设置了流方式。在此方式下，Flash 将强制声音与动画同步，即当动画开始播放时，声音也随之播放；当动画停止时，声音也随之停止。在声音与动画同时在网上播放时，如果选择了"数据流"方式，则 Flash CS4 将强迫动画以声音的下载速度来播放（声音下载速率慢于动画的下载速率时），或 Flash CS4 将强迫动画减少一些帧来匹配声音的速度（声音下载速率快于动画的下载速率时）。

选择"事件"或"开始"选项后，播放的声音与截取声音无关，从声音的开始播放；选择"数据流"选项后，播放的声音与截取声音无关，只播放截取的声音。

思考与练习 4-3

1．制作一个"MP3 播放器"动画，该动画运行后的一幅画面如图 4-74 所示。可以看出，在一幅图像上面有一个 MP3 播放器的控制器，利用该控制器可以控制 MP3 音频的播放和暂停等，拖曳滑块，可调整播放的 MP3 音频位置。

2．修改"MP3 播放器"动画，更换背景图像、播放器和音乐。

3．修改【实例 18】动画，添加背景音乐。

4．制作一个"MP3 播放器"动画，该动画运行后，可以同时播放视频和音乐。

图 4-74 "MP3 播放器"动画画面

4.4 【实例 20】保护地球

"保护地球"动画运行后的两幅画面如图 4-75 所示，可以看到，有一个"世界人民必须全心保护地球保护我们自然环境"转圈文字，转圈文字内有两幅图像交替地逐渐显示与消失，在转圈文字内图像之上还有从下向上缓慢移动的文字。转圈文字的右边是"保护地球"文字，文字内的颜色是蓝色和白色相间的颜色，并从下向上滚动变化。该动画的制作方法和相关知识介绍如下。

图 4-75 "保护地球"动画的两幅画面

 制作方法

1. 创建"背景动画"影片剪辑

（1）新建一个名称为"【实例 20】保护地球.fla"的 Flash 文档。设置舞台工作区的宽为 400 像素、高为 320 像素，背景色为白色。

图 4-76 "风景动画 4.gif"动
画画面

（2）选择"文件"→"导入"→"导入到库"菜单命令，调出"导入到库"对话框。在该对话框中选中"风景动画 4.gif"GIF 格式动画文件，再单击"打开"按钮，将选中的 GIF 格式动画导入到"库"面板中。"风景动画 4.gif"GIF 格式动画的一幅画面如图 4-76 所示。

（3）调出"库"面板，可以看到，"库"面板有导入的图像、各 GIF 格式动画的各帧图像，还有名称为"元件 1"的影片剪辑元件。双击"元件 1"影片剪辑元件的名称，进入它的编辑状态，将元件的名称改为"背景动画"。

2. 制作"移动文字"影片剪辑元件

（1）创建并进入"移动文字"影片剪辑元件的编辑状态，选中"图层 1"图层第 1 帧，使用"文本工具" **T**，在其"属性"面板内设置文字大小为 18 点、颜色为红色、字体为宋体、字母间距为 0。输入一行文字，再拖曳文字块右上角的圆形控制柄，使圆形控制柄变为方形控制柄，再输入其他文字，文字将自动换行。也可以将 Word 中的文字复制到舞台工作区内。然后，使用"选择工具" ，将文字块移到舞台中心的下边。

（2）创建"图层 1"图层第 1～380 帧的传统补间动画。选中该图层第 380 帧，按住 Shift 键，垂直拖曳该帧的文字块，到舞台中心的上边，形成文字块的垂直移动动画。

（3）单击元件编辑窗口中的 按钮，回到主场景。

3. 制作"转圈文字"影片剪辑元件

（1）创建并进入"转圈文字"影片剪辑元件编辑状态。使用"椭圆工具" ，设置笔触颜色为红色、笔触高度为 2 磅，绘制一个无填充的红色圆形。

（2）调出"信息"面板，选中 ⊞ 右下角的圆点（即中心点），在"宽"和"高"文本框中分别输入 190，在"X"和"Y"文本框中分别输入-95，如图 4-77 所示，使红色圆形图形的中心与舞台工作区的十字中心对齐。

（3）输入颜色为蓝色、字体为华文行楷、字号为 26、加粗的文字"世"。单击"任意变形工具"按钮 ⤢⃕，选中"世"字，将文字移到红色圆形图形的正中间处，拖曳该对象的中心点到红色圆形图形的中点处，如图 4-78 所示。

（4）调出"变形"面板。单击该面板的"旋转"文本框，进入文本的编辑状态，输入 18（因为共输入 20 个文字，每一个文字的旋转角度为 360°/20=18°），如图 4-79 所示。

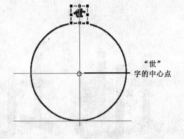

图 4-77 "信息"面板　　　图 4-78 调整对象的中心点　　　图 4-79 "变形"面板设置

（5）在"变形"面板内，19 次单击"重置选区和变形"按钮 ⊡，复制 19 个不同旋转角度的"世"字，如图 4-80 所示。然后，将"世"字分别改为其他文字。

（6）选中红色圆形，将其轮廓线粗改为 5 磅，笔触样式改为圆点样式，轮廓线颜色设置为红色。选中所有文字和圆形轮廓线，如图 4-81 所示，将它们组成一个组合。

（7）创建"图层 1"图层第 1～160 帧的传统补间动画。

（8）选中"图层 1"图层第 1 帧，再在其"属性"面板中，选择"旋转"下拉列表框内的"顺时针"选项，在其右边的文本框内输入"1"，如图 4-82 所示，表示创建顺时针旋转 1 圈的传统补间动画。然后，回到主场景。

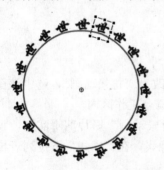

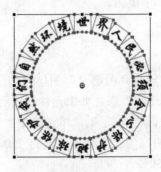

图 4-80 旋转复制字　　　图 4-81 更换文字　　　图 4-82 第 1 帧"属性"面板设置

4．制作"变色文字"影片剪辑元件

（1）创建并进入"变色文字"影片剪辑元件编辑状态。使用工具箱"文本工具" T，在其"属性"面板内，设置字体为黑体，颜色为红色、字大小为 58 点、字母间距为 0 点。然后，在舞台工作区的中间输入"保"、"护"、"地"、"球"四个字，每输入完一个字按一次 Enter 键，如图 4-83 所示。

（2）使用"选择工具" ↖ ，选中文字。两次选择"修改"→"分离"菜单命令，将文字打碎，如图 4-84 所示。可以看出，其中的"地"字出现连笔画现象，需进行修改。

（3）使用工具箱中的"套索工具" ⌀ ，单击按下工具箱"选项"栏内的"多边形模式"按钮 ⌿ ，再在"地"字内创建一个多边形选区，如图 4-85 左图所示。按 Delete 键，将选区内的内容删除，如图 4-85 右图所示。然后，使用工具箱中的"选择工具" ↖ 和"橡皮擦工具" ⌸ 对加工后的文字进行修整。

（4）选中所有文字。再选择"修改"→"形状"→"扩展填充"菜单命令，调出"扩展填充"对话框，利用该对话框将文字向外扩充 4 个像素。然后，补画线条，修整连笔画处，最后效果如图 4-86 所示。

图 4-83　文字 　　图 4-84　打碎文字 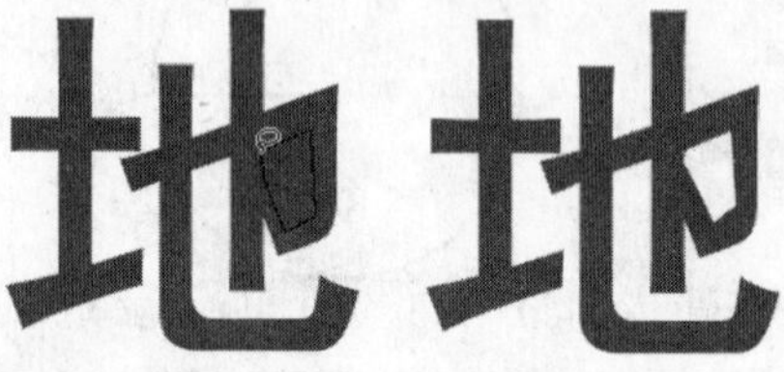　　　　　　图 4-85　修改文字 　　　　　图 4-86　向外扩展

（5）在"图层 1"图层之下创建一个"图层 2"图层，选中"图层 2"图层第 1 帧，然后将"图层 1"图层锁定。

（6）调出"调色板"面板，选择线性渐变填充方式。然后进行蓝、白、蓝、白、蓝、白、蓝、白、蓝、白、蓝色线性渐变色设置，如图 4-87 所示。绘制一幅宽为 100 像素、高为 640 像素的矩形，矩形图形填充的是刚刚设置好的线性渐变色，如图 4-88 所示。

（7）创建"图层 2"图层第 1～120 帧的动画。第 1 帧的画面是矩形上边缘与"保"字上边缘对齐，刚好将"保"字覆盖。第 120 帧的画面是将矩形图形垂直向上移动，使矩形下边缘与"球"字下边缘对齐，刚好将"球"字覆盖。

（8）回到主场景。

5．制作主场景动画

（1）将背景色改为黄色。将主场景"图层 1"图层的名称改为"背景动画"，选中该图层第 1 帧，将"库"面板内的"背景动画"影片剪辑元件拖曳到舞台工作区内。

（2）使用工具箱中的"选择工具"按钮 ↖ ，单击选中"背景动画"影片剪辑实例，调出"属性"面板，利用该面板调整它的高为 232 像素、宽为 250 像素。在"样式"下拉列表框内选择"Alpha"选项，调整其值为 50%。

（3）在"背景动画"图层下边创建一个新图层，更名为"转圈文字"。选中该图层第 1 帧，将"库"面板内的"转圈文字"影片剪辑元件拖曳到舞台工作区内中间偏左处。适当调整"转圈文字"影片剪辑实例的大小和位置。

（4）在"背景动画"图层之上添加"移动文字"图层，选中该图层第 1 帧，将"库"面板内的"移动文字"影片剪辑元件拖曳到舞台工作区内中间偏左处。适当调整"移动文字"影片剪辑实例的大小和位置。

（5）在"移动文字"图层之上添加一个"遮罩"图层，选中该图层第 1 帧，绘制一幅黑色圆形图形，使该图形的宽和高均为 212 像素，位于"转圈文字"影片剪辑实例中圆形图形内中心处，比圆形图形稍小一些。

（6）右击"遮罩"图层，调出图层快捷菜单，再单击快捷菜单中的"遮罩层"菜单命令，将"遮罩"图层设置为遮罩图层，"移动文字"图层为被遮罩图层。将"背景动画"图层向右上方拖曳，使"背景动画"图层成为"遮罩"图层的被遮罩图层。

（7）在"遮罩"图层上边创建一个新图层，更名为"变色文字"。选中该图层第 1 帧，将"库"面板内的"变色文字"影片剪辑元件拖曳到舞台工作区内的中间偏右处。

至此，整个动画制作完毕，"保护地球"动画的时间轴如图 4-89 所示。

  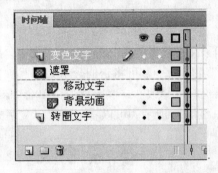

图 4-87　"调色板"面板设置　　图 4-88　矩形　　图 4-89　"保护地球"动画时间轴

 知识链接

文本的属性包括文字的字体、大小、颜色和样式等。可以通过"属性"面板内的选项来设置文本属性。文本的颜色可以由填充色（纯色）决定。单击"文本"菜单下的菜单子命令，也可以设置文本属性。单击按下工具箱内的"文本工具"按钮 T，单击舞台工作区，调出它的"属性"面板，如图 4-90 所示。其内各选项的作用如下。

1．字符属性的设置

文本字符属性的设置可以通过调整"属性"面板内"字符"栏内的选项来完成。其内各选项的作用如下。

（1）"文本类型"下拉列表框：该下拉列表框在"属性"面板内的最上边，在该下拉列表框内可以选择文本类型，有静态文本、动态文本和输入文本三种类型。默认是静态文本；输入文本是在动画播放时，供用户输入文本。文本后两种类型的使用方法将在第 6 章介绍。

（2）"系列"下拉列表框：用来设置文字的字体。

（3）"样式"下拉列表框：对于一些字体，可以选择不同的样式。

（4）"大小"文本框：用来设置文字的大小，单位是点。

图 4-90　文本"属性"（静态文本）面板

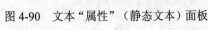

（5）"字母间距"文本框：用来设置文字字母之间的距离。

（6）"颜色"按钮 ▮▮▮▮▮：单击它可以调出一个颜色板，来设置文字的颜色。

（7）"自动调整字距"复选框：选中它可以自动调整文字之间的距离。

（8）"消除锯齿"下拉列表框：用来选择设备字体或各种消除锯齿的字体。消除锯齿可对文本作平滑处理，使字符边缘更平滑。这对于清晰呈现较小字体尤为有效。

（9）"可选"按钮 $\boxed{\text{AB}}$：单击它后，在动画播放时，可拖曳选择动画中的文本框内的部分文字，右击会调出它的快捷菜单。它只在静态文本和动态文本状态下有效。

（10）"切换上标"按钮 $\boxed{\text{T}^1}$：将选中的文字切换为上标。

（11）"切换下标"按钮 $\boxed{\text{T}_1}$：将选中的文字切换为下标。

2．文字分离和修改

（1）文字分离：选中文字（如"文字分离"），它是一个整体，即一个对象，选择"修改"→"分离"菜单命令，可将它们分解为相互独立的文字，如图 4-91 所示。选中一个或多个单独文字，再选择"修改"→"分离"菜单命令，可将它们打碎。例如，将图 4-91 所示文字再次分离，如图 4-92 所示。可以看出，打碎文字的上面有一些小白点。

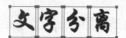

图 4-91　文字的分离　　　　　　　　　图 4-92　打碎的文字

（2）文字修改：对于没有打碎的文字，只可以进行缩放、旋转、倾斜和移动等修改操作。这可以通过使用工具箱中的"任意变形工具" $\boxed{\ }$和"选择工具" ▶ 来完成，也可以选择"修改"→"变形"菜单的子菜单命令来完成。

对于打碎的文字，可以像编辑操作图形那样来进行各种操作。可以使用"选择工具" ▶ 来进行变形和切割等操作，使用"套索工具" ⌀ 进行选取和切割等操作，使用"任意变形工具" $\boxed{\ }$进行扭曲和封套编辑操作，使用"橡皮擦工具" ⌀ 进行擦除操作。

打碎的文字有时会出现连笔画现象，如图 4-84 所示，修复文字的方法有很多。例如，可以使用"套索工具" ⌀ 选中多余的部分，再按 Delete 键，删除选中的多余部分。

3．段落属性的设置

展开文本"属性"面板内的"段落"栏，其内各选项的作用如下。

（1）"格式"栏 ▤▤▤▤ 四个按钮：设置文字的水平排列方式。

（2）"间距"栏：有"缩进"和"行距"文本框，前者用来设置每段文字首行文字的缩进量，后者用来设置行间距。

（3）"边距"栏：有"左间距"和"右间距"文本框，用来设置每行文字的左边缩进量和右边缩进量。

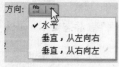

图 4-93　"方向"菜单

（4）"方向"按钮 $\boxed{\ }$ ▼：单击该按钮会调出它的菜单，如图 4-93 所示。利用该菜单可以设置文字的排列方式。

文字"属性"面板内的其他一些选项，在文本设置为静态文本时是无效的，在文本设置为动态文本或输入文本时才有效，这些选项的作用将在第 6 章介绍。

4．输入文本

设置完文字属性后，单击工具箱内的"文字工具"按钮 T，再单击舞台工作区，会出现一个矩形框，矩形框右上角有一个小圆控制柄，表示它是延伸文本，光标出现在矩形框内。这时可以输入文字。随着文字的输入，矩形框会自动向右延伸，如图 4-94 所示。

如果要创建固定行宽的文本，可以拖曳文本框的小圆控制柄，来改变文本的行宽度。也可以在使用工具箱内的"文字工具" T 后，再在舞台的工作区中拖曳出一个文本框。此时文本框的小圆控制柄变为方形控制柄，表示文本为固定行宽文本，如图 4-95 所示。

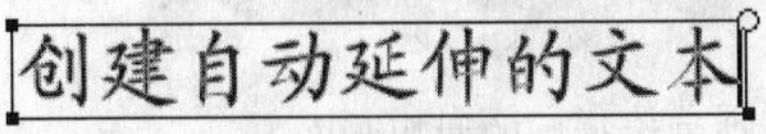

图 4-94 延伸文本

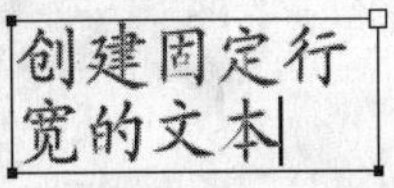

图 4-95 固定行宽文本

在固定行宽文本状态下，输入文字会自动换行。双击方形控制柄，可将固定行宽文本变为延伸文本。对于动态文本和输入文本类型，也有固定行宽的文本和延伸文本，只是两种控制柄在文本框的右下角。

思考与练习 4-4

1．制作一幅"荧光文字"图形，如图 4-96 所示。

2．制作一个"七彩文字"动画，该动画运行后的一幅画面如图 4-97 所示，可以看到，在一幅风景图像之上，有一个七彩文字，文字的内容是不断转圈变化的七彩色。

图 4-96 "荧光文字"图形

图 4-97 "七彩文字"动画的一幅画面

3．制作一个"滚动字幕"动画，动画运行后的两幅画面如图 4-98 所示。首先显示一幅风景图像，然后一幅红色透明矩形从左向右移动到风景图像的中间（移动中，红色矩形变得越来越来透明）。接着可以看到，在红色透明矩形之上，一些白色的文字从下向上，缓慢移动到红色透明矩形的中间。然后，白色的文字又从下向上，缓慢移出红色透明矩形。

图 4-98 "滚动字幕"动画运行后的两幅画面

4.5 【实例 21】多彩世界

"多彩世界"动画运行后的两幅画面如图 4-99 所示。可以看到,有一个"多彩世界"立体七彩文字,文字的颜色是不断转圈变化的七彩色,而且文字中的阴影颜色、发光颜色、阴影大小和角度等效果都在不断变化。该动画的制作方法和相关知识介绍如下。

图 4-99 "多彩世界"动画运行后的两幅画面

 制作方法

1. 制作"七彩文字"影片剪辑元件

(1)设置舞台工作区宽为 500 像素、高为 150 像素,背景色为黄色。然后,创建并进入"七彩文字"影片剪辑元件的编辑状态,选中"图层 1"图层第 1 帧。

(2)单击工具箱内的"文本工具"按钮 **T**,单击舞台工作区,同时调出它的"属性"面板。利用它的"属性"面板设置字体为华文琥珀,字大小为 100 点,颜色为红色。然后,在舞台工作区的上边输入文字"多彩世界"。适当调整文字大小。

(3)选中"多彩世界"文字,两次选择"修改"→"分离"菜单命令,将"多彩世界"文字打碎,如图 4-100 所示。如果打碎的文字有连笔画现象,可以进行修改。

(4)在"图层 1"图层下边添加一个"图层 2"图层。将"图层 1"图层第 1 帧复制粘贴到"图层 2"图层第 1 帧。选中"图层 1"图层第 1 帧。

(5)使用工具箱中的"选择工具" ,单击舞台工作区的空白处,不选中文字。使用工具箱中的"墨水瓶工具" ,在其"属性"面板内设置线类型为线条状,颜色为红色,线粗为 2 磅。再单击文字笔画的边缘,给文字的边缘增加红色的轮廓线。

(6)使用工具箱中的"选择工具" ,按住 Shift 键,同时依次单击各文字内部的填充,全部选中它们,按 Delete 键,将它们删除,只剩下文字的轮廓线,如图 4-101 所示。

图 4-100 打碎的文字

图 4-101 文字的轮廓线

(7)在"图层 2"图层下边创建"图层 3"的图层。选中"图层 3"图层第 1 帧。单击工具箱内"颜色"栏内"填充色"按钮 ,调出颜色面板。单击其内的图标 ,选择七彩色填充。再使用工具箱中的"矩形工具" ,按住 Shift 键,同时拖曳绘制一幅比文字宽度大一些的七彩正方形。

(8)单击工具箱内的"渐变变形工具"按钮 ,单击七彩矩形。然后拖曳方形和圆形的控制柄,调整渐变色的倾斜方向与颜色,如图 4-102 所示。

（9）创建"图层 2"图层第 1～40 帧的传统补间动画。选中第 1 帧，在其"属性"面板内的"旋转"下拉列表框内选择"顺时针"选项，在其右边的文本框内输入 1，如图 4-103 所示，使七彩矩形顺时针旋转 1 周。

（10）选中"图层 1"图层第 40 帧，按 F5 键，使第 1～40 帧的内容一样。"七彩文字"影片剪辑元件的时间轴如图 4-104 所示。然后，回到主场景。

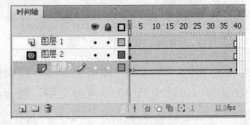

图 4-102　七彩矩形　　　图 4-103　"属性"面板设置　　　　　图 4-104　时间轴

2．制作立体发光文字

（1）选中主场景"图层 1"图层第 1 帧，将"库"面板内的"七彩文字"影片剪辑元件拖曳到舞台工作区内的中间，如图 4-105 所示。

（2）使用工具箱中的"任意变形工具" ，选中文字，适当调整文字的大小。再选中文字，调出"属性"面板，单击"属性"面板内的"添加滤镜"按钮，弹出滤镜菜单，选择该菜单内的"投影"菜单命令，调出相应的滤镜参数。

（3）选中"内阴影"复选框，调整"角度"文本框内的数值为 230°左右。在"模糊 Y"或"模糊 X"文本框中输入 8，在"品质"下拉列表框中选择"中"选项，如图 4-106 所示。按照图 4-106 所示进行调整后的文字如图 4-107 所示。

图 4-105　"七彩文字"影片剪辑实例　　图 4-106　"投影"滤镜设置　　图 4-107　"投影"滤镜设置效果

（4）选择滤镜菜单内的"渐变发光"菜单命令，调出相应的滤镜参数。按照图 4-108 所示进行设置，效果如图 4-109 所示。

图 4-108　"渐变发光"滤镜设置　　　　　图 4-109　"渐变发光"滤镜设置效果

（5）单击滤镜菜单内的"发光"菜单命令，调出相应的滤镜参数。按照图 4-110 所示进行设置，效果如图 4-111 所示。

图 4-110　"发光"滤镜设置　　　　　　图 4-111　"发光"滤镜设置效果

（6）创建"图层 1"图层第 1～80 帧的传统补间动画，单击选中第 40 帧，按 F6 键，创建一个关键帧。选中第 40 帧内的文字，修改各滤镜参数，将发光颜色改为绿色，投影角度改为45°，其他参数也进行适当调整。

 知识链接

1．选项的设置

展开文本"属性"面板内的"选项"栏，在文本为静态文本或动态文本时，有"链接"文本框和"目标"下拉列表框两个选项。它们的作用如下。

（1）"链接"文本框：输入一个网页地址"http://URL"，例如，"http://www.baidu.com/"；其内输入电子邮箱地址"mailto:URL"，例如，"mailto:shendalin@yahoo.com.cn"。

（2）"目标"下拉列表框内各选项的作用如下。

◎ _blank 选项：在新的浏览器中打开目标链接。

◎ _parent 选项：在当前窗口的父窗口打开目标链接。

◎ _self 选项：在当前窗口内打开目标链接，替代原来的内容。

◎ _top 选项：在当前最上层的窗口内打开目标链接，以整页的模式打开。

2．滤镜

Flash CS4 可以给影片剪辑实例和文字添加滤镜效果。在【实例 1】、【实例 4】和【实例 21】中都曾经给影片剪辑实例添加了滤镜效果。对于文字，也可以直接添加滤镜效果。单击"属性"面板内的"添加滤镜"按钮，弹出滤镜菜单，如图 4-112 所示，从滤镜菜单可以看出，它有七种滤镜。举例如下。

输入文字"FLASH 滤镜"，如图 4-113 所示。选中该文字，调出"属性"面板，单击其内的"添加滤镜"按钮，弹出滤镜菜单，单击该菜单内的"渐变斜角"菜单命令，调出相应的滤镜参数，如图 4-114 所示。在改变设置时，可随时看到调整的效果，非常方便。

图 4-112　滤镜菜单　　图 4-113　输入文字　　　　图 4-114　"滤镜"栏参数

单击"渐变"参数的图标 ，调出渐变色调整器，如图 4-115 所示。单击其中的关键点颜色滑块⬠，可以调出它的颜色面板选择颜色；单击渐变色调整器下边，可以增加关键点颜色滑块⬠；往下拖曳滑块，可以删除关键点颜色滑块⬠。

按照图 4-115 所示进行设置，其效果如图 4-116 所示。

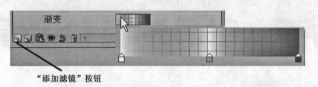

"添加滤镜"按钮

图 4-115　"滤镜"栏中"渐变"参数调整　　　　图 4-116　滤镜效果

思考与练习 4-5

1．制作一幅"立竿见影"投影文字图形，如图 4-117 所示。再将"立竿见影"七彩文字加工成立体文字。

图 4-117　"投影文字"图形

2．参考【实例 21】"多彩世界"动画的制作方法，制作一个"变色文字"动画。该动画运行后的 3 幅画面如图 4-118 所示。可以看到，"FLASH"文字的位置、大小、颜色、阴影深浅、阴影位置和发光颜色都在不断变化，"FLASH"文字的阴影从左上方移到右下方，颜色逐渐变深；发光颜色由小变大，颜色逐渐由黄色变为红色。

图 4-118　"变色文字"动画运行后的 3 幅画面

3．制作一个"保护自然"动画，该动画运行后的两幅画面如图 4-119 所示，可以看到，画面中有一个自转文字。同时，转圈文字内有两幅图像交替隐藏和显示，在转圈文字内图像之上还有从下向上缓慢移动的文字。标题文字是立体文字，它四周的绿光不断变化。右边的标题文字内的图像不断移动变化。

图 4-119　"保护自然"动画运行后的两幅画面

第5章

传统补间动画、引导动画和遮罩层

知识要点：

   1. 进一步掌握制作传统补间动画的方法和技巧，掌握制作旋转和摆动动画的方法和技巧。

   2. 了解 Flash 动画的种类和特点，以及传统补间动画关键帧的"属性"面板的作用和设置方法。

   3. 掌握引导动画的制作方法和技巧。进一步掌握应用遮罩层的方法和技巧。

   4. 初步掌握按钮元件的制作方法和使用方法。

5.1 【实例 22】旋转和摆动动画集锦

   "旋转和摆动动画集锦"动画用来播放几个旋转和摆动动画，该动画运行后，首先播放第 1 个动画"杂技双人跳"，其中的 3 幅画面如图 5-1 所示。可以看到，在美丽的草坪上，一个小人在左边的跳台上走几步，再以 360°翻身跳下来，落到跷跷板左边，将跷跷板右边的另一个小人弹起，右边的小人受重力影响落到跷跷板右边后，又将左边的小人弹起，左边的小人以反向 360°翻身跳回跳台。

图 5-1 "杂技双人跳"动画运行后的 3 幅画面

   接着播放第 2 个动画"五彩风车"，其中的两幅画面如图 5-2 所示。可以看到，在一幅美丽的卡通风景背景中，一排五颜六色的大风车随风转动。

图 5-2　"五彩风车"动画运行后的两幅画面

接着播放第 3 个动画"摆动模拟指针表"，其中的两幅画面如图 5-3 所示。可以看到，最左边的彩珠环模拟指针表摆起再回到原处后，撞击右边的彩珠环模拟指针表，右边的彩珠环模拟指针表摆起，当该彩珠环模拟指针表回到原处后，又撞击左边的彩珠环模拟指针表再摆起。周而复始，不断运动。彩珠环模拟指针表在摆动中还会改变颜色。

图 5-3　"摆动模拟指针表"动画运行后的两幅画面

最后播放第 4 个动画"翻页画册"，其中的两幅画面如图 5-4 所示。可以看到，画册第 1 页从右向左翻开，接着第 2 页从右向左翻开，再接着第 3 页从右向左翻开。当页面翻到背面后，背面图像与正面图像不一样。翻页油画画册一共有 5 幅图像。

图 5-4　"翻页画册"动画运行后的两幅画面

该动画的制作方法和相关知识介绍如下。

 制作方法

1．制作"杂技双人跳"动画

（1）新建一个 Flash 文档，设置舞台工作区的宽为 500 像素、高为 400 像素，背景色为绿色。再以名称"【实例 22】旋转和摆动动画集锦.fla"保存。

（2）创建并进入"木板 1"影片剪辑元件的编辑状态，绘制一幅金黄色矩形图形，它的宽为 300 像素、高为 10 像素。然后，单击元件编辑窗口中的图标 场景 1 ，回到主场景。

（3）创建并进入"木板"图形元件的编辑状态，选中"图层 1"图层第 1 帧，将"库"面板内的"木板 1"影片剪辑元件拖曳到舞台工作区内的中间,形成一个"木板 1"影片剪辑实例,再利用它的"属性"面板设置"斜角"滤镜,滤镜参数采用默认值。然后,在"图层 1"图层之上添加一个"图层 2"图层,选中该图层第 1 帧,绘制一个蓝色立体球。然后,回到主场景。

(4)将主场景"图层 1"图层的名称改为"背景图像"。在该图层的第 1 帧内导入一幅风景图像,调整该图像的大小和位置,使它刚好将舞台工作区完全覆盖。选中导入的风景图像,将它转换成名称为"风景"的影片剪辑实例,在其"属性"面板内的"样式"下拉列表框内选择"Alpha"选项,调整 Alpha 值为 80%,使图像透明一些。

(5)在"背景图像"图层的上边创建一个新图层,将该图层的名称改为"支架",选中该图层第 1 帧,绘制一幅支架图形。在"支架"图层上边创建一个新图层,将它的名称改为"跳台",选中该图层第 1 帧,绘制一幅跳台图形。背景图像、支架和跳台图形如图 5-5 所示。

(6)在主场景"跳台"图层之上添加一个新图层,将该图层更名为"跷跷板",选中该图层第 1 帧,将"库"面板内的"木板"图形元件拖曳到舞台工作区内的中间,形成一个"木板"图形实例,调整该实例的大小、位置和旋转角度,效果如图 5-6 所示。

图 5-5　背景图像和支架图形　　　　图 5-6　添加"木板"图形实例

(7)在"跷跷板"图层之上添加一个新图层,将该图层更名为"左边小人",在该图层的第 1~27 帧分别绘制 27 个小黑人,如图 5-7 所示。该图层第 28~40 帧的内容与第 27 帧内容一样。该图层第 41~61 帧的内容分别与该图层第 27~7 帧的内容一样。

图 5-7　在"左边小人"图层第 1~27 帧分别绘制 27 个小黑人

可以看出,第 1~12 帧是小人在跳台上走的动画,第 13 帧到 27 帧是小人跳起到落到跷跷板上的动画,第 41 帧到 61 帧是小人被弹回跳台的动画。制作好了前面第 7~27 帧的动作后,只需复制粘贴到第 41 帧到 61 帧,然后选中第 41 帧到 61 帧,右击选中的帧,调出帧菜单,单击该菜单内的"翻转帧"菜单命令,将选中的帧翻转,就可以制作出第 41 帧到 61 帧的动画效果。

(8)在"左边小人"图层下边创建一个名称为"右边小人"的图层。在该图层的第 1 帧,以及第 22~33 帧分别绘制 13 个小黑人,形成右边小人弹起时的动作画面,各帧之间有一些微小的变化。而第 37~46 帧是右边小人下落的动画,该图层第 37~46 帧的内容与第 31~22 帧的内容一样。

（9）跷跷板的动作只是在"跷跷板"图层第 22～27 帧和第 41～46 帧做围绕"木板"图形实例的中心点旋转一定角度的传统补间动画。该动画需要与两个小人的动画相匹配。

（10）按住 Shift 键，单击"左边小人"图层的第 100 帧，再单击"风景图像"图层的第 100帧，按 F5 键，使各图层最右边的关键～100 帧的内容一样。

至此，"杂技双人跳"动画制作完毕，该动画的时间轴如图 5-8 所示。

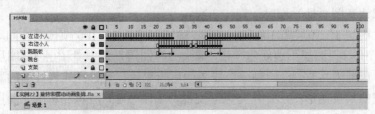

图 5-8　"杂技双人跳"动画的时间轴

2．制作"五彩风车"动画

（1）选择"窗口"→"其他面板"→"场景"菜单命令，调出"场景"面板。3 次单击"场景"面板内的"添加场景"按钮 ，新建 3 个场景。双击该面板内的"场景 1"名称，进入"场景 1"名称的编辑状态，将场景名称改为"杂技双人跳"。接着再将"场景 2"的名称改为"五彩风车"，将"场景 3"的名称改为"摆动模拟指针表"，将"场景 4"的名称改为"翻页画册"，如图 5-9 所示。单击"场景"面板内的"五彩风车"名称，切换到第 2 个场景的舞台工作区。

（2）创建并进入"风车图形"图形元件的编辑状态。选中"图层 1"图层第 1 帧，使用工具箱内的"矩形工具" ，绘制一个线条颜色为黑色、笔触样式为极细线，填充白色到红色的线性渐变色的矩形图形。

（3）使用工具箱内的"选择工具" ，将鼠标指针移动到舞台工作区中矩形图形的左上角，当鼠标指针右下方出现一个小角图形时，拖曳鼠标可改变矩形的形状，如图 5-10 所示。

（4）绘制一个三角形图形并给它填充白色到红色的线性渐变色，如图 5-11 所示。使用工具箱内的"选择工具" ，拖曳选中全部图形，将它们组成组合，形成风车的一瓣。

（5）使用工具箱中的"任意变形工具" ，旋转组合对象为 45°。调出"变形"面板，在该面板内的"旋转"文本框中输入 90，3 次单击该面板内的"复制并应用变形"按钮 ，复制3 个旋转 90°、180° 和 270° 的图形。

（6）调整 4 个风车瓣的位置，组成一个风车图形，如图 5-12 所示。再将它们组成组合。然后，单击元件编辑窗口中的场景名称图标 ，回到"五彩风车"场景的舞台工作区。

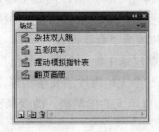

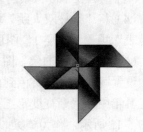

图 5-9　"场景"面板　　图 5-10　修改矩形　　图 5-11　三角图形　　图 5-12　4 个风车瓣

（7）创建并进入"风车"影片剪辑元件的编辑窗口，单击选中"图层 1"图层的第 1 帧，将"库"面板中的"风车图形"图形元件拖曳到舞台工作区的中心位置。

（8）使用工具箱内的"选择工具" ▶ ，右击"图层 1"图层第 1 帧，弹出帧快捷菜单，再单击该菜单中的"创建传统补间"菜单命令，使该帧具有传统补间属性。在其"属性"面板中的"旋转"下拉列表框中选择"逆时针"选项，在其右边的文本框中输入 3，表示动画围绕对象的中心点（默认在圆心处）逆时针旋转 3 次。

（9）选中"图层 1"图层第 100 帧，按 F6 键，创建第 1～100 帧传统补间动画。

（10）在"图层 1"图层下边新建一个"图层 2"图层，选中"图层 2"图层的第 1 帧。使用工具箱内的"矩形工具" □ ，绘制一个线条颜色为黑色、笔触样式为极细的黑色到黄色再到黑色的线性填充的长条矩形图形，作为风车支棍，如图 5-13 所示。单击"图层 2"图层的第 100 帧，再按 F5 键，使第 1～100 帧的所有帧与第 1 帧内容一样。然后，回到主场景。

（11）单击"场景"面板内的"杂技双人跳"名称，切换到第 1 个场景的舞台工作区，右击"背景图像"图层第 1 帧，调出它的帧快捷菜单，单击该菜单内的"复制帧"菜单命令。单击"场景"面板内的"五彩风车"名称，切换到第 2 个场景的舞台工作区。右击"图层 1"图层第 1 帧，调出它的帧快捷菜单，单击该菜单内的"粘贴帧"菜单命令，将剪贴板内"背景图像"图层第 1 帧的图像粘贴到"图层 1"图层第 1 帧。

（12）在"图层 1"图层之上添加"图层 2"图层，6 次将"库"面板内的"风车"影片剪辑元件拖曳到舞台工作区内，形成 6 个风车。调整 6 个风车的大小和位置，分别调整 6 个风车影片剪辑实例的颜色、亮度和饱和度，最终效果如图 5-2 所示。

3．制作"摆动模拟指针表"动画

（1）单击"场景"面板内的"摆动模拟指针表"名称，切换到第 3 个场景的舞台工作区。打开"【实例 15】模拟指针表.fla" Flash 文档。切换到【实例 22】旋转和摆动动画集锦.fla" Flash 文档，调出"库"面板，在其下拉列表框中选中"【实例 15】模拟指针表.fla"选项，右击"库"面板内的"模拟指针表"影片剪辑元件，调出它的菜单，单击该菜单内的"复制"菜单命令，将右击的影片剪辑元件复制到剪贴板内。

（2）在"库"面板内的下拉列表框中选中"【实例 22】旋转和摆动动画集锦.fla"选项，右击"库"面板内的空白处，调出它的菜单，单击该菜单内的"粘贴"菜单命令，将剪贴板内的"模拟指针表"影片剪辑元件粘贴到"库"面板内。

（3）创建并进入"模拟指针表 1"影片剪辑元件的编辑状态。将"库"面板内的"模拟指针表"影片剪辑元件拖曳到舞台工作区内，调整它的宽和高均为 148 像素，再绘制一条线粗 2 磅、红色、长 160 像素的垂直直线，将它们组成组合，如图 5-14 所示。然后，回到主场景。

（4）将"杂技双人跳"场景"背景图像"图层第 1 帧内的背景图像复制粘贴到"摆动模拟指针表"场景"图层 1"图层第 1 帧，同时"图层 1"图层的名称改为"背景图像"。

（5）在"背景图像"图层之上新增"图层 1"图层，选中该图层第 1 帧，利用"颜色"面板，设置填充色为金黄色到白色再到金黄色的线性渐变色，绘制一个无轮廓线的长条矩形，单击工具箱中的"渐变变形工具"按钮 ▣ ，单击矩形内的填充，拖曳填充的控制柄，改变填充，如图 5-15 所示，作为横梁。

图 5-13　风车支棍

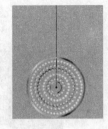
图 5-14　"模拟指针表 1"影片剪辑元件

图 5-15　背景图像和横梁

（6）在"图层 1"图层之上新增"图层 2"和"图层 3"图层，选中该图层第 1 帧，将"库"面板中的"模拟指针表 1"影片剪辑元件拖曳到横梁图形下边偏左处，形成一个"模拟指针表 1"影片剪辑实例。选中"图层 3"图层第 1 帧，将"库"面板中的"模拟指针表 1"影片剪辑元件拖曳到"模拟指针表 1"影片剪辑实例的右边，形成另一个实例对象。

（7）使用工具箱内的"任意变形工具"，选中左边的"摆动模拟指针表"影片剪辑实例，再拖曳该影片剪辑实例的中心点标记，使它移到单摆线的顶端，如图 5-16 所示。

（8）创建"图层 2"图层第 1～60 帧的传统补间动画。此时，第 1 帧与第 60 帧的画面均如图 5-16 所示。选中"图层 2"图层第 30 帧，按 F6 键，创建一个关键帧，保证该帧"摆动模拟指针表"影片剪辑实例的圆形中心点标记移到单摆线的顶端，以确定单摆的旋转中心。再旋转调整"摆动模拟指针表"影片剪辑实例到如图 5-17 所示的位置。

图 5-16　"摆动模拟指针表"实例中心点标记

图 5-17　第 30 帧画面

（9）选中"图层 2"图层第 30 帧的"摆动模拟指针表"影片剪辑实例，在其"属性"面板内的"样式"下拉列表框中选择"色调"选项，调整色调为 60%，红色为 255，调整"摆动模拟指针表"影片剪辑实例的颜色，从而实现摆动模拟指针表变色摆动的动画。

（10）按住 Shift 键，同时选中"图层 2"和"风景图像"图层，选中"图层 2"、"风景图像"和"图层 1"图层的第 120 帧，按 F5 键。右击"图层 2"图层的第 60 帧，调出帧快捷菜单，单击该菜单中的"删除补间"菜单命令，使该帧不具有动画属性。

（11）选中"图层 3"图层中第 61 帧，按 F6 键，创建一个关键帧。右击"图层 3"图层中第 61 帧，调出帧快捷菜单命令，单击该菜单命令中的"创建传统补间"菜单命令，选中"图层 3"图层中第 120 帧和第 90 帧，按 F6 键，创建"图层 3"图层中第 61～90 帧再到第 120 帧的动画。此时，第 61 帧与第 120 帧的画面如图 5-18 所示。第 90 帧的画面如图 5-19 所示。

（12）按照上述方法，选中"图层 3"图层第 90 帧内"摆动模拟指针表"影片剪辑实例，调整"摆动模拟指针表"影片剪辑实例的颜色为红色。

图 5-18　第 61 帧与第 120 帧的画面

图 5-19　第 90 帧画面

至此，整个动画制作完毕，该动画的时间轴如图 5-20 所示。

图 5-20　"摆动模拟指针表"动画的时间轴

4．制作"翻页画册"动画

（1）调整 5 幅如图 5-21 所示的鲜花图像，使它们的宽均为 240 像素，高均调整为 180 像素。然后将它们导入到"库"面板中。将"库"面板内导入的图像名称分别改为"花 01"、"花 02"、"花 03"、"花 04"和"花 05"。

花01.jpg　　　　花02.jpg　　　　花03.jpg　　　　花04.jpg　　　　花05.jpg
图 5-21　翻页画册的 5 幅图像

（2）在舞台工作区内显示标尺，创建 5 条红色的辅助线。选中"图层 1"图层第 1 帧，将"库"面板中的"花 03"图像拖曳到舞台中，X 的值为 250，Y 的值为 210，如图 5-22 所示。选中"图层 1"图层第 50 帧，按 F5 键，使该图层第 2～50 帧内容与第 1 帧一样。

在"图层 1"图层之上添加一个"图层 2"图层，选中该图层第 1 帧，将"库"面板中的"花 01"图像拖曳到舞台工作区内，X 的值为 250，Y 的值为 210，如图 5-23 所示。

（3）创建"图层 2"图层的第 1～50 帧的传统补间动画。使用工具箱内的"任意变形工具"，选中第 50 帧的图像，并将该帧图像的中心标记拖曳到如图 5-23 所示位置。再将第 50 帧复制粘贴到第 1 帧，使第 1 帧图像的中心标记的位置如图 5-23 所示。

（4）选中"图层 2"图层第 50 帧"花 01"图像。向左拖曳该图像右侧的控制柄，将它水平反转过来（宽度不变）。然后，将鼠标指针移到该图像左边缘处，当鼠标指针呈两条垂直箭头状时，垂直向上微微拖曳鼠标，使"图像 1"图像左边微微向上倾斜，如图 5-24 所示。

（5）拖曳时间轴中的红色播放头，可以看到"图层 2"图层中的"花 01"图像从上边进行翻页。如果，前面没有将"花 01"图像左边微微向上倾斜，则很可能是"花 01"图像从下边进行翻页。当时间轴中的红色播放头移到第 25 帧处时，可以看到舞台工作区内"花 01"图像已经翻到垂直位置，如图 5-25 所示。

图 5-22　"图层 1"图层第 1 帧画面

图 5-23　"图层 2"图层第 1 帧画面

图 5-24　第 50 帧画面

图 5-25　第 25 帧画面

（6）在"图层 2"图层之上添加一个"图层 3"图层，选中该图层第 1 帧，将"库"面板内的"花 02"图像拖曳到舞台工作区内，调整其大小和位置，刚好将"图层 2"图层内的"花 01"图像刚好完全覆盖。按照上述方法创建"图层 3"图层第 1～50 帧的图像翻页动画。

（7）按住 Ctrl 键，单击"图层 2"图层第 25 帧和"图层 3"图层第 26 帧，按 F6 键，创建两个关键帧。选中"图层 1"图层第 50 帧，按 F5 键，使"图层 1"图层第 1～50 帧内容一样。

（8）按住 Shift 键，单击"图层 3"图层的第 1 帧和第 25 帧，选中第 1 帧和第 25 帧之间的所有帧，如图 5-26 所示。右击选中的帧，弹出帧快捷菜单，再单击该菜单中的"删除帧"菜单命令，将选中的帧删除，效果如图 5-27 所示。

图 5-26　时间轴内选中一些帧

图 5-27　时间轴内删除一些帧

（9）水平向右拖曳选中"图层 3"图层的第 1～25 帧，移到第 26～50 帧处，如图 5-28 所示。按住 Shift 键，单击"图层 2"图层第 26 帧和第 50 帧，选中第 26～50 帧之间的所有帧。右击选中的帧，调出帧快捷菜单，再单击该菜单中的"删除帧"菜单命令，删除选中的帧，效果如图 5-29 所示。

图 5-28　时间轴内移动一些帧

图 5-29　时间轴内删除一些帧

（10）在"图层 3"图层上边新建"图层 4"图层。将"图层 1"图层第 1 帧复制粘贴到"图层 4"图层第 51 帧。按照上述方法，创建"图层 4"图层第 51～100 帧"花 03"图像翻页动画，再创建"图层 5"图层第 51～100 帧内"花 04"图像的翻页动画。

（11）将"图层 4"图层的第 51～75 帧动画删除，将原来的第 76～100 帧动画移回原来位置。将"图层 5"图层的第 76～100 帧动画删除。

（12）选中"图层 3"图层的第 100 帧，按 F5 键，使"图层 3"图层第 50～100 帧内容一样。再使"图层 3"图层第 50 帧不具有动画属性。

（13）在"图层 1"图层下边新建一个"图层 6"图层。选中该图层的第 51 帧，按 F7 键，创建一个关键帧。将"库"面板内的"花 05"图像拖曳到舞台工作区内，调整该图像的 X 值为 250，Y 值为 210。选中该图层第 100 帧，按 F5 键，使该图层第 51～100 帧内容一样。

（14）在"图层 1"图层下边新建一个"图层 7"图层。将"杂技双人跳"场景"背景图像"图层第 1 帧内的背景图像复制粘贴到"翻页画册"场景"图层 7"图层第 1 帧，将"图层 7"图层的名称改为"背景图像"。

至此，"翻页画册"动画制作完毕，该动画的时间轴如图 5-30 所示。

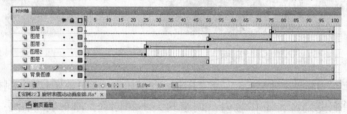

图 5-30　"翻页画册"影片剪辑元件的时间轴

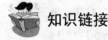 **知识链接**

1. Flash 动画的种类和特点

Flash CS4 与以前各种 Flash 版本相比较，可以制作的动画种类增加了，其可以制作的动画种类主要有逐帧、传统补间、补间、补间形状和反向运动（IK）动画等。简介如下。

（1）逐帧动画：逐帧动画的每一帧都由制作者确定，制作不同且相差不大的画面，而不是由 Flash 通过计算得到，然后连续依次播放这些画面，即可生成动画效果。逐帧动画适于制作非常复杂的动画，GIF 格式的动画就是属于这种动画。与补间动画相比，通常逐帧动画的文件字节数较大。为了使一帧的画面显示的时间长一些，可以在关键帧后边添加几个与关键帧内容一样的普通帧。对于每个帧的图形必须不同的复杂动画而言，此技术非常有用。

（2）传统补间动画：制作若干关键帧画面，由 Flash 计算生成各关键帧之间各帧画面，使画面从一个关键帧过渡到另一个关键帧。传统补间所具有的某些类型的动画控制功能是补间动画所不具备的。传统补间动画在时间轴中显示为深蓝色背景。

（3）补间动画：是由若干属性关键帧和补间范围组成的动画，补间范围在时间轴中显示为具有浅蓝色背景的单个图层中的一组帧，属性关键帧保存了目标对象的一个或多个属性值。Flash 可以根据各属性关键帧提供的补间目标对象的属性值计算生成各属性关键帧之间的各个帧中补间目标对象的大小、位置和颜色等，使对象从一个属性关键帧过渡到另一个属性关键帧。

补间动画在时间轴中显示为连续的帧范围（补间范围），默认情况下可以作为单个对象进行选择。补间动画功能强大，易于创建，可最大程度地减小文件大小。与传统补间动画相比较，在某种程度上，补间动画创建起来更简单、更灵活。

（4）补间形状动画：可以在时间轴中的关键帧绘制一幅图形，再在另一个关键帧内更改该图形形状或绘制另一幅图形。然后，创建补间形状动画，Flash 将计算出两个关键帧之间各帧的画面，创建一个图形形状变形为另一个图形形状的动画。

（5）反向运动（IK）动画：可以伸展和弯曲形状对象，链接元件实例组，使它们以自然方式一起移动，使用骨骼的有关结构对一个对象或彼此相关的一组对象进行复杂而自然的移动。例如，通过反向运动可以轻松地创建人物动画，如胳膊、腿和面部表情。可以在不同帧中以不同方式放置形状对象或链接的实例，Flash 将计算出两个关键帧之间各帧的画面。

关于补间动画、补间形状动画和反向运动（IK）动画将在下一章详细介绍。

在 Flash 中可以创建出丰富多彩的动画效果，可以制作围绕对象中心点顺时针或逆时针转圈或者来回摆动的动画，可以制作沿着引导线移动的动画，可以制作变换对象大小、形状、颜色、亮度和透明度的动画。各种变化可以独立进行，也可合成复杂的动画。例如一个对象不断自转的同时还水平移动。另外，各种动画都可以借助遮罩层的作用，产生千奇百态的动画效果。

Flash CS4 可以使实例、图形、图像、文本和组合等对象创建传统补间动画和补间动画。创建传统补间动画后，Flash CS4 自动将对象转换成补间的实例，"库"面板中会自动增加元件，名字为"补间 1"和"补间 2"等。创建补间动画后，自动将对象转换成影片剪辑元件的实例，"库"面板中会自动增加元件，名字为"元件 1"和"元件 2"等。

2．传统补间动画的制作方法

在前四章的大量实例中制作的动画都是传统补间动画，下面总结传统补间动画的制作方法。

（1）制作传统补间动画方法 1：按照如下操作步骤完成。

◎ 使用工具箱内的"选择工具" ，选中起始关键帧，创建传统补间动画起始关键帧内的对象。可以是绘制的图形、创建的元件实例、组合或文本块。

◎ 使用工具箱内的"选择工具" ，右击起始关键帧，调出帧快捷菜单命令，选择"创建传统补间"菜单命令，使该关键帧具有传统补间动画的属性。

另外，选择"插入"→"传统补间"菜单命令也可以使该关键帧具有传统补间动画的属性。

◎ 单击动画的终止关键帧，按 F6 键。

◎ 修改终止关键帧内对象的位置、大小、旋转或倾斜角度，改变颜色、亮度、色调或 Alpha 透明度等。

（2）制作传统补间动画方法 2：按照如下操作步骤完成。

◎ 创建传统补间动画起始关键帧内的对象。

◎ 使用工具箱内的"选择工具" 选中动画的终止帧，按 F6 键，创建动画终止关键帧。

◎ 选中动画的终止帧，修改该帧内的对象。

◎ 右击动画终止关键帧到起始关键帧内的任何帧，调出帧快捷菜单命令，单击该菜单命令中的"创建传统补间"菜单命令，或者选择"插入"→"传统补间"菜单命令。

传统补间动画创建成功后，在关键帧之间有一条水平指向右边的带箭头的直线，帧为浅蓝色背景 ▨▨▨▨▨▨ 。如果传统补间动画创建不成功，则该直线会变为虚线 ⋯⋯ 。

3．传统补间动画关键帧的"属性"面板

选中传统补间动画关键帧，调出它的"属性"面板。利用该面板可以设置动画类型和动画

图 5-31　传统补间动画关键帧的
　　　　　"属性"面板

的其他属性。"属性"面板如图 5-31 所示。该对话框内有关选项的作用如下（其中关于声音的选项参看第 4.3 节）。

（1）"名称"文本框：它在"标签"栏，用来输入关键帧的标签名称。

（2）"旋转"下拉列表框：用来控制对象在运动时的旋转方式。选择"无"选项是不旋转；选择"自动"选项是按照尽可能少运动的情况旋转；选择"顺时针"选项，是顺时针旋转；选择"逆时针"选项，是逆时针旋转。可以在其右边的文本框内输入旋转的次数。

（3）"同步"复选框：选中它后，可使图形元件实例的动画与时间轴同步。会重新计算补间的帧数，从而匹配时间轴上分配给它的帧数。如果元件中动画序列的帧数不是主场景中图形实例占用帧数的偶数倍，则需要选中"同步"复选框。

（4）"贴紧"复选框：选中它后，可使运动对象的中心点标记与引导线路径对齐。

（5）"调整到路径"复选框：在制作引导动画时，选中它后，可以使运动对象在运行时自动调整它的倾斜角度，使它总与引导线切线平行。

（6）"缩放"复选框：在对象的大小属性发生变化时，应该选中它。

（7）"缓动"文本框：可输入数据或调整"缓动"数字（数值范围是-100～100），来调整动画补间帧之间的变化速率。其值为负数时为动画在结束时加速，其值为正数时为动画在结束时减速。对传统补间动画应用缓动，可以产生更逼真的动画效果。

（8）"编辑缓动"按钮 ：单击该按钮，可以调出"自定义缓入/缓出"对话框，如图 5-32（曲线还没有调整，是一条斜线）所示。使用"自定义缓入/缓出"对话框可以更精确地控制传统补间动画的速度。

选中"为所有属性使用一种设置"复选框后，缓动设置适用于所有属性，如图 5-32 所示。不选中"为所有属性使用一种设置"复选框，缓动设置适用于"属性"下拉列表框内选中的属性选项。可以拖曳斜线调整动画速率的变化，如图 5-33 所示。

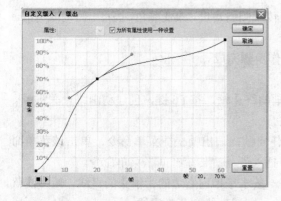

图 5-32　"自定义缓入/缓出"对话框

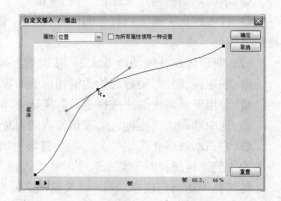

图 5-33　调整"自定义缓入/缓出"对话框中的斜线

思考与练习 5-1

1．制作一个"摆动变色球"动画，该动画运行后的两幅画面如图 5-34 所示。可以看到，最左边的摆动彩球摆起再回到原处后，撞击其他彩球，使最右边的摆动彩球摆起，当该彩球回到原处后，又撞击其他彩球，使最左边的彩球再摆起。周而复始。彩球摆动中会不断变色。

2．制作一个"摆动表"动画，该动画运行后的一幅画面如图 5-35 所示。可以看到，两个模拟指针表来回摆动。

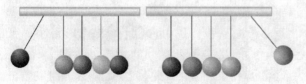

图 5-34　"摆动变色球"动画运行后的两幅画面　　　　图 5-35　"摆动表"动画画面

3．制作一个"彩球和模拟指针表"动画，该动画运行后的两幅画面如图 5-36 所示。可以看到，画面中三个模拟指针表围绕彩球转圈，夹角为 120°，指针指示的钟点都不一样。

4．制作一个"变色电风扇"动画，该动画运行后的一幅画面如图 5-37 所示。可以看到，画面中有一台电风扇，电风扇的扇叶在顺时针转动，同时扇叶的颜色不断变化。

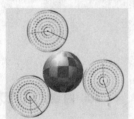
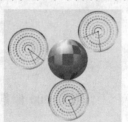

图 5-36　"彩球和模拟指针表"动画运行后的两幅画面　　图 5-37　"变色电风扇"动画画面

5．制作另一个"翻页画册"动画，该动画运行后的两幅画面如图 5-38 所示。可以看到，左边一页慢慢向左翻开，同时右边一页慢慢向右翻开，中间一页不动，当翻页翻到背面后，背面的图像与正面的图像不一样。

6．制作一个"动画翻页"动画，该动画运行后，第 1 个动画画面慢慢从左向右翻开，接着第 2 个动画画面慢慢从左向右翻开。当翻页翻到背面后，背面动画画面与正面动画画面不一样。

7．制作一个"跷跷板"动画，该动画运行后的一幅画面如图 5-39 所示。可以看到，背景是清晨小镇的动画画面，正中间是一个跷跷板，两个彩球不断弹起和落下，同时跷跷板也随之上下摆动。在彩球下落时，彩球作加速运动；在彩球上弹时，彩球作减速运动。彩球的弹起和落下动作与跷跷板的上下摆动动作协调有序。

图 5-38　"翻页画册"动画运行后的两幅画面　　　　图 5-39　"跷跷板"动画画面

5.2 【实例 23】美丽的童年

"美丽的童年"动画运行后的两幅画面如图 5-40 所示。可以看到,在儿童图像之上,嵌着"美"、"丽"、"的"、"童"和"年"5 个文字的苹果旋转着,沿着 5 条不同曲线轨迹,依次从上向下移动,一字形地排成水平一排。同时一只蝴蝶沿着一条曲线飞翔。该动画的制作方法和相关知识介绍如下。

图 5-40 "美丽的童年"动画运行后的两幅画面

 制作方法

1. 制作传统补间动画

(1)新建一个 Flash 文档,设置舞台工作区宽 500 像素、高 400 像素,背景为绿色。再以名称"【实例 23】美丽的童年.fla"保存。

(2)导入"蝴蝶 5.gif"、"苹果.gif"和"宝宝.jpg"图像文件。将"库"面板内生成的图像元件名称改为"苹果",将生成的"元件 1"影片剪辑元件的名称改为"蝴蝶"。

(3)创建并进入"美"图形元件的编辑状态,选中"图层 1"图层第 1 帧,在舞台工作区内的正中间输入华文行楷字体、103 点的黄色字"美"。再在"图层 1"图层下边创建一个"图层 2"图层,选中"图层 1"图层第 1 帧,将"库"面板内的"苹果"图像元件拖曳到舞台工作区内的正中间,调整该图像宽和高均为 150 像素,如图 5-41 左图所示。然后,回到主场景。

(4)按照上述方法,再创建"丽"、"的"、"童"和"年"4 个图形元件。各图形元件内分别制作如图 5-41 所示的 5 个图像中的一个图像。

图 5-41 "美"、"丽"、"的"、"童"和"年"5 个图形元件内的图像

(5)选中主场景"图层 1"图层第 1 帧,将"库"面板内的"宝宝"图像元件拖曳到舞台工作区内,调整该图像的大小和位置,使它刚好将舞台工作区完全覆盖。

(6)在"图层 1"图层之上添加"图层 2"~"图层 7"6 个图层。选中"图层 2"图层第

1 帧，将"库"面板内的"美"图形元件拖曳到舞台工作区外上边；选中"图层 3"图层第 11 帧，将"库"面板内的"丽"图形元件拖曳到舞台工作区外上边；选中"图层 4"图层第 22 帧，将"库"面板内的"的"图形元件拖曳到舞台工作区外上边；选中"图层 5"图层第 33 帧，将"库"面板内的"童"图形元件拖曳到舞台工作区外上边；选中"图层 6"图层第 44 帧，将"库"面板内的"年"图形元件拖曳到舞台工作区外上边；选中"图层 7"图层第 1 帧，将"库"面板内的"蝴蝶"影片剪辑元件拖曳到舞台工作区外右下角。

（7）创建"图层 2"图层第 1～50 帧的传统补间动画，创建"图层 3"图层第 11～61 帧的传统补间动画，创建"图层 4"图层第 22～72 帧的传统补间动画，创建"图层 5"图层第 33～83 帧的传统补间动画，创建"图层 6"图层第 44～94 帧的传统补间动画。各动画内对象起点的位置都在舞台工作区的上边，各动画内对象终点的位置如图 5-40 右图所示。然后，创建"图层 7"图层第 1～120 帧的传统补间动画。

（8）同时选中"图层 2"到"图层 6"图层第 120 帧，按 F5 键。

2．制作沿着引导线移动的动画

（1）右击"图层 7"图层，调出它的快捷菜单，单击该菜单内的"添加传统运动引导层"菜单命令，即可在"图层 7"图层之上创建"引导层：引导图层"引导图层 ⌒引导层：引导图层 。然后，依次向右上方拖曳"图层 6"～"图层 2"图层，使这些普通图层成为被引导图层。

（2）选中"引导层：引导图层"第 1 帧，使用工具箱内的"铅笔工具" ✐，在舞台工作区内从上到下绘制 5 条细曲线，如图 5-42 所示。

（3）选中"图层 2"图层第 1 帧，将"美"图形实例移到左边引导线的起点处或起点附近的引导线之上，使"美"图形实例的中心点位于左边引导线的起点处或起点附近的引导线之上，如图 5-42 所示。选中"图层 2"图层第 50 帧，将"美"字移到左边引导线的终点处或终点附近的引导线之上，如图 5-43 所示。

图 5-42　第 1 帧画面

图 5-43　第 50 帧画面

（4）使用工具箱中的"选择工具" ▶，选中"图层 3"图层第 11 帧，将"丽"图形实例移到左边第 2 条引导线的起点或起点附近的引导线之上，使"丽"图形实例的中心点位于左边第 2 条引导线的起点处或起点附近的引导线之上。选中"图层 3"图层第 61 帧，将"丽"图形实例移到左边第 2 条引导线的终点或终点附近的引导线之上。

（5）按照上述方法，调整其他几个图层动画中，对象的起点位置和终点位置。

至此，整个动画制作完毕，该动画的时间轴如图 5-44 所示。

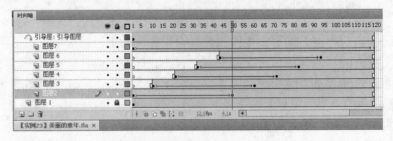

图 5-44 "美丽的童年"动画的时间轴

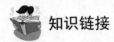知识链接

1. 引导层

可以在引导层内创建图形等,这可以在绘制图形时起到辅助作用,以及起到运动路径的引导作用。引导层中的图形只能在舞台工作区内看到,在输出的电影中不会出现。另外,还可以把多个普通图层关联到一个引导层上。在时间轴窗口中,引导层名字的左边有 图标(传统运动引导层)或 图标(普通引导层)。它们代表了不同的引导层,有着不同的作用。

(1)普通引导层:它只起到辅助绘图的作用。创建普通引导层的方法是:创建一个普通图层。右击该图层名称,调出图层快捷菜单,如图 5-45 所示。再选择该菜单中的"引导层"菜单命令,即可将右击的图层转换为普通引导层,其结果如图 5-46 所示。

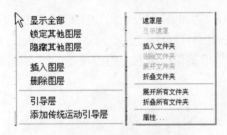

图 5-45 图层快捷菜单

图 5-46 普通引导层

(2)传统运动引导层:它可以引导对象沿辅助线移动,创建引导动画。创建一个普通图层(如"图层 1"图层),右击图层名称,调出图层快捷菜单,选择该菜单内的"创建传统运动引导层"菜单命令,即可在右击的图层(如"图层 1"图层)之上生成一个传统运动引导层,使右击的图层成为被引导图层,其结果如图 5-47 所示。如果将普通引导层下边的普通图层(如"图层 1"图层)向右上方的普通引导层拖曳,可以使普通引导层转换为传统运动引导层,被拖曳的图层成为被引导图层,其结果如图 5-48 所示。

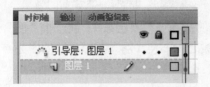

图 5-47 传统运动引导层

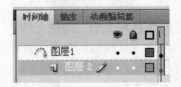

图 5-48 转换为传统运动引导层

2．引导动画制作方法 1

（1）按照上述方法，在"图层 1"图层第 1～20 帧创建一个沿直线移动的传统补间动画，例如一个圆球从左边移到右边的动画。

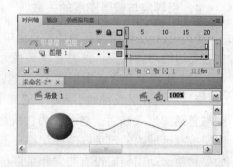

（2）右击"图层 1"图层的名称，调出图层快捷菜单，选择该菜单内的"创建传统运动引导层"菜单命令，即可在右击的"图层 1"图层之上生成一个传统运动引导层"引导层：图层 1"图层，使右击的"图层 1"图层成为"引导层：图层 1"图层的被引导图层，被引导图层的名字向右缩进，表示它是被引导图层（即关联的图层），其结果如图 5-47 所示。

图 5-49　引导动画的时间轴和舞台工作区

（3）选中传统运动引导层"引导层：图层 1"图层，在舞台工作区内绘制路径曲线（辅助线），如图 5-49 所示。

（4）选中"图层 1"图层第 1 帧，选中"属性"面板内的"贴紧"复选框，拖曳对象（圆球）到辅助线起始端或线上，使对象的中心与辅助线重合。再选中终止帧，拖曳圆球到辅助线终止端或线上，使对象的中心与辅助线重合。

（5）按 Enter 键，播放动画，可以看到小球沿辅助线移动。按 Ctrl+Enter 键，播放动画，此时辅助线不会显示出来。

3．引导动画制作方法 2

（1）选中"图层 1"图层第 1 帧，创建要移动的对象（如一个球）。

（2）右击"图层 1"图层第 1 帧（也可以右击对象），调出帧快捷菜单，单击该菜单内的"创建补间动画"菜单命令，即可创建补间动画。在"图层 1"图层，第 1 帧成为关键帧，第 1～12 帧形成一个补间范围，它显示为蓝色背景，如图 5-50 所示。

（3）使用工具箱内的"选择工具" ，拖曳第 12～15 帧，使补间范围增加。选中第 15 帧（即播放指针移到第 15 帧），拖曳彩球到终点位置，此时会出现一条从起点到终点的辅助线，即运动引导线，如图 5-51 所示。

（4）将鼠标指针移到运动引导线之上，当鼠标指针右下方出现一个小弧线时，拖曳鼠标，可以调整直线运动引导线成为曲线运动引导线，如图 5-52 所示。还可以采用相同的方法，继续调整该曲线运动引导线的形状。也可以使用"任意变形工具" 和"变形"面板等来改变运动引导线的形状。在补间范围的任何帧中更改对象的位置，也可以改变运动引导线的形状。

图 5-50　创建补间动画

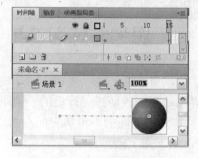

图 5-51　调整对象终止位置

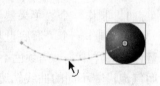

图 5-52　调整引导线

另外，将其他图层内的曲线（不封闭曲线），复制粘贴到补间范围，替换原来的运动引导线。

4. 引导层与普通图层的关联

（1）引导层转换为普通图层：选中引导层，再单击图层快捷菜单中的"引导层"菜单命令，使它左边的对勾消失，这时它就转换为普通图层了。

（2）引导层与普通图层的关联：其方法是把一个图层控制区域内的普通图层拖曳到引导层（传统运动引导层或普通引导层）的右下边，如图5-53所示（如果原来的引导层是普通引导层，则与普通图层关联后会自动变为传统运动引导层）。一个引导层可以与多个普通图层关联。把图层控制区域内的已关联的图层拖曳到引导层的左下边，即可断开普通图层与引导层的关联。如果传统运动引导层没有与它相关联的图层，则该运动引导层会自动变为普通引导层。

5. 设置图层的属性

选中一个图层，单击图层快捷菜单中的"属性"菜单命令或选择"修改"→"时间轴"→"图层属性"菜单命令，调出"图层属性"对话框，如图5-54所示。其中各选项的作用如下。

（1）"名称"文本框：给选定的图层命名。

（2）"显示"复选框：选中它后，表示该层处于显示状态，否则处于隐藏状态。

（3）"锁定"复选框：选中它后，表示该层处于锁定状态，否则处于解锁状态。

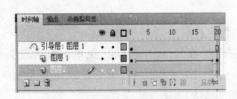

图5-53　两个普通图层与引导层关联

图5-54　"图层属性"对话框

（4）"类型"栏：利用该栏的单选项，可以确定选定图层的类型。

（5）"轮廓颜色"按钮：单击它会调出颜色板，用调色板可以设定在以轮廓线显示图层对象时，轮廓线的颜色。它仅在"将图层视为轮廓"复选框被选中时有效。

（6）"将图层视为轮廓"复选框：选中它后，将以轮廓线方式显示该图层内的对象。

（7）"图层高度"下拉列表框：用来选择一种百分数，在时间轴窗口中可以改变图层帧单元格的高度，它在观察声波图形时非常有用。

思考与练习 5-2

1．制作一个"苹果熟了"动画，在一棵苹果树上，一些苹果不断地坠落下来。

2．制作一个"海底世界"动画，该动画运行后的一幅画面如图5-55所示。可以看到，在蓝色的海洋中，一些颜色不同、大小不同的小鱼从右向左游动，水中还有飘动的水草，13个透明气泡沿着不同的曲线轨迹，从下向上漂浮。

图 5-55　"海底世界"动画运行后一幅画面

3．制作一个"小火车"动画，运行后的两幅画面如图 5-56 所示。可以看到，一列精致的小火车（一节黑色火车头、四节黄色车厢）沿着木地板上的椭圆形轨道不断循环行驶。小火车在行使时，出站很缓慢。

图 5-56　"小火车"动画运行后两幅画面

5.3　【实例 24】图像切换集锦

"图像切换集锦"动画用来播放几个应用遮罩技术制作的动画，该动画运行后，首先播放"场景 1"场景的"图像错位切换"动画，它的两幅画面如图 5-57 所示，可以看出，动画先显示一幅名胜建筑图像，接着该图像分成左右两部分，左半边图像从下向上移动，右半边图像从上向下移动，逐渐地将下边的小河流水动画画面显示出来。

图 5-57　"图像错位切换"动画运行后的两幅画面

接着播放"场景 2"场景的"动画模糊变清晰切换"动画，它的两幅画面如图 5-58 所示。可以看到一幅模糊的小河流水动画画面，接着该画面从中间向左右两边逐渐变清晰。

图 5-58　"动画模糊变清晰切换"动画运行后的两幅画面

再接着播放"场景3"场景的"图像百叶窗式切换"动画，它的两幅画面如图5-59所示。可以看到第1幅鲜花图像，接着以百叶窗方式从上到下切换为第2幅鲜花图像，又以百叶窗方式从右到左切换为第3幅鲜花图像。

图5-59　　"图像百叶窗式切换"动画运行后的两幅画面

该动画的制作方法和相关知识介绍如下。

 制作方法

1. 制作"小河流水"影片剪辑元件

（1）新建一个Flash文档，设置舞台工作区宽500像素、高400像素，背景为黄色，再以名称"【实例24】图像切换集锦.fla"保存。导入3幅鲜花图像和两幅风景图像到"库"面板内，将"库"面板内的图像元件名称分别改为"花1"、"花2"、"花3"、"图像1"和"图像2"。

（2）创建并进入"小河流水"影片剪辑元件的编辑状态。选中"图层1"图层第1帧，将"库"面板内的"图像2"图像拖曳到舞台工作区内。调整该图像宽为500像素、高为400像素，位于舞台工作区正中间，如图5-60所示。接着选中"图层1"图层第120帧，按F5键。此时，"图层1"图层的第1～120帧的内容都一样。

（3）选中"图层1"图层第1帧的"图像2"图像，选择"修改"→"分离"菜单命令，将图像打碎。使用工具箱内的"套索工具" ，在图像的河流轮廓处拖曳，选中所有河流，如图5-61所示。选择"编辑"→"复制"菜单命令，将选中的河流图像复制到剪贴板中。

图5-60　　"图像2"图像　　　　　　　图5-61　　河流图像

（4）在"图层1"图层之上新建一个"图层2"图层，选中该图层第1帧，选择"编辑"→"粘贴到当前位置"菜单命令，将剪贴板中的河流图像粘贴到"图层2"图层第1帧原来的位置处。按一次光标下移按键和光标右移键，将"图层2"图层第1帧的小河流水图像微微向右下方移动一些。选中"图层2"图层第120帧，按F5键。

（5）在"图层 2"图层之上创建一个"图层 3"图层，选中"图层 3"图层的第 1 帧，绘制一些曲线线条，如图 5-62 所示。然后，创建"图层 3"图层第 1～120 帧的传统补间动画，垂直向下移动第 120 帧内曲线线条的位置，如图 5-63 所示。

图 5-62　第 1 帧画面

图 5-63　第 120 帧画面

（6）右击"图层 3"图层，调出它的快捷菜单，单击该菜单内的"遮罩层"菜单命令，将"图层 3"图层设置为遮罩图层，此时的时间轴如图 5-64 所示。然后，回到主场景。

图 5-64　"小河流水"影片剪辑元件时间轴

2．制作"图像错位切换"动画

（1）选择"窗口"→"其他面板"→"场景"菜单命令，调出"场景"面板。2 次单击"场景"面板内的"添加场景"按钮 **+**，新建两个场景。单击"场景"面板内的"场景 1"名称，切换到第 1 个场景的舞台工作区。

（2）选中"场景 1"场景"图层 1"图层第 1 帧，将"库"面板内的"小河流水"影片剪辑元件拖曳到舞台工作区内。调整"小河流水"影片剪辑实例的宽为 500 像素、高为 400 像素，使它刚好将舞台工作区完全覆盖，如图 5-60 所示。

（3）在"图层 1"图层之上增加一个"图层 2"图层。选中该图层第 1 帧，将"库"面板内的"图像 1"图像拖曳到舞台工作区内。利用图像的"属性"面板精确调整图像的宽为 500 像素、高为 400 像素，使它刚好将舞台工作区完全覆盖，如图 5-65 所示。

（4）制作"图层 2"图层第 1～100 帧的传统补间动画，选中"图层 2"图层第 1 帧的图像，在其"属性"面板内调整 X 值为 0 像素、Y 值为−400 像素，将图像垂直移到舞台工作区的上边，如图 5-66 左图所示。选中"图层 1"图层第 100 帧，按 F5 键。

（5）在"图层 2"图层之上新增"图层 3"和"图层 4"图层。选中"图层 3"图层第 1 帧。在舞台工作区的左半边绘制一个黑色矩形图像，在其"属性"面板内设置宽为 250 像素、高为 400 像素、X 值为 0、Y 值为 0，如图 5-67 所示。选中"图层 3"图层第 100 帧，按 F5 键。

（6）按住 Shift 键，单击"图层 2"图层第 100 帧，再单击"图层 3"图层第 1 帧，选中"图层 2"和"图层 3"图层中的所有帧。右击选中的帧，调出帧快捷菜单，单击该菜单中的"复制帧"菜单命令，将选中的帧内容复制到剪贴板中。

图 5-65 "图层 2"图层第 1 帧画面　　图 5-66 "图层 2"和"图层 4"图层第 100 帧的画面

（7）选中"图层 4"图层中第 1～100 帧的所有帧。右击选中的帧，调出帧快捷菜单，选择"粘贴帧"菜单命令，将剪贴板中的内容粘贴到"图层 4"图层和新增的"图层 5"图层中。"图层 4"和"图层 5"图层的内容分别与"图层 2"和"图层 3"图层内容一样。

（8）选中"图层 4"图层第 100 帧中的图像，在其"属性"面板内调整 X 值为 0 像素、Y 值为 400 像素，将"图层 4"图层第 100 帧中的图像移到舞台工作区的下边，如图 5-66 右图所示。

（9）选中"图层 5"图层第 1 帧。将图像的左半边的黑色矩形移到图像的右半边（X 值为 250、Y 值为 0），如图 5-68 所示。

图 5-67 在图像左半边绘制一个矩形　　　　图 5-68 图像右半边的矩形

（10）将"图层 3"图层设置成遮罩层，使"图层 2"图层成为被遮罩图层。将"图层 5"图层设置成遮罩层，使"图层 4"图层成为被遮罩图层。动画的时间轴如图 5-69 所示。

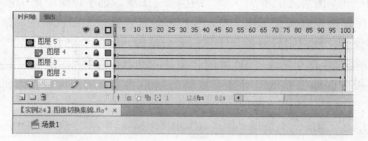

图 5-69 "场景 1"场景内"图像错位切换"动画的时间轴

3. 制作"动画模糊变清晰切换"动画

（1）单击"场景"面板内的"场景 2"名称，切换到第 2 个场景的舞台工作区。选中"场景 2"场景"图层 1"图层第 1 帧，将"库"面板内的"小河流水"影片剪辑元件拖曳到到舞台工作区内。调整"小河流水"影片剪辑实例的宽为 500 像素、高为 400 像素，使它刚好将舞台工作区完全覆盖，如图 5-60 所示。

（2）在"图层 1"图层之上新增一个"图层 2"图层。将"图层 1"第 1 帧内容复制粘贴到"图层 2"图层第 1 帧。按住 Ctrl 键，选中"图层 1"和"图层 2"图层第 120 帧，按 F5 键，使"图层 1"图层和"图层 2"图层第 1～120 帧内容一样。

（3）将"图层 2"图层隐藏。再选中"图层 1"图层第 1 帧的"小河流水"影片剪辑实例，在该实例的"属性"面板中展开滤镜参数栏，在"品质"下拉列表框中选择"高"选项，在"模糊 X"文本框中输入 6，同时"模糊 Y"文本框中的值也为 6，如图 5-70 所示。将"图层 1"图层内的"小河流水"影片剪辑实例调模糊，如图 5-71 所示。然后，将"图层 2"图层显示。

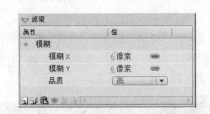

图 5-70　"属性"面板滤镜参数设置

图 5-71　"图层 2"图层第 1 帧模糊画面

（4）在"图层 2"图层的上边创建一个"图层 3"图层，选中该图层第 1 帧，使用工具箱中的"矩形工具" ，绘制一幅以黑色填充的矩形图形。在其"属性"面板内设置宽为 2 像素、高为 400 像素、X 值为 249、Y 值为 200，如图 5-72 所示。

（5）在"图层 3"图层创建一个第 1～120 帧的传统补间动画。选中"图层 3"图层第 120 帧内的矩形图形，在其"属性"面板内设置宽为 500 像素、高为 400 像素、X 值为 249、Y 值为 200，如图 5-73 所示。

图 5-72　"图层 3"图层第 1 帧画面

图 5-73　"图层 3"图层第 120 帧画面

（6）右击"图层 3"图层，弹出图层快捷菜单，单击该菜单内的"遮罩层"命令，将"图层 3"图层设置为遮罩图层，"图层 2"图层为被遮罩图层。

至此，该动画制作完毕。此时，动画的时间轴如图 5-74 所示。

图 5-74　"场景 2"场景"动画模糊变清晰切换"动画的时间轴

4．制作"图像百叶窗式切换"动画

（1）单击"场景"面板内的"场景 3"名称，切换到第 3 个场景的舞台工作区。选中"场景 3"场景"图层 1"图层第 1 帧。选择"视图"→"网格"→"编辑网格"菜单命令，调出"网格"对话框，选中"显示网格"和"贴紧至网格"复选框，在 ↔ 和 ↕ 文本框内均输入 30。单击"确定"按钮，关闭该对话框，在舞台工作区内显示水平和垂直间距为 30 像素的网格。

（2）创建并进入"百叶"影片剪辑元件的编辑状态，选中"图层 1"图层第 1 帧，绘制一幅蓝色矩形图形，在其"属性"面板内，调整图形的宽为 500、高为 1、X 坐标值为 0、Y 坐标值为-15。蓝色矩形图形如图 5-75 所示。

（3）创建"图层 1"图层第 1～40 帧的传统补间动画，选中"图层 1"图层第 1 帧，再选中第 1 帧内的图形，在其"属性"面板内，调整宽为 500、高为 30、X 坐标值为 0、Y 坐标值为 0。在垂直方向将矩形向下调大，如图 5-76 所示。然后，回到主场景。

图 5-75　蓝色矩形图形　　　　　　　　　　图 5-76　调整后的蓝色矩形图形

（4）创建并进入"百叶窗"影片剪辑元件的编辑状态，选中"图层 1"图层第 1 帧，14 次将"库"面板内的"百叶"影片剪辑元件拖曳到舞台工作区内，垂直均匀分布，间距为 30 像素，如图 5-77 所示。

（5）使用工具箱中的"选择工具" ▶，拖曳一个矩形将 14 个"百叶"影片剪辑元件实例全部选中，在其"属性"面板内，调整它们的宽度为 500 像素、高度为 390 像素、X 坐标值为-250、Y 坐标值为-210，如图 5-78 所示。然后，回到主场景。

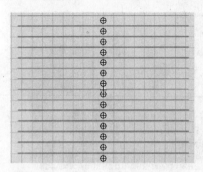

图 5-77　编辑"百叶"影片剪辑元件　　　　　图 5-78　"属性"面板设置

（6）将"图层 1"图层的名称改为"图 1"，选中该图层第 1 帧，将"库"面板内的"花 1"图像拖曳到舞台工作区内的正中间，调整它的大小与舞台工作区完全一样，使其刚好将整个舞台工作区完全覆盖，如图 5-79 所示。选中第 40 帧（注意：应该与"百叶"影片剪辑元件内动

画的帧数一样），按 F5 键，使第 1～40 帧的内容一样。

（7）在"图 1"图层之上增加一个"图 2-1"图层。选中"图 2-1"图层第 1 帧，将"库"面板内的"花 2"图像拖曳到舞台工作区内的正中间，调整它的大小与位置，使其与"花 1"图像完全一样，如图 5-80 所示。选中第 40 帧，按 F5 键，使第 1～40 帧的内容一样。

（8）在"图 2-1"图层之上增加一个"遮罩 1"图层。选中"遮罩 1"图层第 1 帧，将"库"面板内的"百叶窗"影片剪辑元件拖曳到舞台工作区内，使"百叶窗"影片剪辑实例的上边缘与"花 2"图像的上边缘对齐，调整"百叶窗"影片剪辑实例的宽度大一些，如图 5-81 所示。选中第 40 帧，按 F5 键，使第 1～40 帧的内容一样。

（9）在"遮罩 1"图层之上增加一个"图 2-2"图层。选中"图 2-2"图层的第 41 帧，按 F7 键，创建一个空关键帧。将"图 2-1"图层第 1 帧（其内是"花 2"图像）复制粘贴到"图 2-2"图层第 1 帧。单击选中第 80 帧，按 F5 键，使第 41～80 帧内容一样。

　　图 5-79　第 1 幅"花 1"图像　　　图 5-80　第 2 幅"花 2"图像　　图 5-81　"百叶窗"影片剪辑实例

（10）在"图 2-2"图层之上增加一个"图 3"图层。选中该图层第 41 帧，按 F7 键，创建一个空关键帧，选中该空关键帧。将"库"面板内的"花 3"图像拖曳到舞台工作区内正中间，调整"花 3"图像的大小和位置，使它与"花 2"图像完全一样，如图 5-82 所示。选中第 80 帧，按 F5 键，使第 41～80 帧内容一样。

（11）在"图 3"图层之上增加一个"遮罩 2"图层。选中"遮罩 2"图层第 41 帧，按 F7 键，创建一个空关键帧。选中"遮罩 2"图层第 41 帧，将"库"面板内的"百叶窗"影片剪辑元件拖曳到舞台工作区内，旋转 90°，使它的右边缘与舞台工作区的右边缘对齐，调整它的宽度大一些，如图 5-83 所示。选中第 80 帧，按 F5 键，使第 41～80 帧的内容一样。

　　　　图 5-82　第 3 幅"花 3"图像　　　　　图 5-83　旋转 90°的"百叶窗"影片剪辑实例

（12）将"遮罩 1"和"遮罩 2"图层设置成遮罩层，使"图 1"和"图 2-2"图层成为被遮罩图层。至此，该动画制作完毕。"图像百叶窗式切换"动画的时间轴如图 5-84 所示。

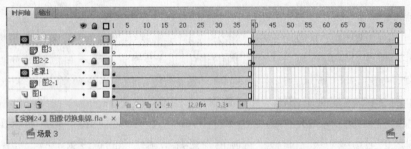

图 5-84 "图像百叶窗式切换"动画的时间轴

 知识链接

1. 遮罩层的作用

可以透过遮罩层内的图形看到其下面的被遮罩图层的内容,而不可以透过遮罩层内的无图形处看到其下面的被遮罩图层的内容。在遮罩层上创建对象,相当于在遮罩层上挖掉了相应形状的洞,形成挖空区域,挖空区域将完全透明,其他区域都是完全不透明的。通过挖空区域,下面图层的内容就可以被显示出来,而没有对象的地方成了遮挡物,把下面的被遮罩图层的其余内容遮挡起来。因此可以透过遮罩层内的对象(挖空区域)看到其下面的被遮罩图层的内容,而不可以透过遮罩层内没有对象的非挖空区域看到其下面的被遮罩图层的内容。

利用遮罩层的这一特性,可以制作很多特殊效果。通常可以采用如下三种类型的方法。

（1）在遮罩层内制作对象移动、大小改变、旋转或变形等动画。

（2）在被遮罩层内制作对象移动、大小改变、旋转或变形等动画。

（3）在遮罩层和被遮罩层内制作对象移动、大小改变、旋转或变形等动画。

2. 创建遮罩层

（1）在"图层 1"图层第 1 帧创建一个对象,此处导入一幅图像,如图 5-85 所示。

（2）在"图层 1"图层上边创建一个"图层 2"图层。选中该图层第 1 帧,绘制图形与输入一些文字,打碎文字,如图 5-86 所示,作为遮罩层中挖空区域。

（3）将鼠标指针移到遮罩层的名字处,单击鼠标右键,调出图层快捷菜单,单击该快捷菜单中的"遮罩层"菜单命令。此时,选中的普通图层的名字会向右缩进,表示已经被它上面的遮罩层所关联,成为被遮罩图层。效果如图 5-87 所示。

图 5-85 导入一幅图像

图 5-86 绘制图形与输入文字

图 5-87 创建遮罩图层

在建立遮罩层后，Flash CS4 会自动锁定遮罩层和被它遮盖的图层，如果需要编辑遮罩层，应先解锁，解锁后就不会显示遮罩效果了。如果需要显示遮罩效果，需要再锁定图层。

如果输入的文字产生不了遮罩效果，可以将文字打碎。

思考与练习 5-3

1．制作一个"照亮桂林山水"动画，运行后的两幅画面如图 5-88 所示。可以看到一幅很暗的桂林山水动画（小河流水）画面，动画画面之上有一个圆形探照灯光在动画画面中移动，并逐渐变大，探照灯所经过的地方，桂林山水动画画面被照亮。

图 5-88　"照亮桂林山水"动画运行后的两幅画面

2．制作一个"图像切换"动画，该动画运行后，先显示第 1 幅图像，第 2 幅图像分成上下两部分，上半边图像从左向内移，下半边图像从右向内移，逐渐显示出第 2 幅图像。

3．制作一个"唐诗朗诵"动画，该动画运行后的两幅画面如图 5-89 所示。可以看到，一幅"鹅"图像逐渐显示出来。同时，红色立体文字"咏　鹅"竖排从上向下推出显示，接着第 2 列红色立体文字"鹅，鹅，鹅，"竖排从上向下推出显示，第 3 列红色立体文字"曲项向天歌。"竖排从上向下推出显示，第 4 列红色立体文字"白毛浮绿水，"竖排从上向下推出显示，第 5 列红色立体文字"红掌拨清波。"竖排从上向下推出显示，第 6 列红色立体文字"骆　宾　王"竖排从上向下推出显示。在显示文字时，还有朗诵这首唐诗的声音与唐诗的逐渐显示同步播放。

图 5-89　"唐诗朗诵"动画运行后的两幅画面

4．制作一个"滚动字幕"动画，该动画运行后，一些竖排的文字从右向左移动。

5.4 【实例25】文字围绕自转地球

"文字围绕自转地球"动画运行后的两幅画面如图 5-90 所示。可以看到，在黑色背景之上，一个蓝色半透明的地球不断自转，同时一个发黄光的蓝色自转文字环"世界人民必须全心保护地球保护我们自然环境"围绕自转的蓝色地球不断转圈运动，文字环还不断地上下摆动，还有一些闪烁的星星。该动画的制作方法和相关知识介绍如下。

图 5-90　"文字围绕自转地球"动画运行后的两幅画面

 制作方法

1. 制作"立体地球展开图"影片剪辑元件

（1）选择 Windows XP 桌面内的"程序"→"设置"→"控制面板"菜单命令，调出"控制面板"对话框，双击"日期和时间"图标，调出 Windows 中的"时间和日期 属性"对话框，单击"时间"标签，如图 5-91 所示。按 Alt+PrintScreen 组合键，将"时间和日期 属性"对话框复制到剪贴板中。

（2）新建一个 Flash 文档，设置舞台工作区宽 440 像素、高 300 像素，背景为灰色，再以名称"【实例25】文字围绕自转地球.fla"保存。

（3）创建并进入"地球展开图"影片剪辑元件的编辑状态。单击主工具栏内的"粘贴"按钮，将剪贴板内的"时间和日期 属性"对话框图像粘贴到舞台工作区内，选中粘贴的"时间和日期 属性"对话框图像。

（4）选择"修改"→"分离"菜单命令，将粘贴的图像分离，使用工具箱内的"选择工具" 和"橡皮擦工具" 将多余的图像删除，获得地球展开图。使用"套索工具" ，单击按下选项栏内的"魔术棒"选项 ，单击图中的蓝色部分，按 Delete 键，删除蓝色图像，再用"橡皮擦工具" 擦除多余内容，修整后的地球展开图如图 5-92 所示。

（5）将图 5-92 所示地球展开图复制一份，水平移到原图像的右边，拼接在一起，如图 5-93 所示。然后，回到主场景。

（6）创建并进入"立体地球展开图"影片剪辑元件的编辑状态。将"库"面板内的"地球展开图"影片剪辑元件拖曳到舞台工作区内的正中间，形成一个实例。使用"斜角"滤镜将"地球展开图"影片剪辑实例立体化，如图 5-94 所示。然后，回到主场景。

图 5-91　"日期和时间 属性"对话框

图 5-92　修整后的地球展开图

图 5-93　复制一份地球展开图

图 5-94　立体化后的地球展开图

2．制作"自转地球"影片剪辑元件

（1）创建并进入"自转地球"影片剪辑元件的编辑窗口。在"图层 1"图层第 1 帧绘制一个蓝色圆形，利用它的"属性"面板设置它的大小（宽和高均为 190 像素）和位置（X 和 Y 均为−95 像素）。这个圆形将作为遮罩图形。选中"图层 1"图层第 200 帧，按 F5 键，使第 1～200 帧的内容一样。

（2）在"图层 1"图层下边添加一个"图层 2"图层。将"图层 1"图层第 1 帧复制粘贴到"图层 2"图层第 1 帧。然后，将"图层 2"图层第 1 帧的圆形填充由白色（红=0，绿=0，蓝=0，Alpha=70%）到蓝色的（红=0，绿=0，蓝=255，Alpha=90%）的放射状渐变透明色，绘制一个蓝色透明球，这个蓝色透明球将作为透明地球的主体，如图 5-95 所示。选中"图层 1"图层第 200 帧，按 F5 键，使第 1～200 帧的内容一样。

（3）在"图层 2"图层之上添加"图层 3"图层。然后，将"库"面板中的"立体地球展开图"影片剪辑元件拖曳到舞台工作区中，调整该实例的位置，如图 5-96 所示。

图 5-95　透明球

图 5-96　"图层 3"图层第 1 帧立体地球展开图的位置

（4）创建"图层 3"图层第 1～200
帧的传统补间动画，立体地球展开图从左
向右水平移动。选中"图层 3"图层第 200
帧，单击选中第 200 帧的立体地球展开图，
按住 Shift 键，水平向右拖曳立体地球展
开图到合适的位置，如图 5-97 所示。

图 5-97　"图层 3"图层第 200 帧立体地球展开图的位置

注意：在 Flash 动画播放时，播放完了第 200 帧，就又从第 1 帧开始播放，因此第 1 帧的画面应该是第 200 帧的下一个画面，否则会出现地球自转时抖动的现象。

（5）将所有图层显示出来。右击"图层 1"图层，调出图层快捷菜单，单击该菜单中的"遮罩层"菜单命令，将"图层 1"图层设置为遮罩层，"图层 3"图层成为被遮罩图层。然后向右上方拖曳"图层 2"图层，使该图层也成为"图层 1"图层的被遮罩图层。

至此，"自转地球"影片剪辑元件制作完毕，它的时间轴如图 5-98 所示。

图 5-98　"自转地球"影片剪辑元件的时间轴

（6）单击元件编辑窗口中的 ⇦ 按钮，回到主场景。

3. 制作"发光自转文字"影片剪辑元件

（1）打开【实例 20】"保护地球"动画，将该动画"库"面板内的"转圈文字"影片剪辑元件复制粘贴到"【实例 25】文字围绕自转地球.fla" Flash 文档的"库"面板内。

（2）创建并进入"发光自转文字"影片剪辑元件的编辑状态，选中"图层 1"图层第 1 帧，将"库"面板内的"转圈文字"影片剪辑元件拖曳到舞台工作区内的正中间，形成一个实例。

（3）在"图层 1"图层下边添加一个"图层 2"图层，选中该图层第 1 帧，绘制一个没有轮廓线的黄色圆形。再绘制一个直径比黄色圆形直径小 50 像素的黄色圆形轮廓线。使用工具箱内的"选择工具" ⬉，选中黄色圆形轮廓线内的图形，按 Delete 键，删除选中的图形，制作出一个黄色圆环图形，如图 5-99 所示。

（4）选中黄色圆环图形，选择"修改"→"转换为元件"菜单命令，调出"转换为元件"对话框，选中"影片剪辑"单选按钮，在"名称"文本框内输入"圆形"，再单击"确定"按钮，将选中的图形转换为"圆形"影片剪辑实例，其目的是可以使用滤镜。

（5）单击"属性"面板内的"添加滤镜"按钮 ⬐，弹出滤镜菜单，单击该菜单中的"模糊"菜单命令，设置"模糊 X"和"模糊 Y"值为 23，在"品质"下拉列表框内选择"高"选项。如图 5-100 所示，使复制的黄色圆形模糊，如图 5-101 所示。

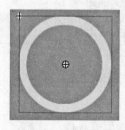

图 5-99　圆环图形　　　　　图 5-100　"滤镜"栏设置　　　　　图 5-101　圆环光芒图形

（6）在"图层 2"图层下边添加一个"图层 3"图层，将"图层 2"图层第 1 帧复制粘贴到"图层 3"图层第 1 帧。选中"图层 3"图层第 1 帧内的圆环图形，按照图 5-102 所示设置，使复制的黄色圆形模糊，形成圆环光芒，如图 5-103 所示。

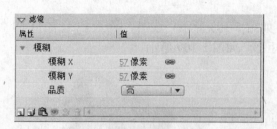

图 5-102 "滤镜"面板　　　　　　　　图 5-103 圆环光芒图形

（7）将两个圆环光芒图形拖曳到"转圈文字"影片剪辑实例之上，形成发光的转圈文字，如图 5-104 所示。然后，单击元件编辑窗口中的 ⬅ 按钮，回到主场景。

4．制作主场景动画

（1）选中"图层 1"图层第 1 帧，将"库"面板中的"自转地球"影片剪辑元件拖曳到舞台工作区内。选中"图层 1"图层第 100 帧，按 F5 键。

（2）在"图层 1"图层上边添加一个"图层 2"图层，选中该图层第 1 帧，将"库"面板中的"自转文字"影片剪辑元件拖曳到舞台工作区中。使用工具栏中的"任意变形工具" ⬚ ，拖曳调整"自转文字"影片剪辑实例，使它在垂直方向变小，如图 5-105 所示。

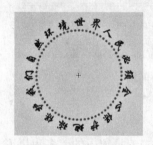

图 5-104 发光的转圈文字　　　　图 5-105 "自转地球"和"自转文字"影片剪辑实例

（3）单击按下"选项"栏中的"旋转与倾斜"按钮 ↻ ，拖曳控制柄，调整它的倾斜角度，如图 5-106 所示。再创建第 1～50 帧，再到第 100 帧的动画。第 100 帧与第 1 帧画面一样。调整第 50 帧"自转文字"影片剪辑实例，如图 5-107 所示。

图 5-106 第 1 帧和第 100 帧画面　　　　　图 5-107 第 50 帧画面

（4）在"图层 2"图层上边增加"图层 3"图层。将"图层 1"图层第 1 帧复制粘贴到"图层 3"图层第 1 帧。

（5）在"图层 3"图层上边增加"图层 4"图层。选中该图层第 1 帧，绘制一幅黑色矩形，再将该矩形旋转一定角度，如图 5-108 所示。然后，制作"图层 4"图层第 1～100 帧的传统补间动画。第 1 帧和第 100 帧的画面一样，如图 5-108 所示。选中"图层 4"图层第 50 帧，按 F6 键，创建关键帧。旋转第 50 帧内黑色矩形，如图 5-109 所示。

图 5-108　第 1 帧和第 100 帧画面　　　　　图 5-109　第 50 帧画面

（6）将"图层 4"图层设置成遮罩图层，"图层 3"图层成为"图层 4"图层的被遮罩图层。再将舞台工作区的背景色设置为黑色。

至此，整个动画制作完毕，该动画的时间轴如图 5-110 所示（还没有图层文件夹）。

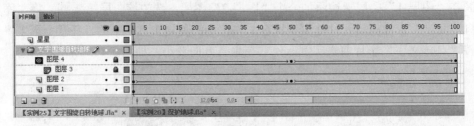

图 5-110　"文字围绕自转地球"动画时间轴

5. 制作星星动画

（1）创建并进入"星星 1"影片剪辑元件的编辑状态，单击工具箱内的"多角星形工具"按钮 ⬡ ，单击其"属性"面板内的"选项"按钮，调出"工具设置"对话框。

（2）在该对话框内的"样式"下拉列表框中选择"星形"选项，表示绘制星形图形；在"边数"文本框内输入 5，表示绘制五角星形；在"星形顶点大小"文本框中输入 0.2。然后，单击"确定"按钮。

（3）设置填充色为黄色，无轮廓线。然后，在舞台工作区内拖曳绘制一幅五角星图形。然后，回到主场景。

（4）创建并进入"星星"影片剪辑元件的编辑状态，将"库"面板内的"星星 1"影片剪辑元件拖曳到舞台工作区内的正中间。

（5）在"图层 1"图层之上添加"图层 2"图层，将"图层 1"图层第 1 帧复制粘贴到"图层 2"图层第 1 帧。选中"图层 2"图层第 80 帧，按 F5 键。

（6）选中"图层 1"图层第 1 帧内的"星星 1"影片剪辑实例，在其"属性"面板内的"滤镜"栏设置模糊滤镜参数，"模糊 X"和"模糊 Y"均为 5 像素，"品质"下拉列表框内选择"高"选项。

（7）创建"图层 1"图层第 1～40 帧再到第 80 帧的传统补间动画。选中"图层 1"图层第 40 帧内的"星星 1"影片剪辑实例，在其"属性"面板内的"滤镜"栏设置模糊滤镜参数，"模糊 X"和"模糊 Y"均为 8 像素，"品质"下拉列表框内选择"高"选项。然后，回到主场景。

（8）在主场景的"图层 4"图层之上添加一个新图层，将该图层的名称改为"星星"。选中该图层第 1 帧，将"库"面板内的"星星"影片剪辑元件拖曳到舞台工作区内，调整它的大小和位置，再复制多份，移到不同的位置，如图 5-90 所示。

6. 整理"库"面板内的元件

（1）单击"库"面板内的"新建文件夹"按钮 ，在"库"面板内创建一个新的文件夹，将该文件夹的名称改为"补间"。按住 Ctrl 键，选中各补间元件，再将它们拖曳到"补间"文件夹之上，即可将选中的元件放置到"补间"文件夹内。

（2）按照上述方法，在"库"面板内创建"发光自转文字 1"文件夹，将所有与"发光自转文字"有关的元件放置到"发光自转文字 1"文件夹内。

（3）在"库"面板内创建"星星动画"文件夹，将所有与"星星动画"有关的元件放置到"星星动画"文件夹内。

（4）在"库"面板内创建"自转地球 1"文件夹，将所有与"自转地球"有关的元件放置到"自转地球 1"文件夹内。此时的"库"面板如图 5-111 所示。

（5）选中"图层 4"图层，单击时间轴内的"新建文件夹"按钮，在"图层 4"图层之上创建一个图层文件夹，将该图层文件夹的名称改为"文字围绕自转地球"。

（6）按住 Ctrl 键，单击选中"图层 1"～"图层 4"图层，拖曳它们到"文字围绕自转地球"图层文件夹之上，如图 5-110 所示。

图 5-111　"库"面板

知识链接

1. 建立普通图层与遮罩层的关联

建立遮罩层与普通图层关联的操作方法有以下两种。

（1）在遮罩层的下面创建一个普通图层。用鼠标将该普通图层拖曳到遮罩层的右下边。

（2）在遮罩层的下面创建一个普通图层。鼠标右键单击普通图层，调出图层快捷菜单，如图 5-112 所示。单击该菜单中的"属性"菜单命令，调出"图层属性"对话框，如图 5-113 所示。选中该对话框中的"被遮罩"单选项。

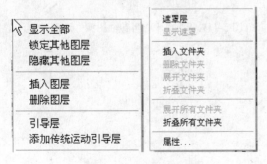

图 5-112　图层快捷菜单

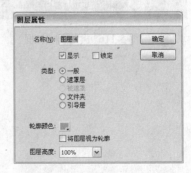

图 5-113　"图层属性"对话框

2．取消被遮盖的图层与遮罩层之间的关联

取消被遮盖的图层与遮罩层关联的操作方法有以下两种。

（1）在时间轴中，用鼠标将被遮罩层拖曳到遮罩层的左下边或上面。

（2）选中被遮罩的图层，然后选中"图层属性"对话框中的"一般"单选项。

思考与练习 5-4

1．制作一个"放大镜"动画，该动画运行后的一幅画面如图 5-114 所示。可以看到，一个放大镜从左向右缓慢移动，将蓝色文字和背景风景图像放大显示。

2．仿照【实例 25】动画的制作方法，制作一个"星球光环"动画。该动画运行后，一个不断旋转的光环围绕自转地球转动，其中的一幅画面如图 5-115 所示。

图 5-114　"放大镜"动画画面　　　　图 5-115　"星球光环"动画画面

3．制作一个"星球"动画，该动画运行后的一幅画面如图 5-116 所示。可以看到，一个自转的星球在不断地自转，星星和光点闪烁着光芒。

4．制作一个"展开透明卷轴图像"动画，该动画运行后的一幅画面如图 5-117 所示。其显示效果是一幅图像卷轴从右向左滚动，将图像逐渐展开。同时也逐渐地将原有的图像覆盖。

图 5-116　"星球"动画　　　　图 5-117　"展开透明卷轴图像"动画的显示效果

第6章

Flash基本动画制作

知识要点：

1. 掌握补间形状动画的制作方法，掌握创建和编辑补间动画的方法。
2. 掌握应用"动画编辑器"面板，调整曲线形状的方法，应用缓动和浮动的方法。
3. 初步掌握使用"骨骼工具" 和"绑定工具" 制作反向运动动画的方法。

6.1 【实例26】浪遏飞舟

"浪遏飞舟"动画运行后的两幅画面如图6-1所示。可以看到，两只小鸟在空中飞翔，海面上，随着浪遏飞舟的起伏，一个小人在划船。该动画的制作方法和相关知识介绍如下。

图6-1 "浪遏飞舟"动画运行后的两幅画面

制作方法

1. 制作影片剪辑

（1）新建一个Flash文档，设置舞台工作区的宽为500像素、高为350像素，背景为浅蓝色。再以名称"【实例26】浪遏飞舟.fla"保存。

（2）选择"文件"→"导入"→"导入到库"菜单命令，调出"导入到库"对话框。利用该对话框将"飞鸟 1.gif"、"飞鸟 2.gif"和"划船.gif"3 个 GIF 格式动画导入到"库"面板中。"库"面板内会自动生成"飞鸟 1"、"飞鸟 2"和"划船"三个影片剪辑元件。

（3）双击"库"面板内的"飞鸟 2"影片剪辑元件图标，进入"飞鸟 2"影片剪辑元件的编辑状态，"飞鸟 2"影片剪辑元件的时间轴如图 6-2 所示，几个关键帧的画面如图 6-3 所示，然后，回到主场景。

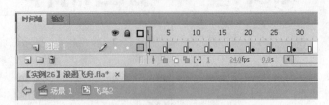

图 6-2　"飞鸟 2"影片剪辑元件的时间轴

图 6-3　"飞鸟 2.gif"GIF 格式动画的 8 幅画面

（4）"飞鸟 1.gif"影片剪辑元件内几个关键帧的画面如图 4-5 所示，"划船.gif"影片剪辑元件内几个关键帧的画面如图 4-6 所示。

2．制作海浪起伏的动画

（1）将"图层 1"图层的名称改为"背景"，选中"背景"图层第 1 帧，绘制一幅宽 500 像素、高 350 像素的矩形，填充下白上蓝的线性渐变色。该矩形将舞台工作区完全覆盖，如图 6-4 所示。然后，隐藏"背景"图层。

（2）在"背景"图层之上添加一个名称为"海浪"的图层，选中该图层第 1 帧，绘制一幅宽 600 像素、高 180 像素的矩形，填充下白上蓝的线性渐变色。

（3）使用工具箱内的"直线工具"＼，按住 Shift 键，在矩形中间处垂直拖曳，绘制一条垂直直线。使用工具箱内的"选择工具"▶，将鼠标指针移到直线左边矩形上边缘处，垂直向下拖曳矩形的上边缘，产生左边的海浪图形效果，如图 6-5 所示。

图 6-4　"背景"图层图形

图 6-5　产生左边的海浪图形效果

（4）将鼠标指针移到直线右边矩形上边缘处，垂直向上拖曳矩形的上边缘，产生海浪图形效果，如图 6-6 所示。

（5）右击"海浪"图层第 1 帧，调出它的帧快捷菜单，单击该菜单内的"创建补间形状"菜单命令，再按住 Ctrl 键，同时选中"海浪"图层第 100 帧和第 50 帧，按 F6 键，创建两个关键帧，同时制作"海浪"图层第 1～50 帧再到第 100 帧的形状动画。"海浪"图层第 1 帧与第 100 帧的画面一样，如图 6-6 所示。

（6）选中"海浪"图层第 50 帧，单击舞台工作区外，不选中图形，再将鼠标指针移到直线右边上边缘处，垂直向下拖曳上边缘；再将鼠标指针移到直线左边矩形上边缘处，垂直向上拖曳上边缘，效果如图 6-7 所示。从而产生海浪起伏的动画效果。

图 6-6　第 1、100 帧画面　　　　　　　　图 6-7　第 50 帧画面

3．制作小船和小鸟的动画

（1）在"海浪"图层之上添加"飞鸟 1"和"飞鸟 2"图层。选中"飞鸟 1"图层的第 1 帧，将"库"面板内的"飞鸟 1"影片剪辑元件拖曳到舞台工作区内的右上角。选中"飞鸟 2"图层的第 1 帧，将"库"面板内的"飞鸟 2"影片剪辑元件拖曳到舞台工作区内的左上角。

（2）创建"飞鸟 1"图层第 1～100 帧的传统补间动画。创建"飞鸟 2"图层第 1～100 帧的传统补间动画。

（3）右击"飞鸟 1"图层，调出它的帧快捷菜单，单击该菜单内的"添加传统运动引导层"菜单命令，在"飞鸟 1"图层之上添加一个"引导层：飞鸟 1"引导层。将该图层的名称改为"引导层：飞鸟"。

（4）选中"引导层：飞鸟"引导层第 1 帧，绘制两条曲线，红色引导线的起点在"飞鸟 1"影片剪辑实例之上，蓝色引导线的起点在"飞鸟 2"影片剪辑实例之上，如图 6-8 所示。

（5）选中"飞鸟 1"图层第 100 帧，将"飞鸟 1"影片剪辑实例移到红色引导线的终止点处；选中"飞鸟 2"图层第 100 帧，将"飞鸟 2"影片剪辑实例移到蓝色引导线的终止点处，如图 6-9 所示。

 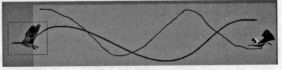

图 6-8　飞鸟动画中第 1 帧的画面和引导线　　　图 6-9　第 100 帧的画面

（6）在"引导层：飞鸟"图层之上添加一个"划船人"图层，单击选中"划船人"图层第 1 帧，将"库"面板内的"划船人"影片剪辑元件拖曳到舞台工作区内的左下角。

（7）创建"划船人"图层第 1～100 帧的传统补间动画。右击"划船人"图层，调出它的帧快捷菜单，单击该菜单内的"添加传统运动引导层"菜单命令，在"划船人"图层之上添加一个"引导层：划船人"引导层。

（8）选中"引导层：划船人"引导层第 1 帧，绘制一条曲线，曲线的起点在"划船人"影片剪辑实例之上，如图 6-10 所示。选中"划船人"图层第 100 帧，将"划船人"影片剪辑实例移到引导线的终止点处，如图 6-11 所示。

图 6-10 划船人动画中第 1 帧的画面和引导线　　　　　　图 6-11 第 100 帧的画面

至此，整个动画制作完毕，"浪遏飞舟"动画的时间轴如图 6-12 所示。

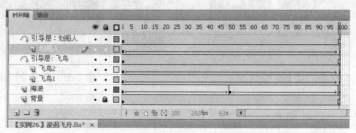

图 6-12 "浪遏飞舟"动画的时间轴

 知识链接

1. 补间形状动画的基本制作方法

补间形状动画是由一种形状对象逐渐变为另外一种形状对象的动画。Flash CS4 可以将图形、分离的文字、分离后的位图和由位图转换的矢量图形对象进行变形，制作补间形状动画。Flash CS4 不能对实例、未分离的文字、点阵图像、群组对象制作补间形状动画。

在补间形状动画中，对象位置和颜色的变换是在两个对象之间发生的，而在传统补间动画中，变化的是同一个对象的位置和颜色属性。下面介绍制作补间形状动画的一种方法。

（1）选中在时间轴内的一个空白关键帧（如"图层 1"图层）作为补间形状动画的开始帧。然后，在舞台工作区内创建一个符合要求的对象（图形、分离的文字、分离后的位图等），例如一个七彩圆形图形，作为补间形状动画的初始对象。

（2）右击关键帧（如"图层 1"图层），调出帧快捷菜单，单击该菜单内的"创建补间形状"菜单命令，使该帧具有补间形状动画属性，此时"属性"面板如图 6-13 所示。

（3）单击补间形状动画的终止帧（如"图层 1"图层第 10 帧），按 F6 键，创建动画的终止帧为关键帧。此时，在时间轴上，从第 1 帧到终止帧之间会出现一个指向右边的箭头，帧单元格的背景为浅绿色，如图 6-14 所示。

图 6-13 补间形状动画关键帧的"属性"面板　　　图 6-14 时间轴和舞台工作区

（4）选中动画的终止帧，在舞台工作区内绘制一个红色五角星，再将原七彩圆形图形删除；或者先删除原图形，再绘制新图形。也可以修改原图形的形状和颜色。

2．补间形状动画关键帧的"属性"面板

补间形状动画关键帧的"属性"面板如图 6-13 所示，其中各选项的作用如下。

（1）"缓动"文本框：用来设置补间形状动画的加速度。

（2）"混合"下拉列表框：该下拉列标框内各选项的作用如下。

◎"角形"选项：选择它后，创建的过渡帧中的图形更多地保留了原来图形的尖角或直线的特征。如果关键帧中图形没有尖角，则与选择"分布式"的效果一样。

◎"分布式"选项：选择它后，可使补间形状动画过程中创建的中间过渡帧的图形较平滑。

思考与练习 6-1

1．制作一个"字母变换"动画，该动画运行后，一个红字母"X"逐渐变形为蓝字母"Y"，接着蓝字母"Y"再逐渐变形为红字母"Z"。

2．制作一个"弹跳彩球"动画，该动画运行后的 4 幅画面如图 6-15 所示。可以看到，背景是 4 幅不断切换的动画，一个彩球上下跳跃，当彩球落到弹性地面时，弹性地面会随之下凹。然后，弹性地面弹起，彩球也弹起。彩球的弹跳与弹性地面的起伏动作连贯协调。

图 6-15 "弹跳彩球"动画运行后的 4 幅画面

3．制作一个"彩球撞击"动画，该动画运行后的两幅画面如图 6-16 所示。可以看到，在左边、右边和下边各有一个绿色渐变弹性面。一个彩球在 3 个绿色渐变弹性面之间撞击，彩球撞击到绿色渐变弹性面时，彩球的移动和绿色渐变弹性面的起伏动作协调连贯。另外，在画面内的上边，红色"彩"和"球"文字分别变形成"撞"和"击"文字，接着又变形为原来的"彩"和"球"文字。

4．制作一个"冲浪"动画，该动画运行后的两幅画面如图 6-17 所示。可以看到，一个小孩脚踏滑板在波浪起伏的海中滑行。

图 6-16 "彩球撞击"动画的两幅画面　　　　　图 6-17 "冲浪"动画画面

6.2 【实例 27】开关门式动画切换

　　"开关门式动画切换"动画播放后的两幅画面如图 6-18 所示。可以看到,【实例 17】的"荷花漂湖中游"动画开门似的逐渐消失,并将"小河流水"动画显示出来,右上角的绿色 1 逐渐变为红色 2;接着"荷花漂湖中游"动画画面像关门一样再逐渐显示出来,渐渐将"小河流水"动画遮挡,红色 2 逐渐变为绿色 1。该动画的制作方法和相关知识介绍如下。

图 6-18 　"开关门式动画切换"动画运行后的两幅画面

 制作方法

1. 制作两个影片剪辑元件

　　(1)新建一个 Flash 文档,设置舞台工作区的宽为 500 像素、高为 400 像素,背景为浅蓝色。再以名称"【实例 27】开关门式动画切换.fla"保存。

　　(2)打开"【实例 24】图像切换集锦.fla"和"【实例 17】荷花漂湖中游.fla"两个 Flash 文档。切换到"【实例 27】开关门式动画切换.fla"Flash 文档,在"库"面板内的下拉列表框内选中"【实例 24】图像切换集锦.fla"选项,切换到该动画的"库"面板。右击"库"面板内的"小河流水"影片剪辑元件,调出它的快捷菜单,单击该菜单内的"复制"菜单命令将"小河流水"影片剪辑元件复制到剪贴板中。

　　(3)在"库"面板内的下拉列表框内选中"【实例 27】开关门式动画切换.fla"选项,切换到该动画的"库"面板。在"库"面板内右击,调出它的快捷菜单,单击该菜单内的"粘贴"菜单命令,将剪贴板内的"小河流水"影片剪辑元件粘贴到"【实例 27】开关门式动画切换.fla"Flash 文档的"库"面板内。

　　(4)切换到"【实例 17】荷花漂湖中游.fla"Flash 文档,右击时间轴,调出它的快捷菜单,单击"选择所有帧"菜单命令,选中所有动画帧。再右击选中的帧,调出它的快捷菜单,单击"复制帧"菜单命令,将选中的所有动画帧复制到剪贴板内。

　　(5)切换到"【实例 27】开关门式动画切换.fla"Flash 文档,创建并进入"湖中游"影片剪辑元件的编辑状态,右击"图层 1"图层第 1 帧,调出它的快捷菜单,单击该菜单内的"粘贴帧"菜单命令,将剪贴板内所有动画帧粘贴到时间轴内。按照原动画时间轴情况进行调整,完成"湖中游"影片剪辑元件的制作。然后,回到主场景。

2. 制作数字变化动画

　　(1)选中"场景 1"场景"图层 1"图层第 1 帧,输入字体为华文琥珀、大小为 59 点、绿色的数字"1"，再将它打碎。

（2）右击"图层 1"图层第 1 帧，调出帧快捷菜单，单击该菜单内的"创建补间形状"菜单命令，使该帧具有补间形状动画属性。选中第 120 帧，按 F6 键，创建补间形状动画。

（3）选中"图层 1"图层第 120 帧，输入字体为华文琥珀、大小为 59 点、红色的数字"2"，将它打碎，再将数字"1"删除。

（4）选中"图层 1"图层第 1 帧，选择"视图"→"显示形状提示"菜单命令，显示形状提示标记。选择"修改"→"形状"→"添加形状提示"菜单命令，再按 Ctrl+Shift+H 组合键，产生两个形状指示。将这两个形状指示移到"1"的两个顶点，如图 6-19 所示。

（5）选中"图层 1"图层第 120 帧，调整形状指示的位置，如图 6-20 所示。

图 6-19　第 1 帧形状指示　　　　　　　图 6-20　第 120 帧形状指示

3．制作开门式动画切换

（1）在"图层 1"图层下边创建"图层 2"图层，选中该图层第 1 帧，将"库"面板内的"小河流水"影片剪辑元件拖曳到舞台工作区内，调整该实例的大小和位置，使它刚好将整个舞台工作区覆盖。

（2）在"图层 2"图层之上添加"图层 3"图层。选中该图层第 1 帧，将"库"面板内"湖中游"影片剪辑元件拖曳到舞台工作区内，调整该实例的大小和位置，使它刚好将"小溪流水"影片剪辑实例完全覆盖。

（3）在"图层 3"图层之上创建一个"图层 4"图层，选中该图层第 1 帧，再绘制一幅黑色、无轮廓线的矩形，将整个动画画面遮罩住，如图 6-21 所示。

（4）右击"图层 3"图层第 1 帧，调出帧快捷菜单，单击该菜单内的"创建补间形状"菜单命令，使该帧具有补间形状动画属性。选中第 120 帧，按 F6 键，创建补间形状动画。

（5）选中"图层 4"图层的第 120 帧，此时选中矩形，再将矩形缩小为一条位于动画画面左边的细长矩形，其宽度为 10 像素。

（6）选中"图层 4"图层第 1 帧，选择"视图"→"显示形状提示"菜单命令，显示形状提示标记。选择"修改"→"形状"→"添加形状提示"菜单命令，再按 Ctrl+Shift+H 组合键，产生两个形状指示。将这两个形状指示移到黑色矩形的两个顶点，如图 6-21 所示。选中"图层 4"图层第 120 帧，调整形状指示的位置，如图 6-22 所示。

图 6-21　第 1 帧矩形和形状指示　　　　图 6-22　第 120 帧矩形和形状指示

（7）选中"图层 2"和"图层 3"图层第 120 帧，按 F5 键。再将"图层 4"图层设置成遮罩图层，使"图层 3"图层成为被遮罩图层。此时的时间轴如图 6-23 所示。

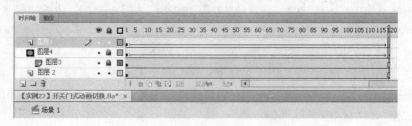

图 6-23　"开门式的动画切换"动画的时间轴

4．制作关门式动画切换

（1）打开"场景"面板，选中"场景 1"名称，单击"重置场景"按钮，在"场景"面板内复制一份，将它的名称改为"场景 2"。

（2）按住 Shift 键，单击"图层 4"图层第 120 帧和"图层 1"图层第 1 帧，选中"图层 4"和"图层 1"图层内的所有帧。右击选中的帧，调出帧快捷菜单，单击该菜单内的"翻转帧"菜单命令，使"图层 4"和"图层 1"图层第 1 帧和第 120 帧的内容互换。

（3）使用工具箱中的"选择工具"，选中"图层 3"图层第 1 帧，单击舞台工作区外部，不选中黑色矩形，将鼠标指针移到矩形的右上角，当鼠标指针右下方出现一个小直角形后，垂直向下拖曳，使右上角下移。

（4）再将鼠标指针移到矩形的右下角，垂直向上拖曳，使右下角上移。形成一个梯形形状，如图 6-24 所示。

（5）选中"图层 1"图层第 1 帧，重新调整它的两个形状指示，选中"图层 1"图层第 120 帧，重新调整它的两个形状指示，从而改变数字变形动画的变形过程。

图 6-24　梯形图形

（6）重新将"图层 3"图层和"图层 4"图层锁定。

 知识链接

1．添加形状提示的基本方法

使用形状提示可以控制补间形状动画的变形过程。形状提示就是在形状的初始图形与结束图形上，分别指定一些形状的关键点，并一一对应，Flash 会根据这些关键点的对应关系来计算形状变化的过程，并赋给各个补间帧。

（1）选中时间轴上第 1 帧，再选择"修改"→"形状"→"添加形状提示"菜单命令，或按 Ctrl+Shift+H 组合键，即可在第 1 帧圆形中加入一个形状提示标记"a"。再重复上述过程，可以继续增加"b"到"z"25 个形状提示标记（分别用 26 个英文小写字母表示）。

（2）添加形状提示标记"a"到"c"3 个形状提示标记，用鼠标拖曳这些形状提示标记，分别放置在第 1 帧图形的一些位置处，如图 6-25 所示。

（3）选中终止帧单元格，会看到终止帧五角星中也有"a"到"c"形状提示标记（几个形状提示标记重叠）。用鼠标拖曳这些形状提示标记，分别放置在五角星的适当位置，如图 6-26

所示。如果没有形状提示标记显示，可选择"视图"→"显示形状提示"菜单命令。

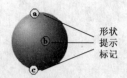

图 6-25　第 1 帧圆球形状提示标记　　　图 6-26　起始帧和终止帧的形状提示标记

（4）最多可以添加 26 个形状提示标记。起始帧的形状提示标记用黄色圆圈表示，终止帧的形状提示标记用绿色圆圈表示。如果形状提示标记的位置不在曲线上，会显示红色。

2．添加形状提示的原则

（1）如果过渡比较复杂，可以在中间增加一个或多个关键帧。
（2）起始关键帧与终止关键帧中形状提示标记的顺序最好一致。
（3）最好使各形状关键点沿逆时针方向排列，并且从图形的左上角开始。
（4）形状提示标记不一定越多越好，重要的是放置的位置合适。这可以通过实验来决定。

思考与练习 6-2

1．制作一个"双关门图像切换"动画。该动画运行后的一幅画面如图 6-27 所示，可以看到，第 1 幅风景图像显示后，第两幅图像以双关门方式逐渐显示。

2．制作一个"双开门图像切换"动画。该动画运行后的一幅画面如图 6-27 所示，可以看到，第 1 幅风景图像显示后，再以双开门方式逐渐消失，显示出其下边的第 1 幅风景图像。

3．制作一个"热爱大自然"动画，该动画运行后的两幅画面如图 6-28 所示，一个蓝色的方盒子自动打开，盒子中有一只飞翔小鸟，盒子快打开时，小鸟从盒子中飞出，同时红色的文字"热爱大自然！爱护我们的家园！"逐渐显示出来，由小变大。

图 6-27　"双关/开门图像切换"动画画面　　　图 6-28　"热爱大自然"动画运行后的两幅画面

6.3　【实例 28】夜空月移

"夜空月移"动画运行后一开始的画面如图 6-29 左图所示，然后画面逐渐变暗，月亮和星星逐渐显示出来，还有倒影，如图 6-29 右图所示。接着月亮和它的倒影从右向左缓慢移动。该动画的制作方法和相关知识介绍如下。

图 6-29　"夜空月移"动画运行后的两幅画面

 制作方法

1. 创建图像逐渐变亮动画

（1）设置舞台工作区的宽为 400 像素、高为 200 像素，背景为黑色。然后，以名称"【实例 28】夜空月移.fla"保存。

（2）选中"图层 1"图层第 1 帧，导入一幅风景图像（如图 6-29 左图所示）到舞台工作区内和"库"面板中。在其"属性"面板内将导入的风景图像调整为宽 400 像素、高 200 像素，并使它将整个舞台工作区覆盖。

（3）右击"图层 1"图层第 1 帧，调出它的快捷菜单，单击该菜单内的"创建补间动画"菜单命令，即可使"图层 1"图层第 1 帧具有补间动画属性，该帧叫"属性关键帧"，同时在"图层 1"图层第 1～12 帧自动形成一个浅蓝色的补间范围，如图 6-30 所示。补间范围内各帧中对象的属性均与第 1 帧（属性关键帧）内导入图像对象的属性一样。

（4）将鼠标指针移到第 12 帧右边缘，当鼠标指针呈水平双箭头状时，水平向右拖曳到第 120 帧处，使补间范围为第 1～120 帧。

（5）按住 Ctrl 键，选中"图层 1"图层第 40 帧，按 F6 键，创建一个属性关键帧。选中该图层第 40 帧，单击该帧图像，在其"属性"面板的"样式"下拉列表框中选择"亮度"选项，调整"亮度"文本框的数值为-80，如图 6-31 所示。使图像变得很暗，如图 6-32 所示。

图 6-30　补间动画时间轴　　　图 6-31　调整亮度　　　图 6-32　图像变暗

（6）选中"图层 1"图层第 1 帧，再单击该帧的图像，在"属性"面板的"样式"下拉列表框中选择"亮度"选项，调整"亮度"文本框的数值为 10，使该帧的图像亮一些。

2. 创建"月亮"和"星星"影片剪辑元件

（1）创建并进入"月亮"影片剪辑元件编辑状态。单击按下工具箱内的"椭圆工具"按钮 ，设置无轮廓线，填充色为黄色。选中"图层 1"图层第 1 帧，按住 Shift 键，拖动绘制一个黄色的圆形，如图 6-33 所示。

（2）在"图层 1"图层下边创建一个"图层 2"图层，将"图层 1"图层第 1 帧复制粘贴到"图层 2"图层第 1 帧。选中"图层 2"图层第 1 帧，再选中该帧内的黄色圆形，选择"修改"→"转换为元件"菜单命令，调出"转换为元件"对话框，在其"名称"文本框内输入"月亮光辉"，单击"确定"按钮，将黄色圆形转换为"月亮光辉"影片剪辑实例。

（3）选中"月亮光辉"影片剪辑实例，在其"属性"面板内应用模糊滤镜，具体设置如图 6-34 所示。"月亮光辉"影片剪辑实例应用模糊滤镜后的效果如图 6-35 左图所示。此时的"月亮"影片剪辑元件如图 6-35 右图所示。

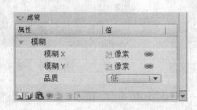

图 6-33　黄色圆形　　　　　图 6-34　模糊滤镜设置　　图 6-35　模糊滤镜效果和"月亮"影片剪辑元件

（4）回到主场景，创建并进入"星星 1"影片剪辑编辑状态。单击工具箱内的"多角星形工具"按钮⬡，单击"属性"面板内的"选项"按钮，调出"工具设置"对话框。在"样式"下拉列表框中选择"星形"选项，用来设置图形样式；在"边数"文本框中输入多边形或星形图形的边数 5；在"星形顶点大小"文本框中输入星形顶点张角大小 0.50。

（5）按住 Shift 键，在舞台工作区内拖动绘制一个五角星形图形。然后，回到主场景。

（6）创建并进入"星星"影片剪辑编辑状态，使用工具箱中的"选择工具" ▸，选中"图层 1"图层第 1 帧，将"库"面板内的"星星 1"影片剪辑元件（见图 6-36）几次拖曳到舞台工作区内，形成几个"星星 1"影片剪辑实例，如图 6-37 所示。然后，回到主场景。

图 6-36　"星星 1"影片剪辑元件　　　　　图 6-37　"星星"影片剪辑元件

3．创建月亮移动动画

（1）在"图层 1"图层之上增加"图层 2"、"图层 3"和"图层 4"图层。使用工具箱中的"选择工具" ▸，按住 Ctrl 键，选中"图层 2"图层第 1 帧，将"库"面板中的"月亮"影片剪辑元件拖动到舞台工作区内右上角，形成一个"月亮"影片剪辑实例。

（2）选中"图层 3"图层第 1 帧，将"库"面板中的"月亮"影片剪辑元件拖动到舞台工作区内右下角，形成一个"月亮"影片剪辑实例。

（3）选中"图层 4"图层第 1 帧，将"库"面板中的"星星"影片剪辑元件拖动到舞台工作区内上边，形成一个"星星"影片剪辑实例。

（4）双击"月亮"影片剪辑实例，进入该元件的编辑状态，可以看到除了"月亮"影片剪辑元件内的图形外，还有其他图层第 1 帧的图像。调整"月亮"影片剪辑实例的位置，如图 6-38 所示。然后，双击舞台工作区外的空白处，退出编辑状态，回到主场景状态。

（5）按照上述方法，编辑另一个"月亮"影片剪辑实例和"星星"影片剪辑实例的位置。然后，回到主场景后，第 1 帧的画面如图 6-39 所示。

（6）右击"图层2"图层第1帧，调出它的快捷菜单，单击该菜单内的"创建补间动画"菜单命令，使该帧成为属性关键帧。采用相同的方法，使"图层3"和"图层4"图层第1帧成为属性关键帧。

图6-38 "月亮"影片剪辑实例的编辑状态　　　　图6-39 第1帧的画面

（7）按住Ctrl键，选中"图层2"图层第40帧，按F6键，使该帧成为属性关键帧。继续使"图层3"和"图层4"图层第40帧、"图层2"和"图层3"图层第120帧成为属性关键帧。选中"图层4"图层第120帧，按F5键，创建一个普通关键帧。

（8）按住Ctrl键，选中"图层2"图层第1帧，再单击该帧的实例对象，在"属性"面板的"样式"下拉列表框中选择"Alpha"选项，此时的"属性"面板会发生变化。在"Alpha数量"文本框内输入0%，如图6-40所示，即可调整实例的Alpha值，改变实例的透明度，使它完全透明。

按照相同的方法将"图层3"和"图层4"图层第1帧内的实例对象调整为完全透明。此时的第1帧画面如图6-29左图所示。

（9）按照相同的方法将"图层3"图层第40帧内的实例对象的Alpha值调整为26。

（10）选中"图层2"图层第120帧，单击该帧的实例对象，水平向左拖曳右上角的"月亮"影片剪辑实例，将它移到画面左边，同时会形成一条引导线。垂直向上拖曳引导线中间的节点，使引导线向上弯曲，如图6-41所示。引导线指示了"月亮"影片剪辑实例移动的轨迹。

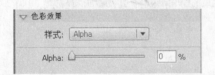

图6-40 "属性"面板Alpha值设置　　　　图6-41 "图层2"图层第120帧调整

（11）按照上述方法，修改"图层3"图层第120帧内"月亮"影片剪辑实例的属性和引导线（引导线向下弯曲），制作"图层3"图层第40～120帧沿引导线移动的动画。

至此，整个动画制作完毕，它的时间轴如图6-42所示。

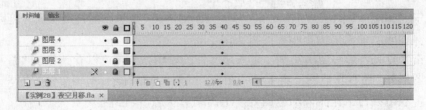

图6-42 "夜空月移"动画的时间轴

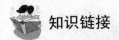 **知识链接**

1．补间动画的有关名词解释

（1）补间：Flash 根据两个关键帧或属性关键帧给出的画面或对象属性计算这两个帧之间各帧的画面或对象属性值，即补充两个关键帧或属性关键帧之间的所有帧。

（2）补间动画：它是通过为一个帧（属性关键帧）中对象的一个或多个属性指定一个值并为另一个帧（属性关键帧）中的相同属性指定另一个值，Flash 计算这两个帧之间各帧的属性值，创建属性关键帧之间所有帧的每个属性内差属性值，使对象从一个属性关键帧过渡到另一个属性关键帧的动画。如果补间对象在补间过程中更改了位置，则会自动产生运动引导线。

（3）补间范围：它是时间轴中的一组帧，目标对象的一个或多个属性可以随着时间而改变。补间范围在时间轴中显示为具有蓝色背景的单个图层中的一组帧。可以将一个补间范围作为单个对象进行选择，并从时间轴中的一个位置拖到另一个位置。在每个补间范围中，只能对舞台上的一个对象进行动画处理，此对象称为补间范围的目标对象。

（4）属性关键帧：它是在补间范围中为补间目标对象显式定义一个或多个属性值的帧。定义的每个属性都有它自己的属性关键帧。

2．创建补间动画

在创建补间动画时，通常先在时间轴中创建补间范围，对各图层帧中的对象进行初始排列，随后在"属性"或"动画编辑器"面板中编辑各属性关键帧的属性。具体操作方法如下。

（1）选中图层（可以是普通图层、引导层、被引导层、遮罩层或被遮罩层）的一个空关键帧或关键帧，创建一个或多个对象。

（2）如果要将关键帧内多个对象作为一个对象来创建补间动画，可以右击关键帧或选中该关键帧内的所有对象，再右击选中的对象，调出它的快捷菜单，单击该菜单内的"创建补间动画"，可能会调出一个提示对话框（如果选中该对话框内的复选框，以后不会再调出该对话框），如图 6-43 所示。单击"确定"按钮，即可将多个对象转换为一个影片剪辑元件的实例，然后以该实例为对象创建补间动画。原来的关键帧转换为补间关键帧。

如果关键帧内只有一个对象，则不会调出提示对话框。如果关键帧内的对象是各种图形和位图，则在创建补间动画后，会将对象转换为元件的实例。如果关键帧内的对象是元件的实例或文本块，则在创建补间动画后，不会将对象再转换为元件的实例。

（3）如果要将关键帧内多个对象中的一个对象创建补间动画，则右击该对象，调出它的快捷菜单，单击该菜单内的"创建补间动画"，即可创建一个新补间图层，其内第 1 帧是右击的对象，同时在该图层创建补间动画时，其他对象会保留在原图层或新生图层的第 1 帧内，如图 6-30 所示。

可以在"图层 1"图层第 1 帧内的舞台工作区中创建各种不同类型的对象，然后逐一进行操作实验，观察时间轴的变化和各关键帧内对象的变化情况。

（4）如果原对象只在第 1 帧（关键帧）内存在，则补间范围的长度等于一秒的持续时间。如果帧速率是 12 帧/秒，则范围包含 12 帧，如图 6-44 所示。如果原对象在多个连续帧内存在，则补间范围将包含该原始对象占用的帧数。拖曳补间范围的任意一端，都可以调整补间范围所占的帧数，即补间范围的长短。

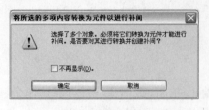

图 6-43　提示对话框

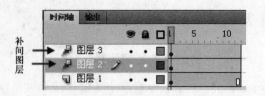

图 6-44　创建补间动画的时间轴

（5）如果原图层是普通图层，则创建补间动画后，该图层将转换为补间图层。如果原图层是引导层、遮罩层或被遮罩层，则它将转换为补间引导层、补间遮罩层或补间被遮罩层。

（6）将播放头放在补间范围内的某个帧上，再利用"属性"或"动画编辑器"面板修改对象的属性。可以改变的对象属性有宽度、高度、水平坐标 X、垂直坐标 Y、Z（仅限影片剪辑，3D 空间）、旋转角度、倾斜角度、Alpha、亮度、色调、滤镜属性值（不包括应用于图形元件的滤镜）等。

注意：如果要一次创建多个补间动画，可以在多个图层的第 1 帧中分别创建可以直接创建补间动画的对象（元件的实例和文本块），选择所有图层第 1 帧，再右击选中的帧，调出帧快捷菜单，单击该菜单内的"创建补间动画"菜单命令或选择"插入"→"补间动画"菜单命令。

3．补间基本操作

（1）选择整个补间范围：单击该补间范围。

（2）选择帧：可以采用如下方法。

◎ 选择多个不连续的补间范围，按住 Shift 键，同时单击每个补间范围。

◎ 选择补间范围内的单个帧：按住 Ctrl 键，同时单击该补间范围内的帧。

◎ 选择范围内的多个连续帧：按住 Ctrl 键，同时在补间范围内拖曳。

◎ 选择不同图层上多个补间范围中的帧：按 Ctrl 键，同时跨多个图层拖曳。

◎ 选择补间范围中的单个属性关键帧：按 Ctrl 键，同时单击该属性关键帧。

（3）移动补间范围：将补间范围拖曳到其他图层，或剪切粘贴补间范围到其他图层。如果将某个补间范围移到另一个补间范围之上会占用第 2 个补间范围的重叠帧。

（4）复制补间范围：按住 Alt 键并将补间范围拖曳到新位置，或复制粘贴到新位置。

（5）删除补间范围，右击要删除的补间范围，调出它的快捷菜单，单击该菜单内的"删除帧"或"清除帧"菜单命令。

（6）删除帧：按住 Ctrl 键的同时拖曳，以选择帧，然后右击调出其快捷菜单，单击该菜单内的"删除帧"菜单命令。

4．编辑相邻的补间范围

（1）移动两个连续补间范围之间的分隔线：拖曳该分隔线。Flash 将重新计算每个补间。

（2）按住 Alt 键，同时拖曳第 2 个补间范围的起始帧，可以在两个补间范围之间添加一些空白帧，用来分隔两个连续补间范围。

（3）拆分补间范围：按住 Ctrl 键，同时选中补间范围中的单个帧，然后右击选中的帧，调出帧快捷菜单，单击该菜单内的"拆分动画"菜单命令。

如果拆分的补间已应用了缓动，则拆分后的补间可能不会与原补间具有完全相同的动画。

（4）合并两个连续的补间范围：选择这两个补间范围，右击选中的帧，调出帧快捷菜单，单击该菜单内的"合并动画"菜单命令。

（5）更改补间范围的长度：拖曳补间范围的右边缘或左边缘。也可以选择位于同一图层中的补间范围之后的某个帧，然后按 F6 键。Flash 扩展补间范围会向选定帧添加一个适用于所有属性的属性关键帧。如果按 F5 键，则 Flash 添加帧，但不会将属性关键帧添加到选定帧。

5．补间动画和传统补间动画之间的差异

（1）传统补间使用关键帧，补间动画使用属性关键帧。"属性关键帧"和"关键帧"的概念有所不同，动画中的"关键帧"是指传统补间动画中的起始、终止和各转折画面对应的帧，"属性关键帧"是指在补间动画中对象属性值初始定义和发生变化的帧。

（2）传统补间动画是针对画面的变化而产生的动画，补间动画是针对对象属性的变化而产生的动画。

（3）补间动画和传统补间动画都只允许对特定类型的对象进行补间。补间动画是在创建补间时将所有不允许的对象（对象类型不允许）转换为影片剪辑元件实例。传统补间动画是在创建补间时将关键帧画面中的所有对象转换为图形元件实例。

（4）补间动画会将文本视为可补间的类型，而不会将文本对象转换为影片剪辑。传统补间动画会将文本对象转换为图形元件。

（5）在属性关键帧不允许添加帧脚本。在传统补间动画的关键帧可以添加帧脚本。

（6）补间动画由属性关键帧和补间范围组成，可以视为单个对象，如果要在补间动画范围中选择单个帧，必须按住 Ctrl 键，同时单击要选择的帧。传统补间动画由关键帧和关键帧之间的过渡帧组成，过渡帧是可以分别选择的独立帧。

（7）只有补间动画可以创建 3D 对象动画。只有补间动画才能保存为动画预设。

（8）对于补间动画，无法交换元件或设置属性关键帧中显示的图形元件的帧数。

思考与练习 6-3

1．修改【实例 28】"夜空月移"动画，使它播放后，月亮从左向右移动。
2．采用补间动画的制作方法，制作一个彩球沿着矩形框架内侧转圈滚动动画。
3．采用补间动画的制作方法，制作【实例 1】的"风景图像水平移动切换"动画。
4．采用补间动画的制作方法，制作【实例 2】的"3 幅风景图像切换"动画。

6.4 【实例 29】Flash 童话世界

"Flash 童话世界"动画运行后的两幅画面如图 6-45 所示。可以看到，在动画背景之上，"Flash 童话世界"文字由小变大、旋转变换地展现，同时颜色由蓝色变为绿色，再变为红色，最后逐渐变为蓝色。与此同时，背景动画四周颜色逐渐变绿并向内发展，然后再逐渐向四周退去绿色。该动画的制作方法和相关知识介绍如下。

图 6-45 "Flash 童话世界"动画运行后的两幅画面

 制作方法

1. 制作前两段补间动画

（1）新建一个 Flash 文档，设置舞台工作区的宽为 400 像素、高为 250 像素，背景为白色。再以名称"【实例 29】Flash 童话世界.fla"保存。

（2）创建并进入"文字"影片剪辑元件的编辑状态，单击工具箱内的"文本工具"按钮 T，单击舞台工作区，在它的"属性"面板内设置字体为 Impact，字大小为 24 点，颜色为蓝色，输入文字"Flash"；再设置字体为华文行楷，字大小为 30 点，颜色为蓝色。选中"图层 1"图层第 1 帧，输入文字"童话世界"，如图 6-46 所示。然后，回到主场景。

（3）选中"图层 1"图层第 1 帧，将"库"面板内的"文字"影片剪辑元件拖曳到舞台工作区的正中心，适当调整"文字"影片剪辑实例大小，使宽约为 90 像素、高约为 22 像素。

（4）使用工具箱内的"选择工具" ，右击"图层 1"第 1 帧，调出帧快捷菜单，单击该菜单内的"创建补间动画"菜单命令，使原来的关键帧转换为补间关键帧。

（5）将鼠标指针移到第 12 帧右边缘，水平向右拖曳到第 120 帧处，使补间范围为第 1～120 帧。按住 Ctrl 键，选中第 20 帧，按 F6 键，创建一个属性关键帧。使用工具箱中的"3D 旋转工具" ，使"文字"影片剪辑实例处出现 3D 旋转控件（彩轴指示符），如图 6-47 所示。

（6）将鼠标指针移到绿色线之上，当鼠标指针右下角出现字母 Y 时，顺时针拖曳，使文字围绕 Y 轴旋转，如图 6-48 所示。单击工具箱中的"任意变形工具"按钮 ，拖曳文字四周的控制柄，将文字调大一些，如图 6-49 所示。

图 6-46 "Flash 童话世界"文字　　　图 6-47 3D 旋转控件　　　图 6-48 围绕 Y 轴旋转

（7）在"文字"影片剪辑的"属性"面板内的"样式"下拉列表框中选择"色调"选项，其下边的文本框数值调整如图 6-50 所示，使第 20 帧中的文字颜色为绿色。

（8）按住 Ctrl 键，选中第 40 帧，按 F6 键，创建一个属性关键帧。使用工具箱内的"3D 旋转工具" ，将鼠标指针移到红色线之上，当鼠标指针右下角出现字母 X 时，顺时针或逆时针拖曳，使文字围绕 X 轴旋转，如图 6-51 所示。

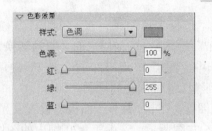

图 6-49　调大文字　　　　　　图 6-50　"属性"面板设置　　　图 6-51　第 40 帧 3D 旋
　　　　　　　　　　　　　　　　　　　　　　　　　　　　　　　　　　　转调整效果

（9）使用"任意变形工具" ，拖曳文字四周的控制柄，将文字调大一些。在"文字"影片剪辑的"属性"面板内的"样式"下拉列表框中选择"色调"选项，设置颜色为红色、色调为 100%，使第 40 帧中的文字颜色为红色。

2．制作后三段和背景补间动画

（1）按住 Ctrl 键，选中第 60 帧，按 F6 键，创建一个属性关键帧。使用工具箱内的"3D 旋转工具"，将鼠标指针移到蓝色圆线之上，当鼠标指针右下角出现字母 Z 时拖曳，使文字围绕 Z 轴旋转，如图 6-52 所示。在"文字"影片剪辑的"属性"面板内的"样式"下拉列表框中选择"色调"选项，设置颜色为紫色、色调为 100%，如图 6-53 所示，使第 60 帧中的文字颜色为紫色。

（2）按住 Ctrl 键，选中第 80 帧，按 F6 键，创建一个属性关键帧。使用工具箱内的"3D 旋转工具"，将鼠标指针移到最外圈圆线之上，当鼠标指针呈三角箭头状时拖曳，使文字自由旋转，如图 6-54 所示。在"文字"影片剪辑的"属性"面板内的"样式"下拉列表框中选择"色调"选项，设置颜色为棕色、色调为 100%，使第 80 帧中的文字颜色为棕色。

（3）按住 Ctrl 键，选中第 100 帧，按 F6 键，创建一个属性关键帧。使用工具箱内的"任意变形工具"，拖曳文字四周的控制柄，将文字调大。使用工具箱内的"3D 旋转工具"，将鼠标指针移到最外圈圆线之上，拖曳自由旋转文字。在"文字"影片剪辑的"属性"面板内设置文字颜色为蓝色。

图 6-52　第 60 帧 3D 旋转效果　　　图 6-53　"属性"面板设置　　　图 6-54　第 80 帧 3D 旋转效果

（4）单击工具箱内的"3D 平移工具"按钮，使"文字"影片剪辑实例之上出现 3D 平移控件。水平向右拖曳红色箭头，使文字水平向右移动；再垂直向上拖曳绿色箭头，使文字垂直向上移动；然后向左下方拖曳中间的原点，使文字放大，效果如图 6-55 所示。

（5）导入"风景动画 4.gif" GIF 格式动画到"库"面板内，将自动生成的影片剪辑元件的名称改为"童话世界"。在"图层 1"图层的下边创建一个"图层 2"图层，选中"图层 2"图层第 1 帧，将"库"面板内的"童话世界"影片剪辑元件拖曳到舞台工作区内，调整它的大小和位置，使它刚好将整个舞台工作区完全覆盖。

（6）使用工具箱内的"选择工具" ，右击"图层2"第1帧，调出帧快捷菜单，单击该菜单内的"创建补间动画"菜单命令，使原来的关键帧转换为补间关键帧。

（7）按住 Ctrl 键，选中"图层2"第120帧，按 F6 键，再选中第60帧，按 F6 键，创建"图层2"第1~60帧再到第120帧的补间动画。

（8）选中第1帧内的图像，在其"属性"面板内设置发光滤镜参数，发光颜色设置为红色，模糊为5像素，如图6-56左图所示。选中第120帧内的图像，在其"属性"面板内设置发光滤镜参数，也如图6-56左图所示。

（9）选中第60帧内的图像，在其"属性"面板内设置发光滤镜参数，发光颜色设置为绿色，模糊为100像素，如图6-56右图所示。

图 6-55　3D 旋转和平移等调整效果　　　　　　图 6-56　图像滤镜设置

至此，整个动画制作完毕，该动画的时间轴如图6-57所示。

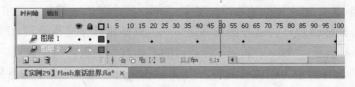

图 6-57　"Flash 童话世界"动画的时间轴

 知识链接

1．编辑补间动画

（1）默认情况下，在补间范围内显示所有属性类型的属性关键帧。右击补间范围，调出它的快捷菜单，选择该菜单内的"查看关键帧"→"××"（属性类型名称）菜单命令，可以显示/隐藏相关的属性类型的属性关键帧。

（2）如果补间动画中修改了对象的位置（即对象的 X 和 Y 属性），则会显示出一条从起点到终点的辅助线，即运动引导线。如果要改变对象的位置，可以将播放头放在补间范围内的一个帧处，再使用工具箱内的"选择工具" ，拖曳对象到其他位置，即可在补间范围内创建一个新的属性关键帧，它在补间范围中显示为小菱形。

（3）使用工具箱内的"选择工具" 等，以及"属性"面板和"动画编辑器"面板来编辑各属性关键帧内的对象属性。

（4）将其他图层帧内的曲线，复制粘贴到补间范围，可以替换原来的运动引导线。

（5）将其他元件从"库"面板拖曳到时间轴中的补间范围上，或者将其他元件实例复制粘贴到补间范围，都可以替换补间的目标对象（即补间范围的目标实例）。

另外，选择"库"面板中的新元件或者舞台工作区内的补间的目标实例，然后选择"修改"→"元件"→"交换元件"菜单命令，调出"交换元件"对话框，利用该对话框可以选择替换元件，用新元件实例替换补间的目标实例。

如果要删除补间范围的目标实例而不删除补间，可以选择该补间范围，再按 Delete 键。

（6）右击补间范围，调出帧快捷菜单，选择该菜单内的"运动路径"→"反转路径"菜单命令，可以使对象沿路径移动的方向翻转。

（7）可以将静态帧从其他图层拖曳到补间图层，在补间图层内添加静态帧中的对象。还可以将其他图层上的补间动画拖曳到补间图层，添加补间动画。

（8）如果要创建对象的 3D 旋转或 3D 平移动画，可以将播放头放置在要先添加 3D 属性关键帧的帧位置，再使用工具箱内的"3D 旋转工具"按钮 或"3D 平移工具" 进行调整。

（9）右击补间范围，调出帧快捷菜单，单击该菜单内的"3D 补间"菜单命令，如果补间范围未包含任何 3D 的属性关键帧，则将 3D 属性添加到已有的属性关键帧；如果补间范围已包含 3D 属性关键帧，则 Flash 会将这些 3D 属性关键帧删除。

2．复制和粘贴补间动画

可以将补间属性从一个补间范围复制到另一个补间范围，原补间范围的补间属性应用于目标补间范围内的目标对象，但目标对象的位置不会发生变化。这样，可以将舞台上某个补间范围内的补间属性应用于另一个补间范围内的目标对象，无须重新定位目标对象。操作方法如下。

（1）选中包含要复制的补间属性的补间范围。

（2）单击帧菜单内的"复制动画"菜单命令，或者选择"编辑"→"时间轴"→"复制动画"菜单命令，将选中的补间范围复制到剪贴板内。

（3）选中要接收所复制补间范围的目标补间范围，再单击帧菜单内的"粘贴动画"菜单命令，或者选择"编辑"→"时间轴"→"粘贴动画"菜单命令。Flash 即会对目标补间范围应用剪贴板内的补间范围的属性并调整补间范围的长度，使它与所复制的补间范围一致。

3．复制和粘贴补间帧属性

可以将选定帧中的属性（色彩效果、滤镜或 3D 等属性）复制粘贴到同一补间范围或其他补间范围内的另一个帧。粘贴属性时，仅将属性值添加到目标帧。2D 位置属性不能粘贴到 3D 补间范围内的帧中。操作方法如下。

（1）按住 Ctrl 键，同时选中补间范围中的一个帧。右击选中的帧，调出帧快捷菜单，单击该菜单内的"复制属性"菜单命令。

（2）按住 Ctrl 键，同时选中补间范围内的目标帧。右击目标补间范围内的选定帧，调出帧快捷菜单，单击该菜单内的"粘贴属性"菜单命令。如果仅粘贴已复制的某些属性，可以右击目标补间范围内的选定帧，然后单击帧菜单内的"选择性粘贴属性"菜单命令，调出"选择特定属性"对话框，选择要粘贴的属性，再单击"确定"按钮。

思考与练习 6-4

1．参考【实例 29】"Flash 童话世界"动画的制作方法，制作一个"春夏秋冬"动画。该动画运行后，图像的颜色按照春夏秋冬四季的顺序变化，同时"春夏秋冬"文字大小、旋转角度和颜色都不断变化。

2．采用补间动画的制作方法，制作【实例6】的"3场景图像切换"动画。

3．采用补间动画的制作方法，制作【实例23】"美丽的童年"动画。

6.5 【实例30】建筑图像漂移切换

"建筑图像漂移切换"动画运行后的两幅画面如图6-58所示。可以看到，第1幅建筑图像显示一会儿后，向右上角倾斜漂移出，将下面的第两幅图像显示出来；接着第2幅图像也像第1幅图像一样显示、倾斜漂移出。如此不断，一共有10幅图像像第1幅图像一样显示、倾斜漂移出。最后又显示第1幅图像。该动画的制作方法和相关知识介绍如下。

图6-58 "建筑图像漂移切换"动画运行后的两幅画面

 制作方法

1．制作第1幅图像的漂浮切换

（1）新建一个名称为"【实例30】建筑图像漂移切换.fla"的Flash文档。设置舞台工作区的宽为400像素、高为300像素，背景色为白色。

（2）将9幅大小一样（宽400像素、高300像素）的建筑图像（见图6-59）导入到"库"面板内，将"库"面板内的9个图像元件的名称中的".jpg"删除。选中"图层1"图层第1帧，将"库"面板内的9个图像元件拖曳到舞台内。

PC01.jpg   PC02.jpg   PC03.jpg   PC04.jpg   PC05.jpg   PC06.jpg   PC07.jpg   PC08.jpg   PC09.jpg

图6-59 舞台内的9幅图像

（3）使用工具箱内的"选择工具" ，单击选中其中的一幅图像，在其"属性"面板内的"X"和"Y"文本框内均输入0。按照相同的方法，调整其他8幅图像的"X"和"Y"的值均为0。这样，9幅图像完全重叠，并将整个舞台工作区完全覆盖。

（4）选中"图层1"图层第1帧，选择"修改"→"时间轴"→"分散到图层"菜单命令，将9幅图像分别移到不同图层第1帧，原来的"图层1"图层第1帧成为空关键帧。其他图层的名称分别是"库"面板内元件的名称。

（5）从上到下将图层调整为"PC01"～"PC09"和"图层 1"图层，"图层 1"图层在最下边，将它的名称改为"背景"，如图 6-60 所示。

（6）选中"PC01"图层第 21 帧，按 F6 键，创建一个关键帧。右击"PC01"图层第 21 帧，调出它的快捷菜单，单击该菜单内的"创建补间动画"菜单命令，使"PC01"图层第 21 帧具有补间动画属性。

（7）选中"PC01"图层第 40 帧，按 F6 键，创建"PC01"图层第 21～40 帧的补间动画，第 40 帧是属性关键帧。选中"PC02"图层第 40 帧，按 F5 键，使"PC02"图层第 21～40 帧的内容一样，如图 6-61 所示。

（8）选中"PC01"图层第 40 帧内的建筑图像，单击工具箱内的"3D 旋转工具"按钮，调整该图像使它围绕各轴旋转一定角度，再使用工具箱内的"3D 平移工具" ⚓，将图像移到舞台工作区外的右上角，再使用工具箱中的"任意变形工具"按钮 ▦，适当调整图像的大小，效果如图 6-62 所示。还可以再使用"3D 旋转工具" ◉ 调整该图像。

至此，"PC01"图层内图像显示一段时间后向右上方漂移出画面的动画制作完毕。

图 6-60　时间轴

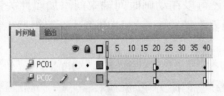
图 6-61　时间轴

图 6-62　"PC01"图层第 40 帧画面

2. 制作其他图像的漂浮切换

（1）按住 Shift 键，单击"PC03"和"PC09"图层第 21 帧，选中它们之间的所有图层的第 21 帧，按 F6 键，创建 7 个关键帧。再选中"PC03"和"背景"图层之间所有图层的第 40 帧，按 F5 键，效果如图 6-63 所示。

（2）右击"PC01"图层内补间动画的补间范围，调出它的快捷菜单，单击该菜单内的"复制动画"菜单命令，将"PC01"图层内的补间动画帧复制到剪贴板内。

（3）右击"PC02"图层第 21 帧，调出它的快捷菜单，单击该菜单内的"粘贴动画"菜单命令，将"PC01"图层内补间动画的属性粘贴到"PC02"图层第 21～40 帧，"PC02"图层第 21～40 帧已经具有和"PC01"图层第 21～40 帧一样的补间动画。

（4）按照上述方法，将其他图层（除了"背景"图层）第 21～40 帧均制作成具有相同特点的补间动画，只是图像更换了。此时的时间轴如图 6-64 所示。

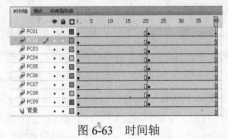
图 6-63　时间轴　　　　　　　　　　图 6-64　时间轴

（5）按住 Shift 键，单击"PC02"图层第 1 帧和第 20 帧，再单击该图层的补间范围内的任意一帧，选中该图层第 1～40 帧，水平向右拖曳到第 21 帧和第 60 帧。

（6）删除"背景"图层第 21 帧和第 40 帧。然后，按照相同的方法，调整其他图层（不含"背景"图层）的第 1～40 帧，调整"背景"图层第 1～20 帧，效果如图 6-65 所示。

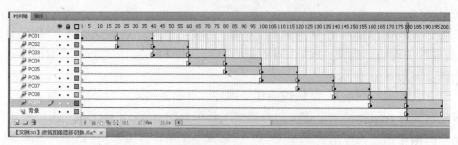

图 6-65　"建筑图像漂移切换"动画的时间轴

3. 使用"动画编辑器"面板调整动画

可以使用"动画编辑器"面板调整各段补间动画，使图像的终止画面位置、大小、旋转角度、倾斜度、颜色等参数改变，还可以在动画时间轴中间添加属性关键帧等，从而改变动画效果。选择"窗口"→"动画编辑器"菜单命令，调出"动画编辑器"面板，如图 6-66 所示。

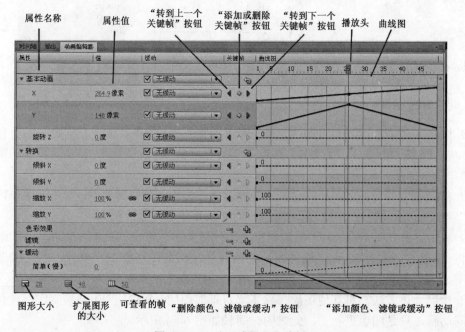

图 6-66　"动画编辑器"面板

选中时间轴中的补间范围或舞台工作区内的补间对象或运动路径，即可在"动画编辑器"面板内看到选中的补间动画的各个帧，所有属性关键帧的属性设置，所有补间特点，播放头与时间轴内的播放头完全同步（指向相同的帧编号）。另外，还可以以多种不同的方式来调整补间，调整属性关键帧的属性，增加和删除属性关键帧，将属性关键帧移动到补间内的其他帧，调整对单个属性的补间曲线形状，创建自定义缓动曲线，将属性曲线从一个属性复制粘贴到另一个属性，翻转各属性的关键帧，向各个属性和属性类别添加不同的预设缓动和自定义缓动等。

"动画编辑器"面板基本使用方法介绍如下。

（1）单击属性类别按钮 ▼，可以收缩该类别内的各属性行，如图 6-67 所示；单击属性类别按钮 ▶，可以展开该类别内的各属性行，如图 6-66 所示。

图 6-67　"动画编辑器"面板

（2）曲线图使用二维图形表示属性关键帧和补间帧的每个属性的值，每个图形的水平方向表示帧（从左到右时间增加），垂直方向表示属性值。属性曲线上的控制点对应一个属性关键帧。有些属性（如"渐变斜角"滤镜的"品质"属性）不能进行补间，它们只能有一个值。这些属性可以在"动画编辑器"面板中进行设置，但它们没有图形。

（3）调整"图形大小"文本框内的数值，可以调整所有属性行的高度（即曲线图高度）；调整"扩展图形大小"文本框内的数值，可以调整选中属性（即当前属性）的属性行高度；调整"可查看的帧"文本框内的数值，可以调整曲线图内可以查看的帧数，最大不可以超过选中的补间范围的总帧数，如图 6-68 所示。

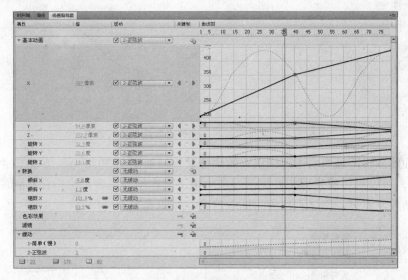

图 6-68　"动画编辑器"面板

（4）单击"转到上一个关键帧"按钮 ◀，可以切换到上一个属性关键帧，显示上一个属性关键帧的相关属性；单击"转到下一个关键帧"按钮 ▶，可以切换到下一个属性关键帧，显示下一个属性关键帧的相关属性。拖曳播放头到要添加属性关键帧的帧编号处，再单击"添加或删除关键帧"按钮 ◈，即可在播放头指示的帧编号处添加一个属性关键帧控制点（即一个黑色小正方形）；拖曳播放头到要删除的属性关键帧处，单击"添加或删除关键帧"按钮 ◈，即可删除播放头指示的属性关键帧。单击"重置值"按钮 ↻，可以将该属性类中的所有属性恢复为默认值。

知识链接

1. 曲线调整

（1）使用工具箱内的"选取工具"  或"钢笔工具"  等工具，向上拖曳移动曲线段或属性关键帧控制点，可以增大属性值，向下移动可以减小属性值；向左或向右拖曳移动曲线段或属性关键帧控制点，可以移动属性关键帧的位置。拖曳曲线，可以精确调整补间的每条属性曲线的形状，在更改某一属性曲线形状的同时，舞台工作区内的对象显示也会随之改变。

（2）按住 Ctrl 键，单击曲线，可以增加一个属性关键帧控制点；按住 Ctrl 键，单击属性关键帧控制点，可以删除该属性关键帧。右击属性曲线，调出它的快捷菜单，单击该菜单内的"添加关键帧"菜单命令，即可在单击处添加一个属性关键帧控制点；右击属性关键帧的控制点，调出它的快捷菜单，单击该菜单内的"删除关键帧"菜单命令，即可删除该属性关键帧。

（3）按住 Alt 键，同时单击属性关键帧控制点，可以将控制点在转角点模式（控制点处无切线）和平滑点模式（控制点处有切线）之间切换。当属性关键帧控制点是平滑点模式时，在该控制点处会出现一条切线，拖曳切线的控制柄，可以调整曲线的形状，如图 6-69 所示。对于基本动画的 X、Y 和 Z 属性曲线上的控制点不会在控制点处出现一条切线。

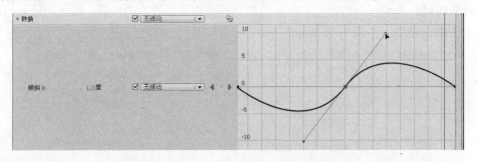

图 6-69　"动画编辑器"面板内曲线形状的调整

（4）在曲线图形区域内右击，调出它的快捷菜单，如图 6-70 所示，单击该菜单内的"显示工具提示"，可以启用或禁用工具提示。在启用工具提示后，将鼠标指针移到曲线之上或拖曳属性关键帧控制点时，会显示相应的提示信息，如图 6-71 所示。

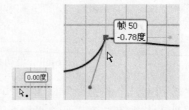

图 6-70　曲线图形区域内的快捷菜单　　　　图 6-71　曲线图形区域内的提示信息

（5）单击曲线图形区域内快捷菜单中的"复制曲线"菜单命令，可以将曲线复制到剪贴板内；单击"粘贴曲线"菜单命令，可以将剪贴板内的曲线粘贴到图形区域内；单击"重置属性"菜单命令，可以使属性曲线恢复到原始状态；单击"转换关键帧"菜单命令，可以使曲线垂直翻转。

（6）右击属性曲线上的属性关键帧的控制点，调出它的快捷菜单，如图 6-72 所示，单击该菜单内的"删除关键帧"菜单命令，可以删除右击的属性关键帧；单击"角点"菜单命令，可以将平滑点转换为角点；单击"平滑点"菜单命令，可以将角点转换为平滑点；单击"线性左"菜单命令，可以使角点左边为线性不可调；单击"线性右"菜单命令，可以使角点右边为线性不可调。

图 6-72　控制点的快捷菜单

2．应用缓动和浮动

缓动是用于修改 Flash 计算补间中属性关键帧之间属性值的一种技术。如果不使用缓动，Flash 在计算这些值时，会使对值的更改在每一帧中都一样。如果使用缓动，则可以调整对每个值的更改程度，从而实现更自然、更复杂的动画。使用"动画编辑器"面板可以对任何属性曲线应用缓动，轻松地创建复杂动画效果，而无须创建复杂的运动路径。缓动曲线是显示在一段时间内如何内插补间属性值的曲线。

（1）单击"增加缓动"按钮 ，调出缓动菜单，该菜单内列出了许多已经设置好的缓动，单击菜单内的缓动名称（如正弦波），即可调入该缓动。以后，单击属性栏内"缓动"列的下拉列表框中的选项，会自动添加前面调入的缓动名称（如正弦波），单击该缓动名称，即可给该属性添加选中的缓动（如正弦波），如图 6-73 所示。

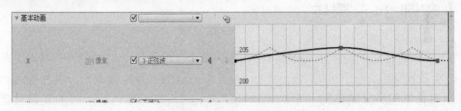

图 6-73　缓动曲线和属性曲线

（2）如果选中缓动菜单内的"自定义"选项，则可以进行自定义缓动曲线的调整，如图 6-74 所示。如果对一条属性曲线应用了缓动，则在属性曲线区域中会增加一条虚线，表示缓动对属性值的影响。缓动曲线是应用于补间属性值的数学曲线。补间的最终效果是属性曲线和缓动曲线中属性值范围组合的结果。

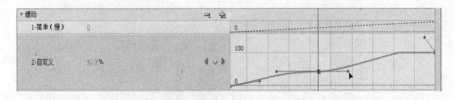

图 6-74　自定义缓动曲线的调整

（3）创建一个有 6 个属性关键帧的补间动画，其中各属性关键帧分布不均匀，因此各个帧分布也不均匀，从而导致运动速度不一样，如图 6-75 所示。右击"动画编辑器"面板内属性曲线上的属性关键帧的控制点，调出它的快捷菜单，如图 6-72 所示，单击该菜单内的"浮动"菜单命令，启用浮动关键帧。同样将补间范围内的其他属性关键帧也启用浮动关键帧，即可看到同一运动路径中，各个帧沿路径均匀分布，从而运动速度相同，如图 6-76 所示。

图 6-75　禁用浮动关键帧且各个帧分布不均匀　　　图 6-76　启用浮动关键帧后各帧分布均匀

思考与练习 6-5

1．修改【实例 30】"建筑图像漂移切换"动画，使该动画运行后，可以切换的图像有 16 幅。另外，通过在"动画编辑器"面板内调整曲线来改变图像的漂移形式，应用缓动和浮动进行动画调整。

2．参考【实例 30】"建筑图像漂移切换"动画的制作方法，制作另外一个"图像漂移切换"动画。使该动画运行后，先显示第 1 幅图像，接着第 2 幅图像以漂移方式旋转扭曲地从画面外部移到画面内，将第 1 幅图像完全覆盖。然后，第 3 幅图像再以漂移方式旋转扭曲地从画面外部另外一处移到画面内。如此不断移入 10 幅图像，而且每幅图像的漂移形式都不一样。

6.6　【实例 31】晨练

"晨练"动画运行后的两幅画面如图 6-77 所示。可以看到，一个运动员在草地上从左向右奔跑，三个小孩在跳绳，一只小鸟在空中飞翔。其中，运动员原地奔跑是一种反向运动（IK），它是一种使用骨骼的关节结构对一个对象或彼此相关的一组对象进行一致的复杂且自然的动作（如创建人物胳膊和腿动作等）。Flash 提供两个用于处理反向运动的工具。

图 6-77　"晨练"动画运行后的两幅画面

使用"骨骼工具" ✐可以向元件实例、图形和形状添加骨骼，使用"绑定工具" ⬩可以调整元件实例、图形或形状对象的各个骨骼和控制点之间的关系。使用反向运动进行动画处理时，只需指定对象的开始位置和结束位置即可轻松地创建自然的运动。注意：必须在"发布设置"对话框的"Flash"选项卡中，在"脚本"下拉列表框中选择"ActionScript3.0"选项，才可以使用反向运动。该动画的制作方法和相关知识介绍如下。

制作方法

1．制作"运动员"影片剪辑元件

（1）创建一个新的 Flash 文档，设置舞台工作区的宽为 800 像素、高为 300 像素，背景色为白色。然后，以名称"【实例 31】晨练.fla"保存。

（2）创建"头"影片剪辑元件，其内绘制一幅运动员头像图形，如图 6-78（a）所示；创建"上身"影片剪辑元件，其内绘制一幅运动员上身图形，如图 6-78（b）所示。接着创建"右肩"、"右胳膊"、"左肩"、"左胳膊"、"臀"、"右大腿"、"右小腿"、"右脚"、"左大腿"、"左小腿"和"左脚"影片剪辑元件，其内分别绘制运动员各部分的图形，其中几幅图形如图 6-78 所示。

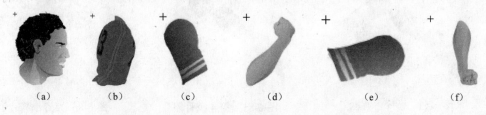

（a）　　　　（b）　　　　（c）　　　　（d）　　　　（e）　　　　（f）

图 6-78　运动员各部分影片剪辑元件内的图形

（3）创建并进入"运动员"影片剪辑元件的编辑状态，依次将"库"面板内的"头"、"上身"等影片剪辑元件拖曳到舞台工作区的中间，组合成运动员图像。如果影片剪辑实例的上下叠放次序不正确，可以通过选择"修改"→"排列"菜单内的菜单命令进行调整。这时舞台工作区内运动员图像如图 6-79 所示。

（4）选中"图层 1"图层第 1 帧，选择"修改"→"时间轴"→"分散到图层"菜单命令，将该帧的对象分配到不同图层的第 1 帧中。新图层是系统自动增加的，图层的名称分别是各影片剪辑元件的名称，"图层 1"图层第 1 帧内的所有对象消失。然后，删除"图层 1"图层，此时的时间轴如图 6-80 所示。

图 6-79　组成运动员的影片剪辑实例

图 6-80　时间轴

（5）将"头"、"上身"和"臀"图层隐藏，舞台工作区如图 6-81 所示。选择"视图"→"贴紧"→"贴紧至对象"菜单命令，启用"贴紧至对象"功能。单击工具箱内的"骨骼工具"按钮 ，单击"左肩"影片剪辑实例的顶部，拖曳到"左胳膊"影片剪辑实例，如图 6-82 所示；单击"右肩"影片剪辑实例的顶部，拖曳到"右胳膊"影片剪辑实例，如图 6-83 所示。

图 6-81 隐藏部分图层   图 6-82 第 1 个骨骼   图 6-83 第 2 个骨骼

（6）单击"右大腿"影片剪辑实例的顶部，拖曳到"右小腿"影片剪辑实例，再拖曳到"右脚"影片剪辑实例，如图 6-84 所示；单击"左大腿"影片剪辑实例的顶部，拖曳到"左小腿"影片剪辑实例，再拖曳到"左脚"影片剪辑实例，如图 6-85 所示。创建的 4 个骨骼，如图 6-86 所示。可以使用工具箱内的"选取工具" 拖曳骨骼，观察骨骼旋转情况。

图 6-84 第 3 个骨骼   图 6-85 第 4 个骨骼   图 6-86 4 个骨骼

（7）此时的时间轴如图 6-87 所示。单击"骨架_1"图层第 60 帧，按 F6 键，创建一个姿势帧；按住 Ctrl 键，同时选中该图层第 20 帧，按 F6 键，按住 Ctrl 键，同时选中该图层第 40 帧，按 F6 键，创建两个姿势帧。按照上述方法，创建其他姿势帧。

（8）将"头"、"上身"和"臀"图层显示，按住 Ctrl 键，同时选中这些图层的第 60 帧，按 F5 键，创建普通帧，使这些图层的内容一样。此时的时间轴如图 6-88 所示。

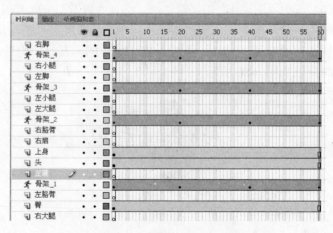

图 6-87 时间轴   图 6-88 时间轴

（9）使用工具箱内的"选取工具" ，将播放头移到第 20 帧，拖曳调整各影片剪辑实例，调整运动员的姿势如图 6-89 所示；将播放头移到第 40 帧，拖曳调整各影片剪辑实例，调整运动员的姿势如图 6-90 所示。

（10）将时间轴内的空白图层删除，水平向左拖曳"骨架_1"图层第 60～30 帧，按照相同方法调整其他姿势图层第 60～30 帧，效果如图 6-91 所示。然后，回到主场景。

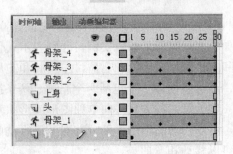

图 6-89　第 20 帧画面　　　图 6-90　第 40 帧画面　　　图 6-91　时间轴

2．制作主场景动画

（1）选中主场景"图层 1"图层第 1 帧，导入一幅"草地.jpg"图像（宽 400 像素、高 300 像素）到舞台工作区内，将该图像复制一份，再水平翻转。然后，调整两幅图像的位置，使它们刚好将整个舞台工作区完全覆盖。将"图层 1"图层的名称改为"草地"。

（2）在"草地"图层之上添加一个"运动员"图层。选中该图层第 1 帧，将"库"面板内的"运动员"影片剪辑元件拖曳到舞台工作区内的左边。创建"运动员"图层第 1～100 帧的传统补间动画，选中该图层第 100 帧，将"运动员"影片剪辑实例水平移到右边。

（3）选中"草地"图层第 100 帧，按 F5 键，使"草地"图层内容一样。

（4）在"草地"图层之上添加一个"飞鸟"图层。选中该图层第 1 帧，导入一个"飞鸟.gif" GIF 格式动画文件到"库"面板内，将自动生成的影片剪辑元件名称改为"飞鸟"。

（5）将"库"面板内的"飞鸟"影片剪辑元件拖曳到舞台工作区内的右上角。制作"飞鸟"图层第 1～100 帧补间动画，使"飞鸟"影片剪辑实例从右向左沿曲线移动。

（6）创建并进入"跳绳"影片剪辑元件的编辑状态，导入 4 幅图像，依次放置在第 1、4、7、10 帧，选中第 14 帧，按 F5 键，然后回到主场景。

（7）在"飞鸟"图层之上添加一个图层，将该图层更名为"跳绳"。选中该图层第 1 帧，将"库"面板内的"跳绳"影片剪辑元件拖曳到舞台工作区内的中间，适当调整它的大小。

图 6-92　"晨练"动画的时间轴

知识链接

1．使用反向运动的两种方式

可以向单个元件实例或图形的内部添加骨骼，在一个骨骼移动时，与启动运动的骨骼相关的其他连接骨骼也会移动，构成骨骼链，骨骼链也称为骨架。在父子层次结构中，骨架中的骨骼彼此相连。骨架可以是线性的或分支的。源于同一骨骼的骨架分支称为同级。骨骼之间的连接点称为关节（也叫控制点或变形点）。在 Flash 中可以按两种方式使用反向运动。

（1）第一种方式：在几个实例之间建立连接各实例的骨骼，骨骼允许各实例连在一起移动。例如，有一组影片剪辑实例，分别表示人体的不同部分。通过用骨骼将右大腿和右小腿，左大腿和左小腿，右胳膊和右肩，左胳膊和左肩等分别连接在一起，可以创建逼真的跑步动画。另外，还可以创建一个包括两个胳膊、两条腿和头等的分支骨架。

（2）第二种方式：向单独图形或形状对象的内部添加骨架，图形变为骨骼的容器。通过骨骼，可以移动图形的各部分并对其进行动画处理。例如，给细长的七节棍图形添加骨架，以使它可以移动和弯曲。

在向元件实例或图形添加骨骼时，Flash 将实例或图形及关联的骨架移动到时间轴中的新图层（称为姿势图层），会保持舞台上对象以前的堆叠顺序。每个姿势图层只能包含一个骨架及其关联的实例或形状。在将新骨骼拖曳到新实例后，会将该实例移到骨架的姿势图层。

2. 向元件实例添加骨骼

下面以一个简单的实例，介绍向元件实例添加骨骼的具体操作方法。

（1）创建排列好的元件实例：在"库"面板内创建"彩球"和"水晶球"两个影片剪辑元件，将"库"面板内的"彩球"和"水晶球"两个影片剪辑元件分别拖曳到舞台工作区内，再分别复制多个，将其中三个"水晶球"影片剪辑实例的颜色调整为蓝色，如图 6-93 所示。在添加骨骼之前，元件实例可以在不同的图层上。添加骨骼时，Flash 将它们移动到新图层，该图层叫姿势图层，每个姿势图层只能包含一个骨架。

（2）使用骨骼工具：单击工具箱内的"骨骼工具"按钮 。为了便于将新骨骼的尾部拖曳到所需的特定位置，可以选择"视图"→"贴紧"→"贴紧至对象"菜单命令，启用"贴紧至对象"功能。

（3）给中间一行彩球添加一个骨骼：单击中间一行左边的"彩球"影片剪辑实例（它是骨架的头部元件实例）的中间部位，拖曳到第 2 个"彩球"影片剪辑实例的中间部位，创建了第 1 个骨骼，这是根骨骼，它显示为一个圆围绕骨骼头部，如图 6-94 左图所示。

（4）给中间一行彩球创建骨架：单击第 2 个"彩球"影片剪辑实例中间的骨骼根部，拖曳到第 3 个"彩球"影片剪辑实例的中间部位，创建连接到第 3 个"彩球"影片剪辑实例的骨骼，如图 6-94 右图所示。

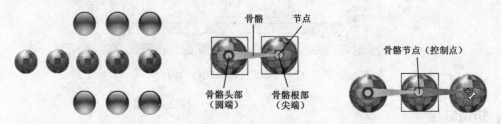

图 6-93　创建影片剪辑实例　　　　　　图 6-94　创建骨骼

按照上述方法，继续创建第 3 个"彩球"影片剪辑实例到第 4 个"彩球"影片剪辑实例、第 4 个"彩球"影片剪辑实例到第 5 个"彩球"影片剪辑实例的骨骼，即创建了中间一行彩球的骨架，如图 6-95 所示。每个元件实例只能有一个节点，骨架中的第 1 个骨骼是根骨骼，它显示为一个圆围绕骨骼头部。每个骨骼都具有头部（圆端）和根部（尖端）。

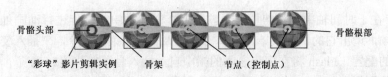

骨骼头部 ————— ｜ ｜ ｜ ｜ ————— 骨骼根部

"彩球"影片剪辑实例　　骨架　　节点（控制点）

图 6-95　创建骨骼

（5）使用"选择工具" ，单击空白处，不选中实例，中间一行彩球的骨架消失，将鼠标指针移到现有骨骼的头部或尾部时，鼠标指针变为 状。拖曳"彩球"影片剪辑实例或骨骼，可使彩球和骨骼围绕相关节点旋转，彩球也会围绕骨骼节点（控制点）转圈，同时与其关联的实例也会随之移动，但不会相对其骨骼旋转。在拖曳时，会显示骨架，如图 6-96 所示。

默认情况下，Flash 将每个元件实例的变形点移动到由每个骨骼连接构成的连接位置。对于根骨骼，变形点移动到骨骼头部。对于分支中的最后一个骨骼，变形点移动到骨骼的尾部。在"首选参数"对话框（选择"编辑"→"首选参数"菜单命令）的"绘画"选项卡中，可以禁用变形点的自动移动。

（6）添加分支骨骼：从第 1 个骨骼的尾部节点（即第 2 个"彩球"影片剪辑实例的中心点）拖曳到要添加到骨架的下一个元件实例，此处是上边一行的"水晶球"影片剪辑实例。然后，再创建第 1 个"水晶球"影片剪辑实例到第 2 个"水晶球"影片剪辑实例的骨骼，第 2 个"水晶球"影片剪辑实例到第 3 个"水晶球"影片剪辑实例的骨骼，从而创建了一个骨架的分支。

按照上述方法，再创建下边一行"水晶球"影片剪辑实例的骨骼，从而创建了另一个骨架的分支，按照要创建的父子关系的顺序，将对象与骨骼连接在一起，如图 6-97 所示。

注意：分支不能连接到其他分支，其根部除外。

图 6-96　中间一行彩球旋转移动

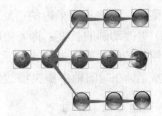

图 6-97　具有分支的骨架

创建 IK 骨架后，可以在骨架中拖曳骨骼或元件实例以重新定位实例。拖曳骨骼会拖曳实例，允许它移动及相对于其骨骼旋转。拖曳分支中间的实例可导致父级骨骼通过连接旋转而相连。子级骨骼在移动时没有连接旋转。

3．在时间轴中对骨架进行动画处理

对骨架进行动画处理的方式与 Flash 中的其他对象不同。对于骨架，只需向姿势图层添加帧并在舞台上重新定位骨架即可创建关键帧。姿势图层中的关键帧称为姿势。骨架在姿势图层中只能具有一个姿势，且该姿势必须位于姿势图层中显示该骨架的第 1 个帧中。

由于 IK 骨架通常用于动画目的，因此每个姿势图层都自动充当补间图层。但是，IK 姿势图层不同于补间图层，因为无法在姿势图层中对除骨骼位置以外的属性进行补间。若要对 IK 对象的其他属性（如位置、变形、色彩效果或滤镜）进行补间，可以将骨架及其关联的对象包含在影片剪辑或图形元件中。然后可以使用"插入"→"补间动画"菜单命令，再利用"属性"面板和"动画编辑器"面板，对元件的属性进行动画处理。

IK 骨架存在于时间轴中的姿势图层上。若要在时间轴中对骨架进行动画处理，可以右击姿势图层中的帧，调出它的快捷菜单，再单击"插入姿势"菜单命令，来插入姿势。使用选取工具更改骨架的配置。Flash 将在姿势之间的帧中自动插入骨骼的位置。

（1）向姿势图层添加帧：以便为要创建的动画留足够的帧数。方法有以下几种。

◎ 右击姿势图层中任何现有帧右侧的帧，调出帧快捷菜单，单击该菜单内的"插入帧"菜单命令，可以添加帧，如图 6-98 所示。

◎ 单击要增加的最大编号帧，将播放头移到该帧上，按 F5 键。

◎ 将姿势图层的最后一个帧水平向右拖曳到最大编号帧处。

（2）向姿势图层添加姿势帧：插入姿势的帧中有菱形标记。方法有以下几种。

◎ 右击姿势图层中任何现有帧右侧的帧，调出帧快捷菜单，单击该菜单内的"插入姿势"菜单命令，可以插入姿势帧，如图 6-99 所示。

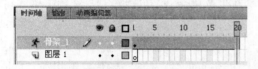

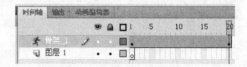

图 6-98　插入帧　　　　　　　　　　图 6-99　插入姿势帧

◎ 将播放头放在要添加姿势的帧上，然后重新定位骨架。

◎ 将播放头放在要添加姿势的帧上，然后按 F6 键。

◎ 复制粘贴姿势帧：按住 Ctrl 键，选中姿势帧，右击选中的姿势帧，调出帧快捷菜单，单击该菜单内的"复制姿势"菜单命令；按住 Ctrl 键，选中要粘贴的帧，右击选中的帧，调出帧快捷菜单，单击该菜单内的"粘贴姿势"菜单命令。

（3）更改动画的长度：将姿势图层的最后一个帧向右或向左拖曳，以添加或删除帧。Flash 将依照图层持续时间更改的比例重新定位姿势帧，并在中间重新内插帧。

完成后，在时间轴中拖曳播放头，预览动画效果。还可以随时重新定位骨架或添加姿势帧。

4．重新定位

（1）重新定位线性骨架：拖曳骨架中的任何骨骼，可以重新定位骨骼和关联的元件实例，如图 6-100 所示。如果骨架已连接到实例，拖曳实例，还可以相对于其节点旋转和移动实例。

（2）重新定位骨架的某个分支：拖曳该分支中的任何骨骼或实例。该分支中的所有骨骼和实例都会随之移动。骨架的其他分支中的骨骼和实例不会移动，如图 6-101 所示。

（3）某个骨骼与其子级骨骼一起旋转而不移动父级骨骼：按住 Shift 键并拖曳该骨骼。

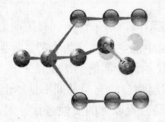

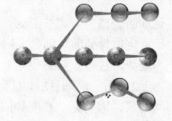

图 6-100　重新定位线性骨架　　　　图 6-101　不移动父级骨骼

（4）某个 IK 形状移动到新位置：单击骨架外的图形或形状，选择 IK 图形或形状，在"属性"面板中更改其 X 和 Y 的数值。

（5）移动 IK 形状内骨骼任意一端的位置：使用"部分选取工具" ⬧ 拖曳骨骼的一端。

（6）移动元件实例内变形点的位置：修改"变形"面板内"X"和"Y"文本框中的数值来移动实例的变形点，同时元件实例内骨骼连接、头部或尾部的位置也随变形点移动。

（7）移动单个元件实例而不移动其他链接的实例：按住 Alt 键或 Ctrl 键，同时拖曳该实例，或者使用任意变形工具拖曳单个元件实例。相应的骨骼将变化，以适应实例的新位置。

5．将骨架转换为影片剪辑或图形元件

将骨架转换为影片剪辑元件或图形元件后，可以实现动画的其他属性的补间效果，将补间效果应用于除骨骼位置之外的 IK 对象属性。该对象必须包含在影片剪辑元件或图形元件中。

（1）选择 IK 骨架及其所有的关联对象。对于 IK 形状，只需单击该形状即可。对于链接的元件实例集，可以单击姿势图层，或者使用"选取工具" ⬧，拖曳选中所有的链接元件。

（2）右击所选内容，调出它的快捷菜单，再单击"转换为元件"菜单命令，调出"转换为元件"对话框，在该对话框内输入元件的名称，在"类型"下拉列表框中选择元件类型，然后单击"确定"按钮。Flash 将创建一个元件，其内时间轴包含骨架的姿势图层。

（3）可以向舞台工作区内的新元件实例添加补间动画效果。

思考与练习 6-6

1．修改【实例 31】动画中的"运动员"影片剪辑元件，使运动员的跑步动作更自然。

2．制作一个"奔跑动物"动画，该动画运行后，一个动物在草地上从左向右奔跑。

3．制作一个"起重机吊货物"动画，该动画运行后，一架起重机将一件货物吊起来，再放置到另一处。

6.7　【实例 32】变形文字 ABCDE

"变形文字 ABCDE"动画运行后，一组红色文字"ABCDE"扭曲变化，其中的两幅画面如图 6-102 所示。该动画的制作方法和相关知识介绍如下。

图 6-102　"变形文字 ABCDE"动画运行后的两幅画面

 制作方法

（1）创建一个新的 Flash 文档，设置舞台工作区的宽为 300 像素、高为 200 像素，背景色为黄色。然后，以名称"【实例 32】变形文字 ABCDE.fla"保存。

（2）输入红色文字"ABCDE"，将文字打碎，适当调整它的大小，如图 6-103 所示。

（3）单击工具箱内的"骨骼工具"按钮 ✎。启用"贴紧至对象"功能。

（4）单击图形内"A"字母处，拖曳到"B"字母之上松开鼠标左键，创建第 1 个骨骼。

接着依次创建字母"B"、"C"、"D"和"E"之间的骨骼，如图 6-104 所示。

图 6-103 打碎的"变形文字"

图 6-104 第 1 帧的骨骼

同时，Flash 将图形转换为 IK 形状对象，并将其移到时间轴的"骨架_1"姿势图层。

（5）选中"骨架_1"图层第 80 帧，按 F6 键；选中"骨架_1"图层第 40 帧，按 F6 键。调整"骨架_1"图层第 40 帧内 IK 形状对象的骨骼旋转情况，如图 6-105 所示。

图 6-105 第 40 帧的骨骼

知识链接

1. 向图形添加骨骼

可以向合并绘制模式或对象绘制模式中绘制的图形和形状内部添加多个骨骼（元件实例只能具有一个骨骼）。在将骨骼添加到所选内容后，Flash 将所有的图形和骨骼转换为 IK 形状对象，并将该对象移动到新的姿势图层。在某图形转换为 IK 形状后，它无法再与 IK 形状外的其他图形与形状合并。下面以一个简单的实例，介绍向图形或形状添加骨骼的具体操作方法。

（1）在舞台工作区内绘制一幅七彩矩形图形或形状，使它尽可能接近其最终形式。向形状添加骨骼后，用于编辑 IK 形状的选项变得更加有限。

（2）选择整个图形或形状：在添加第 1 个骨骼之前，使用工具箱内的"选择工具" ，拖曳一个矩形选择区域，选择全部图形或形状。

（3）使用骨骼工具：单击"骨骼工具"按钮 。启用"贴紧至对象"功能。

（4）单击图形或形状内第 1 个骨骼的头部位置，拖曳到图形或形状内第 2 个骨骼的头部位置松开鼠标，创建第 1 个骨骼。同时，Flash 将图形或形状转换为 IK 形状对象，并将其移到时间轴的姿势图层。IK 形状具有自己的注册点、变形点和边框。

（5）按照上述方法，继续创建其他骨骼，形成图形的骨架，如图 6-106 所示。

（6）如果要创建分支骨架，可以单击希望开始分支的现有骨骼的头部，然后拖曳以创建新分支的第 1 个骨骼。骨架可以具有多个分支，如图 6-107 所示。

图 6-106 创建图形的骨架

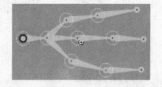

图 6-107 创建图形有分支的骨架

创建骨骼后，可以使用多种方法编辑它们。可以重新定位骨骼及其关联的对象，在对象内移动骨骼，更改骨骼的长度，删除骨骼，以及编辑包含骨骼的对象。只能在第 1 个帧中仅包含初始姿势的姿势图层中编辑 IK 骨架。在姿势图层的后续帧中重新定位骨架后，无法对骨架结构进行更改。如果要编辑骨架，需要删除位于骨架的第 1 个帧之后的任何附加姿势。

如果只是重新定位骨架以达到动画处理目的，则可以在姿势图层的任何帧中进行位置更改。Flash 会将该帧转换为姿势帧。下面介绍编辑 IK 骨架和对象的方法。

2．选择骨骼和关联的对象

（1）选择单个骨骼：使用"选取工具" 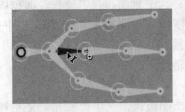 ，单击要选择的骨骼，如图 6-108 所示。

（2）选择多个骨骼：按住 Shift 键，依次单击多个骨骼，如图 6-109 所示。

（3）选择骨架中的所有骨骼：双击骨架中的某一个骨骼，如图 6-110 所示。

（4）选择 IK 图形或形状：单击骨架外的图形或形状，"属性"面板显示 IK 形状属性。

（5）选择连接到骨骼的元件实例：单击该实例，"属性"面板显示该实例属性。

（6）选择姿势图层的帧：使用"选取工具" ，按住 Ctrl 键，单击要选择的帧。

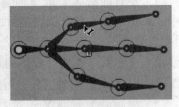

图 6-108　选中一个骨骼　　　图 6-109　选中多个骨骼　　　图 6-110　选中所有骨骼

（7）删除骨骼：删除骨骼的几种方法如下。

◎ 删除单个骨骼及其所有子级：选中该骨骼，再按 Delete 键。

◎ 删除多个骨骼及其所有子级：按住 Shift 键并选中多个骨骼，再按 Delete 键。

◎ 删除骨架：选中该骨架中的任何一个骨骼或元件实例，再选择"修改"→"分离"菜单命令，即可删除骨架和所有骨骼。同时，IK 形状将还原为正常图形或形状。

（8）移到相邻骨骼：选中单个骨骼，如图 6-108 所示，此时的"属性"面板会显示骨骼属性，如图 6-111 所示。单击"属性"面板内的"父级"按钮⬆，选择原选中骨骼的父级骨骼，如图 6-112 所示；单击"子级"按钮⬇，效果如图 6-108 所示；单击"下一个同级"按钮➡，效果如图 6-113 所示；单击"上一个同级"按钮⬅，效果如图 6-113 所示。

（9）选择整个骨架并显示骨架的属性及其姿势图层：单击姿势图层中包含骨架的帧。此时的"属性"面板如图 6-114 所示。

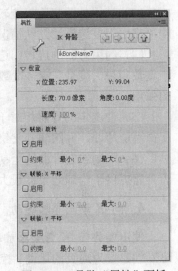

图 6-111　骨骼"属性"面板

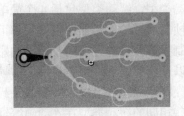
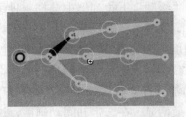

图 6-112　选择父级骨骼　　图 6-113　选择下/上一个同级骨骼　　图 6-114　骨架"属性"面板

3. 调整 IK 运动约束

如果要创建 IK 骨架更逼真的运动，可以约束特定骨骼的运动自由度。例如，可以约束作为胳膊一部分的两个骨骼，以便肘部无法按错误的方向弯曲。

默认情况下，创建骨骼时会为每个 IK 骨骼分配固定的长度。骨骼可以围绕其父连接，以及沿 X 轴和 Y 轴旋转，但是无法更改其父级骨骼长度。可以启用、禁用和约束骨骼的旋转及其沿 X 轴或 Y 轴的运动。默认情况下，只启用骨骼旋转，而禁用 X 轴和 Y 轴运动。启用 X 轴或 Y 轴运动时，骨骼可以不限度数地沿 X 轴或 Y 轴移动，而且父级骨骼的长度会随之改变，以适应运动。也可以限制骨骼的运动速度，在骨骼中创建粗细效果。

选中一个或多个骨骼时，可以在"属性"面板内设置这些属性，参看图 6-111。

（1）使骨骼沿 X 轴或 Y 轴移动并更改其父级骨骼的长度：选中骨骼，在"属性"面板内，选中"联结：X 平移"（软件界面中为"联接：X（或 Y）平移"）或"联结：Y 平移"栏中的"启用"复选框。以后，会显示一个垂直于连接上骨骼的双向箭头，指示已启用了 X 轴运动；会显示一个平行于连接上骨骼的双向箭头，指示已启用了 Y 轴运动。如果同时启用了 X 平移和 Y 平移，则对骨骼禁用旋转时定位更容易。

（2）限制沿 X 轴或 Y 轴的运动量：选中骨骼，在"属性"面板内，选中"联结：X 平移"或"联结：Y 平移"栏中的"约束"复选框，然后，输入骨骼可以运动的最小和最大距离。

（3）禁用骨骼绕连接旋转：选中骨骼，在"属性"面板内的"联结：旋转"栏中，取消选中"启用"复选框。默认情况下是选中此"启用"复选框。

（4）约束骨骼的旋转：选中骨骼，在"属性"面板内的"联结：旋转"栏中输入旋转的最小度数和最大度数。旋转度数相对于父级骨骼。在骨骼连接的顶部会显示一个指示旋转自由度的弧形。

（5）使选定的骨骼相对于其父级骨骼是固定：可以禁用旋转及 X 轴和 Y 轴平移。骨骼将变得不能弯曲，并跟随其父级运动。

（6）限制选定骨骼的运动速度：在"属性"面板内的"速度"文本框内输入一个值。速度为骨骼提供了粗细效果，最大值 100%表示对速度没有限制。

4. 向 IK 动画添加缓动

使用姿势向 IK 骨架添加动画时，可以调整帧中围绕每个姿势的动画速度。通过调整速度，可以创建更为逼真的运动。控制姿势帧附近运动的加速度称为缓动。可以在每个姿势帧前后使骨架加速或减速。向姿势图层中的帧添加缓动的方法如下。

（1）单击姿势图层中两个姿势帧之间的帧，选中所有动画帧，应用缓动时，它会影响选定帧左侧和右侧的姿势帧之间的帧。按住 Ctrl 键，单击某个姿势帧，选中该姿势帧，则缓动将影响选定的姿势帧和下一个姿势帧之间的帧。

（2）在"属性"面板内的"缓动"下拉列表框中选择一种缓动类型。缓动类型包括 4 个简单缓动和 4 个停止并启动缓动。简单缓动将降低紧邻上一个姿势帧之后帧的运动加速度或紧邻下一个姿势帧之前帧的运动加速度。缓动的"强度"属性可以控制哪些帧将进行缓动及缓动的影响程度。停止并启动缓动可以减缓紧邻之前姿势帧后面的帧，以及紧邻的下一个姿势帧之前帧中的运动。这两种类型的缓动都具有"慢"、"中"、"快"和"最快"类型。"慢"类型效果最不明显，而"最快"类型效果最明显。在选定补间动画后，这些相同的缓动类型在"动画编辑器"面板中是可用的，可以在"动画编辑器"面板中查看每种类型的缓动曲线。

（3）在"属性"面板内，为缓动强度输入一个值。默认强度是 0，即表示无缓动；最大值是 100，它表示对下一个姿势帧之前的帧应用最明显的缓动效果；最小值是-100，它表示对上一个姿势帧之后的帧应用最明显的缓动效果。

在完成后，在已应用缓动的两个姿势帧之间拖曳时间轴的播放头，预览已缓动的动画。

5．编辑 IK 形状

（1）显示 IK 形状轮廓的控制点：使用"部分选取工具" ，单击 IK 形状边缘。

（2）添加、删除和编辑轮廓的控制点：使用"部分选取工具" ，调整控制点。

（3）移动骨骼的位置而不更改 IK 形状：使用"部分选取工具" ，拖曳骨骼的端点。

（4）移动控制点：使用"部分选取工具" ，拖曳 IK 形状边缘上的控制点。

（5）添加新控制点：使用"部分选取工具" ，单击 IK 形状边缘无控制点处，也可以使用工具箱内的"添加锚点工具" ，单击 IK 形状边缘无控制点处。

（6）删除控制点：使用"部分选取工具" ，选中 IK 形状边缘的控制点，再按 Delete 键。也可以使用"删除锚点工具" ，单击 IK 形状边缘的控制点。

6．将骨骼绑定到控制点

在默认情况下，形状的控制点连接到离它们最近的骨骼。因此，移动 IK 形状的骨架时，IK 形状的轮廓变化并不令人满意。使用"绑定工具" ，可以编辑骨骼和 IK 形状控制点之间的连接。这样，就可以控制在每个骨骼移动时，IK 形状轮廓扭曲的效果。

使用"绑定工具" ，单击控制点和连接的骨骼，会建立骨骼和控制点之间的连接。可以将多个控制点绑定到一个骨骼，以及将多个骨骼绑定到一个控制点。可按下述方法更改连接。

（1）加亮显示已连接到骨骼的控制点：显示连接关系：使用"绑定工具" 单击该骨骼，可以以黄色加亮显示已连接到骨骼的控制点，而选定的骨骼以红色加亮显示。仅连接到一个骨骼的控制点显示为黄色方形。连接到多个骨骼的控制点显示为黄色三角形。

（2）加亮显示已连接到控制点的骨骼：使用"绑定工具" ，单击该控制点。已连接的骨骼以黄色加亮显示，而选定的控制点以红色加亮显示。

（3）给选定骨骼添加控制点：按住 Shift 键，单击未加亮显示的控制点。

（4）从骨骼中删除控制点：按住 Ctrl 键，同时单击黄色加亮显示的控制点。

（5）向选定的控制点添加其他骨骼：按住 Shift 键，同时单击要添加的未加亮显示的骨骼。

（6）从选定的控制点中删除骨骼：按住 Ctrl 键，同时单击以黄色加亮显示的骨骼。

思考与练习 6-7

1．修改【实例 32】"变形文字 ABCDE"动画，使文字变化效果更具有特色。

2．参考【实例 32】"变形文字 ABCDE"动画的制作方法，制作一个"变形图形"动画。

第7章

交互式动画和ActionScript
程序设计基础

知识要点：

  1. 掌握创建按钮元件的方法，掌握测试和应用按钮实例的方法。

  2. 掌握影片剪辑、按钮和图形实例"属性"面板的应用方法。

  3. 掌握"动作"面板的使用方法，了解帧、按钮和按键、影片剪辑实例的事件与动作。了解层次结构、"影片浏览器"面板、点操作符和_root、_parent、this 关键字的使用。

  4. 了解 ActionScript 基本语法，初步掌握"时间轴控制"和"影片剪辑控制"全局函数的使用方法。

7.1 【实例 33】按钮控制动画展示 1

    "按钮控制动画展示 1"动画运行后的画面如图 7-1 左图所示，可以看到，在左边金黄色的框架内有标题文字"展示动画"，还有 5 个按钮；在右边金黄色的框架内有一幅风景图像。将鼠标指针移到"杂技双人跳"按钮之上，其文字会变为红色，右边框架内会展示【实例 22】中的"杂技双人跳"动画，其中的一幅画面如图 7-1 右图所示；单击"杂技双人跳"按钮后，按钮的颜色会由蓝色变为红色，右边框架内会重新展示"杂技双人跳"动画。

图 7-1   "按钮控制动画展示 1"动画运行后的两幅画面

    将鼠标指针移到"自转地球"按钮之上，其文字会变为红色，右边框架内展示【实例 25】中的"自转地球"动画和"发光自转文字"动画，其中的一幅画面如图 7-2 左图所示；单击"自转地球"按钮后，按钮的颜色变为红色，右边框架内重新展示动画。

将鼠标指针移到"翻页画册"按钮之上或单击"翻页画册"按钮，可以在右边框架内展示【实例 22】中的"翻页画册"动画，其中的一幅画面如图 7-2 右图所示。将鼠标指针移到其他按钮之上或单击这些按钮，可以在右边框架内展示【实例 22】中的其他动画。

图 7-2　"按钮控制动画展示 1"动画运行后的两幅画面

该动画的制作方法和相关知识介绍如下。

 制作方法

1．制作影片剪辑元件

（1）打开"【实例 22】旋转和摆动动画集锦.fla"和"【实例 25】文字围绕自转地球.fla"Flash 文档。切换到"【实例 22】旋转和摆动动画集锦.fla"Flash 文档，再以名称"【实例 33】按钮控制动画展示 1.fla"保存。

（2）调出"场景"面板，选中"五彩风车"场景名称，切换到"五彩风车"场景。右击时间轴内的帧，调出帧快捷菜单，单击该菜单内的"选择所有帧"菜单命令，选中所有帧。再右击选中的帧，调出帧快捷菜单，单击该菜单内的"复制帧"菜单命令，将选中的所有帧复制到剪贴板内。

（3）选择"插入"→"新建元件"菜单命令，调出"创建新元件"对话框。在"名称"文本框中输入"五彩风车"，在"类型"下拉列表框内选择"影片剪辑"类型选项。单击"确定"按钮，切换到"五彩风车"影片剪辑元件的编辑状态。

（4）右击"图层 1"图层第 1 帧，调出帧快捷菜单，单击该菜单内的"粘贴帧"菜单命令，将剪贴板内的所有帧粘贴到"五彩风车"影片剪辑元件的时间轴。对照原"五彩风车"场景时间轴的动画帧修改"五彩风车"影片剪辑元件时间轴的动画帧。然后，回到主场景，完成将"五彩风车"场景动画转换为"五彩风车"影片剪辑元件的任务。

（5）按照上述方法，将"杂技双人跳"场景时间轴动画转换为"杂技双人跳"影片剪辑元件，将"摆动模拟指针表"场景时间轴动画转换为"摆动模拟指针表"影片剪辑元件，将"翻页画册"场景时间轴动画转换为"翻页画册"影片剪辑元件。

（6）将"【实例 25】文字围绕自转地球.fla"Flash 文档"库"面板内的"自转地球"影片剪辑元件和"发光自转文字"影片剪辑元件复制粘贴到"【实例 33】按钮控制动画展示 1.fla"Flash 文档的"库"面板内。

注意：如果有名称相同的元件（如补间 1），则需要在粘贴以前将"库"面板中原来的元件名称进行修改。

（7）利用"场景"面板将"五彩风车"场景的名称改为"场景 1"，将其他场景删除，再将"场景1"场景时间轴内除了"图层1"图层第1帧外的所有帧删除,"图层1"图层第1帧内是一幅风景图像。

(8)重新设置舞台工作区宽为600像素、高为400像素,背景色为绿色。参考【实例4】"同步移动的彩球"动画中介绍的方法,绘制金黄色框架图形,将风景图像移到右边的框架内,调整图像宽为480像素、高为370像素,如图7-3所示。然后,再将金黄色框架图形转换为影片剪辑元件的实例,再添加"渐变斜角"滤镜,效果如图7-4所示。

图 7-3　框架图形和风景图像　　　　　　图 7-4　立体框架和风景图像

2．制作按钮

(1)创建一个名称为"按钮矩形"的影片剪辑元件,其内绘制一幅宽60像素、高26像素、无轮廓线的蓝色矩形。

(2)选择"插入"→"新建元件"菜单命令,调出"创建新元件"对话框。在该对话框内的"名称"文本框中输入"按钮1"文字,选择"按钮"类型,如图7-5所示。单击"确定"按钮,切换到"按钮1"按钮元件的编辑状态。

(3)选中"图层1"图层"弹起"帧,将"库"面板内的"按钮矩形"影片剪辑元件拖曳到舞台工作区内的正中间,再利用"属性"面板添加"斜角"滤镜,效果如图7-6所示。然后,将"库"面板内的"杂技双人跳"影片剪辑元件拖曳到舞台工作区内按钮图形的右边。

(4)按住Ctrl键,选中"指针经过"、"按下"和"点击"帧,按F6键,创建3个关键帧。选中"点击"帧内的按钮图形,利用"属性"面板内"色彩效果"栏调整它的颜色为紫色。

(5)在"图层1"图层上边创建一个"图层2"图层。选中"图层2"图层"弹起"帧,输入红色、黑体、12点、蓝色文字"杂技双人跳",使它位于按钮图形的下边。

(6)选中"指针经过"帧,按F6键,创建一个关键帧。将该帧内的文字颜色改为红色。选中"点击"帧,按F5键,使"按下"和"点击"帧内容与"指针经过"关键帧内容一样。

(7)单击元件编辑窗口中的⇐按钮,回到主场景。

(8)右击"库"面板内的"按钮1"按钮元件,调出它的快捷菜单,单击该菜单内的"直接复制"菜单命令,调出"直接复制元件"对话框,如图7-7所示。在该对话框内"名称"文本框中输入"按钮2"文字,单击"确定"按钮,即可在"库"面板内复制一个名称为"按钮2"的按钮元件。

(9)按照上述方法,复制"按钮3"、"按钮4"和"按钮5"按钮元件。再将复制的按钮元件中的"指针经过"和"按下"帧内的影片剪辑实例更换,将按钮图形下边的文字进行改写。

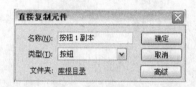

图 7-5　"创建新元件"对话框　　图 7-6　按钮图形　　图 7-7　"直接复制元件"对话框

3. 编辑按钮和制作立体标题文字

（1）在主场景内"图层 1"图层之上创建"图层 2"图层，选中"图层 2"图层第 1 帧，将"库"面板中的"按钮 1"、"按钮 2"、"按钮 3"、"按钮 4" 和"按钮 5"按钮元件拖曳到舞台工作区中左边框架内相应的位置。

（2）按住 Shift 键，选中 5 个按钮，选择"修改"→"对齐"→"左对齐"菜单命令，将 5 个按钮左对齐；再选择"修改"→"对齐"→"按高度均匀分布"菜单命令，将 5 个按钮垂直等间距分布。

（3）在最上边的按钮之上，输入蓝色、隶书、30 点文字"展示"，在输入完文字后按 Enter 键，再输入"动画"文字。然后，利用"属性"面板，给文字添加"斜角"滤镜，使文字立体化。

（4）双击舞台工作区中的"按钮 1"按钮实例，进入它的编辑状态，选中"指针经过"帧时，调整该帧内图像的位置，如图 7-8 所示。选中"指针经过"帧内的影片剪辑实例，选择"编辑"→"复制"菜单命令，将选中的影片剪辑实例复制到剪贴板内。

图 7-8　"按钮 1"按钮元件的编辑状态

（5）选中"按下"帧，删除原影片剪辑实例，选择"编辑"→"粘贴到当前位置"菜单命令，在该帧内粘贴与"指针经过"帧内的影片剪辑实例位置完全一样的影片剪辑实例。然后，单击元件编辑窗口中的 ⇦ 按钮，回到主场景。

（6）按照上述方法，调整"按钮 2"、"按钮 3"、"按钮 4"和"按钮 5"按钮实例中影片剪辑实例的位置。

 知识链接

1. 按钮元件的四个状态

在 Flash 文档中可以有按钮，按钮也是对象，当鼠标指针移到按钮之上或单击按钮时，即产生交互事件，按钮会改变它的外观。要使一个按钮在影片中具有交互性，需要先制作按钮元件，再创建相应的按钮实例。按钮有四个状态，这四个状态的特点如下。

（1）"弹起"状态：鼠标指针没有移到按钮之上时的按钮状态。

（2）"指针经过"状态：鼠标指针移到按钮上面，但没有单击时的按钮状态。

（3）"按下"状态：用鼠标单击按钮时的按钮状态。

（4）"点击"状态：用来定义鼠标事件的响应范围，其内的图形不会显示。如果没有设置"点击"状态的区域，则鼠标事件的响应范围由"弹起"状态的按钮外观区域决定。

2. 创建按钮

（1）选择"插入"→"新建元件"菜单命令，调出"创建新元件"对话框。在该对话框内的"类型"下拉列表框中选择"按钮"选项，在"名称"文本框中输入元件的名字（如按钮1），如图 7-5 所示。单击该对话框内的"确定"按钮，切换到按钮元件的编辑状态，此时时间轴的"图层 1"图层中显示 4 个连续的帧，如图 7-8 所示。

用户需要在这四个帧中分别创建相应的按钮外观，可以导入图形、图像、文字、影片剪辑和图形元件实例等对象，但不能在一个按钮中再使用按钮实例。最好将按钮图形精确定位，使图形的中心与十字标记对齐。要制作动画按钮，可以使用动画的影片剪辑元件。

（2）选中第 1 帧（弹起），再制作按钮"弹起"状态的外观。

（3）选中第 2 帧（指针经过），再按 F6 键，使第 2 帧成为关键帧并复制了第 1 帧的按钮外观，改变第 2 帧的对象，作为鼠标指针经过时的按钮外观。另外，可以按 F7 键，使第 2 帧成为空白关键帧，重新创建一个新对象，作为鼠标指针经过时的按钮外观。

（4）选中第 3 帧，按照上述方法，制作鼠标按下状态的按钮外观。然后，选中第 4 帧，创建一个对象，用来确定鼠标事件的响应范围。

（5）然后，回到主场景。可以看到"库"面板中已有了刚刚制作的按钮元件。从"库"面板中将它拖曳到工作区中，即可创建按钮实例。

按钮的各种状态不但可以是图形、图像、文字和动画（影片剪辑或图形实例）等，还可以在按钮中插入声音。按钮的每一帧可以有多个图层。

3. 测试按钮

测试按钮就是将鼠标指针移到按钮之上和单击按钮，观察它的动作效果（应该像播放影片时一样按照指定的方式响应鼠标事件）。测试按钮以前要进行下述四种操作中的一种。

（1）选择"控制"→"测试影片"菜单命令，运行整个动画（包括测试按钮）。

（2）选择"控制"→"测试场景"菜单命令，运行当前场景的动画（包括测试按钮）。

（3）选择"调试"→"调试影片"菜单命令，运行整个动画并调出"调试器"面板。

（4）选择"控制"→"启用简单按钮"菜单命令，可以在舞台工作区内测试按钮。

如果按钮中有影片剪辑，在舞台内是不能播放的，必须采用前三种方法才可以播放。

思考与练习 7-1

1. 制作一个"名花图像浏览"动画,该动画运行后的两幅画面如图 7-9 所示。可以看到,框架内显示 6 个文字按钮和一个图像框。当鼠标指针经过红色文字"桂花图像"按钮时,文字颜色变为蓝色,同时在按钮右边显示一幅桂花图像,如图 7-9 左图所示;单击"桂花图像"按钮时,文字颜色变为绿色。当鼠标指针经过或单击"荷花图像"、"菊花图像"、"兰花图像"、"梅花图像"和"水仙图像"文字按钮时,文字颜色都会发生变化,同时在文字按钮右边会显示相应的名花图像。

图 7-9　"名花图像浏览"动画运行后的两幅画面

2. 制作一个"展示图像"动画,该动画运行后,屏幕显示 4 个图像按钮,如图 7-10 所示。当鼠标指针经过海豚图像按钮时,海豚图像按钮发生变化,同时在按钮右边显示一幅戒指图像,如图 7-11 所示。当单击海豚图像按钮时,该按钮发生变化,按钮右边显示另一幅戒指图像。当鼠标指针经过跳绳图像按钮时,该按钮发生变化,同时在按钮右边显示一幅卡通娃娃图像,如图 7-12 所示。当单击跳绳图像按钮时,该按钮发生变化,同时在按钮右边显示另一幅卡通娃娃图像。

当鼠标指针经过和单击小狗图像按钮时,按钮右边会显示不同的丽人图像;当鼠标指针经过和单击开关图像按钮时,按钮右边会显示不同的鲜花图像。

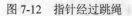

图 7-10　按钮弹起　　　　　图 7-11　指针经过海豚　　　　　图 7-12　指针经过跳绳

7.2 【实例 34】按钮控制动画展示 2

"按钮控制动画展示 2"动画运行后,只有左上角的"混色效果"按钮,如图 7-13 所示。将鼠标指针移到"混色效果"按钮之上后,混色效果图形顺时针旋转,同时右边会展示"海中游鱼"动画,可以看到,在蓝色的海水中,一些不同颜色、不同大小的小鱼以各种不同的姿态来回游动,水中还有飘动的水草,其中的两幅画面如图 7-13 所示。单击"混色效果"按钮后,混色效果图形逆时针旋转,同时右边仍然会展示"海中游鱼"动画。

图 7-13 "按钮控制动画展示 2" 动画运行后的两幅画面

将鼠标指针移到"混色效果"按钮下边的一个位置（即一个隐藏按钮），当鼠标指针呈小手状时，说明鼠标指针已经移到一个隐形按钮之上，此时会在其右边显示相应的动画，单击后仍然显示该动画。从上往下，隐藏按钮一共有五个，分别用来控制"杂技双人跳"、"自转地球"和"发光自转文字"、"摆动模拟指针表"、"翻页画册"和"五彩风车"动画。其中的两幅画面如图 7-14 所示。该动画的制作方法和相关知识介绍如下。

图 7-14 "按钮控制动画展示 2" 动画运行后的两幅画面

 制作方法

1．制作隐形按钮元件

（1）打开"【实例 33】按钮控制动画展示 1.fla" Flash 文档。再以名称"【实例 34】按钮控制动画展示 2.fla"保存。删除"图层 1"图层，删除"图层 2"图层第 1 帧内的"展示动画"标题文字，再将背景色改为黑色。

（2）双击"库"面板内的"按钮 1"按钮元件，进入它的编辑状态。删除"图层 2"图层，即将按钮下边的文字删除。选中"图层 1"图层第 1 帧，同时选中该帧内的按钮图形，按 Delete 键，删除选中的按钮图形。"按钮 1"按钮元件时间轴如图 7-15 所示。

（3）选中"图层 1"图层第 2 帧，再单击无对象处，不选中任何对象。然后，选中按钮图形，按 Delete 键，删除选中的按钮图形。接着按照相同的方法，删除"图层 1"图层第 3 帧内的按钮图形，保留影片剪辑实例。

（4）此时，"弹起"帧内没有任何对象，"点击"帧内只有矩形按钮图形，其他两个帧内只有"杂技双人跳"影片剪辑实例。然后，单击元件编辑窗口中的 ⇦ 按钮，回到主场景。此时，主场景舞台工作区内的"按钮 1"按钮元件实例如图 7-16 所示。

（5）按照上述加工"按钮 1"按钮元件的方法，加工"按钮 2"、"按钮 3"、"按钮 4"和"按钮 5"按钮元件。

图 7-15　"按钮 1"按钮元件时间轴　　　图 7-16　"按钮 1"按钮元件实例

2．制作"海中游鱼"影片剪辑元件

（1）打开"游鱼.fla"Flash 文档，调出它的"库"面板，将"库"面板内的"Fish Movie Clip"影片剪辑元件复制粘贴到"【实例 34】按钮控制动画展示 2.fla"Flash 文档的"库"面板中。"Fish Movie Clip"影片剪辑元件内是一条小鱼来回移动的动画，共有 95 帧。

（2）为了创建并进入"水草"影片剪辑元件的编辑状态，选中"图层 1"图层第 1 帧，在舞台工作区内绘制一幅水草图形，如图 7-17（a）所示。选中"图层 1"图层第 5 帧，按 F6 键，单击工具箱中的"任意变形工具"按钮，单击按下"选项"栏中的"封套"按钮，此时的图形周围出现许多控制柄，拖曳调整这些控制柄，来调整图形的形状，效果如图 7-17（b）所示。"图层 1"图层第 10 帧和第 15 帧内水草图形的形状分别如图 7-17（c）、（d）所示。选中"图层 1"图层第 20 帧，按 F5 键，创建一个普通帧。然后，单击元件编辑窗口中的 ⇦ 按钮，回到主场景。

（a）　　　　（b）　　　　（c）　　　　（d）

图 7-17　"水草"图形元件内第 1、5、10、15 帧内图形

（3）选中主场景"图层 1"图层第 1 帧，导入一幅"水底"图像，调整该图像的大小为宽 550 像素、高 300 像素，位于中间位置。在"图层 1"图层的上边增加一个"图层 2"图层，选中该图层第 1 帧，8 次将"库"面板内的"水草"影片剪辑元件拖曳到舞台工作区中。然后，适当调整它们的大小和位置。

（4）9 次将"库"面板内的"Fish Movie Clip"影片剪辑元件拖曳到舞台工作区中，在舞台工作区内形成 9 条小鱼的影片剪辑实例。调整舞台工作区内这些小鱼的影片剪辑实例的大小与位置，使它们分布在不同的位置。

（5）选中一条小鱼对象，调出"属性"面板，在该面板内的"样式"下拉列表框中选择"高级"选项，调整小鱼的颜色、大小和位置。再选择"属性"面板内"实例行为"下拉列表框中的"图形"选项，将选中的小鱼影片剪辑元件实例转换为图形实例。然后，在"选项"下拉列表框中选择"循环"选项，在"第一帧"文本框内输入 10，表示该实例从给定的数字所指示的帧开始播放。"属性"面板设置如图 7-18 所示。

（6）按照上述方法，调整其他 8 条小鱼的颜色、大小和位

图 7-18　"属性"面板设置

置。分别将其他小鱼影片剪辑元件实例改为图形元件实例进行处理，要求"第一帧"文本框内输入 90 以内不一样的数字。

（7）在"图层 2"图层之上创建"图层 3"图层，选中"图层 3"图层第 1 帧，绘制一幅黑色矩形，将"水底"图像刚好完全覆盖。

（8）右击"图层 3"图层，调出图层快捷菜单，单击该菜单内的"遮罩层"菜单命令，将"图层 3"图层设置为遮罩图层，"图层 2"图层为被遮罩图层。再将"图层 1"图层向右上方拖曳，使它成为"图层 3"图层的被遮罩图层。

（9）按住 Ctrl 键，选中"图层 1"、"图层 2"和"图层 3"图层的第 95 帧，按 F5 键，创建这三个图层第 2～95 帧的普通帧。

至此，该"海中游鱼"影片剪辑元件制作完毕，它的时间轴如图 7-19 所示。

图 7-19　"海中游鱼"影片剪辑元件的时间轴

3．制作"混色按钮"按钮元件

（1）创建并进入"红"影片剪辑元件的编辑状态，在舞台工作区的中间位置绘制一幅无轮廓线的红色圆形图形，调整它的宽和高均为 99 像素。

（2）右击"库"面板内的"红"影片剪辑元件，调出它的快捷菜单，单击该菜单内的"直接复制"菜单命令，调出"直接复制元件"对话框。在该对话框内的"名称"文本框中输入"绿"文字，单击"确定"按钮，即可在"库"面板内复制一个名称为"绿"的影片剪辑元件。接着再在"库"面板内复制一个名称为"蓝"的影片剪辑元件。

（3）双击"绿"影片剪辑元件，进入"绿"影片剪辑元件的编辑状态，将圆形图形的颜色改为绿色；双击"蓝"影片剪辑元件，进入"蓝"影片剪辑元件的编辑状态，将圆形图形的颜色改为蓝色。

（4）创建并进入"混色"影片剪辑元件的编辑状态，将"库"面板内的"红"、"蓝"和"绿"影片剪辑元件拖曳到舞台工作区内，将它们相互重叠一部分，如图 7-20 所示。

（5）选中"绿"影片剪辑实例，在其"属性"面板内的"混合"下拉列表框内选择"增加"选项，效果如图 7-21 左图所示。选中"蓝"影片剪辑实例，在其"属性"面板内的"混合"下拉列表框内选择"增加"选项，效果如图 7-21 右图所示。然后，回到主场景。

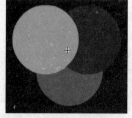
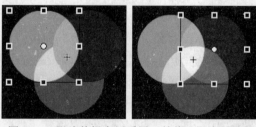

图 7-20　三个影片剪辑实例　　　图 7-21　影片剪辑实例采用"差值"混合后效果

（6）创建并进入"混色顺时针"影片剪辑元件的编辑状态，选中"图层 1"图层第 1 帧，将"库"面板内的"混色"影片剪辑元件拖曳到舞台工作区内的正中间。创建"图层 1"图层第 1～50 帧的补间动画。选中"图层 1"图层第 1 帧,在其"属性"面板内的"方向"下拉列表框内选择"顺时针"选项,在"旋转"文本框内输入 1(次),其他设置如图 7-22 所示。然后,回到主场景。

(7)将"库"面板内的"混色顺时针"影片剪辑元件复制一个名称为"混色逆时针"的影片剪辑元件。双击"混色逆时针"的影片剪辑元件,进入它的编辑状态。选中"图层 1"图层第 1 帧,在其"属性"面板内的"方向"下拉列表框内选择"逆时针"选项。然后,回到主场景。

(8)创建并进入"混色按钮"按钮元件的编辑状态,选中"图层 1"图层"弹起"帧,将"库"面板内的"混色"影片剪辑元件拖曳到舞台工作区内正中间。选中"图层 1"图层"指针经过"帧,将"库"面板内的"混色顺时针"影片剪辑元件拖曳到舞台工作区内正中间,将"海中游鱼"影片剪辑元件拖曳到如图 7-23 所示位置。

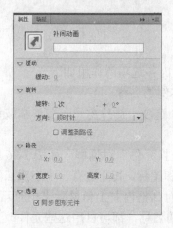

图 7-22　"属性"面板

图 7-23　"混色按钮"按钮元件"指针经过"帧画面

(9)选中"图层 1"图层"按下"帧,按 F6 键,创建一个关键帧。删除"图层 1"图层"按下"帧内的"混色顺时针"影片剪辑实例,将"库"面板内的"混色逆时针"影片剪辑元件拖曳到舞台工作区内正中间。

(10)将"弹起"帧复制粘贴到"点击"帧中。然后,回到主场景。选中主场景"图层 1"图层第 1 帧,将"库"面板内的"混色按钮"按钮元件拖曳到舞台工作区内左上角,适当调整它的大小。至此,整个动画制作完毕。

 **知识链接**

1. 三原色和混色

人们在对人眼进行混色实验时发现,只要将三种不同颜色按一定比例混合就可以得到自然界中绝大多数的颜色,而且它们自身不能够被其他颜色混合而成。对于彩色光的混合来说,三原色(也叫三基色)是红(R)、绿(G)、蓝(B)三色,将红、绿、蓝 3 种光投射在白色屏幕上的同一位置,不断改变三束光的强度比,就可在白色屏幕上看到各种颜色,如图 7-24(a)所示。进行三基色混色实验可得出如下结论:红+绿→黄,红+蓝→紫,绿+蓝→青,蓝+黄→白,绿+紫→白,红+青→白,红+绿+蓝→白,黄+青+紫→白,如图 7-24(b)所示。通常把黄、青、紫(也叫品红)叫三基色的三个补色,它们的混色特点如图 7-24(c)所示。

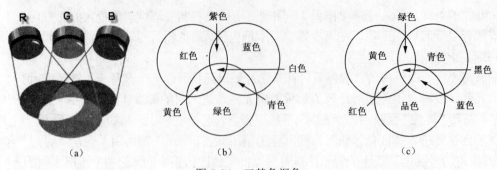

图 7-24 三基色混色

对于不发光物体来说，物体的颜色是反射照射光而产生的颜色，这种颜色（颜料的混合色）的三原色是黄、青、紫色。

2. 影片剪辑和按钮实例的"属性"面板

影片剪辑实例的"属性"面板如图 7-25 所示。该面板内各选项的作用如下。

（1）"实例名称"文本框：用来输入影片剪辑或按钮实例的名称。

（2）"实例行为"下拉列表框：该下拉列表框中有三个选项：影片剪辑、图形和按钮，可以实现实例行为的转换。

（3）"交换"按钮：单击"交换"按钮，可以调出"交换元件"对话框，如图 7-26 所示。在对话框中间的列表框内会显示出动画中所有元件的名称和图标，其左边有一个小黑点的元件是当前选中的元件实例。单击元件的名称或图标，即可在对话框内左上角显示出相应元件。

选中元件的名称后单击"确定"按钮，或者双击元件的名称，都可以用这些元件改变选中的实例。单击该面板中的"直接复制元件"按钮 ，可以调出"直接复制元件"对话框，在该对话框内的文本框中输入名称，再单击"确定"按钮，即可复制一个新元件。

（4）"ActionScript 面板"按钮 ：单击它可以调出相应的"动作"面板。

图 7-25　影片剪辑实例的"属性"面板

图 7-26　"交换元件"面板

（5）"混合"下拉列表框：其内有一些选项，用来设置混合模式。选择不同的混合模式，可以更改舞台上一个影片剪辑实例对象与位于它下方对象的组合方式，混合重叠影片剪辑中的颜色。影片剪辑元件实例的混合模式如表 7-1 所示。

表 7-1　Flash CS4 影片剪辑元件实例的混合模式

混 合 模 式	作　　　用
一般	正常应用颜色，不与基准颜色有相互关系
图层	可以层叠各个影片剪辑，而不影响其颜色
变暗	只替换比混合颜色亮的区域，比混合颜色暗的区域不变
正片叠底	将基准颜色复合以混合颜色，从而产生较暗的颜色
变亮	只替换比混合颜色暗的区域，比混合颜色亮的区域不变
滤色	将混合颜色的反色与基准颜色混合，产生漂白效果
叠加	进行色彩增值或滤色，具体情况取决于基准颜色
强光	进行色彩增值或滤色，具体情况取决于混合模式颜色，效果类似于点光源照射
增加	与其下边影片剪辑实例对象的基准颜色相加
减去	与其下边影片剪辑实例对象的基准颜色相减
差值	系统会比较影片剪辑实例对象的颜色和基准颜色，用它们中较亮颜色的亮度减去较暗颜色的亮度值，作为混合色的亮度。该效果类似于彩色底片
反相	获取基准颜色的反色
Alpha	Alpha 设置不透明度。注意：该模式要求将混合模式应用于父级影片剪辑实例，不能将背景影片剪辑实例的混合模式设置为该模式，这样会使该对象不可见
擦除	删除所有基准颜色像素，包括背景图像中的基准颜色像素。该混合模式要求将图层混合模式应用于父级影片剪辑。不能将背景影片剪辑实例的混合模式设置为"擦除"混合模式，这样会使该对象不可见

　　说明：表中的"混合颜色"是指应用于混合模式的颜色，"不透明度"是指应用于混合模式的透明度，基准颜色是指混合颜色下的像素颜色，结果颜色是基准颜色和混合颜色的混合效果。由于混合模式取决于将混合应用于对象的颜色和基础颜色，因此必须试验不同的颜色，以查看结果。建议在采用混合模式时进行各种混合试验，以获得预期效果。

　　按钮实例的"属性"面板与影片剪辑元件的"属性"面板基本一样。

3．图形实例的"属性"面板

　　图形实例和影片剪辑实例的特性在许多方面是一样的，但也有一些不同的选项。当选择实例"属性"面板内"实例行为"下拉列表框中的"图形"选项时，其"属性"面板如图 7-27 所示。该面板还有两个特有的选项，作用如下。

　　（1）"图形选项"下拉列表框：只有在图形元件实例的"属性"面板中才有图形的"选项"下拉列表框，它在该面板内下侧，用来选择动画的播放模式，有"循环"（循环播放）、"播放一次"（只播放一次）和"单帧"（只显示第 1 帧）三个选项。

　　（2）"第一帧"文本框：用来输入动画开始播放的帧号码，确定动画从第几帧开始播放。只有图形实例才有它。

图 7-27　图形实例"属性"面板

思考与练习 7-2

1．制作一个"电风扇按钮"动画，该动画运行后，屏幕上显示一个不转动的电风扇图像，如图 7-28（a）所示。将鼠标指针移到电风扇图像之上后，电风扇开始转动，如图 7-28（b）所示；单击电风扇（不松开鼠标左键），电风扇会逐渐消失，同时逐渐显示"转动的电风扇"文字，如图 7-28（c）所示。

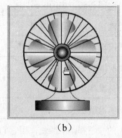

（a）　　　　　　　（b）　　　　　　　（c）

图 7-28　"电风扇按钮"动画运行后的 3 幅画面

2．制作一个"按钮控制自转地球和转圈文字"动画，该动画运行后，屏幕显示转圈文字（其内是一幅透明地球图像）动画按钮，如图 7-29（a）所示。将鼠标指针移到自转地球按钮之上后，转圈文字改变为顺时针转圈文字，自转地球开始自转，同时显示"单击我可以改变动画的播放"文字，如图 7-29（b）所示。单击该按钮后顺时针转圈文字变为逆时针转圈文字，如图 7-29（c）所示。

（a）　　　　　　　（b）　　　　　　　（c）

图 7-29　"按钮控制自转地球和转圈文字"动画运行后的 3 幅画面

7.3 【实例 35】按钮控制动画播放

"按钮控制动画播放"动画运行后是一个静止画面，单击"播放"按钮 ▶ 后，自转地球从头开始自转，一圈围绕地球自转的发光文字开始顺时针转圈，其中的 3 幅画面如图 7-30 所示。可以看到，有一个自转地球、一圈围绕地球自转的发光文字和 4 个按钮。单击"停止"按钮 ■，自转地球和发光文字停止自转，回到原始状态；再单击"播放"按钮 ▶，自转地球和发光文字从头开始自转；单击"暂停"按钮 ❚❚，动画暂停，自转地球和发光文字停止自转，保持当前状态，没有回到初始状态；单击"继续"按钮 ▶▶，动画从暂停处继续播放，自转地球和发光文字继续自转。该动画的制作方法和相关知识介绍如下。

图 7-30　"按钮控制动画播放"动画运行后的 3 幅画面

 制作方法

1. 制作动画

（1）新建一个 Flash 文档，设置舞台工作区的宽为 320 像素、高为 360 像素，背景为黑色。将它以"【实例 35】按钮控制动画播放.fla"为名称保存。

（2）打开"【实例 25】文字围绕自转地球.fla"Flash 文档。将该 Flash 文档"库"面板内的"自转地球"和"发光自转文字"影片剪辑元件复制粘贴到"【实例 35】按钮控制动画播放.fla"Flash 文档的"库"面板内。

（3）切换到"【实例 35】按钮控制动画播放.fla"Flash 文档，将"库"面板内的"自转地球"影片剪辑元件内的所有动画帧复制粘贴到主场景的时间轴。然后，在"图层 2"图层的下边新建一个"图层 4"图层，将"图层 3"图层第 1～200 帧复制粘贴到"图层 4"图层第 1～200 帧。时间轴如图 7-31 所示。

图 7-31　"自转地球"动画的时间轴

此时，在解除这三个图层的锁定后，第 1 帧的画面如图 7-32 所示，第 200 帧的画面如图 7-33 所示。

"图层 1"图层内是一个圆形图形，作为遮罩图形；"图层 2"图层内是一个蓝色透明的立体球；"图层 3"图层内是透明地球前边的地球展开图从左向右水平移动的动画。

图 7-32　第 1 帧画面　　　　　　　　图 7-33　第 200 帧画面

（4）"图层 4"图层内是透明地球后边的地球展开图从右向左水平移动的动画。隐藏"图层 3"图层，调整"图层 4"图层第 1 帧的地球展开图位置，如图 7-34 所示；调整"图层 4"图层第 200 帧的地球展开图位置，如图 7-35 所示。然后，将"图层 3"图层恢复显示，将"图层 1"～"图层 4"图层锁定。

图 7-34　第 1 帧画面

图 7-35　第 200 帧画面

（5）在"图层 1"图层之上新建一个"图层 5"图层，选中"图层 5"图层第 1 帧，将"库"面板内"转圈文字"影片剪辑中"图层 1"图层的"转圈文字"动画复制粘贴到主场景的"图层 5"图层，并将动画的终止帧调整到第 200 帧。然后，调整"图层 5"图层第 1 帧和第 200帧内"转圈文字"对象的宽和高均为 280 像素，位于自转地球的外边。

（6）在"图层 5"图层下边新建一个"图层 6"图层，选中"图层 6"图层第 1 帧，将"库"面板内的"圆环"影片剪辑元件拖曳到舞台工作区内，调整它位于"转圈文字"对象的下边，宽和高均为 250 像素。

（7）选中"图层 6"图层第 1 帧内的"圆环"影片剪辑实例，在其"属性"面板内添加"模糊"滤镜效果，"模糊 X"和"模糊 Y"的值均为 36 像素。

2．制作按钮控制

（1）在"图层 5"图层之上创建一个图层，将该图层的名称改为"按钮"，选中该图层第 1 帧，选择"窗口"→"公用库"→"按钮"菜单命令，调出"库-按钮"面板（即按钮公用库），将该面板内的 4 个按钮元件 ■ 、 ▶ 、 Ⅱ 和 ▶▶，分别拖曳到舞台工作区内下边，形成 4 个按钮实例，调整按钮的大小和位置，如图 7-30 所示。

此时，"按钮控制动画播放"动画的时间轴如图 7-36 所示。

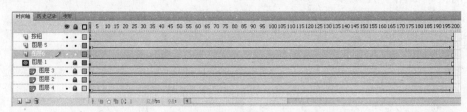

图 7-36　"按钮控制动画播放"动画的时间轴

（2）选中"停止"按钮 ■ ，在其"属性"面板的"实例名称"文本框中输入按钮实例的名称"AN1"。采用相同的方法，给"播放"按钮实例 ▶ 命名为"AN2"，给"暂停"按钮实例 Ⅱ 命名为"AN3"，给"继续"按钮实例 ▶▶ 命名为"AN4"。

（3）选中"按钮"图层第 1 帧，调出"动作-帧"面板。在该面板内右边的脚本窗口内输入如下程序。关于下边程序中用到的一些函数将在下一节介绍。"动作-帧"面板如图 7-37所示。

```
AN1.onPress=function(){        //单击"AN1"按钮后执行大括号内的程序
    gotoAndStop(1);            //转至第 1 帧停止
}
AN2.onPress=function(){        //单击"AN2"按钮后执行大括号内的程序
    gotoAndPlay(1);            //转至第 1 帧播放
}
```

```
AN3.onPress=function(){        //单击"AN3"按钮后执行大括号内的程序
    stop();                    //使播放头停止在当前位置，暂停动画的播放
}
AN4.onPress=function(){        //单击"AN4"按钮后执行大括号内的程序
    play();                    //使播放头继续移动，即从当前位置继续播放
}
```

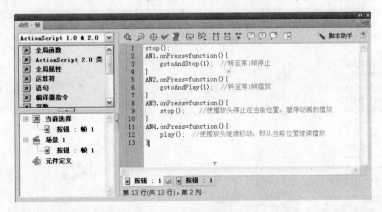

图 7-37　"动作-帧"面板和其内输入的程序

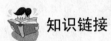 知识链接

1. "动作"面板特点

对于交互式的动画，用户可以参与控制动画的走向，用户可以通过单击或按键等操作，去执行其他一些动作脚本或使动画画面产生跳转变化。动作脚本是可以在影片运行中起计算和控制作用的程序代码，这些代码是在"动作"面板中使用 ActionScript 编程语言编写的。

如果 ActionScript 版本选择了 1.0 或 2.0 版本，则"动作"面板有 3 种："动作-帧"面板、"动作-按钮"面板和"动作-影片剪辑"面板，可统称为"动作"面板。选中关键帧或空关键帧后的"动作"面板为"动作-帧"面板，如图 7-38 所示。下面以"动作-帧"面板为例，介绍"动作"面板中一些选项的作用。

（1）"ActionScript 版本选择"下拉列表框：用来选择 ActionScript 的版本，本书一般情况均选择"ActionScript 1.0&2.0"版本。

（2）脚本窗口：它也叫程序编辑区，用来编写 ActionScript 程序的区域。拖曳选中部分或全部脚本代码，右击选中的脚本代码或右击脚本窗口内部，都会调出它的快捷菜单，利用快捷菜单命令可以编辑（复制、粘贴、删除等）脚本代码，单击该快捷菜单中的"查看帮助"菜单命令，可以调出"Adobe Flash CS4 Professional"网页。

（3）动作工具箱：它也叫命令列表区，其内有 12 个文件夹 和一个索引文件夹 ，单击 可以展开文件夹。文件夹内有下一级文件夹或命令，双击命令或用鼠标拖曳命令到脚本窗口内，都可以在程序区内导入相应的命令。这里所说的命令是程序中的运算符号、函数、语句、属性等的统称。右击命令，调出它的快捷菜单，再单击该菜单中的"查看帮助"菜单命令，即可调出该命令的帮助信息。

可以通过单击面板中间的 或 （ 或 ）按钮来控制是否显示动作工具箱。也可以

拖曳面板中间的竖条来调整动作工具箱的大小。

（4）脚本导航器：它给出了当前选择的关键帧、按钮或影片剪辑实例的有关信息（所在图层、关键帧名称、按钮和影片剪辑元件名称及实例名称等）。选中该列表区中的帧、按钮或实例对象，即可在脚本窗口内显示相应的脚本程序。

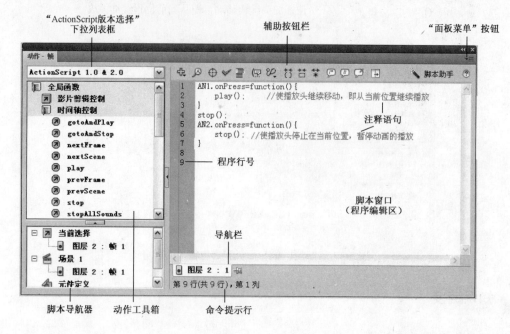

图 7-38 "动作-帧"面板

（5）命令行提示栏：显示脚本窗口内当前命令（即选中的命令）和它所在的行号。

（6）导航栏：单击该栏内的"固定活动脚本"按钮，可固定选中的对象或帧的脚本程序，同时"固定活动脚本"按钮变为"关闭已固定的脚本"按钮。单击"关闭已固定的脚本"按钮，可回到原状态，按钮变为"固定活动脚本"按钮。

2. 辅助按钮栏一些按钮的作用

（1）"将新项目添加到脚本中"按钮：单击它，可以弹出如图 7-39 所示的菜单，再单击该菜单命令，即可将相应的命令添加到脚本窗口内。

（2）"查找"按钮：单击它，可以调出"查找和替换"对话框，如图 7-40 所示。在"查找内容"文本框内输入要查找的字符串，再单击"查找下一个"按钮，即可选中程序中要查找的字符串。选中"区分大小写"复选框，则在查找时区分大小写。如果在"替换为"文本框内输入要替换的字符串，再单击"替换"按钮，就可以替换刚刚找到的字符串，单击"全部替换"按钮，即可进行所有查找到的字符串的替换。

（3）"插入目标路径"按钮：单击它，调出"插入目标路径"对话框，如图 7-41 所示。在该对话框中可选择路径的方式、路径符号和对象的路径。参看本章第 6 节内容。

（4）"语法检查"按钮：单击它，可检查程序是否有语法错误，并显示相应提示。

（5）"自动套用格式"按钮：单击它，可以使程序中的命令按设置的格式重新调整。例如，使程序中应该缩进的命令自动缩进。

图 7-39　命令菜单

图 7-40　"查找和替换"对话框

（6）"显示代码提示"按钮：在当前命令没有设置好参数时，单击它会弹出一个参数（代码）提示列表框，供用户选择参数，如图 7-42 所示。

图 7-41　"插入目标路径"对话框

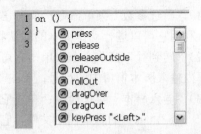

图 7-42　代码提示

（7）"调试选项"按钮：单击该按钮，可以弹出一个用于调试程序的菜单，如图 7-43 所示。单击命令行，可以设置该行为断点（该行左边会显示一个红点），运行程序后会在该行暂停；再单击断点行，可以删除断点。单击"切换断点"菜单命令，可以切换到下一个断点行；单击"删除所有断点"菜单命令，可以将设置的所有断点删除。

（8）"折叠成对大括号"按钮：对在当前包含插入点的成对大括号或小括号间的代码进行折叠。

（9）"折叠所选"按钮：折叠当前所选的代码块。

（10）"展开全部"按钮：展开当前脚本中所有折叠的代码。

（11）"应用块注释"按钮：将注释标记添加到所选代码块的开头和结尾。

（12）"应用行注释"按钮：在插入点处或所选代码每行开头处添加单行注释标记。

（13）"删除注释"按钮：从当前行或当前选择内容的所有行中删除注释标记。

（14）"显示/隐藏工具箱"按钮：显示或隐藏"动作"工具箱。

（15）"脚本助手"按钮：单击按下该按钮，可以使脚本窗口进入具有脚本帮助的程序输入状态，如图 7-44 所示。在具有脚本帮助的脚本窗口内，增加了一个参数设置区，用来设置语句的参数。选中一条语句后，参数设置区内会显示出相关的参数选项。对于初学者来说，采用这种设置参数的方法非常方便。

（16）"帮助"按钮：选中程序中的关键字，然后单击该按钮，可以调出"帮助"网页，并显示相应的帮助信息。

3．"动作"面板菜单

单击"面板菜单"按钮，可以调出"动作"面板的快捷菜单。其中一些菜单命令的作用与辅助按钮栏各按钮的作用一样，其他菜单命令的作用如下。

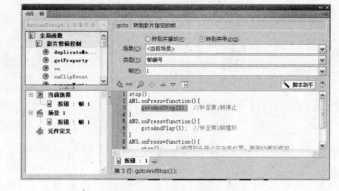

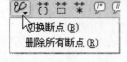

图 7-43　调试程序菜单　　　　　　　　图 7-44　具有帮助的脚本窗口

（1）"首选参数"菜单命令：单击它，可调出"首选参数"（动作脚本）对话框，如图 7-45 所示。利用它可以进行动作脚本的默认状态的设置和参数的设置。

（2）"转到行"菜单命令：单击它可弹出"转到行"对话框，如图 7-46 所示。在"行号"文本框内输入脚本窗口中的行号，单击"确定"按钮，该行即被选中。

（3）"导入脚本"菜单命令：单击它，可调出"打开"对话框。利用该对话框，可以从外部导入一个"*.as"的脚本程序文件，它是一个文本文件。

（4）"导出脚本"菜单命令：单击它，可调出"另存为"对话框。利用该对话框，将当前脚本窗口中的程序作为一个"*.as"的脚本程序文件保存。

（5）"打印"菜单命令：单击它可调出"打印"对话框，打印当前脚本窗口中的程序。

（6）"Esc 快捷键"菜单命令：单击它，可使动作工具箱内各命令右边显示其快捷键。

图 7-45　"首选参数"（动作脚本）对话框　　　　图 7-46　"转到行"对话框

4．帧的事件与动作

交互式动画的一个行为包含了两个内容，一个是事件，另一个是事件产生时所执行的动作。事件是触发动作的信号，动作是事件的结果。在 Flash 中，播放指针到达某个指定的关键帧、用户单击按钮或影片剪辑元件、用户按下了键盘按键等操作，都可以触发事件。

动作可以有很多，可由读者发挥创造。可以认为动作是由一系列的语句组成的程序。最简单的动作是使播放的动画停止播放，使停止播放的动画重新播放等。

事件的设置与动作的设计是通过"动作"面板来完成的。

帧事件就是当影片或影片剪辑播放到某一帧时的事件。注意：只有关键帧才能设置事件。例如，如果要求上述的动画播放到第 30 帧时停止播放，那么就可以在第 30 帧创建一个关键帧，再设置一个帧事件，它的响应动作是停止动画的播放。操作的方法如下。

（1）在时间轴中，选中第 30 帧单元格，按 F6 键，将该帧设置为关键帧。

（2）选中该关键帧，选择"窗口"→"动作"菜单命令，调出"动作-帧"面板。

（3）在"动作-帧"面板中，将动作工具箱内"全局函数"→"时间轴控制"目录下的"stop"命令拖曳到脚本窗口内。这时脚本窗口内会显示"stop()"程序。也可以单击 按钮，调出它的快捷菜单，再单击该菜单内的"全局函数"→"时间轴控制"→"stop"命令。

5．按钮和按键的事件与动作

选中舞台工作区内的一个按钮实例对象，"动作"面板即可变为"动作-按钮"面板。可以看出它与"动作-帧"面板（见图 7-38）基本一样。

在"动作-按钮"面板中，将动作工具箱中"全局函数"→"影片剪辑控制"目录下的"on"命令拖曳到右边脚本窗口内，这时面板右边脚本窗口内会弹出如图 7-42 所示的按钮和按键事件命令菜单。双击该菜单中的选项，可以在"on"命令的括号内加入按钮事件与按键事件命令。例如，双击"release"命令后，脚本窗口内的程序如图 7-47 所示。在"release"命令右边输入英文字符"，"后，单击辅助按钮栏内的"显示代码提示"按钮 ，即可调出如图 7-42 所示的按钮和按键事件命令菜单，双击该菜单中的 keyPress "<Left>"命令，即可再加入按键事件命令。此时，脚本窗口内的程序如图 7-48 所示。可见该按钮可以响应两个或多个事件命令。

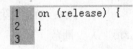
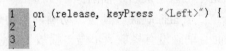

图 7-47　双击 release 命令效果　　　　图 7-48　加入按键命令效果

图 7-42 所示菜单中各按钮和按键事件命令的含义如下。

（1）press（按）：当鼠标指针移到按钮之上，并单击按下鼠标左键时触发事件。

（2）release（释放）：当鼠标指针移到按钮之上，单击后松开鼠标左键时触发事件。

（3）releaseOutside（外部释放）：当鼠标指针移到按钮之上，并单击按下鼠标左键，不松开鼠标左键，将鼠标指针移出按钮范围，再松开鼠标左键时触发事件。

（4）rollOver（滑过）：当鼠标指针由按钮外面，移到按钮内部时触发事件。

（5）rollOut（滑离）：当鼠标指针由按钮内部，移到按钮外边时触发事件。

（6）dragOver（拖过）：当鼠标指针移到按钮之上，并单击按下鼠标左键，不松开鼠标左键，然后将鼠标指针拖曳出按钮范围，接着再拖曳回按钮之上时触发事件。

（7）dragOut（拖离）：当鼠标指针移到按钮之上，并单击按下鼠标左键，不松开鼠标左键，然后把鼠标指针拖曳出按钮范围时触发事件。

（8）keyPress "<按键名称>"（按键）：当键盘的指定按键被按下时，触发事件。

在 on 括号内输入多个事件命令，事件命令之间用逗号分隔，这样在这几个事件中的任意一个发生时都会产生事件，触发动作的执行。动作脚本程序写在大括号内。

在具有脚本帮助的状态下，将"动作"面板中动作工具箱内"全局函数"→"影片剪辑控制”目录下的“on”命令拖曳到右边的脚本窗口内后，“动作-按钮”面板如图 7-49 所示，可以方便地选择一个或多个按钮事件。这对于初学者非常适用。

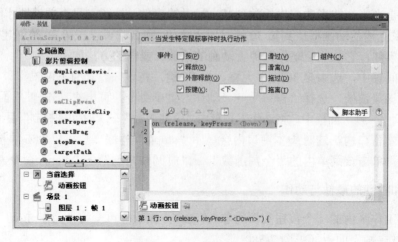

图 7-49 "动作-按钮"面板

思考与练习 7-3

1. 制作一个“图像浏览器”动画，单击画面中的“下一幅”按钮，即可显示下一幅图像，单击“上一幅”按钮，可以显示上一幅图像。单击“第 1 幅”按钮，可显示第 1 幅图像。单击“最后一幅”按钮，可显示最后一幅图像。

2. 制作一个“按钮控制翻页画册”动画，该动画运行后显示一个翻页动画的第 1 帧画面和 4 个按钮，而且动画没有播放。单击“播放”按钮▶后，动画从头播放，单击“停止”按钮■，动画停止播放并回到起始画面，单击“播放”按钮▶后单击“暂停”按钮❚❚，动画暂停，单击“继续”按钮▶▶，动画从暂停处继续播放。

7.4 【实例 36】简单图像浏览器

“简单图像浏览器”动画运行后的画面如图 7-50 左图所示，单击“著名建筑”、“红楼人物”和“著名鲜花”按钮，可以切换到不同的场景，浏览不同类型的图像。不管切换到哪个场景，单击“下一帧”按钮，都可以显示下一帧画面；单击“上一帧”按钮，显示上一帧画面；单击“起始帧”按钮，显示第 1 帧画面；单击“终止帧”按钮，显示最后一帧（即第 10 帧）画面。该动画还存在一些不完善之处，在以后的章节中会进行改进。

该动画的制作方法有两种，效果稍有不同。采用第 1 种方法，当显示第 1 幅图像时不可以单击“上一帧”按钮，当显示第 10 幅图像时不可以单击“下一帧”按钮，否则可能出现无法再切换图像的现象。采用第 2 种方法，当显示第 1 幅图像时单击“上一帧”按钮，仍然显示第 1 幅图像；当显示第 10 幅图像时单击“下一帧”按钮，仍然显示第 10 幅图像。制作该动画的两种方法和相关知识介绍如下。

图 7-50　"简单图像浏览器"动画运行后的两幅画面

 制作方法

1．制作方法 1

（1）新建一个 Flash 文档，设置舞台工作区的宽为 420 像素、高为 360 像素，背景色为白色。以名称"【实例 36】简单图像浏览器 1.fla"保存。

（2）调出"场景"面板，将"场景 1"场景名称改为"著名建筑"。再创建一个名称为"红楼人物"和一个名称为"著名鲜花"的场景。切换到"著名建筑"场景。

（3）导入 10 幅著名建筑图像、10 幅红楼图像、10 幅著名鲜花图像和一幅框架图像到"库"面板中。选中"图层 1"图层第 1 帧，将"库"面板中的框架图像拖曳到舞台工作区中，并调整它的大小和位置。再将按钮公用库中的 9 个按钮拖曳到舞台工作区中，在每个按钮的下面输入相应的文字，再利用"对齐"面板将它们排列对齐，如图 7-50 所示。

（4）在"图层 1"图层上面添加一个"图层 2"图层。选中该图层第 1 帧，将"库"面板中的第 1 幅建筑图像拖曳到框架内，调整它的宽为 320 像素、高为 240 像素、X 为 12 像素、Y 为 33 像素。选中"图层 2"图层第 2 帧，按 F7 键，将"库"面板中的第两幅建筑图像拖曳到框架内，调整它的大小和位置与第 1 幅建筑图像一样。接着在"图层 2"图层第 3 帧导入第 3 幅建筑图像，再在第 4～10 帧分别导入相应建筑图像，建筑图像大小和位置均调整为一样。

（5）选中"起始帧"按钮，在其"属性"面板中的"实例名称"文本框内输入实例名称"AN1"。按照相同的方法，依次给其他按钮实例分别命名为"AN2"～"AN7"。

（6）选中"图层 1"图层第 1 帧，调出"动作-帧"面板，输入如下程序。

```
stop();
AN1.onPress=function(){
    gotoAndStop(1);              //跳转到当前场景第 1 帧
}
AN2.onPress=function(){
    prevFrame();                //跳转到当前场景上一帧
}
AN3.onPress=function(){
    nextFrame();                //跳转到当前场景下一帧
}
```

```
AN4.onPress=function(){
    gotoAndStop(10);                    //跳转到当前场景最后一帧
}
AN5.onPress=function(){
    gotoAndStop("著名建筑",1);          //跳转到"著名建筑"场景第 1 帧
}
AN6.onPress=function(){
    gotoAndStop("红楼人物",1);          //跳转到"红楼人物"场景第 1 帧
}
AN7.onPress=function(){
    gotoAndStop("著名鲜花",1);          //跳转到"著名鲜花"场景第 1 帧
}
```

（7）选中"图层 1"图层的第 10 帧，按 F5 键，使第 1~10 帧内容一样。

（8）按照上述方法，制作另外两个场景的动画。

2．制作方法 2

（1）将上边制作的动画以名称"【实例 36】简单图像浏览器 2.fla"保存。

（2）创建并进入"著名建筑图集"影片剪辑元件的编辑状态，将"著名建筑"场景"图层 2"图层第 1~10 帧剪切粘贴到"著名建筑图集"影片剪辑元件"图层 1"图层第 1~10 帧。选中"著名建筑图集"影片剪辑元件"图层 1"图层第 1 帧，在"动作-帧"面板内的脚本窗口中输入"stop();"。然后，回到主场景。

（3）创建并进入"红楼人物图集"影片剪辑元件的编辑状态，将"红楼人物"场景"图层 2"图层第 1~10 帧剪切粘贴到"红楼人物图集"影片剪辑元件"图层 1"图层第 1~10 帧。选中"红楼人物图集"影片剪辑元件"图层 1"图层第 1 帧，在"动作-帧"面板内的脚本窗口中输入"stop();"。然后，回到主场景。

（4）创建并进入"著名鲜花图集"影片剪辑元件的编辑状态，将"著名鲜花"场景"图层 2"图层第 1~10 帧剪切粘贴到"著名鲜花图集"影片剪辑元件"图层 1"图层第 1~10 帧。选中"著名鲜花图集"影片剪辑元件"图层 1"图层第 1 帧，在"动作-帧"面板内的脚本窗口中输入"stop();"。然后，回到主场景。

（5）将各场景内"图层 1"和"图层 2"图层的第 2~10 帧删除。选中"著名建筑"场景"图层 2"图层第 1 帧，将"库"面板内的"著名建筑"影片剪辑元件拖曳到框架内，给该实例命名为"TU1"。选中"红楼人物"场景"图层 2"图层第 1 帧，将"库"面板内的"红楼人物"影片剪辑元件拖曳到框架内，给该实例命名为"TU2"。选中"著名鲜花"场景"图层 2"图层第 1 帧，将"库"面板内的"著名鲜花"影片剪辑元件拖曳到框架内，给该实例命名为"TU3"。

（6）选中"著名建筑"场景"图层 1"图层第 1 帧，调出"动作-帧"面板，将原来的程序修改如下。

```
stop();
AN1.onPress=function(){
    _root .TU1.gotoAndStop(1);          //跳转到当前场景第 1 帧
}
AN2.onPress=function(){
```

```
        _root .TU1.prevFrame();              //跳转到当前场景上一帧
    }
    AN3.onPress=function(){
        _root .TU1.nextFrame();              //跳转到当前场景下一帧
    }
    AN4.onPress=function(){
        _root .TU1.gotoAndStop(10);          //跳转到当前场景最后一帧
    }
    AN5.onPress=function(){
        gotoAndStop("著名建筑",1);           //跳转到"著名建筑"场景第 1 帧
    }
    AN6.onPress=function(){
        gotoAndStop("红楼人物",1);           //跳转到"红楼人物"场景第 1 帧
    }
    AN7.onPress=function(){
        gotoAndStop("著名鲜花",1);           //跳转到"著名鲜花"场景第 1 帧
    }
```

（7）将"著名建筑"场景"图层 1"图层第 1 帧复制粘贴到"红楼人物"场景"图层 1"图层第 1 帧，再复制粘贴到"著名鲜花"场景"图层 1"图层第 1 帧。将"红楼人物"场景"图层 1"图层第 1 帧内程序中的"TU1"改为"TU2"，将"著名鲜花"场景"图层 1"图层第 1帧内程序中的"TU1"改为"TU3"。

知识链接

1．影片剪辑元件的事件与动作

将影片剪辑元件从"库"面板中拖曳到舞台时，即完成了一个影片剪辑的实例化，形成一个影片剪辑实例。该实例可以通过鼠标、键盘、帧等的触发而产生事件，并通过事件来执行一系列动作（即程序）。使用"选择工具"选中影片剪辑实例，调出"动作–影片剪辑"面板。这个面板与"动作–帧"面板和"动作–按钮"面板的使用方法基本一样。

将"动作–影片剪辑"面板左边动作工具箱内"全局函数"→"影片剪辑控制"目录下的 onClipEvent 命令拖曳到右边脚本窗口内。这时脚本窗口内会弹出影片剪辑实例事件命令菜单，如图 7-51 所示。双击该菜单中的选项，可以在 onClipEvent 命令的括号内加入影片剪辑实例事件命令。例如，双击 load 命令后，脚本窗口内的程序如图 7-52 所示。在 press 命令右边输入英文字符"，"后，单击辅助按钮栏内的"显示代码提示"按钮 (，即可调出如图 7-51 所示的影片剪辑实例事件命令菜单，双击 keyDown 命令，即可再加入 keyDown 事件命令，如图 7-53 所示。影片剪辑实例可以响应多个事件命令。

```
onClipEvent () {
}
    load
    unload
    enterFrame
    mouseDown
    mouseMove
    mouseUp
    keyDown
    keyUp
```

```
onClipEvent (load) {

}
```

```
onClipEvent (load, keyDown) {

}
```

图 7-51　影片剪辑实例事件　　图 7-52　加入 load 参数　　图 7-53　再加入 keyDown 参数

在具有脚本帮助的状态下，将"动作-影片剪辑"面板左边动作工具箱内"全局函数"→"影片剪辑控制"目录下的 onClipEvent 命令拖曳到右边脚本窗口内，"动作-影片剪辑"面板如图 7-54 所示。可以方便地选择一个或多个影片剪辑事件。

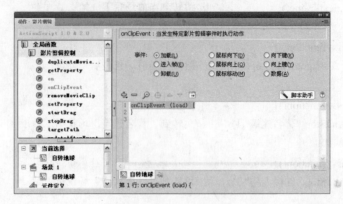

图 7-54 "动作-影片剪辑"面板

影片剪辑实例事件（"onClipEvent（）"句柄）可以设置以下 9 种不同的事件：

（1）load（加载）：当影片剪辑元件下载到舞台中的时候产生事件。

（2）enterFrame（进入帧）：当导入帧的时候产生事件。

（3）unload（卸载）：当影片剪辑元件从舞台中被卸载的时候产生事件。

（4）mouseDown（鼠标按下）：当鼠标左键按下时产生事件。

（5）mouseUp（鼠标弹起）：当鼠标左键释放时产生事件。

（6）mouseMove（鼠标移动）：当鼠标在舞台中移动时产生事件。

（7）keyDown（向下键）：当键盘的某个键按下时产生事件。

（8）keyUp（向上键）：当键盘的某个按键释放时产生事件。

（9）data（数据）：当 LoadVariables 或者 LoadMovie 收到了数据变量时产生事件。

2．"时间轴控制"全局函数

函数是完成一些特定任务的程序。通过定义函数，就可以在程序中通过调用这些函数来完成具体的任务。函数有利于程序的模块化。Flash CS4 提供了大量的函数，这些函数可以从"动作"面板动作工具箱的"全局函数"目录下找到。

"时间轴控制"函数是全局函数中的一类，它由 9 个函数组成，在"全局函数"→"时间轴控制"目录下可以找到。"时间轴控制"函数的功能介绍如下。

（1）stop 函数

【格式】stop()

【功能】暂停当前动画的播放，使播放头停止在当前帧。

（2）play 函数

【格式】play

【功能】如果当前动画暂停播放，则从播放头暂停处继续播放动画。

（3）gotoAndPlay 函数

【格式】gotoAndPlay（[scene,] frame）

【功能】使播放头跳转到指定场景内的指定帧，并开始播放，参数 scene 是设置播放的场景，如果省略 scene 参数，则默认当前场景；参数 frame 是指定播放的帧号。帧号可以是帧的序号，也可以是帧的标签（即帧的"属性"面板内的"帧标签"文本框中的名称）。

（4）gotoAndStop 函数

【格式】gotoAndStop（[scene,] frame）

【功能】使播放头跳转到指定场景内的指定帧，并停止在该帧上。

（5）nextFrame 函数

【格式】nextFrame()

【功能】使播放头跳转到当前帧的下一帧，并停在该帧。

（6）prevFrame 函数

【格式】prevFrame()

【功能】使播放头跳转到当前帧的前一帧，并停在该帧。

（7）nextScene 函数

【格式】nextScene()

【功能】使播放头跳转到当前场景的下一个场景的第 1 帧，并停在该帧。

（8）prevScene 函数

【格式】prevScene()

【功能】使播放头跳转到当前场景的前一个场景的第 1 帧，并停在该帧。

（9）stopAllSounds 函数

【格式】stopAllSounds()

【功能】关闭目前播放的多个 Flash 影片内所有正在播放的声音。

3．层次结构

这里的层次结构是指编程的层次结构，即引用对象的层次结构。

（1）Flash 的层次结构的底层是场景，一个动画可以有多个场景，每个场景都是一个独立的动画。在动画播放时，可以利用"场景"面板设置场景的播放顺序。

（2）每一个场景的结构都是一样的。每一个舞台工作区可以由许多图层（Layer）组成，每一个图层中的关键帧可以由许多层（Level）组成，层类似于在制作动画时的图层，但它与图层并不是一个概念。每一个层的上面可以放置不同的影片剪辑元件。层是有严格的顺序的，最下面的层是"层 0"，其上面的层是"层 1"，依次向上，如图 7-55 所示。

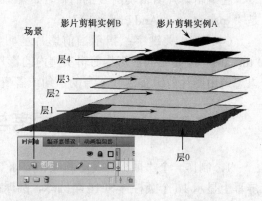

图 7-55　层（Level）的结构

在每一个层上最多只能放置一个实例对象，如果将实例对象放置到有对象的层上，原有对象会被新的对象所替换。每一个影片剪辑元件在舞台工作区中，也由场景和层组成。

（3）各个场景之间是无法实现实例对象的互相调用的，所以在制作交互动画时，应尽量使用一个独立的场景进行编程。

4．点操作符和_root、_parent、this 关键字

（1）点操作符：在 ActionScript 中，点操作符"."通常被用来指定一个对象或影片剪辑实例有关系的属性和方法。它也通常被用来标识一个影片剪辑实例或者变量的目标地址。点操作符的左边是对象或者影片剪辑实例的名称，点操作符的右边是它们的属性或者方法。例如：在主场景的舞台工作区中放入一个影片剪辑实例 A，影片剪辑实例 A 中有影片剪辑实例 B。如果在主场景中指示影片剪辑实例 A，则路径可写成 A；如果在主场景指示影片剪辑实例 B，路径可以写成 A.B（使用了点运算符连接两个影片剪辑实例）；如果在影片剪辑实例 A 中指示影片剪辑实例 B，路径可写成 B。

（2）_root 关键字：指主场景，使用它来创建绝对路径。在动画的任何位置都可以利用这个关键字来指示主场景中的某个对象。例如，在主场景第 1 帧定义并赋值了一个变量 A，然后在任何影片剪辑元件中，都可以采用"_root .A"来使用这个变量。又如，在主场景的舞台工作区中加入一个影片剪辑实例，实例名称为"对象 1"，而且这个影片剪辑元件内时间轴上的第 1 帧定义了一个变量 B，那么可以采用"_root .对象 1.B"来使用这个变量。如果影片剪辑实例或变量 ab1 位于影片剪辑实例 B 的舞台工作区中，在任何地方调用影片剪辑实例或变量 ab1 时，都可以使用_root .A . B . ab1。

这里要特别说明一下，在主场景中，如果舞台工作区中的某个影片剪辑实例上加有程序命令"onMovieClip()"，那么在调用主场景某帧中的变量时，应使用_root 。

（3）_parent 关键字：指父一级对象。它指定的是一种相对路径。当把新建的一个影片剪辑实例放入另一个影片剪辑实例的舞台工作区时，被放入的影片剪辑实例就是"子"，承载对象的影片剪辑实例就是"父"。例如，前面提到的影片剪辑实例 A 中有影片剪辑实例 B，那么 A 就相对于 B 来说是"父"，B 相对于 A 来说是"子"。如果在影片剪辑实例 B 中调用影片剪辑实例 A 的 ab1 变量或实例对象，可使用_parent.ab1。

在编辑影片剪辑实例 B 的时候，如果想从第 1 帧开始播放影片剪辑实例 A，则使用的命令是"_parent . gotoAnd Play（1）"。

（4）this 关键字：指示当前影片剪辑实例和变量。它指定的是一种相对路径。例如："this.ab1"就是指当前影片剪辑实例内的影片剪辑实例或变量 ab1。在影片剪辑实例 A 中，如果想调用影片剪辑实例 B 本身的语句或者变量、属性等，可以使用"this"。

思考与练习 7-4

1．制作一个"鼠标触发的圆柱和圆球"动画，该动画运行后的 3 幅画面如图 7-56 所示，屏幕上显示 16 个圆柱体和 16 个圆球，圆球在圆柱体的上面，每个圆球的下面有一个阴影，如图 7-56（a）所示。将鼠标指针移到圆柱体顶部之后，圆柱体会自动向上伸长，圆球快速垂直向上跳跃，阴影会随之在圆柱体顶部扩展，如图 7-56（b）所示。如果将鼠标指针迅速在圆柱体顶部移动，会同时有多个圆柱体自动向上伸长，同时有多个圆球快速垂直向上跳跃，多个阴影随之变化，如图 7-56（c）所示。

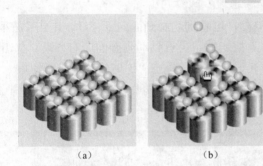

（a）　　　　　　　　（b）　　　　　　　　（c）

图 7-56　"鼠标触发的圆柱和圆球" 动画运行后的 3 幅画面

2．制作一个 "北京名胜网页" 动画，运行后的画面如图 7-57 所示。

图 7-57　"北京名胜网页" 主页

可以看到，在网页主页内的上边是标题栏（Banner），其内的背景图像是北京的一些著名建筑图像，图像之上的左边有一个逆时针自转的七彩光环，右边是红色立体标题文字 "北京名胜"，还有来回水平移动的多条透明光带。在 Banner 下边是导航文字，再下边有渐隐渐现图像切换动画、LOGO 图像、"天安门" 图像、"图像切换" 动画和一段关于介绍颐和园的文字，最下边是滚动显示的北京名胜图像。单击导航栏内的 "北京建筑" 按钮，可调出 "北京建筑" 页面。单击 "北京文化" 按钮，即可调出 "北京文化" 页面。

3．制作一个网站，用来介绍北京旅游胜地。它一共由 4 个网页组成，各网页之间可以通过单击文字按钮或图像按钮来切换。

7.5　【实例 37】《姑苏繁华图》图像变换浏览

"《姑苏繁华图》图像变换浏览" 动画是用来浏览《姑苏繁华图》的，可以移动、放大、缩小和旋转图像。清乾隆二十四年（1759），苏州籍宫廷画家徐扬用 24 年时间创作了一幅《盛世滋生图》，又名《姑苏繁华图》，以长卷形式和散点透视技法，画面自灵岩山起，到虎丘山止，反映了当时苏州 "商贾辐辏，百货骈阗" 的市井风情。该宏伟长卷全长 1225cm，宽 35.8cm，比《清明上河图》还长一倍多。

该动画运行后，《姑苏繁华图》图像在框架内从右向左缓慢移动，当移到需要细致观看的位置，可单击 "暂停" 按钮，使图像停止移动。单击 "放大" 按钮，可看到动画画面变大。单击 "缩小" 按钮，可看到动画画面变小。单击 "上移" 按钮，即可看到动画画面向上移动。单击"下移"按钮![icon]，可看到动画画面向下移动。单击"左移"按钮![icon]，可看到动画画面向左移动。单击"右移"按钮![icon]，可看到动画画面向右移动。单击"顺时针旋转"按钮![icon]，可看到动画画面顺时针旋转一定角度。单击"逆时针旋转"按钮![icon]，可看到动画画面逆时针旋转一定角度。"《姑苏繁华图》图像变换浏览"动画运行后的两幅画面如图 7-58 所示。该动画的制作方法和相关知识介绍如下。

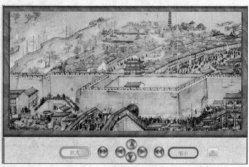

图 7-58　"《姑苏繁华图》图像变换浏览"动画运行后的两幅画面

 ## 制作方法

1. 制作移动动画

（1）创建一个 Flash 文档。设置舞台工作区宽为 600 像素、高为 380 像素，背景为棕色。然后以名称"【实例 37】《姑苏繁华图》图像变换浏览.fla"保存。

（2）导入"长卷古画《姑苏繁华图》"文件夹内的所有图像到"库"面板内，其中有"图 1.jpg"～"图 14.jpg"图像，它们是《姑苏繁华图》图像的各部分图像。将"图层 1"图层的名称改为"图像框架"，选中该图层第 1 帧，利用导入的"底图.jpg"、"边框 2.jpg"、"上边框.jpg"、和"下边框.jpg" 4 幅图像，制作一幅框架图像，将它们组成组合，调整框架图像的大小和位置，使它刚好将整个舞台工作区完全覆盖，如图 7-59 所示。

（3）创建并进入"图像 1"影片剪辑元件的编辑状态，将"库"面板内的"图 1.jpg"～"图 14.jpg"图像依次拖曳到舞台工作区内，每幅图像的高度均调整为 280 像素，宽度等比例变化，再将这些图像水平排成一排，进行高度和位置的微调。然后，回到主场景。

（4）在"图像框架"图层之上添加一个名称为"图像"的图层，选中该图层第 1 帧，将"库"面板内的"图像 1"影片剪辑元件拖曳到舞台工作区内，适当调整"图像 1"影片剪辑实例，使它的中心与舞台工作区内的框架图像的中心对齐。然后，利用"图像 1"影片剪辑实例的"属性"面板精确调整它的大小和位置，给该影片剪辑实例命名为"TU"。

（5）在"图像"图层之上添加一个名称为"遮罩"的图层，选中"遮罩"图层第 1 帧，绘制一幅蓝色的矩形图形，大小与位置正好与框架图像内框一样，如图 7-60 所示。

（6）右击"遮罩"图层的名字，调出图层快捷菜单，单击该快捷菜单中的"遮罩层"菜单命令，使"遮罩"图层成为遮罩图层，"图像"图层成为被遮罩图层。

（7）创建"图像"图层第 1～400 帧的补间动画，该动画是"图像 1"影片剪辑实例从右向左水平移动，直到最右边的图像完全显示出来为止。

（8）按住 Ctrl 键，选中"图像框架"和"遮罩"图层第 400 帧，按 F5 键。

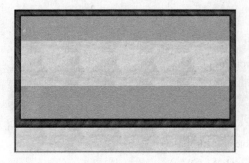

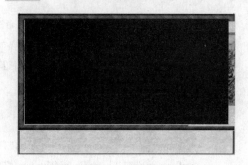

图 7-59　框架图像　　　　　　　　　　　图 7-60　蓝色的矩形图形

2．制作按钮控制动画

（1）在"遮罩"图层之上添加一个"按钮"图层，选中该图层第 1 帧，再将按钮公用库内的几个按钮拖曳到舞台工作区内。其中，两个按钮上的名字分别改为"放大"和"缩小"。按钮位置如图 7-58 所示。

（2）分别给这些按钮实例命名为"ANFD"、"ANUP"、"ANDOWN"、"ANLEFT"、"ANRIGHT"、"ANROTAS"、"ANROTAN"、"ANSX"和"ANSTOP"。

（3）选中"按钮"图层第 1 帧，在"动作-帧"面板内输入如下程序。

```
//暂停播放
ANSTOP.onPress=function(){
    stop();   //使播放头停止在当前位置，暂停动画的播放
}
//向上移动影片剪辑 TU
ANUP.onPress=function(){
    setProperty("TU",_y,getProperty("TU",_y)-1)
}
//向下移动影片剪辑 TU
ANDOWN.onPress=function(){
    setProperty("TU",_y,getProperty("TU",_y)+1)
}
//向左移动影片剪辑 TU
ANLEFT.onPress=function(){
    setProperty("TU",_x,getProperty("TU",_x)-5)
}
//向右移动影片剪辑 TU
ANRIGHT.onPress=function(){
    setProperty("TU",_x,getProperty("TU",_x)+5)
}
//顺时针旋转影片剪辑 TU
ANROTAS.onPress=function(){
    setProperty("TU",_rotation,getProperty("TU",_rotation)+0.1)
}
```

```
//逆时针旋转影片剪辑 TU
ANROTAN.onPress=function(){
    setProperty("TU",_rotation,getProperty("TU",_rotation)-0.1)
}
//放大影片剪辑 TU
ANFD.onPress=function(){
    setProperty("TU",_xscale,getProperty("TU",_xscale)*1.02)
    setProperty("TU",_yscale,getProperty("TU",_yscale)*1.02)
    setProperty("TU",_x,getProperty("TU",_x)+46)
    setProperty("TU",_y,getProperty("TU",_y)+1.2)
}
//缩小影片剪辑 TU
ANSX.onPress=function(){
    setProperty("TU",_xscale,getProperty("TU",_xscale)*0.98)
    setProperty("TU",_yscale,getProperty("TU",_yscale)*0.98)
    setProperty("TU",_x,getProperty("TU",_x)-46)
    setProperty("TU",_y,getProperty("TU",_y)-1.2)
}
```

（4）选中"按钮"图层第 400 帧，按 F5 键，使该图层各帧内容一样。

 知识链接

1．常量、变量和注释

（1）常量：程序运行中不变的量。常量有数值、字符串和逻辑型三种，其特点如下。

◎ 数值型：就是具体的数值，如 986 和 3.14 等。

◎ 字符串型：用引号括起来的一串字符，如"Flash CS4"和"2011"等。

◎ 逻辑型：用于判断条件是否成立。True 或"1"表示真（成立），False 或"0"表示假（不成立）。逻辑型常量也叫布尔常量。

（2）变量：它可以赋值给一个数值、字符串、布尔值、对象等。而且，还可以为变量赋一个 Null 值，即空值，它既不是数值 0，也不是空字符串，是什么都没有。数值型变量都是双精度浮点型。不必明确地指出或定义变量的类型，Flash 会在变量赋值时自动决定变量的类型。在表达式中，Flash 会根据表达式的需要自动改变数据的类型。

◎ 变量的命名规则：变量的开头字符必须是字母、下画线或美元符号，后续字符可以是字母、数字等，但不能是空格、句号、保留字（即关键字，它是 ActionScript 语言保留的一些标识符，如 play、stop 等）和逻辑常量等字符。变量名区分大小写。

◎ 变量的作用范围和赋值：变量分为全局变量和局部变量，全局变量可以在时间轴的所有帧中共享，而局部变量只在一段程序（大括号内的程序）内起作用。如果使用了全局变量，一些外部的函数将有可能通过函数改变变量的值。

可以使用 var 命令定义局部变量，例如：var L="中文 Flash CS4"。可以在使用赋值号"="运算符给变量赋值时，定义一个全局变量，例如 BT=986。

若使用"Flash Player 6"以上版本的 Flash 播放器，必须先定义变量，才可以使用变量。

选择"文件"→"发布设置"菜单命令，调出"发布设置"对话框，在其"播放器"下拉列表框内可以设置 Flash 播放器版本，在"脚本"下拉列表框内可以选择 ActionScript 版本，如图 7-61 所示。

◎ 测试变量的值：可以使用 trace 函数来测试变量的值。trace 函数的格式与功能如下。

【格式】trace(expression);

【功能】将表达式 expression 的值传递给"输出"面板，在该面板中显示表达式的值，其中的表达式可以是常量、变量、函数和表达式。可以通过"动作"面板中的动作工具箱内的"全局函数"→"其他函数"目录中的 trace 函数实现。

例如：trace("9+4+6")命令，选择"控制"→"测试影片"菜单命令，进入动画的测试界面，当执行 trace("2+4+6")命令时，会调出"输出"面板，并在该面板中显示"19"。

例如：trace("x 值："+_ymouse);//在"输出"面板内显示鼠标指针的 x 坐标值。

例如：在某动画的第 1 帧加入如下程序。

```
var L="中文 Flash CS4";
trace(L);
trace("学习");
trace("学习"+L+"操作方法");
```

运行程序，"输出"面板显示如图 7-62 所示。

图 7-61　"发布设置"对话框

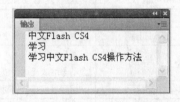

图 7-62　"输出"面板

（3）注释：为了帮助阅读程序，可在程序中加入注释内容。

◎ 单行注释符号"//"：用来注释一行语句。在要注释的语句左边加入注释符号"//"，在"//"注释符号的右边加入注释内容，构成注释语句。

◎ 多行注释符号"/*"和"*/"：如果要加多行注释内容，可在开始处加入"/*"注释符号，在结束处加入"*/"注释符号，构成注释语句。

注释语句在程序运行中是不执行的。

2．"影片剪辑控制"全局函数 1

（1）on 函数

【格式】on(mouseEvent)

【功能】用来设置鼠标和按键事件处理程序。mouseEvent 参数是鼠标和按键事件名称。

（2）onClipEvent 函数

【格式】on(ClipEvent)

【功能】用来设置影片剪辑事件处理程序。ClipEvent 参数是影片剪辑事件的名称。

（3）getProperty 函数

【格式】getProperty(my_mc, property);

【功能】用来得到影片剪辑实例属性的值。

【说明】括号内的参数 my_mc 是舞台工作区中的影片剪辑实例的名称，参数 property 是影片剪辑实例的属性名称，如表 7-2 所示。

表 7-2　影片剪辑实例的属性表

属 性 名 称	定　　义
_alpha	透明度，以百分比的形式表示，100%为不透明，0%为透明
_currentframe	当前影片剪辑实例所播放的帧号
_droptarget	返回最后一次拖曳影片剪辑实例的名称
_focusrect	当使用 Tab 键切换焦点时，按钮实例是否显示黄色的外框。默认显示是黄色外框，当设置为 0 时，将以按钮元件的"弹起"状态来显示
_framesloaded	返回通过网络下载完成的帧的数目。在预下载时使用它
_height	影片剪辑实例的高度，以像素为单位
_highquality	影片的视觉质量设置：1 为低，2 为高，3 为最好
_name	返回影片剪辑实例的名称
_quality	返回当前影片的播放质量
_rotation	影片剪辑实例相对于垂直方向旋转的角度。会出现微小的大小变化
_soundbuftime	Flash 中的声音在播放之前要经过预下载然后播放，该属性说明预下载的时间
_target	用于指定影片剪辑实例精确的字符串。在使用 TellTarget 时常用到
_totalframes	返回影片或者影片剪辑实例在时间轴上所有帧的数量
_url	返回该.swf 文件的完整路径名称
_visible	设置影片剪辑实例是否显示：true 为显示，false 为隐藏
_width	影片剪辑实例的宽度，以像素为单位
_x	影片剪辑实例的中心点与其所在舞台的左上角之间的水平距离。影片剪辑实例在移动的时候，会动态地改变这个值，单位是像素。需要配合"信息"面板来使用
_xmouse	返回鼠标指针相对于舞台水平的位置
_xscale	影片剪辑元件实例相对于其父类实际宽度的百分比
_y	影片剪辑实例的中心点与其所在舞台的左上角之间的垂直距离。影片剪辑实例在移动的时候，会动态地改变这个值，单位是像素。需要配合"信息"面板来使用
_ymouse	返回鼠标指针相对于舞台垂直的位置
_yscale	影片剪辑实例相对于其父类实际高度的百分比

（4）setProperty 函数

【格式】setProperty(target,property,value/expression)

【功能】用来设置影片剪辑实例（target）的属性。

【说明】target 给出了影片剪辑实例在舞台中的路径和名称；Property 是影片剪辑实例的属性，参看表 7-2；value 是影片剪辑实例属性的值；expression 是一个表达式，其值是影片剪辑实例属性的值。

3．运算符和表达式

运算符（即操作符）是能够提供对常量与变量进行运算的元件。表达式是用运算符将常量、变量和函数以一定的运算规则组织在一起的式子。表达式可分为三种：算术表达式、字符串表达式和逻辑表达式。在表达式中，同级运算按照从左到右的顺序进行。

使用运算符可以在"动作"面板脚本窗口内直接输入。也可以在"动作"面板动作工具箱的"运算符"目录下，双击其中一个运算符来输入。还可以单击"动作"面板内辅助按钮栏中的"将新项目添加到脚本中"按钮 ➕，再单击"运算符"菜单下的一个运算符。

常用的运算符及其含义如表 7-3 所示。

表 7-3 普通运算符和字符串运算符

运 算 符	名 称	使 用 方 法	运 算 符	名 称	使 用 方 法
!	逻辑非	a=!true; //a 的值为 false	?:	条件判断	【格式】变量=表达式 1?: 表达式 2,表达式 3 【功能】如果表达式 1 成立，则将表达式 2 的值赋给变量，否则将表达式 3 的值赋给变量
%	取模	a=21%5;//a=1	*	乘号	5*9//其值为 45
+	加号	a="abc"+5; //a 的值为 abc5	--	减号	10-6/其值为 4
++	自加	y++相当于 y=y+1	--	自减	y--相当于 y=y-1
/	除	9/3;//其值为 3	>	大于	a>6;//当 a 大于 6 时，其值为 true
<>	不等于	a<>8;// 当 a 不等于 8 时，其值为 true	<	小于	a<10;//当 a 小于 10 时，其值为 true
<=	小于等于	a<=3;// 当 a 小于或等于 3 时,其值为 true	==	等于	判断左右的表达式是否相等 a==6; //当 a 等于 6 时，其值为 true
>=	大于等于	a>=8;//当 a 大于或等于 8 时，其值 true	&& and	逻辑与	只当 a 和 b 都不为 0 时，a && b 的值 1; a and b 的值 true
!=	不等于	判断左右的表达式是否不相等, a!=true //a 的值为 false	‖ or	逻辑或	当 a 和 b 中有一个不为 0 时，a‖b 的值为 1, a or b 的值为 true
===	全等	判断左右表达式和数据类型是否相等	!=	不全等	判断左右的表达式和数据类型是否不相等
" "	定义字符串	"abcde"	add 或+	字符串连接	a="ab"add "cd" ;//a 的值为 "abcd"

4．自定义函数

（1）自定义函数：它是完成一些特定任务的程序，可以在程序中通过调用这些函数来完成具体的任务。自定义函数有利于程序的模块化。可以通过"function(){ }"来定义自己需要的函数。例如，在舞台工作区内创建一个输入文本框，其变量名为"TEXT"。在舞台中加入一个按钮元件实例（名称为"AN1"）。在第 1 帧输入如下程序。程序运行后，在文本框内输入一个数，再单击按钮，即可在该文本框内显示输入数的平方值。

```
function example1(n){
    var temp;
    temp=n*n;
    return temp;
}
AN1.onPress=function(){
_root.TEXT=example1(TEXT);            //计算平方
}
```

然后，选择"控制"→"测试影片"菜单命令，测试该程序。在输入文本框中输入 5，然后单击按钮元件，输入文本框中会显示 25（5 的平方是 25）。

（2）函数的返回值：刚才那个函数中的 return 就用来指定返回的值，在命令选择区中选择 return 命令，return 命令的参数是函数所要返回的变量，这个变量包含着所要返回的值。注意：

并非所有的函数都有返回值,有的函数可以通过共享一些变量来传递值。

(3)调用函数的方法:如上个例子中的"TEXT1=example1(TEXT1)",直接将文本变量 TEXT1 的值作为参数传递给 example1(n)函数的参数 n。通过函数内部程序的计算,将函数的返回值直接返回到文本变量 TEXT1 中。

思考与练习 7-5

1.制作一个"《千里江山图》图像变换浏览"动画,该动画运行后,可以浏览传世名画《千里江山图》图像,并可以移动、放大、缩小和旋转图像。

2.制作一个可以通过单击按钮来改变蓝色矩形图形的大小、透明度和旋转角度的动画,要求每单击一次,圆形图形等比例变大 10 个像素,透明度增加 5%,旋转角度为 18°。

3.制作一个"照明电路"动画,该动画运行后的画面如图 7-63 左图所示,单击按钮后的画面如图 7-63 右图所示,再单击按钮又回到图 7-63 左图所示状态。

图 7-63　"照明电路"动画程序运行后的两幅画面

7.6 【实例 38】童年的梦

"童年的梦"动画运行后就像在叙述一个故事,一个事业有成的人士住在异国他乡,风景如画的小别墅内回想起她的童年,童年时望着天空的星星,幻想这些星星会不断落下来,落到人间,还幻想星空中不断落下小雪花,幻想闪烁的星星在太空中翩翩起舞。

"童年的梦"动画运行后显示"小溪流水"动画,其中的一幅画面如图 7-64 左图所示。在该动画之上,一颗闪烁的星星跟随着鼠标指针的移动而移动,星星不断旋转,同时还由大变小,再由小变大。另外,在演示窗口内的下边还显示鼠标指针(也是星星对象)当前的坐标位置。当鼠标指针移到画面正中间的小房子之上时,一幅美丽的"儿童在星空下"的夜景图像逐渐显示出来,逐渐将"小溪流水"动画画面遮盖,接着许多星星不断从星空中慢慢向右下方落下来,其中的一幅画面如图 7-64 右图所示。

图 7-64　"童年的梦"动画运行后的两幅画面

　　还可以看到，在动画画面内的下边还有两个按钮。单击右边的按钮，星空中会不断飘落小雪花，同时流星逐渐消失，飘落的雪花越来越大，其中的一幅画面如图 7-65 左图所示。如果单击左边的按钮，则会切换到地球自转的太空画面，一些不同亮度、透明度和大小的闪亮星星，不断旋转和变大变小，并随着鼠标指针的移动而移动。星星本身转一圈后向下移动，同时逐渐由白色变为蓝色，其中的一幅画面如图 7-65 右图所示。该动画的制作方法和相关知识介绍如下。

图 7-65　"童年的梦"动画运行后的两幅画面

 制作方法

1. 制作"星星"影片剪辑元件

　　（1）创建一个 Flash 文档。设置舞台工作区宽为 500 像素、高为 400 像素，背景为黑色。然后以名称"【实例 38】童年的梦.fla"保存。

　　（2）创建并进入"星星"影片剪辑元件的编辑状态。选中"图层 1"图层第 1 帧，绘制一个放射状渐变填充的长条矩形图形，如图 7-66 所示。渐变填充色为白色（红为 255、绿为 255、蓝为 255，Alpha 为 100%）到白色（红为 255、绿为 255、蓝为 255，Alpha 为 100%）再到金黄色（红为 255、绿为 205、蓝为 50，Alpha 为 5%），如图 7-67 所示。

図 7-66　绘制的矩形　　　　　　　　　　图 7-67　渐变填充色设置

　　（3）使用工具箱内的"选择工具" ，将鼠标指针移到矩形图像右边的边缘处，当鼠标指针右下方出现小弧线时，向右水平拖曳。使用工具箱内的"渐变变形工具" ，单击矩形，将鼠标指针移到控制柄 处，向矩形图形的中心点拖曳，如图 7-68 所示。再水平向右拖曳控制柄 ，效果如图 7-69 所示。

图 7-68　调整矩形图形的填充变形　　　　图 7-69　加工矩形图形

　　（4）使用工具箱内的"选择工具" ，拖曳选中图 7-69 所示图形中的左半边图形，按 Delete 键，删除选中的图形，将矩形加工成光线图形。

（5）利用"变形"面板，复制 7 个光线图形，将它们组合在一起，再在它们的中间绘制一个白色的小圆形图形，将它们组成组合，形成四射的光线图形，如图 7-70 所示。

（6）绘制一个放射状渐变填充的圆形图形，如图 7-71 所示。渐变填充色为白色（红、绿、蓝均为 255，Alpha 为 100%）到浅蓝色（红、绿均为 200，蓝为 255，Alpha 为 100%）。

（7）将四射的光线图形和圆形图形组合成一个星星图形，如图 7-72 所示。

图 7-70　光线图形

图 7-71　圆形

图 7-72　星星图形

（8）创建"图层 1"图层第 1～21 帧顺时针旋转一圈，同时逐渐变小的动画；再创建第 21～42 帧逆时针旋转一圈，同时逐渐变大的动画。"星星"影片剪辑元件的时间轴如图 7-73 所示。然后，回到主场景。

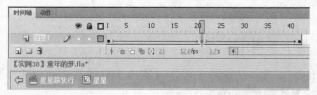
图 7-73　"星星"影片剪辑元件的时间轴

2. 创建其他影片剪辑元件

（1）打开"【实例 24】图像切换集锦.fla" Flash 文档，将其"库"面板内"小河流水"影片剪辑元件复制粘贴到"【实例 38】童年的梦.fla" Flash 文档的"库"面板内；打开"【实例 25】文字围绕自转地球.fla" Flash 文档，将其"库"面板内"自转地球"影片剪辑元件复制粘贴到"【实例 38】童年的梦.fla" Flash 文档的"库"面板内。

（2）创建并进入"流星"影片剪辑元件的编辑状态，选中"图层 1"图层第 1 帧，将"库"面板内的"星星"影片剪辑元件拖曳到舞台工作区内的中间处。创建"图层 1"图层第 1～100 帧的"流星"影片剪辑实例向右下方移动的传统补间动画，然后，回到主场景。

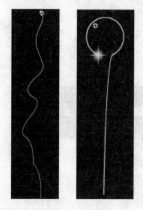
图 7-74　引导线

（3）创建并进入"雪花"影片剪辑元件的编辑状态，选中"图层 1"图层第 1 帧，绘制一幅雪花图形，然后，回到主场景。

（4）创建并进入"雪花飘落"影片剪辑元件的编辑状态，选中"图层 1"图层第 1 帧，将"库"面板内的"雪花"影片剪辑元件拖曳到舞台工作区内的中间处。创建"图层 1"图层第 1～120 帧的"雪花"影片剪辑实例沿着一条曲线从上向下移动的传统补间动画，引导线如图 7-74 左图所示。然后，回到主场景。

（5）创建并进入"转圈星星"影片剪辑元件的编辑状态，选中"图层 1"图层第 1 帧，将"库"面板内的"星星"影片剪辑元件拖曳到舞台工作区内的中间处。创建"图层 1"图层第 1～100 帧的"星星"影片剪辑实例沿着一条曲线从上向下移动的传统补间动画，引导线如图 7-74 右图所示。然后，回到主场景。

3．制作"寻找童年"场景动画

（1）调出"场景"面板，创建 4 个场景，场景的名称如图 7-75 所示。选中"场景"面板内"寻找童年"场景名称，切换到"寻找童年"场景。

（2）将"图层 1"图层的名称改为"背景动画"。选中"背景动画"图层第 1 帧，将"库"面板中的"小河流水"影片剪辑元件拖曳到舞台工作区内，形成一个实例。在该实例的"属性"面板内设置大小和位置，使影片剪辑实例刚好将整个舞台工作区完全覆盖。

（3）在"背景动画"图层之上新建一个"星星"图层，选中"星星"图层第 1 帧，将"库"面板中的"星星"影片剪辑元件拖曳到舞台工作区内，形成一个实例。再在该实例的"属性"面板内，设置宽和高均为 90 像素，给该实例命名为"XX"。

（4）创建并进入"隐形按钮"按钮元件的编辑状态，选中"图层 1"图层"点击"帧，在舞台工作区内绘制一幅宽 70 像素、高 50 像素的红色矩形图形。然后，回到主场景。

（5）在"星星"图层之上新建一个"按钮"图层，选中该图层第 1 帧，将"库"面板中的"隐形按钮"按钮元件拖曳到舞台工作区内，形成一个按钮实例，如图 7-76 所示（还没有下边一行文本内容）。在其"属性"面板内给该实例命名为"YXAN"。

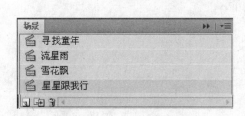

图 7-75　"场景"面板

图 7-76　"隐形按钮"按钮实例

（6）在"按钮"图层之上新建一个"文本和程序"图层，选中该图层第 1 帧，在舞台工作区内下边输入白色、隶书、23 号大小的文字"鼠标指针当前位置："，再输入"X="和"Y="。在"X="和"Y="文字右边分别创建一个动态文本框。

（7）选中"X="文字右边的动态文本框，在它的"属性"面板内"选项"栏中"变量"文本框内输入变量的名称"xposition"；选中"Y="文字右边的动态文本框，在它的"属性"面板内"选项"栏中"变量"文本框内输入变量的名称"yposition"。设置文字的颜色为白色、字体为 Arial Black，字大小为 16 点。"属性"面板设置如图 7-77 所示。

（8）选中"文本和程序"图层第 1 帧，在"动作-帧"面板的脚本窗口中输入如下程序。

```
stop();
startDrag("XX", true);
onEnterFrame=function(){
```

图 7-77　动态文本框"属性"面板

```
        xposition=_xmouse          //将鼠标指针的水平坐标值赋给动态文本框变量 xposition
        yposition=_ymouse          //将鼠标指针的垂直坐标值赋给动态文本框变量 yposition
    }
    //鼠标指针移到隐形按钮之上产生事件
    YXAN.onRollOver=function(){
        gotoAndPlay("流星雨",1);   //跳转到"流星雨"场景第 1 帧
    }
```

程序中的 onEnterFrame = function() {}用来定义一个可以频繁调用的函数。可以在时间轴上定义该函数,也可以在扩展影片剪辑类或链接到库中的元件的类文件中定义该函数。

4. 制作"流星雨"场景动画

（1）将"寻找童年"场景"背景动画"图层第 1 帧复制到剪贴板内。

（2）切换到"流星雨"场景,将剪贴板内的帧粘贴到"图层 1"图层第 1 帧,将该图层的名称改为"背景动画"。选中该图层第 48 帧,按 F5 键。

（3）在"背景动画"图层之上新建一个名称为"背景图像"的图层,选中该图层第 1 帧,导入一幅"星空 2.jpg"图像,如图 7-78 所示。

（4）创建"背景图像"图层第 1～39 帧的传统补间动画。选中"背景图像"图层第 1 帧内的图像对象（即"补间 4"图形实例）,在其"属性"面板内的"样式"下拉列表框内选择"Alpha"选项,在"Alpha"文本框中输入 0,如图 7-79 所示。

图 7-78 "星空 2.jpg"图像　　　　　图 7-79 "补间 4"图形实例的"属性"面板设置

此时,"背景图像"图层第 1 帧内的图像对象完全透明,露出"背景动画"图层第 1 帧画面,也就完成"背景图像"图层内"星空 2"图像逐渐显示出来的动画。

（5）在"背景图像"图层之上添加一个名称为"流星"的图层,选中该图层第 40 帧,按 F7 键,创建一个空关键帧。选中该图层第 40 帧,将"库"面板内的"流星"影片剪辑元件拖曳到舞台工作区外边,形成一个实例。利用它的"属性"面板,给它命名为"rain"。

（6）在"流星"图层之上添加一个名称为"按钮"的图层,选中该图层第 40 帧,选择"窗口"→"公用库"→"按钮"菜单命令,调出"库-按钮"面板,两次将该面板内的按钮 ⏩ 拖曳到舞台工作区内左下边和右下边,形成两个按钮实例,调整按钮的大小和位置,如图 7-64 右图所示。选中左下角的按钮实例 ⏩,在其"属性"面板的"实例名称"文本框中输入按钮实例的名称"AN1";再给另一个按钮实例 ⏩ 命名为"AN2"。

（7）在"按钮"图层之上添加一个名称为"脚本程序"的图层,选中该图层第 1 帧,调出它的"动作-帧"面板,在它的脚本窗口内输入如下程序。

```
    n=0;       //定义一个变量 n,赋初值 0
```

（8）选中"按钮"图层第 40 帧，按 F7 键，创建一个空关键帧。选中该图层第 40 帧，调出它的"动作-帧"面板，在它的脚本窗口内输入如下程序。

```
duplicateMovieClip("rain", "rain" + n, n);        //复制一个"rain"实例
x = random(500)-100;                              //产生复制雨点的随机水平坐标位置
y = random(200)-100;                              //产生复制雨点的随机垂直坐标位置
setProperty("rain"+ n, _x, x);                    //确定复制雨点的水平坐标位置
setProperty("rain" + n, _y, y);                   //确定复制雨点的垂直坐标位置
n++;                                              //变量 n 自动加 1
//下面的程序用来控制"流星"影片剪辑实例的个数，此处没有用这段程序
//if (n>10000){
        //n=0;
//}
```

（9）选中"脚本程序"图层第 48 帧，按 F6 键，创建一个关键帧。选中"脚本程序"图层第 48 帧，调出它的"动作-帧"面板，在它的脚本窗口内输入如下程序。

```
gotoAndPlay("流星雨",40);                          //跳转到"流星雨"场景第 40 帧播放
```

（10）选中"按钮"图层第 40 帧，调出它的"动作-帧"面板，在它的脚本窗口内输入如下程序。

```
AN1.onPress=function(){
        gotoAndStop("星星跟我行",1);               //跳转到"星星跟我行"场景第 1 帧暂停
}
AN2.onPress=function(){
        gotoAndPlay("雪花飘",1);                   //跳转到"雪花飘"场景第 1 帧播放
}
```

（11）按住 Ctrl 键，选中各图层（不包含"脚本程序"图层）第 48 帧，按 F5 键。

至此，"流星雨"场景动画制作完毕，该动画的时间轴如图 7-80 所示。

图 7-80　"流星雨"场景动画时间轴

5．制作"雪花飘"场景动画

（1）将"流星雨"场景"背景图像"图层第 1 帧复制到剪贴板内。

（2）切换到"雪花飘"场景，将剪贴板内的帧粘贴到"图层 1"图层第 1 帧。然后，将该图层的名称改为"背景图像"。

（3）在"背景图像"图层之上新建一个名称为"雪花飘"的图层，选中该图层第 1 帧，将"库"面板内的"雪花飘落"影片剪辑元件拖曳到舞台工作区内，形成一个"雪花飘落"影片剪辑实例，在该影片剪辑实例的"属性"面板内给该实例命名为"xh"。

（4）按住 Ctrl 键，单击"背景图像"图层和"雪花飘"图层的第 3 帧，选中这两个帧，按

F5 键，创建普通帧。使这两个图层的内容一样，同时还可以保证不断执行第 1 帧中的程序。

（5）在"雪花飘"图层的上边创建一个名称为"脚本程序"的图层，选中"脚本程序"图层第 1 帧，调出"动作-帧"面板，在"动作-帧"面板的脚本窗口内输入如下初始化程序。

```
xhshu= 0;                    //定义雪花的数量初始值为 0
xh._visible=false;           //场景中 xh 实例为不可见
```

（6）选中"脚本程序"图层第 2 帧，按 F7 键，创建一个空关键帧。在"动作-帧"面板的脚本窗口内输入如下程序。

```
xh.duplicateMovieClip("xh"+xhshu, xhshu);    //复制一个名称为"xh"加序号的实例
newxh = _root["xh"+xhshu];                   //将复制好的新实例 xh 的名称用 newxh 替代
newxh._x = random(600);                      //赋给 newxh 实例 x 坐标一个 0～600 的随机数
newxh._y = random(10);                       //赋给 newxh 实例 y 坐标一个 0～10 的随机数
newxh._rotation = random(100)-50;            //赋给 newxh 角度一个-50～50° 的随机数
newxh._xscale = random(40)+60;               //赋给 newxh 水平宽度一个 60～100 的随机数
newxh._yscale = random(40)+60;               //赋给 newxh 垂直宽度一个 60～100 的随机数
newxh._alpha = random(50)+50;                //赋给 newxh 透明度一个 50～100 的随机数
xhshu++;                                     //变量 xhshu 的值自动加 1，即雪花数量加上 1
```

注意：random(n) 函数返回一个大于等于 0 而小于 n 的随机数。

（7）选中"脚本程序"图层第 3 帧，按 F7 键，创建一个空关键帧。在"动作-帧"面板的脚本窗口内输入如下程序。

```
gotoAndPlay("雪花飘",2);    //跳转到"雪花飘"场景第 2 帧
```

6. 制作"星星跟我行"场景动画

（1）切换到"星星跟我行"场景。将"图层 1"图层的名称改为"背景图像"，选中该图层第 1 帧，导入一幅"星空 3.jpg"图像到舞台工作区内，调整该图像的大小和位置，使它刚好将整个舞台工作区完全覆盖，如图 7-81 所示。

（2）在"背景图像"图层之上创建一个"自转地球"图层，选中该图层第 1 帧，将"库"面板内的"自转地球"影片剪辑元件拖曳到舞台工作区内，形成一个"自转地球"影片剪辑实例。调整"自转地球"影片剪辑实例的大小和位置，效果如图 7-82 所示。

图 7-81 "星空 3.jpg"图像　　　　　图 7-82 "自转地球"影片剪辑实例

（3）按住 Ctrl 键，单击"背景图像"和"自转地球"图层的第 2 帧，选中这两个帧，按 F5 键，创建普通帧。使这两个图层的内容一样。

（4）在"自转地球"图层之上创建一个"星星"图层，选中该图层第 1 帧，将"库"面板

内的"转圈星星"影片剪辑元件拖曳到舞台工作区外部，形成一个"转圈星星"影片剪辑实例。在它的"属性"面板内给实例命名为"XXGWX"。

（5）选中"星星"图层第 2 帧，按 F6 键，创建一个关键帧。选中"星星"图层第 1 帧，调出它的"动作-帧"面板，在它的脚本窗口内输入如下程序。

```
        i=1;                                    //定义一个变量i，赋初值1
```

（6）选中"星星"图层第 2 帧，在它的"动作-帧"面板脚本窗口内输入如下程序。

```
        stop();
        //XXGWX._visible = true;                //隐藏"XXGWX"影片剪辑实例
        //执行第2帧时产生事件，执行{}内的程序
        XXGWX.onEnterFrame = function() {
                XXGWX.startDrag(true);          //允许鼠标拖曳"XXGWX"影片剪辑实例
                i++;                            //变量i的值自动加1
            //如果变量i的值大于或等于50，则给变量i赋值1
            if (i>=50) {                        //用来确定复制"XXGWX"影片剪辑实例的个数，此处为50个
                i = 1;
            }
            //复制"XXGWX"影片剪辑实例，其名称为"XXGWX"加变量i的值
            XXGWX.duplicateMovieClip("XXGWX"+i, i);
            XXGWX=_root["XXGWX"+i];             //将复制的影片剪辑实例赋给变量XXGWX
        //使复制的影片剪辑实例XXGWX等比例随机缩小
            XXGWX._xscale=XXGWX._yscale=random(80)+20;
        }
```

注意：如果"转圈星星"影片剪辑实例放置在舞台工作区内，则必须要有"XXGWX._visible= false;"语句。

如果不要"XXGWX.onEnterFrame = function()"和最后的"}"，则该动画不能够正常运行。在"星星"图层第 3 帧内创建一个关键帧，调出它的"动作-帧"面板，在它的脚本窗口内输入如下程序。然后，删除上边程序中的"stop();"语句，可以使程序正常运行。

```
        gotoAndPlay("星星跟我行",2);            //跳转到"星星跟我行"场景第2帧播放
```

 知识链接

1. 文本的三种类型和文本"属性"面板

文本的三种类型是静态文本、动态文本和输入文本。利用文本的"属性"面板内的"文本类型"下拉列表框，可以选择文本的类型。选择"动态文本"选项时的"属性"面板如图 7-77 或图 7-83 所示，选择"输入文本"选项时的"属性"面板如图 7-84 所示。

文本"属性"面板中一些前面没有介绍过的选项的作用如下。

（1）"将文本呈现为 HTML"按钮 ：选中后，支持 HTML 标记语言的标记符。

（2）"在文本周围显示边框"按钮 ：选中后，输出的文本周围会有一个矩形边框线。

（3）"变量"文本框：展开"选项"栏可以看到该选项，用来输入文本框的变量名称。

图 7-83 动态文本的"属性"面板　　　　　　图 7-84 输入文本的"属性"面板

图 7-85 "字符嵌入"对话框

（4）"字符嵌入"按钮：单击它后，会调出"字符嵌入"对话框，如图 7-85 所示。利用该对话框可以设置只允许输入、输出和嵌入哪些字符。按住 Ctrl 键，同时单击列表框中的选项，可以同时选中多个选项。单击"不嵌入"按钮，可以取消选择的选项。

（5）"最大字符数"文本框：只在输入文本状态下有效，展开"选项"栏可以看到该选项，用来设置输入文本中允许的最多字符数量。如果是 0，则表示输入的字符数量没有限制。

（6）"行为"下拉列表框：展开"段落"栏可以看到该选项，对于动态文本，其中有三个选项："单行"（在动画运行后，只可以输入一行字符）、"多行"（在动画运行后，输入字符时可以自动换行的多行）和"多行不换行"（在动画运行后，不能够自动换行的多行）。对于输入文本，其中有四个选项，增加了"密码"选项。选择了"密码"选项后，输入的字符用字符"*"代替。

2．"影片剪辑控制"全局函数 2

（1）stopDrag 函数

【格式】stopDrag()

【功能】stopDrag 函数没有参数，其功能是用来停止鼠标拖曳影片剪辑实例。

stopDrag 函数参数的设置可以在具有脚本帮助的状态下进行。将光标定位在"动作"面板内程序中 stopDrag 函数行，单击"动作-帧"面板内的"脚本助手"按钮 脚本助手，使脚本窗口进入具有脚本帮助的程序输入状态，按照图 7-86 所示进行设置。

（2）startDrag 函数

【格式 1】startDrag(target);

【格式 2】startDrag(target,[lock]);

【格式 3】startDrag(target [,lock [,left , top , right, bottom]]);

【功能】该函数用来设置鼠标可以拖曳舞台工作区的影片剪辑实例。

【说明】target 是要拖曳的对象，lock 参数是是否以锁定中心拖曳，参数 left（左边）、top（顶部）、right（右边）和 bottom（底部）是拖曳的范围。在[ ]中的参数是可选项。

startDrag 函数参数的设置可以在具有脚本帮助的状态下进行。将光标定位在"动作"面板内程序中 startDrag 函数行，单击按下"动作"面板内的"脚本助手"按钮 ✎ 脚本助手，使脚本窗口进入具有脚本帮助的程序输入状态，如图 7-86 所示。如果选中了"限制为矩形"复选框，其右边的四个文本框会变为有效，还可以设置被拖曳的实例对象的可移动范围。例如：

　　　　startDrag("XX", true, 74, 24, 322, 234);　　　　//允许用户在指定范围内鼠标拖曳"XX"

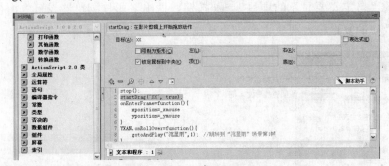

图 7-86　具有脚本帮助的脚本窗口

（3）duplicateMovieClip 函数

【格式】duplicateMovieClip(target,newname,depth)

【功能】复制一个影片剪辑实例对象到舞台工作区指定层，并赋予它一个新的名称。

【说明】target 给出要复制的影片剪辑元件的目标路径。newname 给出新的影片剪辑实例的名称。depth 给出新的影片剪辑元件所在层的号码。

（4）removeMovieClip 函数

【格式】removeMovieClip(target)

【功能】该函数用于删除指定的对象，其中参数 target 是对象的目标地址路径。

3．"插入目标路径"对话框

在程序中，直接书写目标路径容易出错，Flash 提供了一个"插入目标路径"对话框，单击"动作"面板中的 ⊕ 按钮，可调出"插入目标路径"对话框，如图 7-87 所示。利用"插入目标路径"对话框可以方便、快速地建立对象的目标路径。该对话框只显示舞台工作区中影片剪辑实例的名称，不能够编辑这些影片剪辑实例的路径。

图 7-87　"插入目标路径"对话框

在"插入目标路径"对话框中，目标路径的层次结构将显示在目标路径显示区中。选中"相对"单选项，可以设置目标路径结构为相对路径结构；选中"绝对"单选项，可以设置目标路径结构为绝对路径结构。单击目标路径显示区中某个需要加载的影片剪辑或按钮实例名称，对应这个影片剪辑或按钮实例的路径将显示在"目标"文本框中，单击"确定"按钮，这个影片剪辑实例的完整路径将自动加在"动作"面板的脚本窗口中。

4．"影片浏览器"面板

"影片浏览器"面板用来管理 Flash 电影的所有元素，这些元素包括各种元件、图像、程序、层、帧等。该面板的功能类似 Windows 操作系统中的资源管理器，它通过层状结构将这些元素显示出来，便于资源的管理。事实上，在制作一般的动画时，并不用这个面板，只有在动画或者程序非常大的时候，才使用这个面板。

选择"窗口"→"影片浏览器"菜单命令，调出"影片浏览器"面板，如图 7-88 所示。单击该面板上的"自定义要显示的项目" 按钮，调出"影片浏览器设置"面板，如图 7-89 所示。通过面板中的复选框，可决定在"影片浏览器"面板中显示哪些元素。

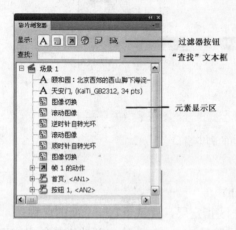

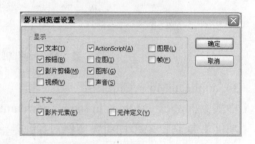

图 7-88 "影片浏览器"面板 　　　　　　　　 图 7-89 "影片管理器设置"面板

单击"影片浏览器"面板上的"显示"栏中的按钮，可决定元素显示区中显示的内容。

◎ A：在元素显示区中显示字体信息、文本信息。
◎ ：在元素显示区中显示按钮元件、影片剪辑元件、图形元件。
◎ ：在元素显示区中显示程序代码。
◎ ：在元素显示区中显示声音和点阵图信息。
◎ ：在元素显示区中显示帧和层的信息。

使用"影片浏览器"面板，可以快速定位一个元素，例如要找一个影片剪辑元件，可以在"查找"文本框中输入这个影片剪辑实例的名称，按 Enter 键，元素显示栏就会定位在这个影片剪辑实例上。通过元素路径区，可以快速找到这个影片剪辑实例。

在元素显示区中的任意元素上单击鼠标右键，弹出一个快捷菜单，或者单击面板右上角的 按钮，也可以弹出该快捷菜单。利用该菜单中的菜单命令，能进行有关的编辑。

思考与练习 7-6

1．制作一个"跟随鼠标指针"动画，该动画运行后，5 个不同透明度的飞翔小鸟跟随着鼠标不断移动，替代了原鼠标指针。动画运行后的一幅画面如图 7-90 所示。

图 7-90　"跟随鼠标指针"动画运行后的画面

2．制作一个"获取鼠标指针位置信息"动画，该动画运行后的两幅画面如图 7-91 所示。一个闪亮的星星跟随着鼠标指针的移动而移动。闪亮的星星不断旋转和变大变小。闪亮的星星只能在矩形范围内移动。同时，在演示窗口内的下边还随着鼠标指针的移动显示出闪亮的星星当前的坐标位置。

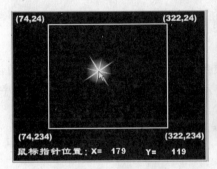
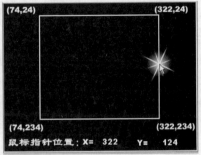

图 7-91　"获取鼠标指针位置信息"动画运行后的两幅画面

3．制作一个"春雨"动画，运行后的两幅画面如图 7-92 所示。可以看到，春天南方小镇的小河处，细雨越下越大的景色。

图 7-92　"春雨"动画运行后的两幅画面

第8章

ActionScript程序设计进阶

知识要点：

1. 初步掌握"转换函数"全局函数的使用方法，以及数学（Math）对象的使用方法。

2. 掌握分支语句和分支结构程序的设计方法，掌握循环语句和循环结构程序的设计方法。了解 tellTarget 和 with 语句的使用方法。

3. 掌握"浏览器/网络"和"其他"全局函数的使用方法。

8.1 【实例 39】加减练习器

"加减练习器"动画运行后的画面如图 8-1 左图所示，显示一道加法练习题。在等号右边的输入文本框内输入计算结果，再单击"加法"按钮，即可显示下一道加法题目（产生新的 2 位随机整数）；单击"减法"按钮，即可显示下一道减法题目。同时，在下边重新显示做过的题目数和做对的题目数。单击"加法"按钮时，运算符号会随之改为"+"；单击"减法"按钮时，运算符号会随之改为"−"。如果单击"等号"按钮，可以在右边文本框内显示计算结果。三个文本框都是输入文本框。可以在第 2 行两个文本框内输入数值，来自己出题。在做题的过程中，一直显示做题所用时间（单位为秒），如图 8-1 所示。"加减练习器"动画运行后的 3 幅画面如图 8-1 所示。该动画的制作方法和相关知识介绍如下。

图 8-1 "加减练习器"动画运行后的 3 幅画面

制作方法

1. 制作界面

（1）新建一个 Flash 文档，设置舞台工作区的宽为 400 像素，高为 320 像素，以名称"【实例 39】加减练习器.fla"保存。导入一幅框架图像，调整其大小和位置，如图 8-1 所示。参看【实例 21】动画的制作方法，制作"加减练习器"文字，如图 8-1 所示。

（2）在"图层 1"图层之上新建一个"图层 2"图层。选中该图层第 1 帧，输入红色、18 点、黑体的"做了"、"道题"、"做对"、"道题"、"用时："、"秒"、"加法"和"减法"文字，再创建三个带边框的输入文本框，它们的文本变量分别命名为 JS1、JS2 和 JSJG。三个文本框的字体为黑体，大小为 24 点，颜色为蓝色，如图 8-1 所示。

（3）在两个输入文本框之间创建一个动态文本框，文本框内输入"+"，文本变量名称为 YSFH，字体为黑体，大小为 38 点，颜色为蓝色。再在"用时："和"秒"文字之间创建一个动态文本框，变量名称为 time1。在"做了"和"道题"文字之间创建一个动态文本框，变量名为 TH；在"做对"和"道题"之间创建一个动态文本框，变量名为 ZDTS。字体设置为黑体，大小为 18 点，颜色为蓝色。

（4）选中第 1 个输入文本框，单击"属性"面板中的"字符嵌入"按钮，调出"字符嵌入"对话框，如图 8-2 所示。按住 Ctrl 键，同时选中该对话框中的"数字"，在"包含这些字符"文本框内输入"−"。单击"确定"按钮，退出该对话框，设置该输入文本框内只可以输入数字、小数点和负号"−"。采用相同方法，设置其他两个输入文本框只可以输入数字、小数点和负号"−"。

（5）创建一个文字按钮，其内是一个"="字符。在第 3 个输入文本框左边放置这个按钮的实例，它的实例名称为"AN1"。

（6）将 Flash 公用库中的两个按钮拖曳到舞台工作区中，形成按钮实例，如图 8-1 所示。设置两个按钮实例的名称分别为"AN2"和"AN3"。

图 8-2　"字符嵌入"对话框

2. 创建程序

（1）选中"图层 2"图层第 1 帧，在"动作-帧"面板的脚本窗口内输入如下程序。

```
JS2=random(89)+10;          //变量 JS1 用来存储一个随机的两位自然数
JS1=random(89)+10;          //变量 JS2 用来存储一个随机的两位自然数
YSFH="+";                   //变量 YSFH 用来保存"+"或"−"符号
JSJG="";                    //变量 YSFH 用来保存计算结果
TH=0;                       //变量 TH 用来保存题目的号码
ZDTS=0;                     //变量 ZDTS 用来保存做对的题数
time1=getTimer()/1000;      //给文本框变量"time1"存储所用的时间
AN1.onPress=function() {
    JS1=Number(JS1);        //将文本变量 JS1 的数据转换为数值型
    JS2=Number(JS2);        //将文本变量 JS2 的数据转换为数值型
    if (YSFH=="+"){         //单击"加号"按钮，则进行加法运算，否则进行减法运算
```

```
                    JSJG = JS1+JS2;        //进行加法运算
              }else{
                    JSJG=JS1-JS2;          //进行减法运算
              }
        }
        AN2.onPress=function() {
          JS1=Number(JS1);                 //将文本变量 JS1 的数据转换为数值型
          JS2=Number(JS2);                 //将文本变量 JS2 的数据转换为数值型
          JSJG=Number(JSJG);               //将文本变量 JSJG 的数据转换为数值型
          if ((JS1+JS2==JSJG) or (JS1-JS2== JSJG)){
              ZDTS=ZDTS+1;                 //如果计算正确，则给变量 ZDTS 数值加 1
          }
          YSFH="+";                        //给文本变量 YSFH 赋值"+"
          JSJG="";                         //给文本变量 JSJG 赋空字符串
          TH=TH+1;                         //题号自动加 1
          JS1=random(89)+10;               //变量 JS1 用来存储一个随机的两位自然数
          JS2=random(89)+10;               //变量 JS2 用来存储一个随机的两位自然数
        }
        AN3.onPress=function() {
          JS1=Number(JS1);                 //将文本变量 JS1 的数据转换为数值型
          JS2=Number(JS2);                 //将文本变量 JS2 的数据转换为数值型
          JSJG=Number(JSJG);               //将文本变量 JSJG 的数据转换为数值型
          if ((JS1+JS2==JSJG) or (JS1-JS2== JSJG)){
              ZDTS=ZDTS+1;                 //如果计算正确，则给变量 ZDTS 数值加 1
          }
          YSFH="-";                        //给文本变量 YSFH 赋值"-"
          JSJG="";                         //给文本变量 JSJG 赋空字符串
          TH=TH+1;                         //题号自动加 1
          JS2=random(89)+10;               //变量 JS1 用来存储一个随机的两位自然数
          JS1=random(89)+10;               //变量 JS2 用来存储一个随机的两位自然数
        }
```

程序中，为了使文本框内是空的，给第 3 个输入文本框变量 JSJG 赋值为空字符串。为了使两个输入文本框变量 JS1、JS2 和 JSJG 的数据能够进行加法或减法运算，使用 Number 函数将字符型数据转换为数值型数据。

（2）创建并进入"时间"影片剪辑元件的编辑状态，选中"图层 1"图层第 1 帧，在"动作-帧"面板的脚本窗口内输入如下程序。

```
_root.time1=getTimer()/1000;
```

（3）选中"图层 1"图层第 5 帧，按 F5 键，创建普通帧，目的是可以不断执行"图层 1"图层第 1 帧内的程序。然后，回到主场景。

（4）选中主场景"图层 1"图层第 1 帧，将"库"面板内的"时间"影片剪辑元件拖曳到主场景舞台工作区内，形成一个小圆点，即"时间"影片剪辑元件的实例。

 知识链接

1."转换函数"全局函数和 getTimer 函数

转换函数可以从"动作"面板动作工具箱的"全局函数"→"转换函数"目录下找到。

（1）Number 函数

【格式】Number (expression);

【功能】将 expression 的值转换为数值型数据。如果 expression 为逻辑值，当其值为 true 时，则返回 1，否则返回 0。如果 expression 为字符串，则会尝试将该字符串转换为指数形式的十进制数字，如 3.123e-10。如果 expression 为未定义的变量（undefined），则返回 0（对于 Flash 6 以前版本）或 NaN（对于 Flash 7 以后版本）。参数 expression 可以是字符串、字符型变量或字符表达式。

（2）Object 函数

【格式】Object (expression);

【功能】将 expression 的值转换为对象或建立空对象。参数 expression 可以是数字、逻辑值、字符串或表达式。

（3）String 函数

【格式】String (expression);

【功能】将 expression 的值转换为字符串。参数 expression 可以是数字、逻辑值、变量、影片剪辑实例名称、对象或表达式。如果 expression 为影片剪辑实例名称，则返回该实例的路径（用斜杠标记法标记的路径）。

（4）getTimer 函数

【格式】getTimer();

【功能】该函数属于"其他"全局函数。它返回动画运行后所经过的时间，单位为毫秒。

2. 数学（Math）对象

在面向对象的编程中，对象是属性和方法的集合，程序是由对象组成的。Flash CS4 中有许多类对象，其中使用较多的是数学（Math）对象。关于对象的有关知识和它的其他类对象，是下一章讲述的重点，此处只介绍数学（Math）对象。数学（Math）对象的常用方法在"动作"面板内动作工具箱中的"ActionScript2.0 类"→"核心"→"Math"→"方法"目录下。数学（Math）对象常用方法的格式和功能如表 8-1 所示。数学对象不需要实例化，其方法可以像使用一般函数那样来使用（注意前面应加"Math."）。

表 8-1　数学（Math）对象的常用方法

格　式	功　能
Math.abs(n)	求 n 的绝对值，如 Math.abs(-123)=123;
Math.acos(n)	求 n 的反余弦值，返回弧度值，如 Math.acos(0.5)=1.047197;
Math.asin(n)	求 n 的反正弦值，返回弧度值，如 Math.asin(0.5)=0.523598;
Math.atan(n)	求 n 的反正切值，返回弧度值，如 Math.atan(0.5)=0.463647;
Math.ceil(number)	向上取整。返回大于或等于 number 的最小整数，如 Math.ceil(18.5)=19, Math.ceil(-18.5)=-18;
Math.cos(n)	返回余弦值，n 的单位为弧度，如 Math.cos(3.1415926)=-0.999999;

格　式	功　能
Math.exp(n)	返回自然数的乘方，如 Math.exp(1)=2.718281828;
Math.floor(number)	返回小于或等于 number 的最大整数，它相当于截取最大整数，如 Math.floor(–18.5)=–19, Math.floor(18.5)=18;
Math.log(n)	返回以自然数为底的对数的值，如 Math.log(2.718)=0.999896315;
Math.max(x,y)	返回 x 和 y 中，数值较大的，如 Math.max(10,3)=10;
Math.min(x,y)	返回 x 和 y 中，数值较小的，如 Math.min(10,3)=3;
Math.pow(base,exponent)	返回 base 的 exponent 次方，如 Math.pow(-1,2)=1;
Math.random() random(n)	返回一个大于等于 0 而小于 1 的随机数，如 Math.random()*501；可以产生大于等于 0 而小于 501 的随机数；random(n)返回一个大于等于 0 而小于 n 的随机数;
Math.round(n)	四舍五入到最近整数的参数，如 Math.round(5.3)=5, Math.round(5.6)=6;
Math.sin(n)	返回正弦值，n 的单位为弧度，如 Math.sin(1.57)=0.999999682;
Math.sqrt()	返回平方根，如 Math.sqrt（16）=4;
Math.tan(n)	返回正切弧度值，如 Math.tan(0.785)=0.999203990;

3．if 分支语句

【格式1】　　　if （条件表达式） {

　　　　　　　　　　语句体}

【功能】如果条件表达式的值为 true，则执行语句体；如果条件表达式的值为 false，则跳出 if 语句，继续执行后面的语句。

【格式2】　　　if （条件表达式） {

　　　　　　　　　　语句体 1

　　　　　　　　} else {

　　　　　　　　　　语句体 2

　　　　　　　　}

【功能】如果条件表达式的值为 true，则执行语句体 1；否则执行语句体 2。

【格式3】　　　if （条件表达式 1） {

　　　　　　　　　　语句体 1

　　　　　　　　} else if （条件表达式 2） {

　　　　　　　　　　语句体 2

　　　　　　　　}

【功能】如果条件表达式 1 的值为 true，则执行语句体 1。如果条件表达式 1 的值为 false，则判断条件表达式 2 的值。如果其值为 true，则执行语句体 2；如果其值为 false，则退出 if 语句，继续执行 if 后面的语句。

4．switch 分支语句

【格式】switch(expression){

　　　　[case 取值列表 1;

　　　　　　语句序列 1;

　　　　　　break;]

　　　　[case 取值列表 2;

```
        语句序列 2；
    break；]
        ...
[default；
    语句序列 n；
    break；]
}
```

【功能】计算表达式 expression 的值，再将其值依次与每个 case 关键字后面的"取值列表"中的数据进行比较，如果相等，就执行该 case 后面的语句序列；如果都不相等，则执行 default 语句后面的语句序列 n。

思考与练习 8-1

1．制作一个"请您算算看"动画，该播放后的两幅画面如图 8-3 所示，上边两个文本框是输入文本框，可以输入或随机产生两个数；下边的文本框是动态文本框。单击"="按钮，可以在下边的文本框内显示两个输入文本框内数的和或差。单击"减法"按钮，可以显示下一道随机减法题，运算符号变为"−"，题号自动加 1；单击"加法"按钮，可以显示下一道随机加法题，同时运算符号变为"+"，题号自动加 1。

图 8-3　"请您算算看"动画运行后的两幅画面

2．制作一个"电影文字"动画，该动画运行后的一幅画面如图 8-4 所示。它由一幅幅图像不断从右向左移过掏空的文字内部而形成电影文字效果，文字的轮廓线是黄色的。

3．制作一个"枫叶飘飘"动画，该动画运行后的一幅画面如图 8-5 所示。可以看到，许多枫叶慢慢飘落下来。枫叶飘落的路径、枫叶大小和透明度都是随机的。

图 8-4　"电影文字"动画运行后的一幅画面　　　图 8-5　"枫叶飘飘"动画画面

4．制作一个"四则运算练习"动画，该动画运行后，可以进行四则运算练习。

5．制作一个"三角函数值"动画，该动画运行后的画面如图 8-6 所示（其内无数）。在输入文本框内输入数字，再单击函数符号按钮，可在右边的文本框内显示运算结果。

图 8-6　"三角函数值"动画运行后的两幅画面

6. 制作一个"跟随鼠标移动的气泡"动画，运行后的两幅画面如图 8-7 所示。可以看到，一些逐渐变大，同时逐渐消失的变色（绿色变红色）气泡，跟随着鼠标指针的移动而移动。这些气泡的大小还随机变化。

图 8-7　"跟随鼠标移动的气泡"动画运行后的两幅画面

8.2　【实例 40】连续整数的和与积

"连续整数的和与积"动画运行后的两幅画面如图 8-8 所示。在"起始数"和"终止数"文本框中分别输入一个自然数。然后，单击"求和"按钮，即可显示这两个自然数之间所有自然数的和，如图 8-8 左图所示。单击"求积"按钮，即可显示这两个自然数之间所有自然数的积，如图 8-8 右图所示。该动画的制作方法和相关知识介绍如下。

图 8-8　"连续整数的和与积"动画运行后的两幅画面

 制作方法

（1）新建一个 Flash 文档，设置舞台工作区的宽为 400 像素，高为 300 像素，背景色为黄色。选中"图层 1"图层第 1 帧，导入一幅框架图像和一幅红色立体文字"连续整数的和与积"图像，调整它们的大小和位置，效果如图 8-8 所示。

（2）在"图层 1"图层之上新建"图层 2"图层，选中该图层第 1 帧，创建 4 个静态文本框，分别输入红色、黑体、加粗、18 点文字"起始数"、"终止数"、"求和"和"求积"。

（3）创建两个输入文本框，在它们的"属性"面板内的"变量"文本框中分别输入"N"

和"M"。再创建一个动态文本框，在它们的"属性"面板内的"变量"文本框中输入"SUM"。利用"属性"面板，设置 3 个文本框的字体为黑体，大小为 18 点，颜色为蓝色。"N"文本框的"属性"面板设置如图 8-9 所示。

（4）将 Flash 公用库中的两个按钮分别拖曳到框架图像内的下边，形成两个按钮实例，如图 8-8 所示。分别将两个按钮实例的名称命名为"AN1"和"AN2"。

（5）选中"图层 2"图层第 1 帧，在"动作-帧"面板的脚本窗口内输入如下程序。

```
//给输入文本框变量赋空字符串初值的目的是使程序运行后该文本框内不显示内容
N="";           //给变量 N 赋空字符串初值
M="";           //给变量 M 赋空字符串初值
stop();         //使程序暂停运行
//单击按钮"AN1"后执行大括号内的程序
AN1.onPress=function(){
    SUM = 0;    //给变量 SUM 赋初值 0
    L = 0;      //给变量 L 赋初值 0
    //计算 N+（N+1）+（N+2）+…+M 的值
    for (L=Number(N); L<=Number(M); L++) {
        SUM = SUM+L;       //进行累加
    }
}
//单击按钮 AN2 后执行大括号内的程序
AN2.onPress=function(){
    SUM = 1;                   //给变量 SUM 赋初值 0
    L=1;
    //计算 N! =1*2*…*N  的值
    for (L=Number(N);   L<=Number(M); L++) {
        SUM = SUM*L;    //进行累积计算
    }
}
```

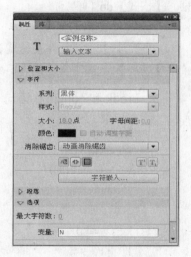

图 8-9 "N"文本框的"属性"
面板设置

 知识链接

1. for 循环语句

（1）【格式】for （init; condition; next）{
　　　　　语句体;
　　　　}

（2）【功能】for 括号内由三部分（表达式）组成，分别用分号隔开，含义如下。

init 用于初始化一个变量，它可以是一个表达式，也可以是用逗号分隔的多个表达式。init 总是只执行一次，即第一次执行 for 语句时最先执行它。condition 用于 for 语句的条件测试，它可以是一个条件表达式，当表达式的值为 false 时结束循环。在每次执行完语句体时执行 next，它可以是一个表达式，一般用于计数循环。计算 1～200 的和的程序如下。

```
        var sum=0;
        for (x=1;x<=200;x++){
                sum=sum+x;
        }
        trace(sum);              //显示 1 到 200 的和为 20100
```

2．while 循环语句

（1）while 循环语句

【格式】while（条件表达式）{

　　　　　　　语句体

　　　}

【功能】当条件表达式的值为 true 时，执行语句体，再返回 while 语句；否则退出循环。

（2）do while 循环语句：

【格式】do {

　　　　语句体

　　　}while（条件表达式）

【功能】当条件表达式的值为 true 时，执行语句体，再返回 do 语句，否则退出循环。

3．break 和 continue 语句

（1）break 语句：它经常在循环语句中使用，用于强制退出循环。例如：

```
        var count=0;
        while(count<100){
          count++;
          if (count=80){
             break;}
        }                      //结束循环
        trace(count);          //本程序运行后，"输出"窗口内显示 count 的值为 80
```

（2）continue 语句：强制循环回到循环的开始处，即 while 语句。例如：

```
        var sum=0;
        while(x<=100){
          x++;
          if (x%3==0){
             continue;
          }
          sum=sum+x;
        }
        trace(sum);            //本程序运行后，"输出"窗口内显示 100 以内不能被 3 整除数的和为 3468
```

思考与练习 8-2

1．制作一个"求连续偶数的和"动画，该动画运行后，输入 N 和 M 两个正整数，单击"计

算"按钮，即可显示 N 到 M 之间的所有偶数的和。

2. 制作一个"红楼梦电视剧开拍了"动画，该动画运行后的 3 幅画面如图 8-10 所示。可以看到，透明的数字 6 在背景图像之上逐渐由红色变为绿色，同时透明的模拟指针表的指针在转圈，每转完一圈，透明数字就自动减 1，在透明的数字发生变化后，背景图像也随之更换。当文字变为绿色后，进入下一个数字变化。当数字变为"1"，透明的模拟指针也转完一圈后，"红楼梦电视剧开拍了"文字逐渐由小变大展开显示出来。

图 8-10 "红楼梦电视剧开拍了"动画运行后的 3 幅画面

8.3 【实例 41】外部图像和文本浏览器

"外部图像和文本浏览器"动画运行后的一幅画面如图 8-11 所示，单击中间标题文字"鲜花浏览"下边的图像按钮，会在左边图像框架内显示相应的外部图像，其下边显示图像的序号，右边的文本框内显示相应的文字。单击图像框架下边的第 1 个按钮，会显示第 1 幅外部图像；单击图像框架下边的第 2 个按钮，会显示上一幅外部图像，当已经显示第 1 幅图像时单击该按钮，则显示最后一幅图像（即第 8 幅图像）；单击图像框架下边的第 3 个按钮，会显示下一幅外部图像，当已经显示第 8 幅图像时单击该按钮，则显示第 1 幅图像；单击图像框架下边的第 4 个按钮，会显示第 8 幅外部图像。

单击文本框下边的第 1 个按钮或按 Ctrl+PageUp 组合键，文本框内的文字会自动向上滚动 8 行；单击文本框下边的第 2 个按钮或按光标上移键，文本框内的文字会自动向上滚动 1 行；单击文本框下边的第 3 个按钮或按光标下移键，文本框内的文字会自动向下滚动 1 行；单击文本框下边的第 4 个按钮或按 Ctrl+PageDown 组合键，文本框内的文字会自动向下滚动 8 行。该动画的制作方法和相关知识介绍如下。

图 8-11 "外部图像和文本浏览器"动画运行后的一幅画面

制作方法

1. 准备文本素材和设计背景

（1）新建一个 Flash 文档。设置舞台工作区的宽为 900 像素，高为 380 像素，背景色为浅绿色。以名称"【实例 41】外部图像和文本浏览器.fla"保存。然后，创建"背景"、"按钮和文本"和"脚本程序"图层。

（2）打开记事本程序，输入文字，注意：在文字的开始应加入"text1="文字，如图 8-12 所示，"text1="是文本框变量的名称。选择"文件"→"另存为"菜单命令，打开"另存为"对话框，在该对话框的"编码"下拉列表框内选择"UTF-8"选项，选择 Flash 文档所在文件夹内的"TEXT"文件夹，输入文件名称"MH1.TXT"，再单击"保存"按钮。

按照上述方法，再建立"MH2.TXT"~"MH8.TXT"等 7 个文本文件。

图 8-12　记事本内的文字

（3）准备 8 幅大小一样（宽 400 像素、高 300 像素）的鲜花图像，它们的名称和画面如图 8-13 所示。这 8 幅图像分别是"杜鹃花"、"桂花"、"荷花"、"菊花"、"兰花"、"梅花"、"牡丹"和"水仙"鲜花图像，这与"MH1.TXT"~"MH8.TXT"8 个文本文件中介绍的鲜花名称次序是一样的。将这 8 幅图像存放在 Flash 动画所在文件夹内的"TU"文件夹中。

图像1.jpg　　图像2.jpg　　图像3.jpg　　图像4.jpg　　图像5.jpg　　图像6.jpg　　图像7.jpg　　图像8.jpg

图 8-13　8 幅鲜花图像

（4）将"杜鹃花.jpg"、"桂花.jpg"、"荷花.jpg"、"菊花.jpg"、"兰花.jpg"、"梅花.jpg"、"牡丹.jpg"和"水仙.jpg"（宽 100 像素、高 75 像素）图像导入到"库"面板内。

（5）创建并进入"文本框架"影片剪辑元件的编辑状态，绘制一幅轮廓线为棕色、填充色为白色、笔触为 4 像素、宽为 175 像素、高为 250 像素的矩形图形。然后，回到主场景。

（6）创建并进入"背景图像"影片剪辑元件的编辑状态，其内导入一幅宽 900 像素、高 380 像素的"鲜花"图像，使它位于舞台工作区中间，如图 8-14 所示。再回到主场景。

（7）选中"背景"图层第 1 帧，将"库"面板内的"背景图像"影片剪辑元件拖曳到舞台工作区内，使它刚好将舞台工作区完全覆盖。将"库"面板内的"文本框架"影片剪辑元件拖曳到舞台工作区内右边，调整它的大小和位置。给"文本框架"影片剪辑实例添加"斜角"滤镜，使框架有立体感并发黄光。"属性"面板的滤镜设置如图 8-15 所示。

（8）选中"背景图像"影片剪辑实例，在其"属性"面板内的"样式"下拉列表框中选择"Alpha"选项，在"Alpha"文本框内输入 30，使"背景图像"影片剪辑实例透明一些。然后，创建一个带灰色阴影的红色标题文字"鲜花浏览"，如图 8-16 所示。

图 8-14 "鲜花"图像   图 8-15 滤镜设置

图 8-16 "背景"图层第 1 帧内的画面

2．制作文本和按钮

（1）选中"按钮和文本"图层第 1 帧。在"文本框架"影片剪辑实例之上创建一个动态文本框，在其"属性"面板内，设置它的颜色为红色、字体为宋体、大小为 16 点、加粗，加边框，行距为 0，变量名称为"text1"，与文本文件内的变量名一样。两外，在"段落"栏内"行为"下拉列表框中选择"多行"选项，设置文本框可以多行显示文字。

（2）选中"按钮和文本"图层第 1 帧，将按钮公用库中的 8 个按钮拖曳到舞台工作区内。将其中的 4 个按钮移到左下边，另外的 4 个按钮移到文本框架的下边，再将一些按钮按照需要分别进行不同角度的旋转，最后效果如图 8-17 所示。

（3）在左边 4 个按钮之间创建一个文本框，在其"属性"面板内设置文字为动态文本框，它的颜色为红色、字体为宋体、大小为 32 点，变量名称为"n1"。

图 8-17 8 个公用按钮、8 个图像按钮和 2 个文本框

（4）创建并进入"图像 11"影片剪辑元件的编辑状态，将"库"面板内的小图像"杜鹃花.jpg"拖曳到舞台工作区内的正中间。再回到主场景。接着再创建"图像 12"～"图像 18"影片剪辑元件，其内分别导入"库"面板内的"桂花.jpg"、"荷花.jpg"、"菊花.jpg"、"兰花.jpg"、"梅花.jpg"、"牡丹.jpg"和"水仙.jpg"小图像。

（5）创建并进入"图像按钮 11"按钮元件的编辑状态，选中"弹起"帧，将"库"面板内的"图像 11"影片剪辑元件拖曳到舞台工作区内的正中间。按住 Ctrl 键，选中其他 3 个帧，按 F6 键，创建 3 个与"弹起"帧内容一样的关键帧。选中"弹起"帧，单击该帧内的图像，在其"属性"面板内的"颜色"下拉列表框内选择"Alpha"，将该图像的 Alpha 值调整为 34%，使图像半透明。然后，回到主场景。

（6）按照上述方法，制作"图像按钮 12"～"图像按钮 18"按钮元件，其内的影片剪辑元件分别为"图像 12"～"图像 18"。

（7）选中"按钮和文本"图层第 2 帧，依次将"图像按钮 11"～"图像按钮 18"按钮元件分别拖曳到文本框架的左边，排成 2 列 4 行。

3．制作显示外部图像和文本

（1）从左到右依次给舞台工作区内下边的 8 个按钮实例命名为"AN1A"、"AN1B"、"AN1C"、"AN1D"、"AN1"、"AN2"、"AN3"和"AN4"。

（2）依次给文本框架左边的 8 个图像按钮实例命名为"AN11"～"AN18"。

（3）创建并进入"图像"影片剪辑元件编辑窗口，其内不绘制和导入任何对象。然后回到主场景，创建一个空"图像"影片剪辑元件，用来为加载的外部图像定位。

（4）选中"按钮和文本"图层第 1 帧，将"库"面板内的"图像"影片剪辑元件拖曳到舞台工作区内的左上角，该实例是一个很小的圆，如图 8-18 所示。这是因为"图像"影片剪辑元件是一个空元件，所以它形成的实例也是空的，动画播放时它不会显示出来，只是用来给调进的外部图像定位。然后，将该实例命名为"TU1"。

"图像"影片剪辑实例，它的实例名称为"TU1"

图 8-18 "图像"影片剪辑实例"TU1"的位置

（5）选中"脚本程序"图层第 2 帧，在"动作-帧"面板脚本窗口内输入如下程序。

```
stop();
n1=1;                              //用来显示图像的序号
_root.TU1.loadMovie("TU\\图像 1.jpg");    //调外部图像文件
loadVariablesNum("TEXT/MH1.TXT",0);
text1.scroll=0;
AN11.onPress=function(){
    _root.TU1.loadMovie("TU/图像 1.jpg");    //调外部图像文件
    n1=1;
    loadVariablesNum("TEXT/MH1.TXT",0);
    text1.scroll=0;
}
AN12.onPress=function(){
    _root.TU1.loadMovie("TU/图像 2.jpg");    //调外部图像文件
    n1=2;
    loadVariablesNum("TEXT/MH2.TXT",0);
```

```
            text1.scroll=0;
    }
    AN13.onPress=function(){
            _root.TU1.loadMovie("TU/图像 3.jpg");        //调外部图像文件
            n1=3;
            loadVariablesNum("TEXT/MH3.TXT",0);
            text1.scroll=0;
    }
    AN14.onPress=function(){
            _root.TU1.loadMovie("TU/图像 4.jpg");        //调外部图像文件
            n1=4;
            loadVariablesNum("TEXT/MH4.TXT",0);
            text1.scroll=0;
    }
    AN15.onPress=function(){
            _root.TU1.loadMovie("TU/图像 5.jpg");        //调外部图像文件
            n1=5;
            loadVariablesNum("TEXT/MH5.TXT",0);
            text1.scroll=0;
    }
    AN16.onPress=function(){
            _root.TU1.loadMovie("TU/图像 6.jpg");        //调外部图像文件
            n1=6;
            loadVariablesNum("TEXT/MH6.TXT",0);
            text1.scroll=0;
    }
    AN17.onPress=function(){
            _root.TU1.loadMovie("TU/图像 7.jpg");        //调外部图像文件
            n1=7;
            loadVariablesNum("TEXT/MH7.TXT",0);
            text1.scroll=0;
    }
    AN18.onPress=function(){
            _root.TU1.loadMovie("TU/图像 8.jpg");        //调外部图像文件
            n1=8;
            loadVariablesNum("TEXT/MH8.TXT",0);
            text1.scroll=0;
    }


    AN1A.onPress=function(){
            _root.TU1.loadMovie("TU/图像 1.jpg");        //调外部图像文件
```

```
                    n1 =1;
                    loadVariablesNum("TEXT/MH1.TXT",0);
                    text1.scroll=0;
             }
       AN1B.onPress=function(){
       if (n1>1){
                    n1 --;
                    _root.TU1.loadMovie("TU/图像"+n1+".jpg");        //调外部图像文件
                    loadVariablesNum("TEXT/MH"+n1+".TXT",0);
                    text1.scroll=0;
             } else {
                    _root.TU1.loadMovie("TU/图像 8.jpg");            //调外部图像文件
                    n1=8;
                    loadVariablesNum("TEXT/MH8.TXT",0);
                    text1.scroll=0;
             }
       }
       AN1C.onPress=function(){
             if (n1<8){
                    n1 ++;
                    _root.TU1.loadMovie("TU/图像"+n1+".jpg");        //调外部图像文件
                    loadVariablesNum("TEXT/MH"+n1+".TXT",0);
                    text1.scroll=0;
             } else {
                    _root.TU1.loadMovie("TU/图像 1.jpg");            //调外部图像文件
                    n1 =1;
                    loadVariablesNum("TEXT/MH1.TXT",0);
                    text1.scroll=0;
             }
       }
       AN1D.onPress=function(){
             _root.TU1.loadMovie("TU/图像 8.jpg");                  //调外部图像文件
             n1 =8;
             loadVariablesNum("TEXT/MH8.TXT",0);
             text1.scroll=0;
       }
```

　　程序中的"_root.TU1.loadMovie("TU\\图像 1.jpg");"语句的作用是将外部当前文件夹下"TU"目录中的"图像 1.jpg"图像导入，加载到"TU1"影片剪辑实例中。程序中的"loadVariablesNum("TEXT/MH1.TXT",0);"语句的作用是将外部当前文件夹下"TEXT"目录中的"MH1.TXT"文本导入到动态文本框"text"内。

　　（6）选中文本框下边的第 1 个按钮，在它的"动作-按钮"面板内输入如下程序。

```
on (release, keyPress "<PageUp>") {
    for (x=1; x<=8; x++) {
        text1.scroll=text1.scroll+1;
    }
}
```

（7）选中文本框下边的第 2 个按钮，在它的"动作-按钮"面板内输入如下程序。

```
on (release, keyPress "<Up>") {
    text1.scroll=text1.scroll+1;          //文本框内的文字向上移动一行
}
```

（8）选中文本框下边的第 3 个按钮，在它的"动作-按钮"面板内输入如下程序。

```
on (release, keyPress "<Down>") {
    text1.scroll=text1.scroll-1;          //文本框内的文字向下移动一行
}
```

（9）选中文本框下边的第 4 个按钮，在它的"动作-按钮"面板内输入如下程序。

```
on (release, keyPress "<PageDown>") {
    for (x=1; x<=8; x++) {
        text1.scroll = text1.scroll-1;
    }
}
```

知识链接

1．"浏览器/网络"函数 1

（1）loadMovie 函数

【格式】loadMovie("url",target [, method])

【功能】用来从当前播放的影片外部加载 SWF 影片到指定的位置。

【说明】url：被加载的外部 SWF 文件或 JPEG 文件的绝对或相对的 URL 路径，相对路径必须相对于级别 0 处的 SWF 文件。绝对 URL 必须包括协议引用，如 http://或 file:///。通常需要将被加载的影片与被加载的外部文件放到同一个文件夹中。

参数 target 是可选参数，用来指定目标影片剪辑实例的路径。目标影片剪辑实例将替换为加载的 SWF 文件或图像。被加载的影片将继承被替换掉的影片剪辑元件实例的属性。

method 可选参数，用来指定用于发送变量的 HTTP 方法。该参数必须是字符串 GET 或 POST。如果没有要发送的变量，则省略此参数。GET 方法将变量追加到 URL 的末尾，它用于发送少量的变量。POST 方法在单独的 HTTP 标头中发送变量，它用于发送大量的变量。如 loadMovie（"外部图像 1.swf", mySWF）。其中，"外部图像 1.swf"是要加载的外部影片，mySWF 是要被外部加载影片所替换的影片剪辑实例名。

（2）loadMovieNum 函数

【格式】loadMovieNum（"url" [,level, method]）

【功能】用来加载外部 SWF 影片到目前正在播放的 SWF 影片中，位置在当前 SWF 影片内的左上角。

【说明】参数 level 是可选参数，用来指定播放的影片中，外部影片将加载到播放影片的哪个层。参数 method 也是可选参数，指定发送变量传送的方式（GET 或 POST）。

（3）loadVariables 函数

【格式】loadVariables（"url",target [,level, method]）

【功能】该函数用来加载外部变量到目前正在播放的 SWF 动画中。

【说明】参数 target 是可选参数，用来指定目标影片剪辑实例的路径。目标影片剪辑实例将替换为加载的内容。被加载的影片将继承被替换掉的对象的属性。参数 method 是可选参数，指定发送变量传送的方式（GET 或 POST）。例如：

loadVariables（"TXT\text1.txt",_root.list,get）；

该语句是将该 Flash 文档所在目录下"TXT"文件夹内的"text1.txt"文本文件内容载入当前 SWF 动画内的"list"对象中，载入变量值使用 get 方式传送。

（4）loadVariablesNum 函数

【格式】loadVariablesNum（"url",level [,method]）

【功能】该函数用来加载外部变量到目前正在播放的 SWF 动画中。

【说明】参数 level 是可选参数，用来指定播放的影片中，外部动画将加载到播放动画的哪个层。参数 method 也是可选参数，指定发送变量传送的方式（GET 或 POST）。例如：

loadVariablesNum（"text1.txt",5,get）；

该语句将该动画所在目录下的"text1.txt"文本文件内容载入当前 SWF 动画内第 5 层中，载入变量值使用 GET 方式传送。

2. tellTarget 和 with 语句

（1）tellTarget 语句

【格式】tellTarget（target） {
            语句体; }

【功能】用于控制某个指定的影片剪辑实例。它是 Flash 5 的一个语句，Flash CS4 可兼容它。

【说明】函数参数 target 是要控制的影片剪辑实例的目标路径和名称，可以使用斜线操作符指示目标路径。

（2）with 语句

【格式】with（object） {
            语句体;}

【功能】用于控制指定的影片剪辑实例。

【说明】函数参数 object 是要控制的影片剪辑实例路径和名称，使用点操作符指示目标路径。在语句体程序中一旦遇到与预设对象有关的属性或子对象，就可以省略预设对象的路径和名称。

例如，单击按钮后，开始从第 8 帧播放影片剪辑元件"LH1"的程序如下。

```
on (release){
    with(_root.LH1){
            gotoAndPlay(8);
    }
}
```

思考与练习 8-3

1．修改"外部图像和文本浏览器"动画，使它还可以浏览 8 幅世界名胜图像和相应的世界名胜图像的介绍文字。

2．制作一个"外部 SWF 动画浏览"动画，该动画运行后，可以浏览 8 个 SWF 动画。

8.4 【实例 42】鲜花网页 1

当要下载的动画很大时，为了不让浏览者看到不完整的动画，可以做一个预下载的小动画，让浏览者先看这个有趣的小动画，当整个网页动画的所有帧下载完后，再开始播放网页的主页。"鲜花网页 1"网页是一个全部用 Flash CS4 制作的网页，它的网页预下载动画是：在浅绿色背景之上，上边是"鲜花图像和文字介绍"标题文字，下边的"鲜花网页正在下载，请稍等……"文字逐渐由黄色变为蓝色，中间有四个模拟指针表不断转动。网页预下载动画播放时的一个画面如图 8-19 所示。当要下载的网页内容下载完后，网页切换到它的主页画面，主页画面与【实例 41】"外部图像和文本浏览器"动画的画面一样，功能也一样，只是在文本框架之上增添了一个"链接鲜花网页"文字按钮。

将鼠标指针移到"链接鲜花网页"文字按钮之上时，红色按钮文字会变为绿色，单击该按钮后，按钮文字会变为蓝色。单击"链接鲜花网页"文字按钮，会调出网址为"http://www.flowercn.com"的"中国鲜花礼品网"主页，如图 8-20 所示。

该网页的制作方法和相关知识介绍如下。

图 8-19　"鲜花网页 1"网页预下载画面　　　　图 8-20　"中国鲜花礼品网"主页

 制作方法

1．制作网页

（1）打开"【实例 41】外部图像和文本浏览器.fla"Flash 文档，再以名称"【实例 42】鲜花网页 1.fla"保存。将原来的图层第 1 帧移到第 2 帧位置。

（2）由读者自行制作一个"指针表"影片剪辑元件。选中"背景"图层第 1 帧，4 次将"库"面板中的"指针表"影片剪辑元件拖曳到舞台工作区内中间，等间隔排成一行。

（3）由读者自行制作一个"逐渐显示文字"影片剪辑元件。其内是一个从左向右逐渐推出，"鲜花网页正在下载，请稍等……"文字逐渐由黄色变为蓝色的动画。选中"背景"图层第 1

帧，将"库"面板中的"逐渐显示文字"影片剪辑元件拖曳到"指针表"影片剪辑实例的下边。

（4）在"指针表"影片剪辑实例的上方，输入红色的"鲜花图像和文字介绍"标题文字。

（5）选中图层"脚本程序"第1帧，在"动作-帧"面板的脚本窗口内输入如下脚本程序。

```
Mouse.hide();                    //隐藏鼠标指针
//如果网页动画下载到动画的总帧数帧时，开始继续播放动画的第2帧
if (_framesloaded>=_totalframes)
{
        gotoAndPlay (2);          //转到第2帧播放动画
}
```

（6）创建并进入"链接网页"按钮编辑状态，选中"图层1"图层"弹起"帧，输入红色文字"链接鲜花网页"。选中"图层1"图层其他3帧，按F6键，将"指针经过"和"按下"帧内文字的颜色分别改为绿色和蓝色。选中"图层1"图层"点击"帧，绘制一幅将文字刚好覆盖文字的矩形图形。然后，回到主场景。

（7）选中图层"脚本程序"第2帧，将"库"面板内的"链接网页"按钮元件拖曳到文本框架的上边，适当调整它的大小和位置。

（8）选中图层"脚本程序"第2帧，在"动作-帧"面板的脚本窗口内程序第5行的下边插入如下程序。

```
Mouse.show();                    //使鼠标指针显示
ANXH.onPress=function()
{
//在新浏览窗口内打开网址为"http://www.flowercn.com"的"中国鲜花礼品网"主页
        getURL("http://www.flowercn.com",_blank)
}
```

2．网页的调试与输出

（1）按 Ctrl+Enter 组合键，调出 Flash Player 播放器，播放该动画。

（2）选择 Flash Player 播放器菜单栏的"视图"→"下载设置"→"DSL(32.6KB/s)"菜单命令，设置下载速度为 32.6KB/s。然后选择 Flash Player 播放器菜单栏的"视图"→"模拟下载"菜单命令，就可以观看到动画模拟下载的效果。

（3）选择"文件"→"发布设置"菜单命令，调出"发布设置"对话框，选中"HTML"标签选项，采用默认参数，如图 1-108 所示。

（4）单击该对话框中的"发布"按钮，即可生成 HTML 网页文件"【实例 42】鲜花网页1.html"。双击该网页文件图标，即可调出网页浏览器，并观察到网页预下载动画画面。

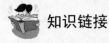 知识链接

1．"浏览器/网络"函数 2

（1）getURL 函数

【格式】getURL（"url" [, window][,variables"））

【功能】启动一个 url 定位，经常使用它来调用一个网页，或者使用它来调用一个邮件。调用网页的格式是在双引号中加入网址，调用邮件可以在双引号中加入"mailto:"，再跟一个邮

件地址，例如："mailto:Flash@yahoo.com.cn"。

【说明】url 是设置调用的网页网址 URL，参数 window 是设置浏览器网页打开的方式（指定网页文档应加载到浏览器的窗口或 HTML 框架）。这个参数可以有四种设置方式。

◎ _self：在当前 SWF 影片所在网页的框架，当前框架将被新的网页所替换。

◎ _blank：打开一个新的浏览器窗口，显示网页。

◎ _parent：如果浏览器中使用了框架，则在当前框架的上一级显示网页。

◎ _top：在当前窗口中打开网页，即覆盖原来所有的框架内容。

（2）unloadMovie 函数

【格式】unloadMovie（target）

【功能】该函数用来删除加载的 SWF。参数 target 是 SWF 动画载入指定的目标路径。

（3）unloadMovieNum 函数

【格式】unloadMovieNum（level）

【功能】该函数用来删除加载的外部 SWF。参数 level 是 SWF 动画载入时指定的层号。

2．部分"其他"全局函数

可以从"动作"面板动作工具箱的"全局函数"→"其他函数"目录下找到"其他"全局函数。部分"其他"全局函数介绍如下。trace 和 getTimer 函数在前面已介绍过。

（1）setInterval 函数

【格式 1】setInterval(function, interval[arg1,arg2…arg2n]);

【格式 2】setInterval(object,methodName,interval[arg1,arg2…arg2n]);

【功能】设置一个间隔时间，用来确定每经过设置的间隔时间，就调用的函数。

【说明】参数 function 是函数名称。参数 object 是对象的名称。参数 methodName 是对象方法的名称。参数 interval 是间隔时间的长度，单位为毫秒，如果此参数小于场景所设置的帧速率（1 帧约等于 10 毫秒），则此函数会尽可能地依照参数所设置的时间间隔来调用指定的函数。[arg1,arg2……arg2n]参数是对象或方法的参数。例如：

```
setInterval(function(){trace("您好！"); },60000);      //每隔 1 分钟出现一次"您好！"
setInterval(myData,1000);                            //每隔 1 秒钟调用一次函数 myData
```

（2）clearInterval 函数

【格式】clearInterval(intervalID);

【功能】删除 setInterval 函数设置的间隔时间。参数 intervalID 是对象的名称。制定一个给 setInterval 函数设置的计时器。例如：

```
bashou=setInterval(myData,1000);      //设置可以调用 myData 函数的计时器 bashou
clearInterval(bashou);                //删除计时器 bashou
```

（3）escape 函数

【格式】escape(expression);

【功能】将表达式 expression 的值转换为 ASCII 码字符，并返回字符串。

（4）eval 函数

【格式】eval(expression);

【功能】将括号内的参数 expression 的内容返回。expression 可以是变量、属性、对象或影片剪辑实例的名称。

NL1="China";

NL2="NL1";

//将 NL2 的值 "NL1" 取出来,替代 eval(NL2),即将 NL1 的值赋给文本变量 TEXT1

TEXT1=eval(NL2);

//执行该程序后,文本框变量 TEXT1 的值为 "China"

思考与练习 8-4

1.制作一个 "可变探照灯" 动画,该动画运行后的一幅画面如图 8-21 所示,拖曳鼠标可移动探照灯光,单击右下角的按钮可使灯光变大,单击左下角的按钮可使探照灯光变小。

2.制作一个 "显示外部一组图像" 动画,该动画运行后的一幅画面如图 8-22 所示。通过单击按钮可在框架内显示 6 幅图像,显示方式是从中间向四周以圆形形状逐渐展开。

图 8-21 "可变探照灯" 动画画面　　　　图 8-22 "显示外部一组图像" 动画画面

3.制作一个 "外部 SWF 动画浏览网页" 动画,它可以浏览 8 个 SWF 动画。

4.参考【实例 42】动画的制作方法,制作一个 "世界名胜网页 1" 动画。

第9章

面向对象的程序设计

知识要点:

1. 初步掌握 Flash 面向对象编程的基本概念和基本方法,及创建和访问对象的方法。
2. 初步掌握 String(字符串)、Array(数组)、Key(键盘)、Mouse(鼠标)、Color(颜色)、Date(日期)和 Sound(声音)对象的使用方法。
3. 初步掌握 Key(键盘)和 Mouse(鼠标)对象侦听器的使用方法等。

9.1 【实例43】鲜花网页2

"鲜花网页2"网页运行后的预下载动画与【实例42】"鲜花网页1"网页的预下载动画一样,它的主页如图9-1所示。画面内下边增加了一行从右向左水平滚动的文字,文字内容与文本框架内的文本内容一样。单击右下角的 ⬛ 按钮,可以使文字暂停滚动,再单击该按钮可以使文字继续滚动。在切换浏览鲜花图像后,滚动文字的内容也随之改变。该网页其他功能与"鲜花网页1"网页功能一样。该动画的制作方法和相关知识介绍如下。

图9-1 "鲜花网页2"网页主页的一幅画面

制作方法

1. 准备文本文件和创建界面

（1）将该文档所在目录下的"TEXT"文件夹内的"MH1.TXT"～"MH8.TXT"文本文件复制一份，将复制的文件名称改为"TE1.TXT"～"TE8.TXT"。再将这些文本文件内容的一开始改为"texth1="。

（2）打开"【实例42】鲜花网页1.fla"Flash文档，再以名称"【实例43】鲜花网页2.fla"保存。将舞台工作区的高度增加为420像素。

（3）选中"按钮和文本"图层第2帧，在舞台工作区内的下边新创建一个动态文本框，设置该文本框的颜色为红色、大小为22点、字体为黑体、变量名称为"texth1"。

（4）在"texth1"动态文本框的右边添加一个按钮公用库中的 ● 按钮，利用它的"属性"面板给该按钮实例命名为"AN1"。

（5）选中"背景"和"按钮和文本"图层第10帧，按F5键。将"脚本程序"图层第2帧拖曳到第3帧。选中该图层第2帧和第10帧，按F7键，创建两个空关键帧。

2. 修改程序

（1）选中"脚本程序"图层第2帧，在"动作-帧"面板的脚本窗口内输入如下程序。

```
k=0;
n1=1;                                    //用来显示图像的序号
texth1="";
_root.TU1.loadMovie("TU\\图像 1.jpg");    //调外部图像文件"TU\\图像 1.jpg"
loadVariablesNum("TEXT/TE1.TXT",0);      //调外部图像文件"TEXT/TE1.TXT"
loadVariablesNum("TEXT/MH1.TXT",0);      //调外部图像文件"TEXT/MH1.TXT"
text1.scroll=0;
Mouse.show();                            //使鼠标指针显示
```

（2）选中"脚本程序"图层第3帧，在"动作-帧"面板的脚本窗口内，将上边的一段程序修改如下。

```
texth1=texth1.substr(1) + texth1.substr(0,1)   //将第一个字符或汉字移到字符串的最后边
AN1.onPress=function(){
    k++;
    if (Math.ceil(k/2)<>k/2){
        stop();
    }else{
        play();
    }
}
```

（3）选中"脚本程序"图层第3帧，在"动作-帧"面板的脚本窗口内，将每一个图像按钮事件响应程序中最后边添加一个调外部相应的文本文件语句。例如，在"AN11"按钮事件响应程序中最后边添加"loadVariablesNum("TEXT/TE1.TXT",0);"语句，结果如下。

```
AN11.onPress=function(){
    _root.TU1.loadMovie("TU/图像 1.jpg");                //调外部图像文件
    n1=1;
    loadVariablesNum("TEXT/MH1.TXT",0);
  text1.scroll=0;
    loadVariablesNum("TEXT/TE1.TXT",0);
}
```

（4）接着，在其他按钮事件响应程序中也添加调外部相应的文本文件语句。

（5）选中"脚本程序"图层第 10 帧，在"动作-帧"面板的脚本窗口输入如下程序。

```
gotoAndPlay(3);                                    //转至第 3 帧播放
```

 知识链接

1．面向对象编程的基本概念

在 20 世纪 80 年代提出了面向对象的程序设计（OOP），它能够有效地改进结构化程序设计中的问题，不再将问题分解为过程，而是将问题分解为对象。在结构化的程序设计中，要解决某个问题，是将问题进行分解，再用许多功能不同的函数来实现，数据与函数是分离的。面向对象的程序设计采用面向对象的方法来解决问题，不再将问题分解为过程，而是将问题分解为对象，要解决问题必须首先确定这个问题是由哪些对象组成的。

对象是现实世界中可以独立存在的一个实体（也可以是一些概念上的实体），它有自己的属性、作用于对象的操作（即作用于对象的方法）和对象响应的动作（即事件）。对象之间的相互作用通过消息传送来实现。因此面向对象编程的设计模式为"对象+消息"。

在面向对象的编程中，有几个很重要的基本概念：类、对象、属性、方法、实例和继承等。所谓的"类"，可以打一个比喻，月饼模子可以看成是一个"类"，扣出的月饼是对象，每个月饼都继承了模子（类）的属性，比如模子的形状是菱形，那扣出来的月饼就是菱形。每个月饼对象都具有它自己的特有属性，比如某个月饼的馅有蛋黄，某个月饼的馅有枣泥。通过一些方法可以改变这些属性，例如把月饼切成四份等。

在面向对象的编程中，对象是属性和方法的集合，程序是由对象组成的。实例是类的对象，Flash 中的按钮、影片剪辑和图形实例都是类的对象。类的每个实例都继承了类的属性和方法，例如，所有影片剪辑实例都是 MovieClip 类的实例，可以将 MovieClip 类的任何方法和属性应用于影片剪辑实例。属性是对象的特性，方法是与类关联的函数，是为了完成对象属性进行操作的函数，通过函数改变对象属性的值。面向对象的程序设计是将问题抽象成许多类，将对象的属性和方法封装成一个整体，供程序设计者使用。

2．创建对象和访问对象

（1）创建对象：可以使用 new 操作符通过 Flash 内置对象类来创建一个对象。"myDate = new date();"这条语句就是使用了 Flash CS4 的日期类创建了一个新对象（也叫实例化）。这里，对象 myDate 可以使用内置对象 date 的 getDate()等方法和属性。

使用 new 操作符来创建一个对象需要使用构造函数（构造函数是一种简单的函数，它用来创建某一类型的对象）。ActionScript 的内置对象也是一种提前写好的构造函数。

（2）访问对象：可以使用点操作符来访问对象的属性，在点操作符的左边写对象名，右边写要使用的方法。例如下面的程序中，Sound1 是对象，setVolume()是方法。

```
Sound1=new sound(this);          //实例化一个声音对象 Sound1
Sound1.setVolume(10);            //设置声音对象 Sound1 的音量为 10
```

3．String（字符串）对象的定义和属性

（1）字符串（String）对象的定义：在使用 String 之前，必须将 String 对象实例化，再使用字符串的对象实例进行字符串的连接等操作。字符串对象可以从"动作"面板"动作"工具箱的"ActionScript 2.0 类"→"核心"→"String"目录中找到。

【格式】new String(value);

【功能】定义一个字符串对象，并给它赋初值。例如下面这两种方法均有效。

```
L1=new String();                 //定义 L1 为字符串对象
L2= new String("AB123");         //定义 L2 为字符串对象，并给它赋初值"AB123"
L3="AB123";                      //定义 L3 为字符串对象，并给它赋初值"AB123"
```

（2）字符串（String）对象的属性：它只有一个 length，并可以返回字符串的长度。

例如，在舞台工作区内创建一个动态文本框，它的变量名字为 LN，在"图层 1"图层第 1帧内加入如下脚本程序，运行程序后，文本框内会显示 5。

```
L1=new String("AB123");
LN=L1.length
```

4．String（字符串）对象的部分方法

（1）charAt 方法

【格式】String.charAt（n）

【功能】返回字符串中指定位置的字符指定索引数字 n 指示的字符。字符的数目从 0 到字符串长度减 1。例如，在舞台工作区内创建一个动态文本框，它的变量名字为 LN，在"图层 1"图层第 1 帧内加入如下脚本程序，运行程序后，文本框 TEXT 内会显示字母 D。

```
SZ=new String("FlashCS4");       //定义字符串 SZ
TEXT=SZ.charAt(5)                //将返回字母 C
```

（2）concat 方法

【格式】String.concat（String1）方法

【功能】将两个字符串（String 和 String1）组合成一个新的字符串。例如，在舞台工作区内创建一个动态文本框，它的变量名字为 LN，在"图层 1"图层第 1 帧内加入如下脚本程序，运行程序后，文本框 TEXT 内会显示字母"Flash CS4 实例教学"。

```
myString=" Flash CS4";
TEXT=myString.concat ("实例教学");   //将返回一个"Flash CS4 实例教学"字符串
```

（3）substr 方法

【格式】String.substr(start[,length])方法

【功能】返回指定长度的字符串。参数 start 是一个整数，指示字符串 String 中用于创建子字符串的第 1 个字符的位置，以 0 为开始点，start 的取值范围是字符串 String 长度减 1。length是要创建的子字符串中的字符数。如没指定 length，则子字符串包括从 start 开始直到字符串结尾的所有字符。从字符串 String 的 start 开始，截取长为 length 的子字符串。字符的序号从 0到字符串长度（字符个数）减 1。如果 start 为一个负数，则起始位置从字符串的结尾开始确定，

–1 表示最后一个字符。例如，在舞台工作区内创建一个动态文本框，变量名字为 TEXT，在"图层 1"图层第 1 帧内加入如下程序，运行程序后，文本框内显示"ashCS4"。

```
SZ=new String("FlashCS4");
TEXT=SZ.substr(2,6);            //将返回一个"ashCS4"字符串
```

（4）substring 方法

【格式】String.substring (from[,to])方法

【功能】返回指定位置的字符串。from 是一个整数，指示字符串 String 中用于创建子字符串的第 1 个字符的位置，以 0 为开始点，取值范围是字符串 String 长度减 1。to 是要创建的子字符串的最后一个字符位置加 1，取值范围是字符串 String 长度加 1。如果没有指定 to，则子字符串包括从 from 开始直到字符串结尾的所有字符。如果 to 为负数或 0，则子字符串是字符串 String 中前 from 个整数字符。例如，在舞台工作区内创建一个动态文本框，变量名字为 TEXT，在"图层 1"图层第 1 帧内加入如下程序，运行程序后，文本框内显示"ashC"。

```
SZ=new String("FlashCS4");
TEXT=SZ.substring (2,6);        //将返回一个"ashC"字符串
```

（5）charCodeAt 方法

【格式】String.charCodeAt(index)方法

【功能】返回指定位置字符串 String 的 ASCII 码。index 是指定位置的索引值，其索引范围是 String.length–1。如果索引值 index 超出字符串长度，则返回 NaN。

（6）fromCharCode 方法

【格式】String.fromCharCode（c1,c2,c3,…,c*n*）

【功能】返回 ASCII 码 c1,c2,c3,…,c*n* 对应的字符。参数 c1,c2,c3,…,c*n* 是要返回字符的 ASCII 码。例如，创建一个动态文本框，变量名字为"ST"，在"图层 1"图层第 1 帧内加入如下程序，运行程序后，文本框内会显示一个随机的大写英文字母和"ABC"。

```
myNum=Math.random()*26+65;
ST=String.fromCharCode(myNum,65,66,67);
```

（7）indexOf 方法

【格式】String.indexOf(value[,start]);

【功能】在字符串 String 中查找指定字符的位置，如果没有找到，则返回–1。参数 value 是要查找的字符，参数 start 是查找指定字符的起始位置。

（8）lastIndexOf 方法

【格式】String.lastIndexOf(value[,start]);

【功能】在字符串 String 中查找指定字符最后出现的位置，如果没有找到，则返回–1。

（9）toLowerCase 方法

【格式】String.toLowerCase();

【功能】将字符串 String 中的字符转换为小写字母。

（10）toUpperCase 方法

【格式】String.toUpperCase ();

【功能】将字符串 String 中的字符转换为大写字母。

思考与练习 9-1

1．修改【实例43】"鲜花网页2"网页，使它的主页内还可以显示鲜花的名称，该名称可以随着鲜花图像的切换而改变。

2．制作一个"滚动文字"动画，该动画运行后的画面如图 9-2 所示（还没有下边红色文字）。画面内的上边是立体标题文字，文字下边是我国的世界遗产图像。单击左下角的 按钮，可以看到下一个滚动的文本文件内容。单击左下角的 按钮可以看到上一个滚动的文本文件内容。单击右下角的 按钮，可以使文字在暂停滚动和继续滚动之间切换。

图 9-2　"滚动文字"动画运行后的一幅画面

3．参考【实例43】动画的制作方法，制作一个"世界名胜网页2"动画。

9.2　【实例44】投票统计

"投票统计"动画运行后的画面如图 9-3 左图所示（还没有输入候选人姓名），候选人的编号是自动产生的，在"输入候选人姓名："文字右边的输入文本框内输入候选人姓名，如图 9-3 左图所示，再按 Enter 键或单击该文本框右边的按钮，即可确定候选人姓名，同时候选人的编号自动加 1。当输入完 6 个候选人后或单击右下角的 按钮，可以调出投票窗口，如图 9-3 右图所示。

图 9-3　"投票统计"程序运行后的两幅画面

在左下角的文本框内输入候选人编号（1～6 的整数），单击该输入文本框右边的按钮 或按 Enter 键，可看到候选人的选票数发生变化，如图 9-4 左图所示。再按照上述方法继续输入候选人编号，如此不断。选举完成后，输入大于 6 的数，再单击该输入文本框右边的按钮 或按 Enter 键，或者单击右下角的按钮 ，即可显示当选人（只选一人）的姓名和票数，如图 9-4 右图所示。该动画的制作方法和相关知识介绍如下。

图9-4 "投票统计"程序运行后的两幅画面

 制作方法

1．创建候选人姓名输入动画

（1）新建一个 Flash 文档，设置舞台工作区宽为 400 像素、高为 300 像素，背景色为白色。以名称"【实例 44】投票统计.fla"保存。

（2）选中"图层 1"图层第 1 帧，导入一幅框架图像，调整它的大小和位置，如图 9-4 所示。再导入"投票和统计选票"文字图像。调整它的大小和位置，如图 9-4 所示。

（3）在"图层 1"图层之上新建"图层 2"图层，选中该图层第 1 帧，在舞台工作区内输入蓝色文字，添加按钮公用库中的 2 个按钮，按钮实例名称分别为"AN11"和"AN12"。

（4）创建两个动态文本框，用来显示各候选人的编号和姓名，如图 9-3 左图所示。分别给这些动态文本框设置变量名称为"BH"和"SRXM"。

（5）选中"图层 2"图层第 1 帧，在"动作-帧"面板脚本窗口内输入如下程序。

```
stop();
N=0;                    //定义一个用来保存候选人编号的变量N，赋初值0
BH=1;                   //给保存候选人编号的文本框赋初值1
SRXM="";               //给保存候选人姓名的文本框赋初值空字符串
myArray1 = new Array(7); //定义一个名字为"myArray1"的数组，用来保存候选人姓名
//给数组"myArray1"赋初值空串
var i=0;
while(i<=6){
    myArray1[i]="";
     i++;
}
myArray2 = new Array(7);  //定义一个名字为"myArray2"数组
//给数组"myArray2"赋初值0
var i=0;
while(i<=6){
    myArray2[i]=0;
     i++;
}
//单击"AN12."按钮，即可跳转到第2帧播放
```

```
AN12.onPress=function(){
    gotoAndStop(2);              //跳转到第 2 帧播放
}
```

（6）选中"AN11"按钮，在"动作-按钮"面板脚本窗口内输入如下程序。

```
on(press,KeyPress "<Enter>") {
    N++;                         //候选人编号自动加 1
    myArray1[N]=SRXM;            //将输入的候选人姓名保存到相应的数组元素中
    BH=N+1;                      //候选人编号文本框内的数据自动加 1，为输入下一个候选人姓名
                                     作准备
    SRXM="";                     //候选人姓名文本框清空
    if (BH>=7){                  //如果输入完 6 个候选人姓名，则跳转到第 2 帧
        gotoAndStop(2);          //跳转到第 2 帧停止
    }
}
```

2．创建选举动画

（1）选中"图层 2"图层第 2 帧，按 F7 键，创建一个关键帧。在舞台工作区内输入蓝色文字，添加按钮公用库中的 2 个按钮，按钮实例的名称分别为"AN21"和"AN22"，如图 9-4 右图所示。

（2）创建 12 个动态文本框，用来显示各候选人的编号和姓名，如图 9-4 右图所示。分别给这些动态文本框设置变量名称为"HXR1"～"HXR6"，"HXRPS1"～"HXRPS6"。

（3）创建一个输入文本框，用来输入被选举的候选人编号，如图 9-4 右图所示。给这个输入文本框设置变量名称为"TP"。

（4）选中"图层 2"图层第 2 帧，在"动作-帧"面板脚本窗口内输入如下程序。

```
stop();
TP="";         //清空选票输入文本框
//给各候选人名称文本框赋值
HXR1=myArray1[1];
HXR2=myArray1[2];
HXR3=myArray1[3];
HXR4=myArray1[4];
HXR5=myArray1[5];
HXR6=myArray1[6];
//给各候选人选票数文本框赋初值 0
HXRPS1= myArray2[1];
HXRPS2= myArray2[2];
HXRPS3= myArray2[3];
HXRPS4= myArray2[4];
HXRPS5= myArray2[5];
HXRPS6= myArray2[6];
//单击"AN22"按钮，即可跳转到第 3 帧
```

```
AN22.onPress=function(){
    gotoAndStop(3);                    //跳转到第 3 帧停止
}
```

（5）选中"AN21"按钮，在"动作-按钮"面板脚本窗口内输入如下程序。

```
on(press,KeyPress "<Enter>") {
    TP=Number(TP);
    if (TP>6){
        gotoAndStop(3);                //跳转到第 3 帧停止
    }
    myArray2[TP]=myArray2[TP]+1;        //统计选票
    //显示选票
    HXRPS1= myArray2[1];
    HXRPS2= myArray2[2];
    HXRPS3= myArray2[3];
    HXRPS4= myArray2[4];
    HXRPS5= myArray2[5];
    HXRPS6= myArray2[6];
    TP="";                             //清空选票输入文本框
}
```

3．创建显示选举结果动画

（1）选中"图层 2"图层第 3 帧，按 F7 键，创建一个关键帧。输入一些蓝色文字，创建两个动态文本框，分别给这两个动态文本框设置变量名称为"DXR"、"XPS1"。然后，添加按钮公用库中的一个按钮，按钮实例的名称为"AN31"，如图 9-3 右图所示。

（2）选中"图层 2"图层第 3 帧，在"动作-帧"面板的脚本窗口内输入如下程序。

```
//选出选票最多的数字元素和它的编号
var k=1;
myArray2[0]=myArray2[1]
for (i=2;i<=6;i++){
    if(myArray2[0]<myArray2[i]){
        k=i;          //将票数比 myArray2[0]中保存的票数大的候选人编号保存到变量 k 中
//将票数比 myArray2[0]中保存的票数大的数保存在 myArray2[0]中
        myArray2[0]=myArray2[i];
    }
}
DXR=myArray1[k];        //在"DXR"文本框内显示选票最多的候选人姓名
XPS1=myArray2[0];       //在"XPS1"文本框内显示选票最多的候选人票数
AN31.onPress=function(){
    gotoAndStop(2);
}
```

 **知识链接**

1. Array（数组）对象

Array（数组）对象是很常用的内置对象，在数组元素"["和"]"之间的名称叫做"索引"（index），数组通常用来储存同一类的数据。数组对象可以从"动作"面板动作工具箱的"ActionScript 2.0 类"→"核心"→"Array"目录中找到。

（1）指定要使用对象属性的元素，如 move[1]="F";，move[2]="A";等。

（2）使用 new Array( )创建一个数组对象并赋值。例如：

```
myArray=new Array();
myArray[0]=66;
myArray[1]=99;
...
```

（3）数组对象的属性：它只有 length 属性，该属性可以返回数组的长度。例如：

```
myArray = new Array();
trace(myArray.length);            //显示 myArray 的长度为 0
myArray[0] = '123ABC';
trace(myArray.length);            //显示 myArray 的长度为 6
myArray[6] = 'ABCDEF123';
trace(my_array.length);           //显示 myArray 的长度为 9
```

2. 数组对象的方法和数组函数

数组对象有 12 个方法和一个函数，下面简要介绍其中一个方法和数组函数。

（1）concat 方法

【格式】my_array.concat(array1，…，arrayN);

【功能】用来连接 array1 到 arrayN 数组的值。

（2）Array 数组函数

【格式 1】Array ();

【格式 2】Array (length);

【格式 3】Array (arg1,arg2,…,argN);

【功能】转换或建立一个数组类型的变量，用来保存一系列数据。参数 length 用来指示数组的长度，参数 arg1,arg2,…,argN 为指定的数组元素内容。例如：

```
myValue= Array ("F","C","4");        //定义一个数组 myValue，其值为"F"、"C"、"4"
myValue= Array (9);                  //定义一个数组 myValue，数组长度为 9，可保存 9 个数
```

思考与练习 9-2

1. 制作一个"猜数字游戏"动画。该动画运行后，用户可以猜 100 以内的自然数。程序会根据输入数字的大小给出相应的提示。同时，一直显示猜数字的次数和使用的时间。

2. 创建一个有 10 个数组元素的数组 ange，给各数组元素赋随机的两位数字，将所有数组元素的数按顺序显示出来。

3．制作一个"抽取中奖号码"动画，该动画运行后的画面如图 9-5 左图所示（没有其中的文字和左上角第一次抽奖号码）。屏幕中间会快速显示数值不断变化的一个随机九位数字。单击左边的按钮，可在左边显示选中的随机数字，同时显示提示信息，如图 9-5 左图所示。然后又继续产生新的随机数字。当选择并显示了 5 个随机数字后会自动停止产生随机数，如图 9-5 右图所示。如果要中途停止选取随机数字，可单击右边的按钮。

图 9-5　"抽取中奖号码"动画运行后的两幅画面

9.3　【实例 45】按键控制鲸鱼

"按键控制鲸鱼"动画运行后的一幅画面如图 9-6 所示。按光标移动键可以控制几条小鱼移动的方向。按光标左移键可使小鱼向左移动；按光标右移键可使小鱼向右移动；按光标下移键可使小鱼向下移动；按光标上移键可使小鱼向上移动；按空格键可使小鱼逆时针旋转。

制作该动画主要使用了对影片剪辑实例的 enterFrame 事件（即执行影片剪辑实例的帧后产生响应）来触发动作。使用键盘对象的 Key.isDown(Key.Code)方法（即当键盘上指定的按键按下时，返回 true 逻辑值），来判断用户按了哪个按键，从而产生相应的动作。另外，还采用了另一种方法，即使用键盘侦听技术。该动画的制作方法和相关知识介绍如下。

图 9-6　"按键控制鲸鱼"动画运行后的一幅画面

 制作方法

1．方法 1

（1）新建一个 Flash 文档，设置舞台工作区宽为 800 像素、高为 340 像素，背景色为白色。以名称"【实例 45】按键控制鲸鱼 1.fla"保存。

（2）选中"图层 1"图层第 1 帧，导入一幅"海底"图像，再将它调整的与舞台工作区大小一样，并将舞台工作区完全覆盖。导入一个"游鱼.gif" GIF 格式的动画，将生成的影片剪辑元件名称改为"鱼"。

（3）在"图层 1"图层之上创建"图层 2"图层，选中"图层 2"图层第 1 帧，将"库"
面板中的"鱼"影片剪辑元件拖曳到舞台工作区中，选中"鱼"影片剪辑实例，在"动作-影
片剪辑"面板的脚本窗口内输入如下程序。

```
    // 针对"鱼"影片剪辑元件的实例的事件响应
    onClipEvent (enterFrame) {
        if(Key.isDown(Key.RIGHT)) {
            this._x=_x+5;                //如果按光标右移键，则使影片剪辑实例右移 5 个像素
        } else if (Key.isDown(Key.DOWN)) {
            this._y=_y+5;                //如果按光标下移键，则使影片剪辑实例下移 5 个像素
        } else if (Key.isDown(Key.LEFT)) {
            this._x=_x-5;                //如果按光标左移键，则使影片剪辑实例左移 5 个像素
        } else if (Key.isDown(Key.UP)) {
            this._y=_y-5;                //如果按光标上移键，则使影片剪辑实例上移 5 个像素
        }else if (Key.isDown(Key.SPACE)) {
            this._rotation=_rotation-2;  //如果按空格键，则使影片剪辑实例逆时针旋转 2°
        }
    }
```

2．方法 2

使用键盘侦听技术来制作"按键控制鲸鱼"动画，方法如下。

（1）打开"【实例 45】按键控制鲸鱼 1.fla"Flash 文档，以名称"【实例 45】按键控制鲸鱼
2.fla"保存。选中"鱼"影片剪辑实例，在"动作-影片剪辑"面板内将原程序删除，在"属
性"面板内将实例名称设置为"YU1"。

（2）选中"图层 2"图层第 1 帧，在"动作-帧"面板内输入如下程序。

```
    myListener=new Object();            //建立一个 myListener 对象
    myListener.onKeyDown = function() { //当按键按下时，执行下面的程序
        if(Key.isDown(Key.RIGHT)) {
            YU._x=YU._x+5;               //如果按光标右移键，则使影片剪辑实例右移 5 个像素
        } else if (Key.isDown(Key.DOWN)) {
            YU._y=YU._y+5;               //如果按光标下移键，则使影片剪辑实例下移 5 个像素
        } else if (Key.isDown(Key.LEFT)) {
            YU._x=YU._x-5;               //如果按光标左移键，则使影片剪辑实例左移 5 个像素
        } else if (Key.isDown(Key.UP)) {
            YU._y=YU._y-5;               //如果按光标上移键，则使影片剪辑实例上移 5 个像素
        }else if (Key.isDown(Key.SPACE)) {
            YU._rotation=YU._rotation-2; //如按空格键，则使影片剪辑实例逆时针旋转 2°
        }
    };
    Key.addListener(myListener);        //注册一个侦听器，建立按键与 myListener 对象的关联
```

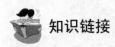 **知识链接**

1．Key（键盘）对象的常用属性

Key（键盘）对象不需要经过 new 声明就可以使用它的方法和常数。键盘对象可以从"动作"面板"动作"工具箱的"ActionScript 2.0 类"→"影片"→"Key"目录中找到。

Key（键盘）对象的常用常数如表 9-1 所示。

表 9-1　Key 对象的常用常数

Key.BACKSPACE：作为一个常量，值为 8	Key.CAPSLOCK：作为一个常量，值为 20
Key.CONTROL：作为一个常量，值为 17	Key.DELETE：作为一个常量，值为 46
Key.DOWN：作为一个常量，值为 40	Key.END：作为一个常量，值为 35
Key.ENTER：作为一个常量，值为 13	Key.ESCAPE：作为一个常量，值为 27
Key.HOME：作为一个常量，值为 36	Key.INSERT：作为一个常量，值为 45
Key.LEFT：作为一个常量，值为 37	Key.PGDN：作为一个常量，值为 34
Key.PGUP：作为一个常量，值为 33	Key.RIGHT：作为一个常量，值为 39
Key.SHIFT：作为一个常量，值为 16	Key.SPACE：作为一个常量，值为 32
Key.TAB：作为一个常量，值为 9	Key.UP：作为一个常量，值为 38

2．键盘对象的常用方法

Key（键盘）对象的常用方法及功能如表 9-2 所示。

表 9-2　Key 对象的常用方法

Key 对象的常用方法	功　　能
Key.isDown(keycode)	当键盘上的任意键被按下时，返回 true 逻辑值。Keycode 是被检测的按键的按键值
Key.isToggled(keycode)	当小键盘大小写锁定键（Capslook，按键值 20）或数字锁定键（Numlock，按键值 144）按下时，返回 true
Key.getAscII()	返回最后按下键的 ASCII 码
Key.getCode()	返回最后按下键的按键值（VirtualKey 码）

3．Key（键盘）对象的侦听器

Key（键盘）对象侦听器（Listener）用来侦听键盘的敲击状态，涉及 4 个方法。

（1）addListener 方法

【格式】Key.addListener(newListener);

【功能】用来注册一个侦听器（Listener）对象，以接收来自 onKeyDown 和 onKeyUp 的状态。当某个按键按下或松开时，不论输入的方式如何，它会视状况调用 addListener 内注册的对象的 onKeyDown 和 onKeyUp 两个方法。可以同时有多个对象来侦听键盘的敲击状态。参数 newListener 是具有 onKeyDown 和 onKeyUp 两个方法的函数对象名称。例如：

Key.addListener(myListener);　//将具有 onKeyDown 和 onKeyUp 两个方法的函数 myListener 指定为侦听键盘按键的函数对象。

（2）removeListener 方法

【格式】Key.removeListener(Listener);

【功能】用来删除参数 Listener 指定的与侦听器（Listener）关联的函数的关联，删除成功

时返回 true，否则返回 false。例如：

 Key.removeListener(myListener);   //删除函数 myListener

（3）onKeyDown 方法

【格式】someListener.onKeyDown = function() {语句}

【功能】用来产生当键盘的按键被按下时的后续动作。使用前必须先建立一个 Listener 对象，再定义一个函数给这个对象，并使用 addListener 方法注册键盘（Key）对象为 Listener。someListener 是要设置为 Listener 的对象（Objiect）名称。例如：

 myListener=new Object();   //建立一个 Listener 对象

 myListener. onKeyDown = function() {myval=true};   //当按键时，myval 的值为 true

 Key.addListener(myListener);   //注册侦听器，建立按键与 myListener 函数对象的关联

（4）onKeyUp 方法

【格式】someListener.onKeyUp= function() {语句}

【功能】用来产生当键盘的按键被松开时的后续动作。

思考与练习 9-3

1．制作一个"键盘控制棋子移动"动画，该动画运行后，可以像【实例 45】"按键控制鲸鱼"动画那样来控制棋子在棋盘中移动。

2．制作一个"显示 ASCII 码"动画，该动画运行后，按下按键，即可显示相应的 ASCII 码和按键值（VirtualKey 码）。

3．制作一个"驾驶汽车"动画，该动画运行后的两幅画面如图 9-7 所示。按光标左移键，可以控制汽车向左移动；按光标右移键，可以控制汽车向右移动，但都不可以移出马路。按空格键，可以使汽车的尾灯在点亮和熄灭之间切换。

4．采用键盘侦听技术来制作"键盘控制汽车"动画。"键盘控制汽车"动画运行后的 3 幅画面如图 9-8 所示。按光标移动键可以控制汽车本身的方向和移动方向，一共可以有 8 种状态。按不同的按键，屏幕中会显示相应的文字，说明汽车的状态。

停止不动！   向右方移动！   向左方移动！

图 9-7 "驾驶汽车"动画运行后的画面   图 9-8 "键盘控制汽车"动画运行后的 3 幅画面

9.4 【实例 46】小鱼戏鲸鱼

"小鱼戏鲸鱼"动画运行后的两幅画面如图 9-9 所示。可以看到，拖曳小鱼（鼠标指针消失），鲸鱼会随之移动和旋转，单击按下鼠标左键后，鲸鱼会停止摆动尾巴；松开鼠标左键后，鲸鱼会继续摆动尾巴。该动画的制作方法和相关知识介绍如下。

图 9-9　"小鱼戏鲸鱼"动画运行后的两幅画面

 制作方法

1．准备素材

（1）新建一个 Flash 文档，设置舞台工作区宽为 450 像素、高为 350 像素，背景色为浅蓝色。以名称"【实例 46】小鱼戏鲸鱼.fla"保存。再添加两个图层，给三个图层分别命名为"海底"、"鲸鱼"和"小鱼"（从下到上）。

（2）选中"海底"图层第 1 帧，导入一幅"海底.jpg"图像，将该图像分离，再进行适当裁切，将裁切后的图像组成组合，调整它的大小和位置，使它刚好将整个舞台工作区完全覆盖，如图 9-9 所示。

（3）导入"鱼.gif"和"游鱼 1.gif"GIF 动画到"库"面板内。将"库"面板内生成的 2 个影片剪辑元件的名称分别改为"鲸鱼"和"小鱼"。

（4）双击"库"面板内的"小鱼"影片剪辑元件，进入该元件的编辑状态，选中第 1 个关键帧，单击图像外部，再选中图像，将图像分离，删除图像的白色背景。按照这种方法，将其他关键帧内图像的白色背景删除。然后，回到主场景。

（5）创建并进入"鲸鱼"影片剪辑元件的编辑状态，选中"图层 1"图层第 1 帧，将"库"面板内的"鲸鱼"影片剪辑元件拖曳到舞台工作区内的中间位置，选中"图层 1"图层第 2 帧，按 F5 键，创建一个普通帧。在其"属性"面板内，将"鲸鱼"影片剪辑实例的名称命名为"JU"。然后，回到主场景。

（6）选中"鲸鱼"图层第 1 帧，将"库"面板内的"鲸鱼"影片剪辑元件拖曳到舞台工作区内的中间。选中"小鱼"图层第 1 帧，将"库"面板内的"小鱼"影片剪辑元件拖曳到舞台工作区内，形成"小鱼"影片剪辑实例，将该实例名称为"XU"。

2．添加脚本程序

（1）双击"鲸鱼"影片剪辑实例，进入它的编辑状态，选中"图层 1"图层第 1 帧，在"动作-帧"面板内输入如下程序。然后，回到主场景。

```
JU._x = _xmouse;          //用鼠标水平坐标值修改影片剪辑实例"JU"的水平位置
JU._y = _ymouse;          //用鼠标垂直坐标值修改影片剪辑实例"JU"的垂直位置
```

（2）选中"图层 1"图层第 1 帧，在"动作-帧"面板内输入如下程序。

```
myListener = new Object();        //建立一个 Listener 对象
myListener.onMouseUp = function() {
    HZY.JU.play();                //播放"鲸鱼"影片剪辑实例内"转动的扇叶"影片剪辑实例
```

```
        };
        myListener.onMouseDown = function() {
            HZY.JU.stop();                          //"鲸鱼"影片剪辑实例内"转动的扇叶"影片剪辑实例暂停
        };
        myListener.onMouseMove = function() {
            HZY.JU._rotation=180-_xmouse;  //旋转"鲸鱼"影片剪辑实例
        };
        Mouse.addListener(myListener);          //注册一个侦听器，建立鼠标与 myListener 函数的关联
```

（3）选中"小鱼"影片剪辑实例，在"动作-影片剪辑"面板内输入如下程序。也可以将该程序内大括号中的程序写到"图层 1"图层第 1 帧程序的前边。

```
        onClipEvent (mouseMove) {
            Mouse.hide();                          //隐藏鼠标指针
            //允许拖曳影片剪辑实例"XU"
            startDrag("_root.XU", true, 0, 0, 410, 310);
        }
```

 知识链接

1. Mouse（鼠标）对象的方法

Mouse（鼠标）对象不需要实例化。鼠标对象可以从"动作"面板中"动作"工具箱的"ActionScript 2.0 类"→"影片"→"mouse"目录中找到。

（1）hide 方法

【格式】mouse.hide()

【功能】隐藏鼠标指针。

（2）show 方法

【格式】mouse.show()

【功能】显示鼠标指针。

（3）addListener 方法

【格式】mouse.addListener(newListener);

【功能】用来注册一个侦听器（Listener）对象，以接收来自 onMouseDown、onMouseUp 和 onMouseMove 的状态。当某个按键按下、松开或经过时，不论输入的方式如何，它会视状况调用 addListener 内注册的对象的 onMouseDown、onMouseUp 和 onMouseMove 三个方法。可以同时有多个对象来侦听鼠标的按键状态。参数 newListener 是一个具有 onMouseDown、onMouseUp 和 onMouseMove 三个方法的函数对象名称。例如：

```
        mouse.addListener(myListener);          //将具有 onMouseDown、onMouseUp 和 onMouseMove 三个方
                                                //法的函数 myListener 指定为侦听鼠标的按键状态的函数
```

（4）removeListener 方法

【格式】mouse.removeListener(Listener);

【功能】用来删除参数 Listener 指定的与侦听器（Listener）关联的函数的关联，删除成功时返回 true，否则返回 false。例如：

```
        mouse.removeListener(myListener);          //删除函数 myListener
```

2．Mouse（鼠标）对象的侦听器

（1）onMouseDown 方法

【格式】someListener.onMouseDown = function() {语句}

【功能】用来产生当鼠标的按键被按下时的后续动作。使用前必须先建立一个 Listener 对象，再定义一个函数给这个对象，并使用 addListener 方法注册鼠标（Mouse）对象为 Listener。someListener 是要设置为 Listener 的对象（Object）名称。

（2）onMouseUp 方法

【格式】someListener. onMouseUp= function() {语句}

【功能】用来产生当鼠标的按键被松开时的后续动作。

思考与练习 9-4

1．制作一个"鼠标控制电风扇"动画，该动画运行后的两幅画面如图 9-10 所示，随着鼠标指针的移动，电风扇会朝相同的方向旋转，同时电风扇的扇叶不停地旋转。按下鼠标左键拖曳，电风扇扇叶停止转动；松开鼠标左键拖曳，电风扇扇叶又开始转动。

 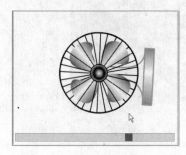

图 9-10　"鼠标控制电风扇"动画运行后的两幅画面

2．参考"鼠标控制电风扇"动画的制作方法，制作一个"鼠标控制自转地球"动画。

9.5　【实例 47】变色电视墙

"变色电视墙"动画运行后的两幅画面如图 9-11 所示。拖曳图像右边的三组滑块（每拖曳调整完一个滑块就单击滑块，结束滑块的调整），可以调整电视墙图像的颜色，同时还会显示 R、G、B 数值（在 0～255 之间）。该动画的制作方法和相关知识介绍如下。

图 9-11　"变色电视墙"动画运行后显示的两幅画面

制作方法

1. 制作影片剪辑元件

（1）新建一个 Flash 文档，设置舞台工作区的宽为 530 像素、高为 300 像素，背景为白色。以名称"【实例 47】变色电视墙.fla"保存。

（2）将"图层 1"图层的名称改为"房间"，选中该图层第 1 帧，导入一幅"家居.jpg"图像。调整该图像的大小和位置，如图 9-12 左图所示。

（3）将该图像分离，再使用工具箱内的"套索工具" 在打碎的家居图像内创建一个选中电视墙和电视的选区，如图 9-12 右图所示。将选中的图像复制到剪贴板中。

（4）在"房间"图层之上添加一个"遮罩"图层，选中该图层第 1 帧，选择"编辑"→"粘贴到当前位置"菜单命令，将剪贴板中的图像粘贴到原位置。

（5）选中"遮罩"图层第 1 帧，再创建一个选中电视的选区，按 Delete 键，删除选中的电视图像，将剩余的电视墙图形填充为黑色，如图 9-13 所示。

图 9-12　"家居"图像　　　　　　　　　　图 9-13　电视墙处理

（6）将"遮罩"图层第 1 帧内的电视墙图形转换为影片剪辑元件的实例。选中该实例，利用它的"属性"面板设置实例的名称为"DSQ"，在其"属性"面板内"显示"栏中的"混合"下拉列表框中选择"正片叠底"选项。

（7）创建一个名称为"滑块"的按钮元件，在其内"点击"帧内绘制一个黑色矩形。

（8）创建并进入"滑块 1"影片剪辑元件的编辑状态，绘制一个棕色的矩形图形。再将"库"面板内的"滑块"按钮元件拖曳到舞台工作区内，调整它的大小和位置，使它与绘制的棕色矩形图形完全重合。然后，回到主场景。

2. 制作调色程序

（1）在"遮罩"图层的上边创建一个"滑条"图层，选中"滑条"图层第 1 帧，在家居图像的右边绘制一条棕色、5 磅的垂直直线，直线的长度为 260 像素。再复制两条同样的直线，使它们均匀排列。利用"属性"面板，将三条棕色垂直直线的坐标位置调整成 Y 坐标值都为 4，X 值分别为 397、451、505，如图 9-11 所示。

（2）在三条垂直直线的下边分别输入红色"R"、绿色"G"和蓝色"B"字母，在三个字母的下边分别创建三个动态文本框，它们的变量名称分别为"R"、"G"、"B"。

（3）在"滑条"图层的上边创建一个"滑块"图层，选中"滑块"图层第 1 帧，3 次将"库"面板内的"滑块 1"影片剪辑元件拖曳到舞台工作区内三个棕色垂直直线的上边。利用"属性"

面板，分别将这些影片剪辑实例的名称命名为"hk1"、"hk2"和"hk3"，调整它们的宽都为 26 像素、高为 9.5 像素，调整它们的 Y 值为 2 像素，X 值分别为 385、439、493。

（4）选中"滑块"图层第 1 帧，在"动作–帧"面板内输入如下程序。

```
//给"DSQ"影片剪辑实例定义一个名字为"xcolor"的颜色对象
xcolor = new Color("DSQ");
R=_root.hk1._y;                //将滑块"hk1"影片剪辑实例的垂直坐标位置的值赋给变量 R
G=_root.hk2._y;                //将滑块"hk2"影片剪辑实例的垂直坐标位置的值赋给变量 G
B=_root.hk3._y;                //将滑块"hk3"影片剪辑实例的垂直坐标位置的值赋给变量 B
//将 R、G、B 的值和 Alpha 的值组合在一起赋给变量 x1
CO1={ra:'100', rb:R, ga:'100', gb:G, ba:'100', bb:B, aa:'100', ab:'255'};
xcolor.setTransform(CO1);      //将 R、G、B 颜色值赋给 xcolor 颜色对象
DSQ= xcolor.getTransform();    //用 xcolor 颜色对象的颜色赋给"DSQ"影片剪辑实例
```

（5）选中"hk1"影片剪辑实例，在"动作–影片剪辑"面板内输入如下程序。

```
on (press) {
    startDrag(_root.hk1,true,385,0,385,255);
}
on (release){
    stopDrag();
}
```

（6）选中"hk2"影片剪辑实例，在"动作–影片剪辑"面板内输入如下程序。

```
on (press) {
    startDrag(_root.hk2,true,439,0,439,255);
}
on (release) {
    stopDrag();
}
```

（7）选中"hk3"影片剪辑实例，在"动作–影片剪辑"面板内输入如下程序。

```
on (press) {
    startDrag(_root.hk3,true,493,0,493,255);
}
on (release) {
    stopDrag();
}
```

（8）选中所有图层的第 2 帧，按 F5 键，可使动画不断执行第 1 帧程序。

 **知识链接**

1．Color（颜色）对象实例化的格式

Color（颜色）可以从"动作"面板中"动作"工具箱内的"ActionScript 2.0 类"→"影片"→"Color"目录中找到。

【格式】myColor=new Color(target);

【功能】实例化一个颜色对象 target。参数 target 是用来指定影片剪辑实例的颜色名称。例如，在舞台中创建了一个正方形图形的影片剪辑实例，并命名为"S1"。然后使用"myColor=new Color（S1）；"语句实例化一个 myColor 对象实例。通过这个实例的一些属性可以得到"S1"影片剪辑实例中正方形图形的颜色值。

2．Color（颜色）对象常用的方法

（1）getRGB 方法

【格式】myColor.getRGB();

【功能】获得颜色对象 myColor 的颜色值。

（2）setRGB 方法

【格式】myColor.setRGB(0xRRGGBB);

【功能】通过括号中的十六进制数来设置影片剪辑实例对象的颜色。RR、GG、BB 取值在 00～ff 之间。例如：

    myColor.setRGB(0xFF0000);   //将影片剪辑实例设置为红色

（3）getTranform 方法

【格式】myColor.getTranform();

【功能】获得颜色对象 myColor 的颜色变化值。

（4）setTranform 方法

【格式】myColor.setTranform(colorTranformObject);

【功能】指定颜色变化值给特定的影片剪辑实例。参数 colorTranformObject 是以 Object 对象建立的颜色值对象所应有的参数。这些参数及含义如表 9-3。

表 9-3　参数 colorTranformObject 应有的参数及含义

参数	含　义	参数	含　义
ra	红色元素百分比，取值范围是-100～100	rb	红色元素的值，取值范围是-255～255
ga	绿色元素百分比，取值范围是-100～100	gb	绿色元素的值，取值范围是-255～255
ba	蓝色元素百分比，取值范围是-100～100	bb	蓝色元素的值，取值范围是-255～255
aa	Alpha 的百分比，取值范围是-100～100	ab	Alpha 的值，取值范围是-255～255

思考与练习 9-5

1．制作一个"改变颜色"动画，动画运行后，演示窗口内显示一个按钮和一幅矩形图形，单击按钮，矩形颜色就发生一种新的变化。

2．制作一个"RGB 调色板"动画，该动画运行后的两幅画面如图 9-14 所示。拖曳滑块，可以改变上边图像中卡通动物背景的颜色，同时显示相应的 R、G、B 数值。

图 9-14　"RGB 调色板"动画运行后显示的两幅画面

9.6 【实例48】荧光数字表

"荧光数字表"动画运行后的两幅画面如图 9-15 所示。这是一个荧光数字表，两组荧光点每隔 1 秒钟闪动一次。同时还有"上午"和"下午"的文字切换显示和动画切换。该动画的制作方法和相关知识介绍如下。

图 9-15　"荧光数字表"动画运行后显示的两幅画面

 制作方法

1. 制作"数字表"影片剪辑元件

（1）新建一个 Flash 文档，设置舞台工作区的宽为 700 像素、高为 165 像素，背景为黄色。以名称"【实例48】荧光数字表.fla"保存。

（2）创建"表盘"图形元件，在"图层 1"图层第 1 帧的舞台工作区内，绘制一幅宽为 590 像素、高为 150 像素的黑色矩形图形。然后，回到主场景。

（3）创建"点"的图形元件，如图 9-16（a）所示。创建"线"的图形元件，如图 9-16（b）所示。创建并进入"点闪"影片剪辑元件，其内水平放置两个"库"面板中的"点"图形实例，在"图层 1"图层第 1 帧的"动作-帧"面板脚本窗口内输入"stop();"语句，选中"图层 1"图层第 2 帧，按 F7 键。然后，回到主场景。

（4）创建"单个数字"影片剪辑元件，它的时间轴如图 9-17 所示。选中"背景"图层第 1 帧，利用"库"面板内的"线"图形元件实例创建一个数字图形，如图 9-18（a）所示。再将该帧复制粘贴到"7 段"图层第 1～10 帧。

（5）选中"背景"图层第 1 帧，通过"属性"面板调整图形亮度值为-90（较暗），如图 9-18（b）所示。将"7 段"图层各帧的图形分别修改为"0"～"9"7 段荧光数字。

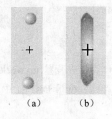

图 9-16　点和线

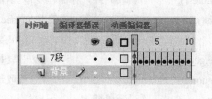

图 9-17　影片剪辑元件时间轴

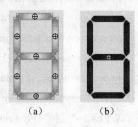

图 9-18　单个数字图形

（6）创建并进入"数字表"影片剪辑元件的编辑状态，将"图层 1"图层名字改为"表盘"。选中第 1 帧，将"库"面板内的"表盘"图形元件拖曳到舞台内，调整其大小和位置。

（7）在"表盘"图层之上添加"数字"图层，选中该图层第 1 帧，6 次将"库"面板内的"单个数字"影片剪辑元件拖曳到舞台工作区内，再将"库"面板内的"点闪"影片剪辑元件拖曳到舞台内，调整它们的大小、位置和倾斜度，效果如图 9-19 所示。

图 9-19 "数字表"影片剪辑元件

（8）从左到右分别给"单个数字"影片剪辑实例命名为"H2"、"H1"、"M2"、"M1"、"S2"和"S1"。给"点闪"影片剪辑实例命名为"DS"。然后，回到主场景。

2．制作动画

（1）将背景颜色改为浅蓝色。将主场景的"图层 1"图层的名称改为"日期时间"，选中该图层第 1 帧，将"库"面板中的"数字表"影片剪辑元件拖曳到舞台工作区中。在"属性"面板内为"数字表"影片剪辑实例命名为"VIEW"。

（2）选中"日期时间"图层第 1 帧，创建 4 个动态文本框，变量名分别设置为"DATE1"、"SXW"、"WEEK1"和"TIME1"，分别用来显示日期、上午或下午、星期和时间。设置文本框颜色为红色，字体为黑体，大小约为 30 磅左右，加粗。

（3）将"圣诞 1.gif"和"圣诞 2.gif" GIF 格式动画导入"库"面板内，将生成的 2 个影片剪辑元件名称分别改为"圣诞 1"和"圣诞 2"。

（4）在"日期时间"图层之上添加"动画"图层，选中该图层第 1 帧，将"库"面板内的"圣诞 1"和"圣诞 2"影片剪辑元件拖曳到"数字表"影片剪辑实例的右边，分别给 2 个实例命名为"ETDH1"、"ETDH2"。然后，调整它们的大小和位置，使其一样。

（5）选中"日期时间"和"动画"图层第 2 帧，按 F5 键，创建一个普通帧，目的是让程序可以不断执行"日期时间"图层第 1 帧的脚本程序。然后，回到主场景。

（6）选中"日期时间"图层第 1 帧，在"动作-帧"面板的脚本窗口内输入如下程序。

```
mydate = new Date();                      //创建一个 mydate 日期对象
myyear = mydate.getFullYear();            //获取年份，存储在变量 myyear 中
mymonth = mydate.getMonth()+1;            //获取月份，存储在变量 mymonth 中
myday = mydate.getDate();                 //获取日期，存储在变量 myday 中
myhour = mydate.getHours();               //获取小时，存储在变量 myhour 中
myminute = mydate.getMinutes();           //获取分钟，存储在变量 myminute 中
mysec = mydate.getSeconds();              //获取秒，存储在变量 mysec 中
myarray = new Array("日", "一","二", "三","四", "五","六"); //定义数组
myweek = myarray[mydate.getDay()];            //获取星期，存储在变量 myweek 中
DATE1=myyear+"年"+mymonth+"月"+myday +"日";    //获取日期存储在变量 DATE1 中
WEEK1="星期"+myweek;         //显示星期
TIME1=myhour +":"+myminute +":"+mysec;         //显示时间
```

```
//上下午图像和文字切换
if (myhour >12) {
    _root.SXW="下 午";
    setProperty(_root.ETDH2, _visible, 1);        //显示实例"ETDH2"
    setProperty(_root.ETDH1, _visible, 0);        //隐藏实例"ETDH1"
hour= hour-12;//将 24 小时制转换为 12 小时制
}else{
    _root.SXW="上 午";
setProperty(_root.ETDH1, _visible, 1);        //显示实例"ETDH1"
    setProperty(_root.ETDH2, _visible, 0);        //隐藏实例"ETDH2"
}
//下面两行脚本程序控制数码表的秒
_root.VIEW.S1.gotoAndStop(Math.floor(mysec%10)+1);
_root.VIEW.S2.gotoAndStop(Math.floor(mysec/10+1));
// 下面两行脚本程序控制数码表的分
_root.VIEW.M1.gotoAndStop(Math.floor(myminute%10)+1);
_root.VIEW.M2.gotoAndStop(Math.floor(myminute/10+1));
// 下面两行脚本程序控制数码表的小时
_root.VIEW.H1.gotoAndStop(Math.floor(myhour%10)+1);
_root.VIEW.H2.gotoAndStop(Math.floor(myhour/10)+1);
//每秒小点闪一次
if (miao<>mydate.getSeconds()) {
    _root.VIEW.DS.play();                         //使数字表内"点闪"变化一下
    miao=mydate.getSeconds()                      //将秒数保存到变量 miao 中
}
```

程序中，"_root.view.H1.gotoAndStop(Math.floor(hour%10)+1);"语句的作用是将小时的个位取出，控制影片剪辑实例播放哪一帧，如果是 14 点，则 14 与 10 取余为 4，4 加 1（因为影片剪辑元件的第 1 帧是从 0 开始的），实例"H1"停止在第 5 帧，显示数码字 4。

"_root.view.H2.gotoAndStop(Math.floor(hour/10)+1);"语句的作用是将小时的十位取出，控制影片剪辑实例播放哪一帧，假如是 14 点，则用 14 除以 10 再取整，结果为 1，再加 1，影片剪辑实例"H2"停止在第 2 帧，显示数码 1。

其他的数码字，如秒、分钟的显示原理都与小时类似。

 知识链接

1．Date（日期）对象实例化的格式

Date（日期）对象是将计算机系统的时间添加到对象实例中去。时间对象可以从"动作"面板中"动作"工具箱的"ActionScript 2.0 类"→"核心"→"Date"目录中找到。Date（时间）对象实例化的格式是"myDate=new date();"。

2．Date（日期）对象的常用方法

Date（日期）对象的常用方法如表 9-4 所示。

表 9-4 Date（日期）对象的常用方法

方法或属性	功　能
new Date	实例化一个日期对象
getDate()	获取当前日期
getDay()	获取当前星期，从 0 到 6，0 代表星期一，1 代表星期二等
getFullYear()	获取当前年份（四位数字，如 2002）
getHours()	获取当前小时数（24 小时制，0～23）
getMilliseconds()	获取当前毫秒数（0～999）
getMinutes()	获取当前分钟数（0～59）
getMonth()	获取当前月份，0 代表一月，1 代表二月等
GetSeconds()	获取当前秒数，值为 0 到 59
getTime()	根据系统日期，返回距离 1970 年 1 月 1 日 0 点的秒数
getTimer()	返回自 SWF 文件开始播放时起已经过的毫秒数
GetTimezoneOffse()	获取当前时间和 UTC 格式的偏移值（以分钟为单位）
getYear()	获取当前缩写年份（用年份减去 1900，得到两位年数）
setDate()	设置当前日期
setFullYear()	设置当前年份（四位数字）
setHours()	设置当前小时数（24 小时制，0～23）
setMilliseconds()	设置当前毫秒数
setMinutes()	设置当前分钟数
setMonth()	设置当前月份（0-Jan,1-Feb…）
setSeconds()	设置当前秒数
setYear()	设置当前缩写年份（当前年份减去 1900）
toString()	将日期时间值转换成"日期/时间"形式的字符串值

思考与练习 9-6

1．制作一个"定时数字表"动画，该动画运行后会显示一个数字表，数字表显示一个数值表，同时显示一个卡通人，如图 9-20 左图所示。单击上边的按钮，可以调出定时面板，如图 9-20 右图所示。在两个文本框内分别输入定时的小时和分钟数，再单击上边的按钮回到图 9-20 左图所示状态。当时间到了定时时间时，卡通人会动起来，时间持续一分钟。

2．修改"定时数字表"动画，使该动画的定时设置可以到秒。当时间与定时设置的时间相同时，小卡通可以来回移动 0.5 秒。

3．制作一个"指针表"动画，该动画运行后显示一幅指针表，其中的一幅画面如图 9-21 所示。这个指针表有时针、分针和秒针，不停地随时间的变化而改变，还显示当前的年、月、日和星期，以及"上午"或"下午"。

图 9-20　"定时数字表"动画运行后显示的两幅画面　　　　图 9-21　"指针表"动画画面

9.7　【实例 49】播放外部 MP3 音乐

"播放外部 MP3 音乐"动画运行后的两幅画面如图 9-22 所示。单击文字按钮，可播放相应的 MP3 音乐，同时右边栏内的动画也随之改变，在右框内左下边显示动画播放的总时间，右下边显示正在播放的 MP3 音乐剩余的时间。单击"停止"按钮，可以使音乐停止播放。MP3 文件应存放在当前目录下的"MP3"文件夹内。该动画的制作方法和相关知识介绍如下。

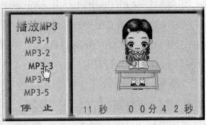

图 9-22　"播放外部 MP3 音乐"动画运行后的两幅画面

 制作方法

1．制作界面

（1）新建一个 Flash 文档，设置舞台工作区的宽为 370 像素、高为 200 像素，背景为浅蓝色。以名称"【实例 49】播放外部 MP3.fla"保存。

（2）将"图层 1"图层的名称改为"框架"，选中该图层第 1 帧，制作一幅立体框架图形，使它刚好将整个舞台工作区覆盖，再制作"播放 MP3"立体文字，如图 9-22 所示。

（3）导入 5 个 GIF 格式动画到"库"面板内，制作一个"动画"影片剪辑元件，其内有 5 个关键帧，每个关键帧内有一个动画的影片剪辑实例。

（4）在"框架"图层的上边增加一个"动画"图层。选中该图层第 1 帧，将"库"面板内的"动画"影片剪辑元件拖曳到舞台工作区内框架的右框中，调整它们的大小和位置，如图 9-22 所示。然后，在其"属性"面板内将"动画"影片剪辑实例命名为"DH"。

（5）制作 6 个文字按钮。在"动画"图层的上边增加一个"按钮"图层。选中该图层第 1 帧，将"库"面板内的 6 个按钮依次拖曳到舞台工作区内，均匀地排成一列，如图 9-22 所示。然后，利用"属性"面板分别给按钮实例命名为"AN1"～"AN6"。

（6）创建并进入"时间"影片剪辑实例的编辑状态，选中"图层 1"图层第 1 帧，在舞台中间创建 5 个动态文本框，颜色为红色，字体为黑体，加粗，相应的变量名称分别为"TIME1"、

"M1"、"M2"、"S1" 和 "S2"（从左到右）。再输入"秒"、"分"和"秒"红色、黑体、加粗的文字。然后，回到主场景。

（7）在主场景"按钮"图层的上边增加一个"时间"图层，选中该图层第 1 帧，将"库"面板内的"时间"影片剪辑元件拖曳到框架右框内的下边，给实例命名为"BFSJ"。

2．程序设计

（1）创建并进入"Action"影片剪辑元件编辑状态，在这个舞台工作区中不放置任何对象。选中"图层 1"图层第 1 帧，在它的"动作-帧"面板脚本窗口内输入如下程序。

```
var m;  //定义一个变量 m
//计算音乐播放的剩余时间，赋给变量 m
m=Math.floor((_root.mySound1.duration-_root.mySound1.position)/1000);
//计算秒的个位和十位数字，分别赋给变量 S1 和 S2
_root.BFSJ.S2=Math.floor(Math.floor(m%60)%10);
_root.BFSJ.S1=Math.floor(Math.floor(m%60)/10);
//计算分的个位和十位数字，分别赋给变量 M1 和 M2
_root.BFSJ.M2=Math.floor(Math.floor(m/60)%10);
_root.BFSJ.M1=Math.floor(Math.floor(m/60)/10);
_root.BFSJ.TIME1=Math.floor(getTimer()/1000);
```

程序中 getTimer()函数的功能是：返回影片播放后所经过的时间，单位为毫秒。

（2）选中"图层 1"图层第 2 帧，按 F5 键，目的是可以不断执行"图层 1"图层第 1 帧的脚本程序。从而动态地更新时钟数据。然后，回到主场景。

（3）选中"时间"图层第 1 帧，将"库"面板中的"Action"影片剪辑元件拖曳到舞台工作区中，形成一个小圆圈。它的作用是不断刷新显示音乐播放剩余的时间。

（4）选中"按钮"图层第 1 帧，在"动作-帧"面板脚本窗口内输入如下程序。

```
mySound1 = new Sound();        //实例化一个 mySound1 声音对象
AN1.onPress = function() {
  _root.mySound1.stop();        //停止播放音乐
  _root.mySound1.loadSound("MP3/MP3-1.mp3",true);        //加载外部 MP3 音乐
  DH.gotoAndStop(1);
  _root.mySound1.start();        //开始播放音乐
};
AN2.onPress = function() {
  _root.mySound1.stop();        //停止播放音乐
  _root.mySound1.loadSound("MP3/MP3-2.mp3", true );        //加载外部 MP3 音乐
  DH.gotoAndStop(2);
  _root.mySound1.start();        //开始播放音乐
};
AN3.onPress = function() {
  _root.mySound1.stop();        //停止播放音乐
  _root.mySound1.loadSound("MP3/MP3-3.mp3", true);        //加载外部 MP3 音乐
  DH.gotoAndStop(3);
```

```
    _root.mySound1.start();          //开始播放音乐
  };
  AN4.onPress = function() {
    _root.mySound1.stop();           //停止播放音乐
    _root.mySound1.loadSound("MP3/MP3-4.mp3", true);     //加载外部 MP3 音乐
    DH.gotoAndStop(4);
    _root.mySound1.start();          //开始播放音乐
  };
  AN5.onPress = function() {
    _root.mySound1.stop();           //停止播放音乐
    _root.mySound1.loadSound("MP3/MP3-5.mp3", true);     //加载外部 MP3 音乐
    DH.gotoAndStop(5);
    _root.mySound1.start();          //开始播放音乐
  };
  AN6.onPress = function() {
    _root.mySound1.stop();           //停止播放音乐
  };
```

 知识链接

1. Sound（声音）对象的构造函数

声音对象可以从"动作"面板中"动作"工具箱的"ActionScript 2.0 类"→"媒体"→"Sound"目录中找到。

【格式】new Sound([target])

其中的参数 target 是 Sound 对象操作的影片剪辑实例。此参数是可选的，可采用"mySound=new Sound();"或"mySound=new Sound(target);"命令。

【功能】使用 new 操作符实例化 sound 对象，即为指定的影片剪辑创建新的 Sound 对象。如果没有指定目标实例 target（目标），则 Sound 对象控制影片中的所有声音。如果指定 target，则只对指定的对象起作用。

实例 1：下面的实例创建了一个名字为和 hsound 的 Sound 对象新实例。程序中的第二行调用 setVolume 方法并将影片中的所有声音的音量调整为 50%。

```
hsound= new Sound();
hsound.setVolume(50);
```

实例 2：下面的实例创建了 Sound 对象的新实例 moviesound，将目标影片剪辑 myMovie 传递给它，然后调用 start 方法，播放 myMovie 中的所有声音。

```
moviesound = new Sound(myMovie);
moviesound.start();
```

2. Sound（声音）对象的方法和属性

（1）mySound.attachSound 方法

【格式】mySound.attachSound("idName")

【功能】将"库"面板内的指定声音元件载入场景中。即将"库"面板中的一个声音元件绑定，绑定后就可以用声音的其他方法来控制声音的各个属性。其中，"idName"是指声音元件的链接标识符名称，它是在"声音属性"对话框"标识符"文本框中输入的。

右击"库"面板中的声音元件，调出快捷菜单，单击"属性"菜单命令，调出如图 9-22 所示的"声音属性"对话框。在"标识符"文本框内输入元件的链接标识符名称，再选择第 1 和第 2 个复选框，还可以在"URL"文本框内输入 URL 数据，单击"确定"按钮退出。

（2）start 方法

【格式】sound.start()

【功能】开始播放当前的声音对象。

（3）stop 方法

【格式】sound.stop()

【功能】停止正在播放的声音对象。

（4）setVolume 方法

【格式】sound.setVolume(n)

【功能】用来设置当前声音对象的音量大小。其中参数 n 是一个整数值或一个变量，其值为 0～100 的整数，0 为无声，100 是最大音量。

（5）sound.getVolume 方法

【格式】sound.getVolume()

【功能】返回一个 0～100 的整数，该整数是当前声音对象的音量，0 是无声，100 是最大音量。可以将 sound.getVolume()的值赋给一个变量。它的默认值是 100。

（6）mySound.setPan 方法

【格式】mySound.setPan(pan)

其中，参数 pan 是一个整数，它指定声音的左右均衡。它的有效值范围为-100～100，其中-100 表示仅用左声道，100 表示仅用右声道，而 0 表示在两个声道间均衡声音。

【功能】用来确定声音在左右声道中如何播放。对于单声道声音，pan 确定声音通过哪个声道播放。例如，下面的例子创建了一个声音（Sound）对象实例 S，并附加一个来自"库"面板的链接标识符为"S1"的声音。它还调用了 setVolume 和 setPan 方法来控制"S1"声音。

```
onClipEvent(mouseDown) {
    S= new Sound(this);         //创建一个声音对象 S
    S.attachSound("S1");
    S.setVolume(80);
    S.setPan(-70);
    S.start();                  //开始播放声音对象
}
```

（7）mySound.getPan 方法

【格式】mySound.getPan()

【功能】这个方法返回在上一次使用 setPan 方法时设置的 pan 值，它是一个-100～100 的整值，这个值代表左右声道的音量，-100～0 是左声道的值，0～100 是右声道的值（0 平衡地设置左右声道）。该面板设置控制影片中当前和将来声音的左右均衡。

此方法是用 setVolume 或 setTransform 方法累积的。

（8）mySound.loadSound 方法

【格式】mySound.loadSound("url", isStreaming)

其中，url 是 MP3 声音文件在服务器上的位置。isStreaming 是一个布尔值，它指示声音是事件声音还是流声音。

【功能】将 MP3 文件加载到声音（Sound）对象的实例中。可以使用 isSteaming 参数指示该声音是一个事件（Event）声音还是一个流（Streaming）声音。事件声音在完全加载后才能播放。流声音在下载的同时播放。当接收的数据足以启动解压缩程序时，播放开始。与事件声音一样，流声音仅存在于虚拟内存中，不能将其下载到硬盘。例如，下面的实例是加载事件声音。

```
S1.loadSound("http://serverpath:port/mp3filename",false);
```

例如，下面的实例是加载流声音。

```
s.loadSound("http://serverpath:port/mp3filename",true);
```

（9）mySound.setTransform 方法

【格式】mySound.setTransform(soundTransformObject)

【功能】用来设置声音对象的变化值，其中，参数 soundTransformObject 是一个使用 Object 对象创建的声音变化对象的名称；mySound 是一个使用声音对象创建的对象名称，其属性有 ll（控制左声道进入左扬声器音量）、lr（控制右声道进入左扬声器音量）、rr（控制右声道进入右扬声器音量）、rl（控制左声道进入右扬声器音量）。取值为−100 到 100。以下公式可以计算左右音量的大小：左输出=左输入*ll+右输入*lr，右输出=右输入*rr+左输入*rl。如果不指定这几个属性，系统默认为 ll=100，lr=0，rr=100，rl=0。

可以首先使用 Object 对象创建一个声音变化对象，然后再通过这个声音变化对象设置声音对象 mySound 的 4 个属性。例如：

```
mySound.attachSound（"thisSong"）；    //利用 attachSound 方法绑定一个声音
myTransformObject=new Object();        //构造声音变化对象 myTransformObject
myTransformObject.ll=50;
myTransformObject.lr=50;
myTransformObject.rr=50;
myTransformObject.rl=50;
//将立体声音的左右输入平均分配给扬声器，形成单声道
mySound.setTransform（myTransformObject）；
//将声音变化对象 myTransformObject 传递给 setTransform 方法
```

（10）mySound.getTransform 方法

【格式】mySound.getTransform();

【功能】返回最后一次 mySound.setTransform 方法所设置的声音对象的变化值。

（11）Sound.getBytesLoaded 方法

【格式】Sound.getBytesLoaded()

【功能】返回指示所加载字节数的整数。返回为指定声音（Sound）对象加载（进入流）的字节数。可比较 getBytesLoaded 与 getBytesTotal 的值，以确定已加载声音的百分比。

（12）Sound.getBytesTotal 方法

【格式】Sound.getBytesTotal()

【功能】返回一个整数，以字节为单位指示指定声音（Sound）对象的总大小。

（13）duration 属性

【格式】mySound.duration

【功能】它是只读属性。给出声音的持续时间，以毫秒为单位。

（14）position 属性

【格式】mySound.position

【功能】它是只读属性。给出声音已播放的毫秒数。如果声音是循环的，则在每次循环开始时，位置将被重置为 0。

思考与练习 9-7

1. 制作一个"简单的 MP3 播放器"动画，该动画运行后的两幅画面如图 9-23 所示。单击"Play1"按钮，可播放第 1 首 MP3 乐曲，单击"Play2"按钮，可在播放第 1 首 MP3 乐曲的同时播放第 2 首乐曲，动画也切换了。如果要只播放其中一首歌曲，可单击"Stop"按钮后再单击其他按钮。单击不同的按钮，可以播放不同的音乐，显示不同的动画画面。

图 9-23　"简单的 MP3 播放器"动画运行后的两幅画面

2. 制作一个"高级 MP3 播放器"动画，它不但具有"播放外部 MP3 音乐"动画的功能，还增加了音量控制功能和模拟频谱分析。该动画运行后的画面如图 9-24 左图所示。单击左边按钮，即可播放相应的 MP3 音乐，拖曳音量调节杆滚动条，可以动态地改变音量的大小，同时在其右边的文本框中显示音量的数值，中间动画上的半透明红色音量条会随着音量的增减而变长或变短，左边还有模拟频谱分析在闪动，如图 9-24 右图所示。

图 9-24　"高级 MP3 播放器"动画运行后的两幅画面

第10章

组件和幻灯片

知识要点：

1. 初步掌握组件的基本概念，创建组件和组件参数设置的一般方法。

2. 初步掌握 UIScrollBar（滚动条）、ScrollPane（滚动窗格）、RadioButton（单选按钮）、CheckBox（复选框）、Label（标签）、Button（按钮）、ComboBox（组合框）、List（列表框）、TextInput（输入文本框）和 TextArea（多行文本框）组件的使用方法。

3. 了解 FLVPlayback、DateChooser（日历）、Alert 和 Accordion 组件的使用方法。

4. 初步掌握 Flash 幻灯片演示文稿的制作方法。

10.1 【实例 50】鲜花网页 3

"鲜花网页 3" 动画运行后的画面如图 10-1 左图所示，它的功能和画面与【实例 43】"鲜花网页 2" 动画的功能与画面基本一样。所不同的是，左边显示的图像是鲜花大图像，拖曳图像或者拖曳图像右边与下边的滑块，以及单击箭头按钮，都可以调整鲜花大图像显示的部位。拖曳文本框右边滚动条内的滑块、单击滚动条内的按钮或者拖曳文字，都可以浏览文本框中的文本，还可以在文本框中输入、删除、剪切、复制、粘贴文本。"鲜花网页 3" 动画运行后的两幅画面如图 10-1 所示。该动画的制作方法和相关知识介绍如下。

图 10-1　"鲜花网页 3" 动画运行后的两幅画面

制作方法

1. 界面设置

（1）在"TU"文件夹内保存"图1.jpg"～"图8.jpg"8幅鲜花图像，分别是"杜鹃花"、"桂花"、"荷花"、"菊花"、"兰花"、"梅花"、"牡丹"和"水仙"鲜花图像，与"图像1.jpg"～"图像8.jpg"8幅鲜花图像的内容一样，只是图像较大，宽为800像素、高为600像素。

（2）打开"【实例43】鲜花网页2.fla" Flash文档，再以名称"【实例50】鲜花网页3.fla"保存。选中"按钮和文本"图层第2帧，将原"图像"影片剪辑实例删除。再将右边的动态文本框宽度调小一些。选择"文本"→"可滚动"菜单命令，使该动态文本框内的文字可以拖曳滚动。

（3）在动态文本框内输入多行文字，设置文字大小为20点，颜色为红色，如图10-1左图所示（下边还有几行文字）。再在该动态文本框的"属性"面板内，设置它的实例名称为"GDTXT1"，设置变量名为"text1"。

（4）双击"库"面板内的"图像"影片剪辑元件，进入"图像"影片剪辑元件的编辑状态。选中"图层1"图层第1帧，导入"鲜花1.jpg"图像，使该图像的左上角与舞台工作区中心（十字线注册点）对齐。然后，回到主场景。

（5）右击"库"面板内"图像"影片剪辑元件，调出它的快捷菜单，单击该菜单内的"属性"菜单命令，调出"元件属性"对话框，在"链接"栏内，选中"为ActionScript导出"复选框，同时"在帧1中导出"复选框也被选中。在"标识符"文本框中输入这个元件的标识符名称"PHOTO1"，如图10-2所示。然后，单击"确定"按钮。

2. 添加组件和设计程序

（1）选中"按钮和文本"图层第1帧，将"组件"面板中的UIScrollBar（滚动条）组件拖曳到舞台工作区内动态文本框右边（可以通过其"属性"面板调整），调整该组件实例的大小和位置，使它的宽度为16像素、高度为270像素（与动态文本框高度基本一样）。

（2）选中UIScrollBar（滚动条）组件实例，在"组件检查器"面板中，设置_targetInstanceName的值为"GDTXT1"，确定UIScrollBar组件实例与要控制的动态文本框的链接；设置horizontal的值为false，表示滚动条垂直摆放，如图10-3所示。

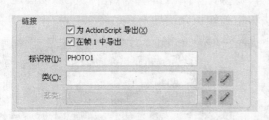

图10-2　"元件属性"对话框　　　　图10-3　"组件检查器"面板设置

（3）将"组件"面板中的"ScrollPane"（滚动窗格）组件拖曳到舞台工作区内左边，调整该组件实例的大小和位置，如图10-4所示。在其"属性"面板内设置该"ScrollPane"（滚动窗格）组件实例的名称为"INPIC"。

（4）选中 ScrollPane（滚动窗格）组件实例，在"组件检查器"面板内，设置 contentPath 参数值为"PHOTO1"，建立该组件与"图像"剪辑元件的链接。设置 ScrollDrag 参数值为"true"，表示框架中的图像可以被拖曳。设置好的"组件检查器"面板如图 10-5 所示。

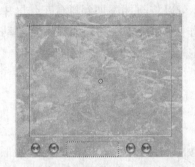

图 10-4　UIScrollBar 组件实例　　　　图 10-5　"组件检查器"面板设置

（5）选中"脚本程序"图层第 2 帧，在"动作-帧"面板的脚本窗口内修改程序如下。

```
k=0;
n1=1;                    //用来显示图像的序号
texth1="";
text1.scroll=0;
Mouse.show();            //使鼠标指针显示
```

（6）选中"脚本程序"图层第 3 帧，在"动作-帧"面板的脚本窗口内将程序中调外部图像加载到"TU1"影片剪辑实例中的语句改为调外部图像加载到"INPIC"ScrollPane（滚动窗格）组件实例中。例如，将"_root.TU1.loadMovie("TU/图像 1.jpg");"语句改为"INPIC.contentPath="TU/图 1.jpg";"语句。其他语句由读者自行修改。

 知识链接

1．组件简介

组件是一些复杂的并带有可定义参数的影片剪辑元件。在使用组件创建影片时，可以直接定义参数，也可以通过 ActionScript 的方法定义组件的参数。每一个组件都有自己的预定义参数（不同组件的参数会不一样），还有属于组件的属性、方法和事件，它们被称为应用程序接口 API（Application Programming Interface）。使用组件可以使程序设计与软件界面设计分开，提高了代码的重复使用率，从而提高了工作效率。

可以分别将这些组件加入 Flash CS4 的交互动画中，也可以将多个组件一起使用，来创作完整的应用程序或者 Web 表单的用户界面，

图 10-6　"组件"面板

还能够使用几种方法自定义组件的外观。这些常用的组件不仅减少了开发者的开发时间，提高了工作效率，而且能给 Flash 作品带来更加统一的标准化界面。同时用户也可以制作一些自己的组件供自己使用，或者发布出去以方便其他用户。

Flash CS4 拥有一个"组件"面板，如图 10-6 所示。其内有系统提供的组件。如果新建文档时，选中"Flash 文件（ActionScript 3.0）"选项，则"组件"面板中只有"User Interface"和

"Video"两类组件；如果选中"Flash 文件（ActionScript 2.0）"选项，则"组件"面板中还有"Data"和"Media"两类组件。另外，还可以使用外部组件。

选择"窗口"→"组件"菜单命令，调出"组件"面板。将"组件"面板中的组件拖曳到舞台工作区中或双击"组件"面板中的组件图标，都可以将组件添加到舞台工作区中，形成一个组件实例。当将一个或者多个组件加入到舞台工作区的时候，"库"面板中会自动加入该组件元件。从"库"面板中将组件拖曳到舞台工作区中，可以形成更多的组件实例。

使用"属性"面板可以设置组件实例的名称、大小、位置等属性。使用"组件检查器"面板可以设置组件实例的参数，如图 10-5 所示。

2．UIScrollBar（滚动条）组件参数

UIScrollPane（滚动条）的"组件检查器"面板如图 10-3 所示，其参数简介如下。

（1）_targetInstanceName 参数：设置组件实例要控制的文本框的实例名称。

（2）horizontal 参数：设置"UIScrollBar"组件实例是垂直方向摆放还是水平方向摆放。其值为 true 时，是垂直方向摆放；其值为 false 时，是水平方向摆放。

（3）enabled 参数：有"false"和"true"两个选项。选择"false"选项，则滚动条无效，选择"true"选项，则滚动条有效。

（4）visible 参数：有"false"和"true"两个选项。选择"false"选项，则滚动条隐藏，选择"true"选项，则滚动条可以显示。

3．ScrollPane（滚动窗格）组件参数

ScrollPane（滚动窗格）的"组件检查器"面板如图 10-5 所示，其参数简介如下。

（1）contentPath 参数：用来指示要加载到滚动窗格中的内容。该值可以是本地 SWF 或 JPEG 文件的相对路径，或 Internet 上文件的相对或绝对路径，也可以是设置为"库"面板中的影片剪辑元件的链接标识符。

（2）hLineScrollSize 参数：设置单击水平滚动条箭头按钮时，图像水平移动的像素数。

（3）vLineScrollSize 参数：设置单击垂直滚动条箭头按钮时，图像垂直移动的像素数。

（4）hPageScrollSize 参数：设置单击滚动条的水平滑槽时，图像水平移动的像素数。

（5）vPageScrollSize 参数：设置单击滚动条的垂直滑槽时，图像垂直移动的像素数。

（6）hScrollPolicy 参数：有"auto"、"on"和"off"三个选项。如果选择"auto"选项，则可以根据影片剪辑元件是否超出"ScrollPane"组件实例滚动窗口来决定是否要水平滚动条；如果选择"on"选项，则不管影片剪辑元件是否超出"ScrollPane"组件滚动窗口都显示水平滚动条；如果选择"off"选项，则不管影片剪辑元件是否超出"ScrollPane"组件滚动窗口都不显示水平滚动条。

（7）vScrollPolicy 参数：有"auto"、"on"和"off"三个选项，其作用与 hScrollPolicy 参数基本一样，只是它用来控制垂直滚动条何时显示。

（8）ScrollDrag 参数：有"false"和"true"两个选项。选择"false"选项，则表示框架中的图像不可被拖曳；选择"true"选项，则表示框架中的图像可以被拖曳。

思考与练习 10-1

1．参考【实例 50】动画的制作方法，制作一个"世界名胜网页 3"动画。

2．制作一个"滚动文本"动画，该动画运行后的两幅画面如图 10-7 所示。拖曳滚动条内的滑块、单击滚动条内的按钮或者拖曳文字，可以浏览文本框中的文本，还可以在文本框中输入、剪切、复制、粘贴文本。单击下边 4 个按钮，可以切换文字内容。

图 10-7　"滚动文本"动画运行后的两幅画面

10.2　【实例 51】加减乘法练习

"加减乘法练习"动画运行后的 3 幅画面如图 10-8 所示（文本框内还没有数值）。单击"加法"、"减法"或"乘法"单选按钮，进行加法、减法或乘法运算。单击"出题"按钮，可随机出题目，同时下边的文字提示会随之改变。在"＝"号右边的文本框内输入计算结果后，单击"判断"按钮，即可根据输入的数判分（做对加 10 分）或给出"错误!"提示信息。题目均是两位数运算。该动画的制作方法和相关知识介绍如下。

图 10-8　"加减乘法练习"动画运行后的 3 幅画面

 制作方法

1．制作界面

（1）设置舞台工作区的宽为 360 像素、高为 260 像素，以名称"【实例 51】加减乘法练习.fla"保存。选中"图层 1"图层第 1 帧，导入一幅框架图像，调整它刚好将舞台工作区覆盖，创建红色立体文字"加减乘法练习"，如图 10-8 所示。然后，将这个图层锁定。

（2）在"图层 1"图层之上添加一个"图层 2"图层。选中该图层第 1 帧，在标题文字下边从左到右创建 3 个输入文本框。设置 3 个输入文本框都有边框，文本都靠左对齐显示，都为单行文本框，黑体、18 号大小、蓝色。设置第 1 个输入文本框的变量名称为"SHU1"，第 2 个输入文本框的变量名称为"SHU2"，第 3 个输入文本框的变量名称为"JSJG"。

在第 2 个输入文本框的右边创建一个动态文本框，输入 18 点、黑体、蓝色的"="；在第 1 个输入文本框的右边创建一个动态文本框，输入 18 点、黑体、蓝色文字"+"，设置变量名称为"FH"；在第 5 行输入 18 点、宋体、红色文字"分数:"。

（3）调出"组件"面板。将"组件"面板中的"RadioButton"组件 3 次拖动到舞台工作区中，形成组件实例，位置如图 10-8 所示。然后，利用"属性"面板，将这 3 个"RadioButton"组件实例的名称分别命名为"te1"、"te2"和"te3"。

（4）调出"组件检查器"面板。"te1"组件实例的"组件检查器"面板设置如图 10-9 所示，"te2"组件实例的"组件检查器"面板设置如图 10-10 所示，"te3"组件实例的"组件检查器"面板设置如图 10-11 所示。

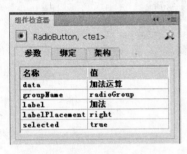  

图 10-9　"组件检查器"面板 1　　图 10-10　"组件检查器"面板 2　图 10-11　"组件检查器"面板 3

（5）将"组件"面板中的"Button"组件拖动到舞台工作区中右下角，形成一个实例。给该实例命名为"AN1"。选中舞台工作区中的"Button"组件实例，在"组件检查器"面板中设置它的参数，如图 10-12（a）所示。"icon"参数设置为"shaph1"，"label"参数设置为"出题"，它是按钮上的标题文字。

（6）将"组件"面板中的"Button"组件拖动到舞台工作区内，形成一个实例，再给该实例命名为"AN2"。选中该实例，在"组件检查器"面板中设置它的参数，如图 10-12（b）所示。"icon"参数设置为"shaph2"，"label"参数设置为"判断"。

（7）选择"插入"→"新建元件"菜单命令，调出"创建新元件"对话框，单击"高级"按钮，展开该对话框。在其"名称"文本框中输入元件名称"图像 1"，在"类型"下拉列表框中选中"影片剪辑"选项，选中两个复选框，在"链接"栏的"标识符"文本框中输入"shaph1"。这个"shaph1"是"Button"组件实例"组件检查器"面板内的"icon"参数值，即建立按钮和标识符名称为"shaph1"的按钮图标的链接。单击"确定"按钮，进入一个名称为"图像 1"的影片剪辑元件编辑状态，在舞台工作区中心点偏下一点处绘制一个立体灰色球。然后，回到主场景。

按照上述方法，再创建名称为"图像 2"的影片剪辑元件，其内绘制一个正方形，它的标识符为"shaph2"，建立该按钮和标识符名称为"shaph2"的按钮图标的链接。

（8）将"组件"面板中的"Label"标签组件拖动到舞台工作区内的中间偏下处，形成一个组件实例，调整它的大小和位置，如图 10-8 所示。将该组件实例命名为"Label1"。选中"Label1"标签组件实例，在它的"组件检查器"面板内进行设置，如图 10-13 所示。

（a）　　　　　　　　（b）

图 10-12　"Button"组件实例的"组件检查器"面板　　　图 10-13　"组件检查器"面板

2．程序设计

（1）设计方法 1：选中"图层 2"图层第 1 帧，在"动作-帧"面板内输入如下程序。

```
label1.setStyle("fontWeight","bold");        //设置标签文字字体为粗体
label1.setStyle("fontSize",16);              //设置标签文字大小为 16 磅
label1.setStyle("color","red");              //设置标签文字颜色为红色
label1.setStyle("fontFamily", "宋体");        //设置标签文字字体为宋体
label1.text="加减运算";                       //设置标签文字内容为"加减运算"
label2.setStyle("fontWeight","bold");        //设置标签文字字体为粗体
label2.setStyle("fontSize",16);              //设置标签文字大小为 16 磅
label2.setStyle("color","red");              //设置标签文字颜色为红色
label2.setStyle("fontFamily", "宋体");        //设置标签文字字体为宋体
label2.text="0";                             //设置标签文字内容为"0"
FS=0;                                        //变量 FS 用来保存分数
JSJG1=0;                                     //变量 JSJG1 用来保存计算结果
AN1.onRelease=function(){
   SHU1=random(89)+10;                       //变量 SHU1 用来存储一个随机的两位自然数
   SHU2=random(89)+10;                       //变量 SHU2 用来存储一个随机的两位自然数
   JSJG="";
   if (te1.selected){
      FH="+";
         label1.text=te1.data;               //将"te1"单选按钮实例的 data 属性值赋给 text 属性
   }
   if (te2.selected){
      FH="-";
         label1.text=te2.data;               //将"te2"单选按钮实例的 data 属性值赋给 text 属性
   }
   if (te3.selected){
      FH="×";
         label1.text=te3.data;               //将"te3"单选按钮实例的 data 属性值赋给 text 属性
   }
```

```
        }
    AN2.onRelease=function(){
            //判断加法运算
    if (te1.selected){
            JSJG1=Number(SHU1)+ Number(SHU2) ;
                if (Number(JSJG)==JSJG1){
                    FS=FS+10;                    //做对了加 10 分
                        label2.text=FS           //显示成绩
                } else{
                    label2.text="错误！"          //显示错误信息
                }
        }

            //判断减法运算
        if (te2.selected){
            JSJG1=Number(SHU1)-Number(SHU2) ;
                if (Number(JSJG)==JSJG1){
                    FS=FS+10;                    //做对了加 10 分
                        label2.text=FS           //显示成绩
                } else{
                    label2.text="错误！"          //显示错误信息
                }
        }
    //判断乘法运算
    if (te3.selected){
            JSJG1=Number(SHU1)* Number(SHU2) ;
                if (Number(JSJG)==JSJG1){
                    FS=FS+10;                    //做对了加 10 分
                        label2.text=FS           //显示成绩
                } else{
                    label2.text="错误！"          //显示错误信息
                }
        }
    }
```

（2）设计方法 2：上边的单击按钮事件程序也可以采用 addEventListener 方法来侦听事件。以单击"AN1"按钮实例为例的程序如下。

```
function JJYS1(evendobj1){
    SHU1=random(89)+10;         //变量 SHU1 用来存储一个随机的两位自然数
    SHU2=random(89)+10;         //变量 SHU2 用来存储一个随机的两位自然数
    JSJG="";
    if (te1.selected){
        FH="+";
```

```
        label1.text=te1.data;                //将"te1"单选按钮实例的 data 属性值赋给 text 属性
    }else{
        FH="-";
        label1.text=te2.data;                //将"te2"单选按钮实例的 data 属性值赋给 text 属性
    }
}
AN1.addEventListener("click",JJYS);    //单击"AN1"按钮后执行"JJYS"函数
```

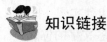 **知识链接**

1．RadioButton（单选按钮）组件参数

RadioButton（单选按钮）的"组件检查器"面板如图 10-9 所示。RadioButton 组件实例如图 10-14（a）所示。RadioButton（单选按钮）组件参数的含义如下。

（1）data 参数：可以赋给文字或其他字符，该数据可以返给 Flash 系统，这里利用这个参数保存操作提示信息。

（2）groupName 参数：输入单选按钮组的名称，一组单选按钮的组名称应该一样，在相同组的单选按钮中只可以有一个单选按钮被选中。这一项实际上决定了将这个单选按钮分到哪个组中，假如需要两组单选按钮，两组的单选按钮不互相作用、互不干扰，那么就需要设置两个组内的单选按钮具有不同的"groupName"参数值。

（3）label 参数：确定单选按钮旁边的标题文字。单击"Label"参数值部分，同时该项进入可以编辑状态，然后输入文字，该文字出现在"RadioButton"组件实例的标题上。

（4）labelPlacement 参数：确定单选按钮旁边文字的位置。选择"right"选项，表示文字在单选按钮的右边；选择"left"选项，表示文字在单选按钮的左边；选择"top"选项，表示文字在单选按钮的上边；选择"bottom"选项，表示文字在单选按钮的下边。

（5）selected 参数：用来确定单选按钮的初始状态。选择"false"选项，表示单选按钮的初始状态为没有选中；选择"true"选项，表示单选按钮的初始状态为选中。

2．CheckBox（复选框）组件参数

CheckBox（复选框）组件"组件检查器"面板如图 10-15 所示。CheckBox 组件实例如图 10-14（b）所示。CheckBox（复选框）组件参数的含义如下。

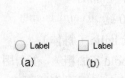

图 10-14　RadioButton 和 CheckBox 组件实例　　图 10-15　CheckBox 组件"组件检查器"面板

（1）label 参数：用来修改 CheckBox 组件实例标签的名称，如改为"复选框"。

（2）labelPlacement 参数：调出它的下拉列表框，选择组件实例标签名称所处的位置。它有"right"、"left"、"top"和"bottom"四个选项，分别用来设置组件实例标签名称在复选框

的右边、左边、上边或下边。

（3）selected 参数：调出它的列表框，它有两个选项，用来设置复选框的初始状态。选择"true"选项，则初始状态为选中；选择"false"选项，则初始状态为没选中。

3．Label（标签）组件参数

Label（标签）组件的"组件检查器"面板如图 10-13 所示。Label（标签）组件实例如图 10-16 所示。Label（标签）组件参数的含义如下。

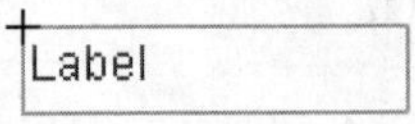

Label

图 10-16　Label 组件实例

（1）autoSize 参数：设置标签文字相对于 Label 组件实例外框（也叫文本框）的位置。它有四个值，none（不调整标签文字的位置），left（标签文字与文本框的左边和底边对齐），center（标签文字在文本框内居中），right（标签文字与文本框的右边和底边对齐）。

（2）html 参数：用来指示标签是（true）否（false）采用 HTML 格式。值为 true，则不能使用样式来设置标签格式，但可以使用 font 标记将文本格式设置为 HTML。

（3）text 参数：设置标签的文本内容，默认值是 Label。

4．更改 Label 标签实例的外观

Label 标签组件实例的外观可以使用 setStyle 方法来设置，格式如下。

【格式】组件实例的名称.SetStyle（"属性"，"参数"）

（1）themeColor 属性：设置选择文字时发亮的颜色。其参数值包括 haloGreen、haloBlue、haloOrange 和 haloRed 等。

（2）backgroundColor 属性：设置组件背景颜色，其值可使用十六进制数 0Xrrggbb。

（3）borderColor 属性：设置组件的边框颜色。

（4）headerColor 属性：设置组件标题的背景颜色。

（5）rollOverColor 属性：设置鼠标经过日期的背景颜色。

（6）selectionColor 属性：设置选定日期的背景颜色。

（7）todayColor 属性：设置当前日期的背景颜色。

（8）Color 属性：设置文本颜色。

（9）disabledColor 属性：设置组件禁用时的文本颜色。

（10）embedFonts 属性：设置一个逻辑值，指示在 fontFamily 中指定的字体是否嵌入字体。如果 fontFamily 引入了嵌入字体，则此不许设置为 true，否则不使用该嵌入字体。如果此样式设置为 true，并且 fontFamily 不引入嵌入字体，则不会显示任何文本。

（11）fontFamily 属性：设置文本的字体名称，默认为"_sans"。

（12）fontSize 属性：设置文本的字体大小，默认为 10 磅。

（13）fontStyle 属性：选择字体样式 nomal（正常）或 italic（斜体）。

（14）fontWeight 属性：选择字体 none（不加粗）或 bold（加粗）。在调用 setStyle()期间，所有组件还可以接收 nomal 来替代 none，但随后对 getStyle()的调用将返回"none"。

（15）textDecoration 属性：设置文本是否要下画线（下划线）。选择 none，不要下画线；选择 underline，要下画线。

（16）borderStyle 属性：设置边框样式。

（17）backgroundDisabledColor 属性：设置当组件的 enabled 属性为 false 时的背景颜色。默认值为 0xDDDDDD（中度灰）。

注意：Label 组件实例中的所有文本必须采用相同的样式。例如，对同一标签内的单词设置 color 样式时，不能将一个单词设置为 blue，而将另一个单词设置为 red。

embedFonts 样式是一个逻辑值，它指在 fontFamily 样式中指定的字体是否为嵌入字体。如果 fontFamily 引用了嵌入字体，则此样式必须设置为 true；否则，将不使用该嵌入字体。如果此样式设置为 true，并且 fontFamily 不引用嵌入字体，则不会显示任何文本。

Color 样式用来设置标签文字的颜色，它可以用 0xRRGGBB（RR、GG、BB 分别是两位十六进制数，分别表示红、绿和蓝色成分的多少）或者颜色的英文表示。例如，red 表示红色、green 表示绿色、blue 表示蓝色、black 表示黑色、white 表示白色、yellow 表示黄色、cyan 表示青色。其中，"0x"是数字 0 和英文小写字母"x"的组合。

5．Button（按钮）组件参数

Button（按钮）组件实例的"组件检查器"面板如图 10-12 所示，Button 组件实例如图 10-17 所示。Button 组件主要参数的含义如下。

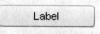

图 10-17　Button 组件实例

（1）icon 参数：为按钮添加自定义图标，该值是"库"面板中元件的标识符名称。

（2）label 参数：用来修改按钮组件实例标签的名称，如改为"停止"。

（3）labelPlacement 参数：用来确定按钮标题文字在按钮图标的相对位置，它有"right"、"left"、"top"和"bottom"四个选项。

（4）selected 参数：用来确定按钮的默认状态。当该值选择"false"选项时，表示按钮为按下状态；选择"true"选项时，表示按钮为释放状态。

（5）toggle 参数：用来确定按钮为普通按钮还是切换按钮。当该值选择"false"选项时，表示按钮为普通按钮；选择"true"选项时，表示按钮为切换按钮。对于切换按钮，单击按下按钮后，按钮就处于按下状态；再单击该按钮后，按钮返回弹起状态。

（6）visible 参数：设置标签对象是（true）否（false）可见。默认值为 true。

思考与练习 10-2

1．修改【实例 51】动画，使它可以进行 3 位数运算，且减法运算结果只为正数。

2．参考【实例 51】动画的制作方法，制作一个"四则运算练习"动画。

3．制作一个"滚动浏览图像"动画，该动画运行后的两幅画面如图 10-18 所示。它的功能与【实例 50】动画浏览图像的功能基本一样，只是图像按钮改为文字按钮。另外，选中"可以拖曳"单选按钮，可以拖曳图像；选中"不可拖曳"单选按钮，不可以拖曳图像。同时在图像下边还会显示相应的提示文字。

4．制作另一个"滚动浏览图像"动画，它用两个复选框替代原来的单选按钮。选中"滚动"复选框，可以利用滚动条滚动图像；选中"拖曳"复选框，可以拖曳图像。

图 10-18 "滚动浏览图像"动画运行后的两幅画面

10.3 【实例 52】列表浏览图像

"列表浏览图像"动画运行后的两幅画面如图 10-19 所示。单击上边的下拉列表框中的一个选项或单击列表框中的选项，则与选项对应的外部鲜花图像文件的图像会显示在右边的图像框中，同时相应的文字会显示在文本框中，拖曳滚动条的滑块、拖曳图像或单击滑槽内的按钮，可以调整图像的显示部位。另外，在选择下拉列表框中的选项后，列表中的当前选项（绿色）会随之改变；选中列表中的选项后，下拉列表框中的当前选项也会随之改变。该动画的制作方法和相关知识介绍如下。

图 10-19 "列表浏览图像"动画运行后的两幅画面

 制作方法

1. 建立影片剪辑元件与"ScrollPane"组件的链接

（1）在"TU"文件夹内保存"图像 1.jpg"～"图像 12.jpg"和"鲜花.jpg"文件。设置舞台工作区宽为 440 像素、高为 300 像素，以名称"【实例 52】列表浏览图像.fla"保存。

（2）选中"图层 1"图层第 1 帧，导入一幅框架图像，使该图像刚好将舞台工作区覆盖，创建红色立体文字"列表浏览图像"，如图 10-19 所示。然后，将该图层锁定。

（3）选择"插入"→"新建元件"菜单命令，弹出"创建新元件"对话框。单击"高级"按钮，展开"创建新元件"对话框。在"名称"文本框内输入"图像"，在"标识符"文本框中输入"PIC1"，选中"链接"栏内的两个复选框，如图 10-20 所示。单击"确定"按钮，进入"图像"影片剪辑元件的编辑窗口。导入"TU"文件夹内的"鲜花.jpg"图像到舞台工作区中，将该图像左上角与舞台工作区的中心点对齐。然后，回到主场景。

（4）从"组件"面板中将"ScrollPane"（滚动窗格）组件拖曳到舞台工作区中。选中滚动窗格组件实例，在其"属性"面板的"实例名称"文本框中输入该实例的名称"INPIC"。

（5）在"组件检查器"面板内，设置"contentPath"值为"库"面板中"图像"影片剪辑元件的标识符名称"PIC1"，建立该组件与该影片剪辑元件的链接，如图 10-21 所示。

2."ComboBox"（组合框）组件设置

（1）将"ComboBox"（组合框）组件拖曳到舞台工作区中，形成组件实例，给该实例命名为"comboBox1"。调出"组件检查器"面板，如图 10-22 所示（还没有设置）。

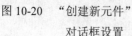

图 10-20　"创建新元件"　　　图 10-21　"组件检查器"　　　图 10-22　"ComboBox"

　　对话框设置　　　　　　　　　面板　　　　　　实例"组件检查器"面板

（2）选中"ComboBox1"组件实例，双击它的"组件检查器"面板内的 data 参数右边的数据区，调出"值"对话框，单击第 0 行"值"栏文本框，输入"这是杜鹃花"文字。再单击➕按钮，添加第 1 行。按照上述方法，输入其他行的文字，如图 10-23 左图所示。

在上述"值"对话框中，单击➖按钮，可以删除选中的选项，单击▼按钮可以将选中的选项向下移动一行，单击▲按钮可以将选中的选项向上移动一行。

（3）双击它的"组件检查器"面板内的"labels"参数右边的数据区，调出"值"对话框。采用与上述相同的方法，给各行输入文字，如图 10-23 右图所示。

3."List"（列表框）组件和文本框设置

（1）将"List"（列表框）组件拖曳到舞台工作区中，给该实例命名为"List1"。"组件检查器"面板设置如图 10-24 所示。设置方法与"ComboBox"组件的设置方法一样。

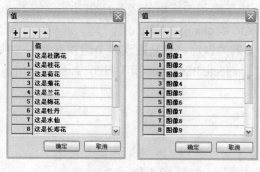
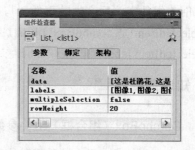

图 10-23　"值"对话框　　　　　　图 10-24　List1"组件检查器"面板设置

（2）在"List"（列表框）组件实例的下边创建一个动态文本框，设置它的大小为 26 磅，颜色为红色，变量名称为 text。

4．程序设计

（1）选中"图层 1"图层的第 1 帧，导入一幅框架图像，调整它，使它刚好将舞台工作区覆盖。调整各组件实例和文本框的大小和位置，如图 10-19 所示。

（2）在"图层 1"图层之上新建"图层 2"图层，选中该图层第 1 帧，在它的"动作-帧"面板内输入如下程序。

```
function change1(){                          //定义函数 change1
    //设置 comboBox 组件实例当前的 label 参数值作为"ScrollPane"组件实例 contentPath 参数的
    值，从而在滚动窗格内显示链接标识符为 label 参数值的图像
    INPIC.contentPath ="TU/"+comboBox1.selectedItem.label+".jpg";
    //用 comboBox 组件实例当前的 data 参数值改变动态文本框 text 的内容
    text=comboBox1.selectedItem.data;
    //用 comboBox 组件实例当前的索引号改变 list1 组件实例当前的索引号
    list1.selectedIndex= comboBox1.selectedIndex;
}
comboBox.addEventListener("change", change1);
function change2(){                          //定义函数 change2
    //设置 list1 组件实例当前的 label 参数值作为"ScrollPane"组件实例 contentPath 参数的值，从
    而在滚动窗格内显示链接标识符为 label 参数值的图像
    INPIC.contentPath ="TU/"+list1.selectedItem.label+".jpg";
    //用 list1 组件实例当前的 data 参数值改变动态文本框 text 的内容
    text=list1.selectedItem.data;
    //用 list1 组件实例当前的索引号改变 comboBox 组件实例当前的索引号
    comboBox1.selectedIndex=list1.selectedIndex;
}
list1.addEventListener("change", change2);        //侦听组件实例发生变化的事件
```

程序中，"comboBox.addEventListener("change", change1);"语句的作用是将 comboBox 组件实例的 change 事件（改变 comboBox 组件实例产生的事件）与自定义函数 change1 绑定。addEventListener 方法用来侦听事件。当 comboBox 组件实例变化时执行 change1 函数。

"list1.addEventListener("change", change2);"语句的作用是将 list1 组件实例的 change 事件（改变 list1 组件实例后产生的事件）与自定义函数 change2 绑定。

selectedItem 是 comboBox 和 list1 组件实例的属性，可获取这两个组件实例的参数值。例如，selectedItem.label 可以获取 label 参数值，selectedItem. data 可以获取 data 参数值。

 知识链接

1．ComboBox（组合框）组件参数

（1）ComboBox（组合框）组件实例的常用方法如表 10-1 所示。

表 10-1　ComboBox（组合框）组件实例的常用方法和属性

ComboBox.addItem()	向组合框的下拉列表的结尾处添加选项
ComboBox.addItemAt()	向组合框的下拉列表的结尾处添加选项的索引
ComboBox.change	当组件的值因用户操作而发生变化时产生事件。也就是说，当ComboBox.selectedIndex 或 ComboBox.selectedItem属性因用户交互操作而改变时，向所有已注册的侦听器发送
ComboBox.open()	当组合框的下拉列表打开时产生事件
ComboBox.close()	当组合框的下拉列表完全回缩时产生事件
ComboBox.itemRollOut	当组合框的下拉列表指针滑离下拉列表选项时产生事件
ComboBox. itemRollOver	当组合框的下拉列表指针滑过下拉列表选项时产生事件
selectedIndex	属性，下拉列表中所选项的索引号。默认值为 0
selectedItem	属性，下拉列表中所选项目的值

（2）ComboBox 组件实例的"组件检查器"面板如图 10-22 所示，部分参数作用如下。

◎ data 参数：用来将数据值与 ComboBox 组件中的每一个选项相关联。它是一个数组。

◎ editable 参数：设置是可编辑的（true）还是只可以选择的（false）。默认值为 false。

◎ labels 参数：利用该参数可以设置组合框（下拉列表框）内各选项的值。

◎ rowCount 参数：设置下拉列表框下拉后最多可以显示的选项个数。

◎ restrict 参数：指示用户可在组合框的文本字段中输入的字符集。

2．List（列表框）组件参数

List 组件是一个单选或多选列表框，可以显示文本、图形及其他组件。该组件实例的一些参数、方法和属性与 ComboBox 组件实例基本一样。组件外观可通过 setStyle 方法来设置。该组件实例的"组件检查器"面板如图 10-24 所示。其中一些参数的作用如下。

（1）multipleSelection 参数：指示是（true）否（false）可以选择多个值。

（2）rowHeight 参数：指示每行高度，单位为像素，默认为 20。设置字体不会更改行高度。

思考与练习 10-3

1．修改【实例 52】"列表浏览图像"动画，使它可以浏览 16 幅图像。

2．参考【实例 52】动画的制作方法，制作一个"列表浏览文本文件"动画，使它可以浏览 10 个文本文件。

10.4　【实例 53】商品出入库登记表

"商品出入库登记表"动画运行后的画面如图 10-25 左图所示。这是一个网上商品出入库的登记表，供用户填写商品信息的表格。填写信息后的效果如图 10-25 右图所示。该表几乎使用了 Flash 所有的组件。该动画的制作方法和相关知识介绍如下。

 制作方法

（1）设置舞台工作区的宽为 360 像素、高 360 像素，以名称"【实例 53】商品出入库登记表.fla"保存。选中"图层 1"图层第 1 帧，绘制一幅红色、2 磅粗的矩形框架图形。调整它的大小和位置，使矩形图形比舞台工作区稍微小一点，如图 10-25 所示。

（2）在舞台工作区内上边的中间处，创建一个 Label 组件实例，设置该实例的名称为"label1"，它的"组件检查器"面板设置如图 10-26 所示。

图 10-25　"商品出入库登记表"动画运行后的两幅画面

（3）选中"图层 2"图层第 1 帧，在"动作-帧"面板内输入如下程序。

```
label1.setSize(200,28);              //设置标签文本框宽为 200 像素，高为 28 像素
label1.setStyle("fontWeight","bold");   //设置标签文字字体为粗体
label1.setStyle("fontSize",20);         //设置标签文字大小为 20 磅
label1.setStyle("color", 0xff0000);     //设置标签文字颜色为红色
label1.setStyle("fontFamily", "宋体");  //设置标签文字字体为宋体
label1.text="商品出入库登记表";         //设置标签文字内容为"商品出入库登记表"
```

（4）创建 9 个静态文本框，用来输入 9 个提示文字。文字颜色为蓝色、字体为宋体、字大小为 16 磅、文字样式为加粗。

（5）在"编号"、"名称"、"单价"和"数量"文字的右边分别创建一个 TextInput（输入文本框）组件实例。这 4 个组件实例的"组件检查器"面板设置如图 10-27 所示。

（6）在"密码"文字右边创建一个 TextInput（输入文本框）组件实例，这个 TextInput 组件实例的"组件检查器"面板设置与图 10-27 所示基本一样，只是"password"参数的值改为 true，表示输入密码，文本框内用"*"替代输入的字符。

（7）在"出/入库"文字右边创建 3 个 RadioButton（单选按钮）组件实例，第 1 个 RadioButton（单选按钮）组件实例的"组件检查器"面板设置如图 10-28 所示。

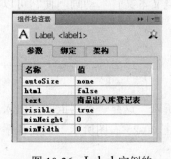

图 10-26　Label 实例的　　　　图 10-27　TextInput 实例的　　　　图 10-28　RadioButton 实例的
　　　"组件检查器"面板　　　　　　"组件检查器"面板　　　　　　　"组件检查器"面板

另外两个 RadioButton 组件实例的"组件检查器"面板设置只是"label"参数值不同。

（8）在"所属种类"文字的右边创建一个 ComboBox（组合框）组件实例，它的"组件检

查者"面板设置如图 10-29 所示。单击该面板内"labels"参数栏内右边的按钮🔍，可以调出它的"值"面板，利用该面板可以设置下拉列表框中的所有选项。

单击"值"对话框内第 0 行"值"栏文本框，输入"食品类"文字。再单击✚按钮，添加第 1 行"值"栏文本框，输入"服装类"文字。按照上述方法，输入其他行的文字，如图 10-30 所示。在"值"对话框中，单击➖按钮，可以删除选中的选项，单击▼按钮可以将选中的选项向下移动一行，单击▲按钮可以将选中的选项向上移动一行。

图 10-29 ComboBox 实例的"组件检查器"面板　　图 10-30 ComboBox 实例的"值"面板

（9）在"注意事项"文字的右边创建 3 个 CheckBox（复选框）组件实例，第 1 个 CheckBox 组件实例的"组件检查器"面板设置如图 10-31 所示。其他两个 CheckBox 组件实例的"组件检查器"面板设置与图 10-31 所示基本一样，只是"label"参数值不同。

（10）在"商品简介"文字的右边创建一个 TextArea（多行文本框）组件实例，它的"组件检查器"面板设置如图 10-32 左图所示。在 TextArea 组件实例的下边创建两个 Button 组件实例，第一个实例的"组件检查器"面板设置如图 10-32 右图所示。另一个实例"组件检查器"面板设置与图 10-32 右图所示基本一样，只是"label"参数值为"重置"。

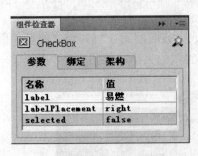

图 10-31　组件实例的"组件检查器"面板设置　　图 10-32　组件实例的"组件检查器"面板设置

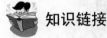
知识链接

1. TextInput（输入文本框）组件参数

它是一个文本输入组件，可利用它输入文字或密码类型字符。主要参数作用介绍如下。

（1）editable 参数：设置该组件是否可以编辑。其值为 true 时可以编辑。

（2）password 参数：设置输入的字符是否为密码。其值为 true 时显示密码。

（3）text 参数：设置该组件中的文字内容。

2. TextArea（多行文本框）组件参数

它是一个多行文本框，主要参数及其含义介绍如下。

（1）editable 参数：设置该组件是否可以编辑。其值为 true 时，可以编辑。

（2）text 参数：设置该组件中的文字内容。

（3）wordWrap 参数：设置是否可以自动换行。其值为 true 时，可以换行。

思考与练习 10-4

1. 制作一个"旅游协会登记表"动画，这是一个供旅游协会会员填写的表格。

2. 制作一个"学生档案表"动画，这是一个供学生填写档案的表格。

10.5 【实例 54】视频播放器

"视频播放器"动画运行后的两幅画面如图 10-33 所示。单击█████按钮，可开始播放视频；单击████按钮，可使视频暂停播放；单击█按钮，可在播放声音和静音之间切换；拖曳上边的滑块，可调整视频进度；拖曳下边的滑块，可调整音量大小；单击██按钮，可以回到第 1 帧画面；单击██按钮，可回到最后一帧画面。采用相同的方法也可以播放 MP3 音乐。该动画的制作方法和相关知识介绍如下。

 制作方法

（1）设置舞台工作区的宽为 400 像素、高为 300 像素，背景色为白色。以名称"【实例 54】视频播放器.fla"保存。

（2）选中"图层 1"图层第 1 帧，导入一幅框架图像，调整它的大小和位置，使它刚好将舞台工作区完全覆盖，如图 10-33 所示。

（3）在"图层 1"图层之上添加"图层 2"图层，选中该图层第 1 帧，将"组件"面板内的 FLVPlayback 组件拖曳到舞台工作区内。调整该组件实例的大小，如图 10-34 所示。

图 10-33 "视频播放器"动画播放的画面

图 10-34 FLVPlayback 组件实例

（4）选中 FLVPlayback 组件实例，双击"组件检查器"面板内的"contentPath"参数（见图 10-35，后面还无内容），调出"内容路径"对话框，如图 10-36 所示（还没有输入文件名）。单击█按钮，可以调出"浏览源文件"对话框，利用该对话框选择要加载的 FLV 文件"蝴蝶.flv"，再单击该对话框内的"打开"按钮，即可关闭"浏览源文件"对话框，回到"内容路径"对话框，如图 10-36 所示。单击"确定"按钮，关闭该对话框。

将 AVI 等视频文件和 MP3 音频文件转换成 FLV 格式文件的方法在第 4 章已经介绍过了。

（5）双击"组件检查器"面板内的 skin 参数值，调出"选择外观"对话框，如图 10-37 所示。在"外观"下拉列表框中选择"SteelOverAll.swf"选项，选择一种外观。单击"确定"按钮，更改组件实例外观。调整其大小和位置后，"组件检查器"面板如图 10-35 所示。

图 10-35　"组件检查器"面板 　　　　　　　　　图 10-36　"内容路径"对话框

知识链接

1. FLVPlayback 组件

FLVPlayback 组件实例的"组件检查器"面板如图 10-35 所示。部分参数的含义如下。

（1）cuePoints 参数：设置 FLV 流媒体视频文件的视频提示点。提示点是否允许用户同步包含 Flash 影片、图形或文本的 FLV 文件中的特定点。双击该参数，可以调出 Flash 视频"提示点"对话框，如图 10-38 所示。利用该对话框可以设置 FLV 流媒体视频文件的提示。

图 10-37　"选择外观"对话框 　　　　　　图 10-38　Flash 视频"提示点"对话框

（2）autoPlay 参数：设置载入外部 FLV 流媒体视频文件后一开始是否进行播放。其值为 true 时，一开始就播放；其值为 false 时，一开始暂停。

（3）autoRewind 参数：设置 FLV 流媒体视频文件在完成播放后是否还重新播放。其值为 true 时，重新播放，播放头回到第 1 帧；其值为 false 时，不重新播放，停在最后一帧。

（4）autoSize 参数：设置 FLVPlayback 组件实例是否适应 FLV 流媒体视频的大小。其值为

true 时，适应 FLV 流媒体视频的大小；其值为 false 时，不适应 FLV 流媒体视频的大小。

（5）bufferTime 参数：设置播放 FLV 流媒体视频文件之前，在内存中缓冲 FLV 流媒体视频文件的秒数，默认值为 0.1。

（6）skin 参数：设置 FLVPlayback 组件实例的外观，双击该参数，可以调出"选择外观"对话框，如图 10-37 所示。利用该对话框可以选择组件的外观。

（7）skinAutoHide 参数：设置 FLV 视频下方控制器区域是否隐藏控制器外观。其值为 true 时，则当鼠标指针不在 FLV 视频下方时隐藏控制器；其值为 false 时，不隐藏控制器。

（8）contentPath 参数：指定 FLV 流媒体视频文件的 URL。双击该参数，可调出"内容路径"对话框，如图 10-36 所示。利用它可以加载 FLV 流媒体视频文件。FLV 流媒体视频文件的 URL 地址可以是本地计算机上的路径、HTTP 路径或实时消息传输协议（RTMP）路径。

（9）volume 参数：设置 FLV 视频播放音量相对于最大音量的百分比，取值范围是 0～100。

2．DateChooser（日历）组件

在刚刚启动中文 Flash CS4 或者关闭所有 Flash 文档时，会自动调出 Flash CS4 的"欢迎"屏幕。对于采用"ActionScript 2.0"版本的 Flash 文件，其"组件"面板内"User Interface"类组件中有一个 DateChooser（日历）组件。将"组件"面板内的 DateChooser（日历）组件拖曳到舞台工作区中，即可创建一个 DateChooser（日历）组件实例，如图 10-39 所示。DateChooser 组件实例的"组件检查器"面板如图 10-40 所示。

图 10-39　"DateChooser"组件实例　　　图 10-40　DateChooser 实例的"组件检查器"面板

（1）dayNames 参数：设置一星期中每天的名称。它是一个数组，默认值为[S,M,T,W,T,F,S]，其中第 1 个 S 表示星期天，第 2 个 M 表示星期一，其他类推。

（2）disabledDays 参数：设置一星期中禁用的各天。该参数是一个数组，最多有 7 个值，默认值为[]（空数组）。

（3）firstDayOfWeek 参数：设置一星期中的哪一天（其值为 0～6，0 是 dayNames 参数中的第 1 个数值）显示在日历星期的第 1 列中。

（4）monthNames 参数：设置日历月份名称。它是一个数组，默认值为英文月份名称。

（5）showToday 参数：设置是否要加亮显示今天的日期，其值为 true（默认值）时，为加亮显示；其值为 false 时，为不加亮显示。

DateChooser（日历）组件的外观可以使用 setStyle 方法来设置。

思考与练习 10-5

1. 参考【实例 54】"视频播放器"动画的制作方法，制作一个"MP3 播放器"动画。

2. 制作一个"日历"动画。"日历"动画运行后的画面如图 10-41 所示。显示的是当月日历，以灰色为背景选中的日子是当前日子，文字的颜色是红色，字体大小为 16 磅。

图 10-41　"日历"动画画面

10.6　【实例 55】中国著名湖泊

"中国著名湖泊"动画运行后，演示窗口内显示一幅框架图像、"中国著名湖泊展示"文字和 3 个按钮，如图 10-42（a）所示。单击右下角的 ▶ 按钮，还会显示该湖泊的名称，如图 10-42（b）所示。单击右下角的 ▶ 按钮，会以某种方式展示下一幅湖泊图像。单击左下角的 ◀ 按钮，会以某种方式展示上一幅湖泊图像。单击中间的 ⏫ 按钮，可以回到图 10-42（b）所示的画面。单击如图 10-42（b）所示的湖泊名称文字，可以跳转到相应的湖泊画面。例如，单击"嘉兴南湖"文字，可以以一种形式展示"嘉兴南湖"图像，如图 10-42（c）所示。该动画的制作方法和相关知识介绍如下。

（a）　　　　　　　　　（b）　　　　　　　　　（c）

图 10-42　"中国著名湖泊"动画运行后的 3 幅画面

 制作方法

1．准备工作

（1）选择"文件"→"新建"命令，调出"新建文档"对话框，在该对话框内选择"Flash 幻灯片演示文稿"选项，如图 10-43 所示。然后，单击"确定"按钮，关闭该对话框，创建一个新的幻灯片应用程序，其中，左边一栏是"屏幕轮廓"栏，如图 10-44 所示。

图 10-43　"新建文档"对话框　　　　　　　　图 10-44　"屏幕轮廓"栏

可以看到，在"屏幕轮廓"栏内自动创建了两个屏幕，"幻灯片1"屏幕在"演示文稿"屏幕的下边，"演示文稿"屏幕的内容会在"幻灯片1"屏幕内显示出来。

（2）设置舞台工作区宽为400像素、高为330像素，以名称"【实例55】中国著名湖泊.fla"保存。导入"图像.jpg"、"框架1.jpg"图像和8幅中国著名湖泊图像到"库"面板内。将公用库内的两个按钮复制到"库"面板内。

（3）创建并进入"图像1"影片剪辑元件的编辑状态，将"库"面板内的"图像.jpg"图像拖曳到舞台中心处，调整它的宽为400像素、高为330像素。然后，回到主场景。

（4）在"库"面板内创建"按钮"、"图像"和"文字"文件夹，将"库"面板内的元件分别移到相应的文件夹中。

2．制作各个画面

（1）单击"屏幕轮廓"栏内的"演示文稿"屏幕，选中"图层1"图层第1帧，在舞台工作区内导入一幅框架图像，调整它的大小和位置，使它刚好将整个舞台工作区覆盖。

（2）将"库"面板内的"图像1"影片剪辑元件拖曳到舞台工作区内，调整该实例的大小和位置，使它刚好将整个舞台工作区覆盖。再调整该实例的Alpha值为54%。

（3）在"图层1"图层之上创建"图层2"图层，选中该图层第1帧，将"库"面板内的两个按钮拖曳到框架内下边，将 ▶ 按钮复制一份，再水平翻转，如图10-45所示。

（4）双击"屏幕轮廓"栏内的"幻灯片1"文字，进入文字的编辑状态，将文字改为"标题文字"。

（5）单击"屏幕轮廓"栏内的"标题文字"屏幕，在舞台工作区内输入红色、华文行楷、加粗、40磅的文字"中国著名湖泊展示"。然后，给该文字添加滤镜效果，使它有黄色阴影。调整文字的大小和位置，效果如图10-46所示。

图10-45　"屏幕轮廓"屏幕和舞台工作区

图10-46　"幻灯片1"屏幕和舞台工作区

（6）单击"屏幕轮廓"栏内的"插入屏幕"按钮 ✚ ，增加一个名称为"幻灯片2"的屏幕，单击"屏幕轮廓"栏内的"幻灯片2"屏幕，分别输入蓝色、华文行楷、26号的"中国著名湖泊"文字，如图10-42（b）所示。

（7）双击"幻灯片2"文字，进入文字的编辑状态，将文字改为"图片标题栏"。

（8）单击"屏幕轮廓"栏内的"插入屏幕"按钮 ✚ ，增加一个名称为"幻灯片3"的屏幕，单击"屏幕轮廓"栏内的"幻灯片3"屏幕，将"库"面板内的"大明湖.jpg"图像元件拖动到框架图像内，调整它的大小（宽为330像素、高为250像素）和位置，再输入蓝色文字"大明湖"。然后，将"幻灯片3"屏幕名称改为"大明湖"，如图10-47所示。

按照上述方法，再添加7个"幻灯片"屏幕，分别加载相应的影片剪辑元件实例和输入相应的文字。

（9）按照上述方法，分别将 11 个"幻灯片"屏幕的名字改为与图像相符的文字。此时的"屏幕轮廓"栏和舞台工作区如图 10-48 所示。

图 10-47　"大明湖"屏幕

图 10-48　"屏幕轮廓"栏和舞台工作区

3．制作各种行为

（1）单击"屏幕轮廓"栏内的"演示文稿"屏幕，再单击舞台工作区内左下角的 按钮，调出"行为"面板，单击该面板内的 按钮，调出它的菜单，选择该菜单内的"屏幕"→"转到前一张幻灯片"命令，给该按钮添加脚本程序。按钮行为是：当鼠标单击该按钮并释放后，转到前一张幻灯片播放。此时"行为"面板如图 10-49（a）所示。

（2）单击"演示文稿"屏幕，再单击舞台工作区内右下角的 按钮，调出"行为"面板，单击该面板内的 按钮，调出它的菜单，选择该菜单内的"屏幕"→"转到下一张幻灯片"命令，给该按钮添加相应的脚本程序。此时的"行为"面板如图 10-49（b）所示。

（3）单击"屏幕轮廓"栏内的"演示文稿"屏幕，再单击舞台工作区内下边的 按钮，调出"行为"面板，单击该面板内的 按钮，调出它的菜单，选择该菜单内的"屏幕"→"转到幻灯片"命令，调出"选择屏幕"对话框，在该对话框内选择"图片标题栏"选项，如图 10-50 所示。再单击该对话框内的"确定"按钮，给该按钮添加可以转到"图片标题栏"屏幕的脚本程序。此时的"行为"面板如图 10-49（c）所示。

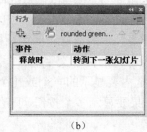
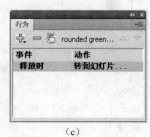

（a）　　　　　　　　　　　（b）　　　　　　　　　　　（c）

图 10-49　按钮的"行为"面板设置

（4）单击"屏幕轮廓"栏内的"图片标题栏"屏幕，再单击舞台工作区内的"大明湖"文字，调出"行为"面板，单击该面板内的 按钮，调出它的菜单，选择该菜单内的"屏幕"→"转到幻灯片"命令，调出"选择屏幕"对话框，在该对话框内选择"大明湖"选项，如图 10-51 所示。再单击该对话框内的"确定"按钮，即可给"大明湖"文字添加可以转到"大明湖"屏幕的脚本程序。

（5）按上述方法，将"图片标题栏"屏幕中的其他文字均与相应的图像屏幕建立链接。

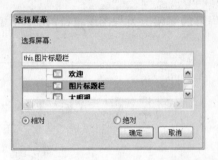

图 10-50 "选择屏幕"对话框 1

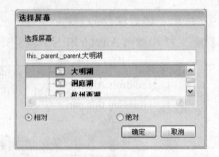

图 10-51 "选择屏幕"对话框 2

（6）在完成上述工作后，会在"库"面板内自动生成 8 个影片剪辑元件，各元件内是"图片标题栏"屏幕中相应的链接文字。将它们拖动到"库"面板内的"文字"文件夹中。

（7）选中"屏幕轮廓"栏内的"大明湖"屏幕，调出"行为"面板，单击该面板内的➕按钮，调出它的菜单，选择该菜单内的"屏幕"→"过渡"命令，调出"过渡"对话框，在该对话框内进行图像切换转变的设置。按照上述方法，进行"屏幕轮廓"栏内其他屏幕的图像切换方式的设置。注意：一些 Flash CS4 版本无法调出"过渡"对话框，可以在低版本 Flash 中加工或者更换 Flash CS4 版本。

 知识链接

1. Alert 组件

Alert 组件能够显示一个提示对话框，该提示对话框向用户呈现一个由一个标题、一条消息和几个不同功能组成的按钮。提示框中这些内容都必须通过 Action 脚本程序来完成。将"组件"面板中的 Alert 组件拖曳到舞台工作区后，此时的"组件检查器"面板内没有参数显示。播放动画后，舞台工作区内没有任何显示。要显示 Alert 组件的提示对话框，必须要通过 Action 脚本程序调用 Alert.show()方法来显示。然后，可以再使用 Action 脚本程序来修改 Alert 组件提示对话框的属性。Alert.show()方法简介如下。

【格式】Alert.show(message[,title[,flage[,parent[,clickHandier[,icon[,defaultButton]]]]]])

【功能】按照设置的属性，显示提示框。其中各项参数的含义如下。

（1）message 参数：提示对话框要显示的消息，即对话框内的说明文字。

（2）title 参数：提示对话框标题栏内的标题文字。

（3）flage 参数：确定提示对话框内要显示的一个或几个按钮。默认值是"Alert.OK"，它用来确定显示一个"确定"按钮。如果要显示多个按钮，则在各按钮的名称之间添加"|"符号，用"|"符号来分隔各按钮的名称。

（4）parent 参数：用来指定 Alert 组件实例的父级对象（父窗口）。Alert 窗口将自己置于父窗口的中心位置处。

（5）clickHandier参数：单击按钮时，产生click事件，表示接受click事件的对象。

除了 click 对象事件的属性外，还有一个附加的 detal 属性。该属性包含了单击按钮时的值，其值为"Alert.OK"、"Alert.OK"、"Alert.CANCEL"、"Alert.YES"和"Alert.NO"。

（6）icon 参数：表示 Alert 实例使用的图标（使用方法与按钮类似），它给出要作为图标的库元件的链接标识符。

（7）defaultButton 参数：设置按下 Enter 键时要执行的按钮，可以是"Alert.OK"、"Alert.OK"、"Alert.CANCEL"、"Alert.YES"和"Alert.NO"参数。

对于"库"面板中的 Alert 组件，动态创建 Alert 组件实例可输入如下程序。

```
import mx.controls.Alert;
Alert.show(messag,title,parent,clickHandler,icon,defaultButton);
```

2．Accordion 组件

Accordion 组件是包含一系列子项（一次只显示一个）的浏览器，它用于呈现多个部分的表单，与 Windows 中的选项卡类似。在舞台工作区中创建一个 Accordion 组件实例后，Accordion 组件实例的"组件检查器"面板如图 10-52 所示。其中几个主要参数的含义如下。

（1）childIcons 参数：作为 Accordion 组件实例标题中的图标所链接的标识符。默认为空数组。

（2）childLabels 参数：指定要作为 Accordion 组件实例标题中使用的文本标题，即显示的菜单文本。默认为空数组。

图 10-52　Accordion 组件实例的
"组件检查器"面板

（3）childNames 参数：指定 Accordion 组件实例子项的实例名称。默认为空数组。

（4）childSymbols 参数：指定 Accordion 组件实例子项的链接标识符。默认为空数组。

思考与练习 10-6

1．制作一个"进入新华网站"动画。动画播放后，会显示一幅风景图像，在风景图像之上显示一个提示框，如图 10-53 左图所示。单击"是"按钮，可以进入新华网站。单击"取消"按钮，关闭该提示框，显示另一幅风景图像，如图 10-53 右图所示。

图 10-53　"进入新华网站"动画播放后的两幅画面

2．参考【实例 55】动画的制作方法，制作一个"北京名胜幻灯片"动画，该动画运行后可以像幻灯片一样展示 10 幅北京名胜图像。

3．参考【实例 55】动画的制作方法，制作一个"Flash 动画浏览"动画，该动画运行后可以像幻灯片一样浏览 10 个 Flash 动画。

4．参考【实例 55】动画的制作方法，制作一个"文本浏览"动画，它可以浏览 10 个文本文件，文本文件可用滚动条浏览。